高职高专规划教材

JISHUI PAISHUI
GUANDAO
GONGCHENG JISHU

给水排水管道工程技术

张 军　刘国华　主编

化学工业出版社
·北京·

本书分十三个学习项目，各项目内容既相互独立，又相互联系，系统体现给排水管道工程技术，在介绍市政给排水管道系统的基础上，引入了给水工程的取水构筑物及附属构筑物，更好的理解给水系统的各部分工作状况，为给水管网的知识介绍作较好的铺垫。全书通过系统的介绍，让读者学习和掌握市政给排水管网的基础理论和设计方法，为帮助读者提高工程技术应用能力，书中引入了给排水管道的建设、施工和维护方法。各项目内容通过边学边做，让学生巩固所学知识，采用“校企合作、工学结合”的实践教学内容，注重工程实际能力的培养。

本书适用于高职高专给排水工程技术和市政工程技术等市政工程类相关专业教学，也可供从事给排水工程技术专业设计、施工、养护管理技术人员及专业考试的人员参考。

图书在版编目（CIP）数据

给水排水管道工程技术/张军，刘国华主编．—北京：化学工业出版社，2014.8（2024.7重印）
高职高专规划教材
ISBN 978-7-122-20844-6

Ⅰ.①给…　Ⅱ.①张…　②刘…　Ⅲ.①给排水系统-管道工程-高等职业教育-教材　Ⅳ.①TU991

中国版本图书馆CIP数据核字（2014）第116865号

责任编辑：李仙华　　文字编辑：余纪军
责任校对：李　爽　　装帧设计：张　辉

出版发行：化学工业出版社（北京市东城区青年湖南街13号　邮政编码100011）
印　　装：北京盛通数码印刷有限公司
787mm×1092mm　1/16　印张17¾　字数466千字　　2024年7月北京第1版第8次印刷

购书咨询：010-64518888　　售后服务：010-64518899
网　　址：http://www.cip.com.cn
凡购买本书，如有缺损质量问题，本社销售中心负责调换。

定　　价：48.00元

前言

市政给排水管网工程为促成水的人工循环，维持着城市正常运转起着重要的作用，也是保障人们生产、生活水平不断提高的必要条件。市政给排水管网是给水排水专业的核心知识，本书将市政给水管网和市政排水管网合为一本书，并涵盖了管网的设计、施工和管理的知识，系统介绍了从管网的设计到建成及后续的管理。近二十多年来，市政给排水事业的不断发展和技术的不断进步，市政给排水管网的专业知识也出现了较大进步。本书在参考相关文献资料的基础上，增加了许多新的内容和知识，为便于知识的理解，先介绍管网及附属构筑物，再介绍其设计等，为形象理解给水系统中各组成部分的工作状况，引入了取水构筑物的介绍。全书图文并茂，注重学生实际能力的培养。本书主要有以下几个特点。

(1) 以职业能力为目标　职业教育的本质要求是以就业为导向，注重培养学生的职业能力，教材作为课程的重要组成部分，必然也要围绕课程的目标，体现课程改革的方向。教材在设计中将知识与技能，过程与方法体现出来，所以本教材不仅仅培养学生的基本职业技能；除了基本职业技能外，根据现代社会对于职业能力的要求，还注重学生的情感、态度与价值观，合作意识，沟通交流能力，决策能力，创新能力等方面的培养。

(2) 以基础知识为根本　要达到学生的预期的培养目标，基础知识的介绍是最根本的内容。教材以一系列经典教材为参考依据，将相关基础知识正确梳理，科学呈现，用简明易懂的语言介绍各基础知识，并通过项目总结，让学生回顾各学习重点，力求学生能够牢牢掌握基本的知识。

(3) 以工学结合为特点　教材在编写过程中，通过企业一线专家的参与和引领，让实践教学找到了突破口。教材在编写时注重工程实际能力的培养，以就业为导向，用工程语言增设了学中做和案例分析，这种以工学结合的教学模式旨在让学生用所学知识，发挥能动性，解决实际工程问题，一方面让学生能够学以致用，巩固所学知识的同时，清楚意识到相关知识的学习目的、运用场合及方法，避免学生盲目学习或误认为此类知识无用而产生厌学情绪，在指明学习方向的基础上，也激发了学生的求知欲望和学习热情；另一方面也为教师在教学过程中评价多元化积累了素材、提供了平台，为更加科学评价学生提供帮助。

(4) 以新知识为补充　随着人们认识水平的提高和技术的不断进步，与专业相关的新规范、新技术规程等对一些规定提出了新要求，也涌现了行业中许多新技术，所以教材为了跟上时代的步伐，满足知识与岗位的接轨需求，在原有知识基础上，补充了新的知识来满足教学要求。

全书由无锡城市职业技术学院、西安科技大学、浙江省水利水电勘测设计院、广州富力地产股份有限公司、厦门金昇阳置业有限公司共同编写。其中学习项目一、三、五由无锡城市职业技术学院张军编写，学习项目二、四由西安科技大学马保成编写，学习项目六、八由浙江省水利水电勘测设计院仲维正编写，学习项目七、十一由广州富力地产股份有限公司曾斌编写，学习项目九、十由无锡城市职业技术学院刘国华编写，学习项目十二、十三由厦门金昇阳置业有限公司夏永亮编写。

由于编者水平有限，书中难免有不足之处，敬请读者批评指正。

编者

2014 年 2 月

目录

项目一 市政给水系统

项目二 取水系统

项目三 市政给水管道材料、附件及附属构筑物

项目四 给水系统的工作状况

项目五 输配水管网设计

项目六 市政排水系统

项目七 排水管渠及其附属构筑物

项目八 污水管道系统设计

项目九 雨水管渠系统设计

项目十二 给水管网系统运行管理及养护

项目十三 排水管网的管理与维护

附录

参考文献

项目一　市政给水系统

项目导读

本项目在明确市政给水工程重要地位的基础上，主要介绍市政给水工程的分类与系统组成，通过学习给水系统布置需考虑的影响因素，用以指导给水系统的选择和设计，同时本学习项目还介绍了市政给水系统的主要分支工业给水系统。

知识目标

· 了解市政给水系统的地位与功能
· 熟悉市政给水系统的分类与组成
· 熟悉市政给水系统布置考虑的因素
· 掌握工业给水系统的相关知识

能力目标

· 具备构建市政给水系统组成的专业能力
· 具备选择及布置市政给水系统的专业能力
· 具备工业给水系统水量平衡认知的专业能力

任务一　市政给水系统的地位及功能

【任务内容及要求】

水对人类社会存在和发展是至关重要的，通过市政给水系统的功能分解，理解其在水的人工循环环节中，对人们日常生活和国家经济发展中起的重要作用。

人类有史以来觅水而居，水一直是人类赖以生存的基本条件，是国民经济的生命线。在社会发展的同时，人们对水的利用也在不断发生着变化，由起初水的自然循环利用发展到水的人工循环利用。所谓水的人工循环利用就是从天然水体取水，满足生活、生产使用，使用

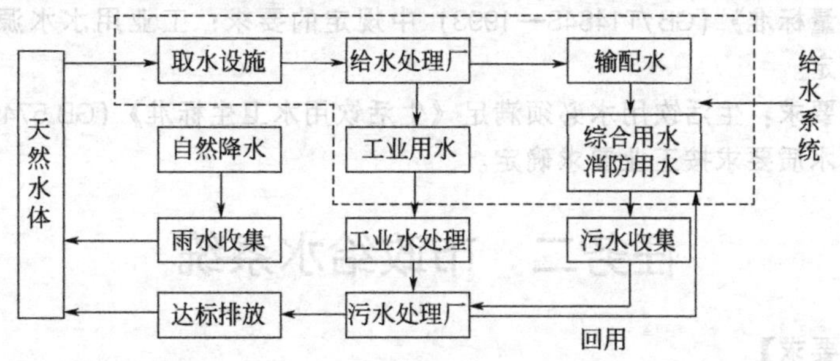

图 1.1　给水排水系统功能关系及给水系统的功能图

过后的水经过处理达标后再排放回天然水体的过程。其中通过从水源取水，将天然水输送至城镇给水厂处理，制成我们通常所说的自来水，供给人们生活、生产使用，这一过程称为水的人工循环中的给水环节。在此环节中，取水、处理、输送等设施以一定方式组合成系统，将其称之为市政给水系统。而将使用后的水收集、处理、排放所组成的系统称为市政排水系统。在水的人工循环中，给水排水系统功能关系及给水系统的功能见图 1.1。

由图 1.1 可见给水系统的主要任务就是从水源地取水，将原水处理成水质合格的成品水，这样将水保质保量的输送出去，以满足人们生活、生产使用。所以给水系统功能正常发挥与否，制约着城镇社会、经济，环境的发展，是社会经济发展和人们生活水平提高的支持和保障，因为在此过程中，给水系统发挥着如下的功能。

1. 取水功能

给水系统从水质合格的水源中，如江河、湖泊、水库、泉水等，通过取水设施、提升设备将原本处在地下、地表的水，提升上来并通过原水输水管渠输送到给水处理厂。给水系统的这一功能称之为取水功能。

2. 水处理功能

从水源地取集来的水，送入给水处理厂后，让原水流经一系列处理构筑物和水处理设备，通过初滤、絮凝、过滤、消毒等处理工艺，使其发生了物理、生化反应，改变了原来水的物理、化学等性质，将水变成了水质符合要求的成品自来水。给水系统的这一功能称之为水处理功能。

3. 输配水功能

给水处理厂处理后的合格水，需通过配水管网系统，包括配水管网、水压调节设施（泵站、阀门）及水量调节设施（清水池、水塔等），供给各用户使用，并满足用户的水量、水压要求。给水工程的这一功能我们称之为输配水功能。

我国是世界上水资源相对丰富的几个国家之一，全国水资源总量为 2788km³，仅次于巴西、俄罗斯、加拿大、美国、印度尼西亚等国家。然而，我国由于人口基数过大等原因，人均水资源占有量仅为 2300km³，仅仅相当于世界人均水资源占有量的 1/4，为美国人均水资源占有量的 1/6，俄罗斯和巴西的 1/12，以及加拿大的 1/50。我国排世界人均水资源占有量的第 121 位。所以我国已趋属于严重缺水的国家之一，给水工程在“开源”的同时，也通过“节流”，提供充足的水，维系社会的持续发展。由此可见给水系统在我国社会生活和生产活动中占有十分重要的地位，它的功能正常发挥将直接影响着人们的正常生活和经济发展，它也是人类生活和生产环境中一项必不可少的基础设施。

知识链接

(1) 原水水质要求：采用地表水作为生活饮用水水源时，其水质应符合《地表水环境质量标准》(GB 3838—2002) 中生活饮用水水源的要求，采用地下水作为生活饮用水水源时，其水质应符合《地下水质量标准》(GB/T14848—1993) 中规定的要求；工业用水水源的水质可根据各种生产工艺要求确定。

(2) 供水水质要求：生活饮用水必须满足《生活饮用水卫生标准》(GB 5749—2006) 中的水质要求，工业用水水质要求按工业要求确定。

任务二　市政给水系统

【任务内容及要求】

室外市政给水工程是一个系统组成，根据不同的描述角度，可以将给水系统分成不同的类别，在给水系统设计时需根据相应条件选择合适的给水系统类型，通过学习给水系统布置的影响因素，能合理布置给水系统。

一、给水系统分类

给水系统是由原水取集、原水输送、水质处理和清水分配等相关联的设施所组成的总体。根据不同的描述角度，可以将给水系统进行如下分类。

1. 按照水源种类或数目的不同

根据水源不同可分为：地表水给水系统（江河、湖泊、水库、海洋等）和地下水给水系统（浅层地下水、深层地下水，泉水等）；根据水源数目的不同可分为：单水源给水系统和多水源给水系统。

2. 按照能量的提供方式不同

根据能量来源可以分为：自流供水系统（重力供水）、水泵供水系统（压力供水）和混合供水系统（重力-压力供水）。

3. 按照供水服务对象不同

给水系统的服务对象比较广泛，根据不同服务对象可分为城市给水系统、工业给水系统等。

4. 按照系统的供水方式不同

根据不同的供水方式可分为同一给水系统、分区给水系统、分质给水系统。

(1) 同一给水系统　采用同一个供水系统、以相同的水质供给用水区域内所有用户的各种用水。

(2) 分区给水系统　将整个供水范围划分成不同区域，各区实施相对独立的供水系统。

(3) 分质给水系统　针对供水区域内不同用户对供水水质需求的不同，实施针对性的供水。分质给水系统可以是一个水源，也可以是多个水源。

按照以上给水系统的不同分类，可以从多个角度对同一个给水系统进行不同描述。同时在给水系统选择的时候，也可以根据实际情况，科学合理地选择相应的给水系统类型。

二、给水系统组成

给水系统从水源取水，按用户对水质的要求进行处理，然后将水输送到各用水区域，并满足相应的用水水压。给水系统一般由下列工程设施组成。

1. 取水构筑物

从水源（地表水源或地下水源）取水的工程设施水处理构筑物，对从水源取集来的水进行加工处理，使出水水质满足用户要求而设置的工程设施。

2. 泵站

将水根据需要提升至一定高度而设置的工程设施。包括提取原水的一级泵站、输送清水的二级泵站和用于管网增压的中途加压泵站。

3. 输水管渠和配水管网

输水管渠是输送原水和清水的管渠系统。清水输水管渠一般不沿线供水，而配水管网则是将成品清水输送到各用户的管路系统，它沿线供水。

4. 调节构筑物

以一定容积用于贮存或释放水的调蓄设施。包括清水池、水塔、高位水池等。

泵站、输水管渠、配水管网和调节构筑物总称为输配水系统。在给水系统中，输配水系统所占投资比例和运行费用比例最大。

三、给水系统布置及影响因素

给水系统的选择在给水工程设计中具有重要的意义，它影响着整个工程的造价、运行费用、技术安全、施工和管理。给水系统选择内容包括水源和取水方式的选择、水厂规模和建造位置、输配水管网定线、泵站选址和调蓄构筑物布置等。在给水系统的布置工作中要综合考虑城市的总体规划、水源条件、地形地质条件、已有供水设施情况、规划用水需求、环境影响、施工技术、管理水平、工程规模、建设速度、资金筹措等多方面的因素，一般要求进行详细的技术经济比较后才能确定适应近期、远期发展相对合理的给水系统方案。

根据以上叙述，来看下给水系统布置时的主要影响因素。

1. 城市规划的影响

城市规划确定了城市的发展规模、城市功能分区和城市动态发展计划，同时确定了某些与给水系统设计相关的一些基础数据，如规划人口数、工业区布置及生产规模等。给水系统布置和水源防护以城市和工业区的建设规划为基础，同时由规划人口数、工业区布置及生产规模，计算生活、生产用水量等；根据城市规划中的功能区规划、地形和道路规划，分析是否需分区供水，从而确定管网布置；根据功能区内用户对水质的不同，确定是否分质供水等。所以城市规划与给水系统设计是密切相关的。

2. 水源的影响

水源的种类、水源的数目、水源取水水位标高、水文条件、水质情况、与供水区距离的远近都会影响给水系统的布置。

以地表水为水源时［如图 1.2(a) 所示］，取水构筑物一般设置在城市或工业区的上游取水。相比地下水而言，一般地表水易受污染，水处理过程复杂，水处理构筑物多。以地下水为水源时［如图 1.2(b) 所示］，可就在用水区就地开凿取水井取水，由于地下水水质良好，有时可省去水处理构筑物而只经过消毒，使得给水系统大为简化。多水源给水系统通常适于分期发展，供水安全性也大于单水源给水系统。水源取水水位的标高影响取水泵房的进水标高，如果水源地标高较高，可以省去泵站的布置利用重力取水或供水。

所以水源对给水系统的影响是多方面的，不仅影响了水处理构筑物的布置，也直接影响了城市给水系统输水干管的布置。

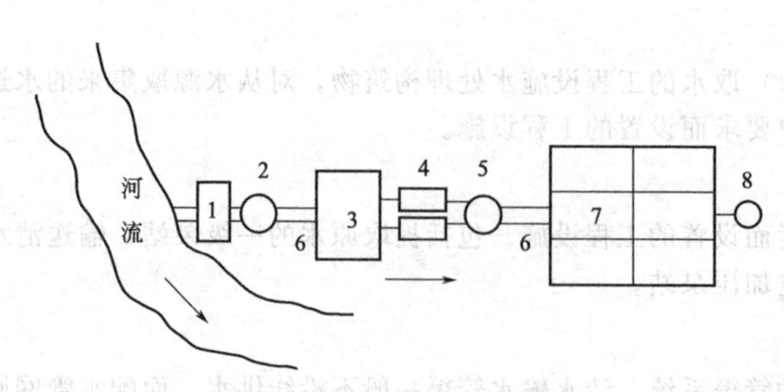

(a) 地表水源给水管道系统示意图

1—取水构筑物；2—一级泵站；3—水处理构筑物；4—清水池；5—二级泵站；6—输水管；7—管网；8—水塔

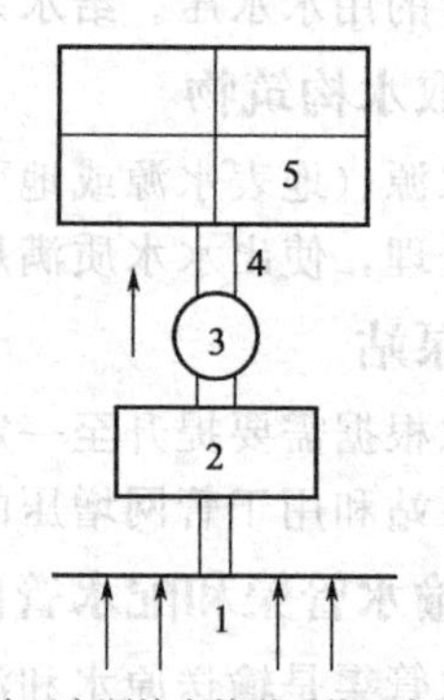

(b) 地下水源给水管道系统示意图

1—地下水取水构筑物；2—集水池；3—泵站；4—输水管；5—管网

图 1.2 地表、地下水源给水管道系统

3. 地形地貌的影响

地形地貌主要影响输水管线、水厂位置、调蓄构筑物和泵站的设置、配水管网的布局分区等。对于城市地形平坦、工业用水水量不大、水质、水压没有特殊要求，可以采用统一给水系统；城市水源分布广泛、水量充沛时可采用多水源给水系统；地形起伏较大或城市各区相隔较远时可考虑分区给水系统（如图 1.3、图 1.4 所示）或分压给水系统（即局部压力不足地区采取加压措施，如图 1.5 所示）；当水源地与供水区域有较大地势高差可利用时，可考虑采用重力输配水。

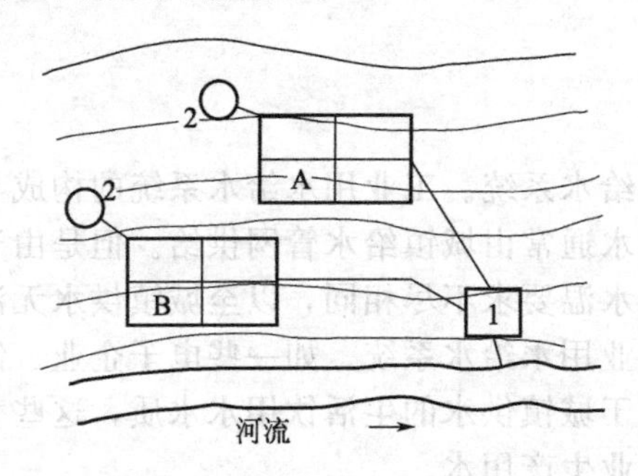

图 1.3　并联分区给水管网系统

A—高区；B—低区；1—净水厂；2—水塔

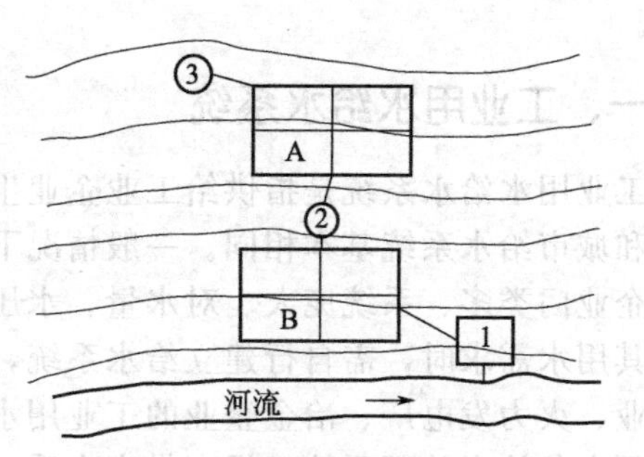

图 1.4　串联分区给水管网系统

A—高区；B—低区；1—净水厂；2—加压泵站；3—水塔

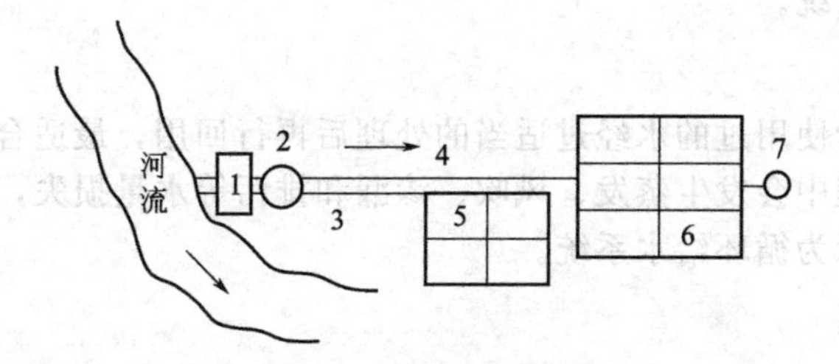

图 1.5　分压给水管网系统

1—给水厂；2—二级泵站；3—低压输水管；4—高压输水管；5—低压管网；6—高压管网；7—水塔

4. 其他因素影响

影响给水系统布置的其他因素还包括：取水水质条件、供水水质条件、供电条件、占用土地和拆迁情况、水厂排水条件及建设投资等。分质给水管网系统见图 1.6。

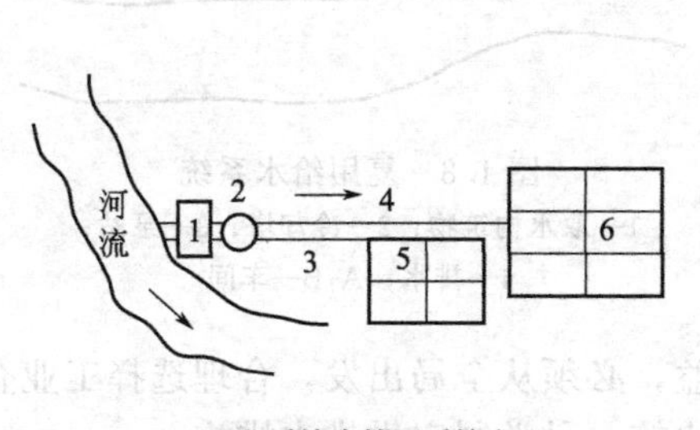

(a) 分质给水管网系统之一

1—分质净水厂；2—二级泵站；3—生产用水输水管；4—生活用水输水管；5—工厂区；6—居住区

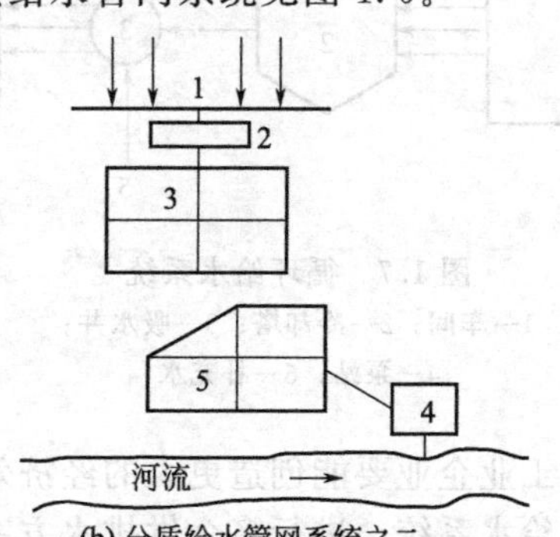

(b) 分质给水管网系统之二

1—地下水取水构筑物；2—给水厂；3—生活用水管网；4—生产用水厂；5—生产用水管网

图 1.6　分质给水管网系统

任务三　工业用水给水系统

【任务内容及要求】

工业生产门类较多，由于生产工艺、产品等的不同需求，工业用水对水量、水压、水质和水温提出了不同要求，在城镇供水不能满足的情况下，工业生产用水独成系统。为了节约用水，工业用水可采用循环给水和复用给水，通过水量平衡分析，考察工业企业节约用水程度。

一、工业用水给水系统

工业用水给水系统是指供给工业企业生产用水的给水系统。工业用水给水系统的构成与布置和城市给水系统基本相同。一般情况下，工业用水通常由城镇给水管网供给。但是由于工业企业门类多、系统庞大、对水量、水压、水质、水温要求不尽相同，以至城镇供水无法满足其用水需求时，需自行建立给水系统，称之为工业用水给水系统。如一些电子企业、制药企业、火力发电厂、冶金企业的工业用水水质远高于城镇供水的生活饮用水水质，这些企业必须自备给水处理系统，提高供水水质，以满足企业生产用水。

由于工业用水水量一般较大，为了提高水资源的利用率，实现节能减排，通常将工业用水重复利用。根据工业企业内水的重复利用情况，可将重复利用的工业用水给水系统分循环给水系统和复用给水系统。

1. 循环给水系统

循环给水系统是指使用过的水经过适当的处理后再行回用，最适合于冷却水的供给。但是在冷却水的循环过程中会发生蒸发、风吹、渗漏和排污等水量损失，所以需要补充一部分新鲜水。如图 1.7 所示为循环给水系统。

2. 复用给水系统

按照各用水点对水质的要求不同，将水顺序重复使用的供水系统为复用给水系统。如图 1.8 所示，先将水源水送到 A 车间用，经冷却沉淀等适当处理后，再供给 B 车间使用，最后排放。

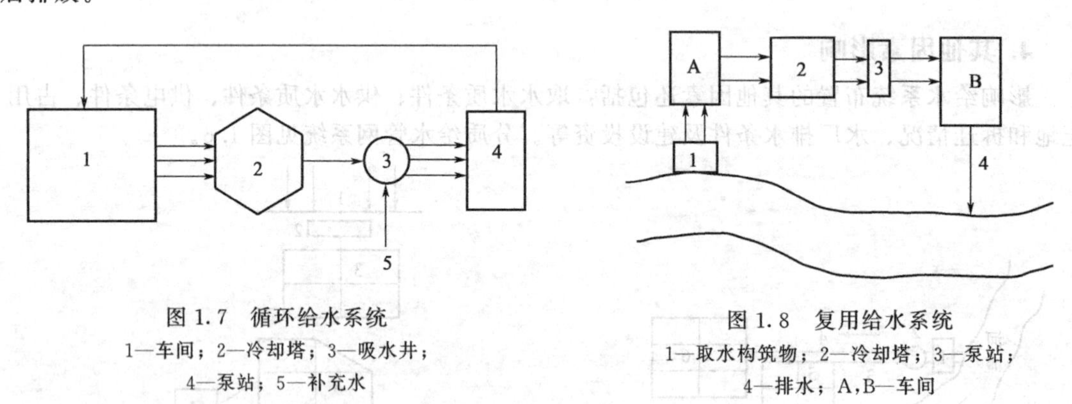

图 1.7　循环给水系统

1—车间；2—冷却塔；3—吸水井；4—泵站；5—补充水

图 1.8　复用给水系统

1—取水构筑物；2—冷却塔；3—泵站；4—排水；A,B—车间

通常工业企业要能创造更大的经济效益和社会效益，必须从全局出发，合理选择工业企业的生产给水系统，进行多个供排水方案的技术经济比较，科学制定供排水措施。

特别提醒

中水回用与生产用水重复利用是有区别的，中水回用主要涉及到生活污水污水，通常指生活污水经过适当处理后，水质没有达到饮水水质的要求，可以用于冲洗厕所、浇洒道路、灌溉绿地等；而生产用水重复利用是针对工业生产用水而言，在用途上两者是有区别的。

二、工业用水水量平衡

目前和一些发达国家相比，我国的工业用水在节约用水方面还存在较大潜力。为了做好水的重复利用，就必须根据企业各车间对水量和水质的要求，做好水量平衡工作。所谓水量平衡就是保证工业企业给水系统每个车间总用水量与总排水量保持平衡，通常指新鲜补充水量、重复利用水量、冷却水量，损耗水量及排水量保持平衡。

通过查明水源和水质，各用水部门工艺过程和设备，现有计量仪表状况后，测定每台设备的用水量、耗水量、排水量、水温等。记录相关数据，根据相互间的水量关系，绘制水量平衡图，如图 1.9 所示。

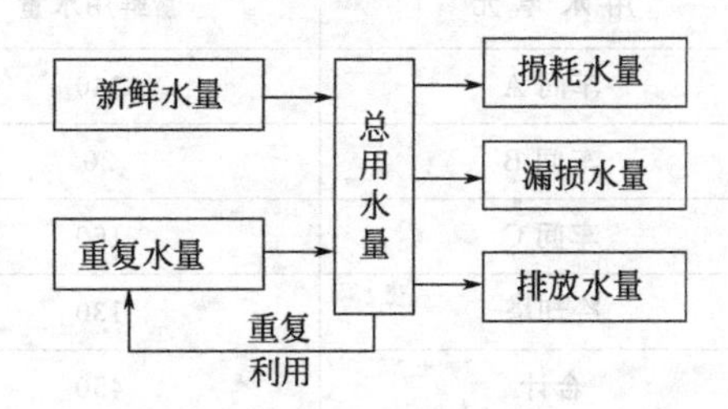

图 1.9 工业用水给水系统水量平衡关系

对于某一工业生产用水，上述水量存在相互平衡关系，即总用水量＝新鲜水量＋重复利用水量＝损耗水量＋漏损水量＋排放水量＋重复利用水量，所以新鲜水量通常等于损耗水量加漏损水量加排放水量。通过绘制上述水量平衡图，即可进行水量平衡分析。将水量关系图详细分解到各车间，可以分析、查找存在节水潜力的环节。一般将生产用水的重复利用率，作为生产过程中节约用水的一个重要指标。生产用水重复利用率的定义是工业企业生产的重复用水量在该企业的生产总用水量中所占的百分数，通过计算该值可以判定一个企业节约用水的情况。

小　结

通过本项目的学习，将项目的主要内容概括如下。

市政给水工程有着特殊的地位和作用，它为生活、生产提供了所需要的水，同时也是形成水的人工循环的重要组成部分。

市政给水系统按照水源种类或数目的不同，能量的提供方式不同，供水服务对象不同，系统的供水方式不同可以有不同的分类；给水系统的基本组成有取水构筑物、泵站、输水管渠和配水管网、调节构筑物。

市政给水系统在选择和布置上要充分考虑水源、城市规划，地形等的影响。

工业用水系统中循环用水系统和复用水系统，既有联系又有区别，进行循环用水、复用水分析及水的重复利用率计算是衡量企业清洁生产、节约用水的重要指标之一。

思　考　题

1. 什么是市政给水工程，它与排水工程的关系是什么，它的基本任务是什么？
2. 市政给水系统的分类有哪些，市政给水系统通常有哪几部分组成？
3. 什么是统一给水、分质给水和分区给水？
4. 工业给水系统设计时如何考虑节水？进行水量平衡分析的意义何在？

工学结合训练

【训练一】调查实践

1. 任务内容：可由任课老师带领学生参观所在城市的自来水公司，通过实地参观及听取的报告，判断该城市的给水系统所属类别，绘制给水系统的组成图，并描述该给水系统在布置时的特点。

2. 任务要求：以小组工作的方式提交调查报告。

3. 成绩考核：先进行小组互评，再由任课老师进行综合评定，该项成绩以过程考核成绩计。

【训练二】案例分析

某工厂的给水排水工程技术人员，在给水排水水量监测过程中，通过对厂内生活区和厂区的各用水点的检测得到了表 1.1 所示的数据，并绘制了如下水量平衡分析图，如图 1.10 所示。（注：图中数字为流量，单位以 m^3/h 计）

表 1.1 各用水单元用水情况表 单位：m^3/h

用水单元	新鲜用水量	重复用水量	总用水量
车间 A	140	0	140
车间 B	20	100	120
车间 C	160	1000	1160
冷却塔	130	0	130
合计	450	1100	1550

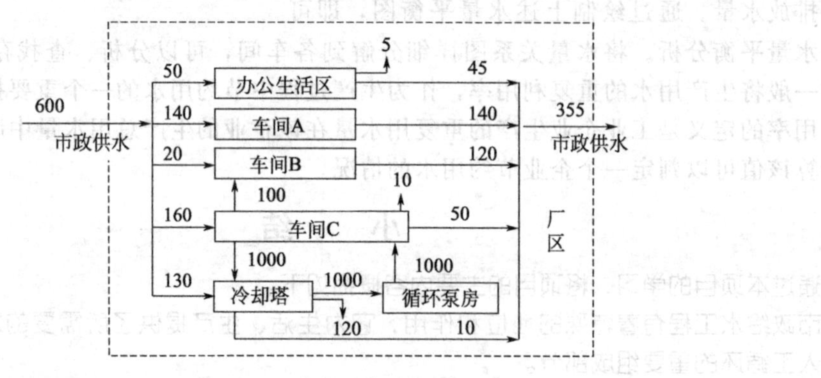

图 1.10 水量平衡分析图

通过对水量平衡图的识读与分析，讨论回答下列问题：

1. 通过水量平衡计算，在实际问题分析中，能够得出哪些结论？

2. 该厂工业用水系统节水能力如何？

提示：要判断工业用水节水能力，需计算工业用水的重复用水量，通过计算工业用水的重复利用率加以说明，首先进行生产用水量统计分析（m^3/h）。

（1）重复用水量＝循环用水量＋复用水量；总用水量＝重复用水量＋供水量

（2）重复利用率＝重复用水量/总用水量

（3）总用水量不包含非生产区用水

（4）冷却塔、循环泵中的循环水不计入重复用水量

项目二 取水系统

项目导读

本项目在认识取水系统任务的基础上，通过学习各种给水水源的特点及各种取水构筑物的特点，能够针对不同水源分析其特征，结合现场施工条件及后期的维护管理工作，选择合适的取水构筑物。

知识目标

· 了解常用的给水水源及其特点
· 熟悉地下水取水构筑物的特点及适用条件
· 熟悉地表水取水构筑物的特点及适用条件

能力目标

· 具备正确选择给水水源的能力
· 具备选择地下水取水构筑物的能力
· 具备选择地表水取水构筑物的能力

任务一 取水系统概述

【任务内容及要求】

取水系统是给水系统的子系统，它影响到整个给水系统的选择及布置，所以要熟悉常用的给水水源及其与之对应的取水构筑物的特点。

一、取水系统的任务

取水系统是市政给水系统的重要组成部分之一，所以它是市政给水系统的一个子系统。它是由原水取水构筑物、取水泵站、原水输水管渠等组成的一个系统。所以它的任务是从水源地取水，安全可靠的输送到给水处理厂或直接输送给用户。由于水源不同，使取水工程部分对整个给水系统的组成、布局、投资及维护运行等的经济性和安全可靠性产生重大的影响。因此，给水水源的选择和取水工程的建设是给水系统建设的重要项目，是从事给水工程规划设计的一项重要课题。

研究取水系统通常从给水水源和取水构筑物两方面着手。属于给水水源方面需要研究的问题有：各种天然水体存在形式，运动变化规律，作为给水水源的可能性，以及作为供水目的而进行的水源勘察、规划、调节治理与卫生防护等问题。属于取水构筑物方面的需要研究的有：各种水源的选择和利用，从各种水源取水的方法，各种取水构筑物的构造形式，设计计算，施工方法和运行管理等。

二、给水水源

1. 给水水源分类及其特点

给水水源可分为两大类：地下水源和地表水源。地下水包括潜水（无压地下水），自流水（承压地下水）和泉水。地表水包括江河、湖泊、水库、山区浅水河流和海水。

大部分地区的地下水受形成、埋藏和补给等条件的影响，水质清澈、水温稳定、分布面广。尤其是承压地下水，由于覆盖不透水层，可防止来自地表的渗透污染，卫生条件较好。但地下水径流量较小，有的矿化度和硬度较高，部分地区可能会出现矿化度过高或其他物质超标的情况。

一般情况下，地表水水源流量较大，由于受地面各种因素的影响，通常表现出与地下水相反的特点。例如：河水浑浊度较高（特别是发大水期），水温变幅大，有机物和细菌含量高，容易受到污染，有时色度较高。地表水水质与水量受季节变化影响显著。

2. 给水水源选择及水源的合理利用

给水水源选择前必须经水资源勘察，同时密切结合城市远近规划和工业总体布局要求。给水水源选择的一般原则如下。

（1）取水选地合理　应选择在水体功能区划所规定的取水地取水。

（2）水量充沛可靠　所选择的水源不仅满足近期需水量，也要满足远期发展的用水需求。

（3）水质符合要求　水源水质也是水源选择的重要条件，水源水质好，处理简单，反之处理成本高。

（4）考虑综合利用　应与水资源开发利用及规划相配合，综合考虑农业、水利、电力等科学加以利用。

（5）成本低易维护　选择合适的取水构筑物，构筑物简单，造价低，易于运行维护，反之造价高，不易于运行管理。

（6）具有施工条件　在选择水源时，应考虑是否具有建设取水设施所必需的施工条件。

3. 给水水源保护与卫生防护

给水水源防护就是通过行政、法律、经济及技术手段，合理开发、管理和利用水资源，保护水源的质、量供应，防止水源污染与水源枯竭，实现社会经济可持续发展。给水水源保护措施包括法律措施、管理措施及技术措施。

水源保护包括给水水源防护与污染防治，而给水水源卫生防护是水源保护工作的源头工作。要做好水源防护，必须着眼大局，认真贯彻我国水源防护的方针和政策，严格执行地表水源及地下水源的卫生防护。

生活饮用水地表水源保护区分为一级保护区和二级保护区。生活饮用水地表水源一级保护区的水质，适用国家《地表水环境质量标准》（GB 3838—2002）Ⅱ类标准；二级保护区适用《地表水环境质量标准》Ⅲ类标准。

知识链接

《生活饮用水集中式供水单位卫生规范》为地表水源卫生防护作的相应规定。

(1) 取水点周围半径 100m 的水域内，严禁捕捞、网箱养殖、停靠船只、游泳和从事其他可能污染水源的任何活动。

(2) 以河流为给水水源的集中式供水，由供水单位及其主管部门会同卫生、环保、水利等部门，根据实际需要，可把取水点上游 1000m 以外的一定范围河段划为水源保护区，严格控制上游污染物排放量。

(3) 集中式供水单位应划定生产区的范围并设立明显标志，生产区外围30m范围内以及单独设立的泵站、沉淀池和清水池外围30m范围内，不得设置生活居住区和禽畜饲养区；不得修建渗水厕所和渗水坑；不得堆放垃圾、粪便、废渣和铺设污水渠道；应保持良好的卫生状况。

特别提醒

根据《室外给水设计规范》(GB 50013—2006) 7.5.4条规定：生活饮用水的清水池和调节水池周围10m以内不得有化粪池、污水处理构筑物、渗水井、垃圾堆放场等污染源；周围2m以内不得有污水管道和污染物。当达不到上述要求时，应采取防止污染的措施。

三、取水构筑物

取水构筑物是指取集原水而设置的构筑物的总称。水源不同，选择的取水构筑物也不一样。采用地下水源时，取水条件及取水构筑物构造简单，便于施工和运行管理；通常地下水在给水处理时，无需澄清处理，即使水质不符合要求时，大多数情况下的处理工艺也比地表水简单，所以处理构筑物投资和运行费用也较省；反之选用地表水源时，取水构筑物构造复杂，运行及施工维护管理费用也相对较高。所以在选择取水构筑物时，要根据给水水源的不同，通过技术经济比较，并将施工、运行及后期的维护管理一并考虑在内。

任务二　地下水取水构筑物

【任务内容及要求】

地下水由于岩性构造、埋藏条件、含水层厚度等不同，对应的特性也不相同，在工程实践中要全面考虑，选取合适的地下水取水构筑物，从而经济有效的取集到足够量水质合格的原水水源。不同的地下水取水构筑物，有着不同的构造特点及选择条件。

一、地下水

地下水是存在于地壳岩石缝隙或土壤孔隙中的水。各种土层和岩层有不同的透水性。卵石层、砂层和石灰岩等，组织松散，具有众多的相互连通的孔隙，透水性较好，水在其中的流动属渗透过程，所以这些岩层叫透水层。黏土和花岗岩等紧密岩层，透水性极差甚至不透水，称为不透水层。如果透水层下面有一层不透水层，则在这一透水层中就会积聚地下水，故透水层又叫含水层，不透水层则称隔水层。地层构造往往就是由不透水层和透水层彼此相间构成，地下水在它们之间的空隙层中流动，根据地下水的性质不同，可以对地下水进行分类。

(1) 埋藏在地下第一个隔水层上的地下水叫潜水。潜水有一个自由水面。潜水主要靠雨水和河流等地表水渗透而补给。地表水水位高于潜水面时，地表水补给地下潜水，相反则潜水补给地表水，所以二者是相互补给。

(2) 两个不透水层间的水叫层间水。如层间水存在自由水面，则称无压含水层；如果层间水有压力，则称承压含水层。打井时，若承压含水层中的水喷出地面，叫自流水。

(3) 在适当地形下，在某一出口处涌出的地下水叫泉水。泉水分自流泉和潜水泉。自流泉由承压地下水补给，涌水量稳定，水质好。

这些地下水在松散岩层中流动称为地下径流。地下水补给范围叫补给区。抽取井水时，补给区的地下水都向水井方向流动。地下水通过地下径流，有源源不断的补给，所以可以作为给水水源。

二、地下取水构筑物的形式

由于地下水类型、埋藏深度、含水层性质等各不相同，开采和取集地下水的方法和取水构筑物形式也各不相同。地下水取水构筑物形式有管井、大口井、渗渠、辐射井及复合井等，其中较为常用的是管井与大口井。

1. 管井

管井是用井管从地面深入到含水层抽取地下水的构筑物，由于管井的井壁和含水层中进水部分均为管状结构，所以俗称管井。管井通常用凿井机开凿。按其过滤器是否贯穿整个含水层，可分为完整井和非完整井（如图 2.1 所示）。它的直径一般为 50～1000mm，井深可达 1000m 以上。常见的管井直径大多小于 500mm，井深也在 200m 以内。随着开凿技术的发展和浅层地下水的枯竭与污染，直径在 1000mm 以上、井深在 1000m 以上的管井也开始应用。

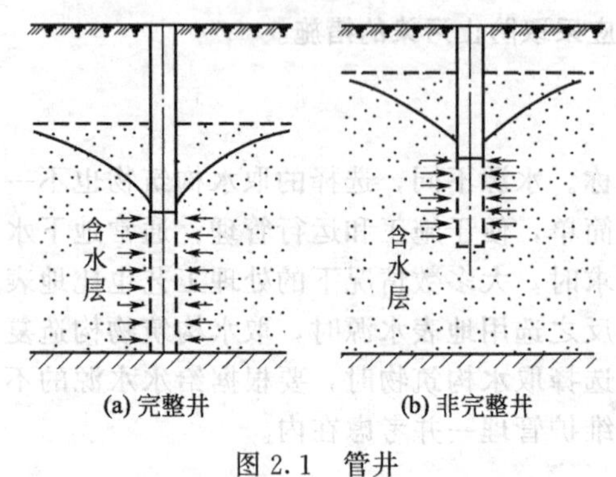

图 2.1 管井

管井的构造一般由井室、井壁管、过滤器及沉淀管所组成如图 2.2(a) 所示。当有几个含水层、且各层水头相差不大时，可用如图 2.2(b) 所示的多层过滤器管井。当抽取结构稳定的岩溶裂隙水时，管井也可不装井壁管和过滤器。

(1) 井室 井室是用以安装各种设备（水泵、控制柜等）、保持井口免受污染和进行维护管理的场所。为保证井室内设备正常运行，井室应有一定的采光、采暖、通风、防水和防潮设施；为防止井室积水流入井内，井口应高出地面 0.3～0.5m。

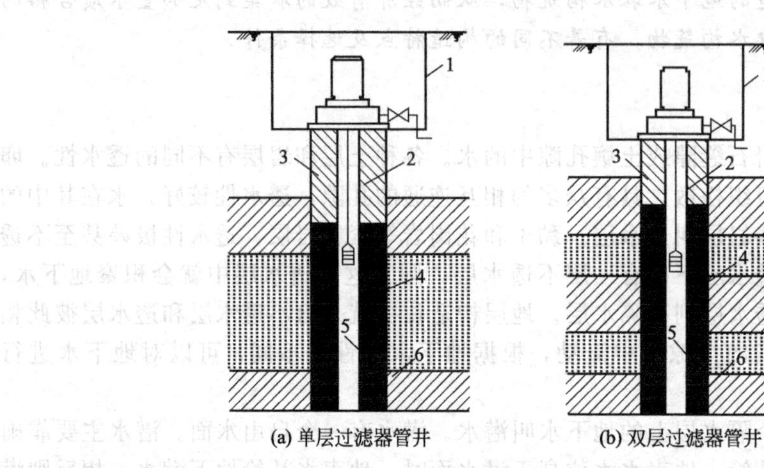

图 2.2 管井的一般构造

1—井室；2—井壁管；3—黏土封闭；4—规格填砾；5—过滤器；6—沉淀管

(2) 井壁管 井壁管如图 2.3 所示，设置井壁管是为了加固井壁、隔离水质不良或水头较低的含水层。井壁管应具有足够的强度，使其能够经受地层和人工填充物的侧压力，并且应尽可能不弯曲，内壁平滑\圆整以利于安装抽水设备和井的清洗、维修。井壁管可以采用钢管、铸铁管、钢筋混凝土管、石棉水泥管、塑料管等。

(3) 过滤器 过滤器安装于含水层中，用以集水和保持填砾与含水层的稳定。过滤器是管井最重要的组成部分。它的构造、材质、施工安装质量对管井的单位出水量、含砂量和工

图 2.3 钢筋混凝土井壁管

作年限有很大影响，所以过滤器构造形式和材质的选择很重要。对过滤器的基本要求是：应有足够的强度和抗蚀性；具有良好的透水性且能保持人工填砾和含水层的渗透的稳定性。常用的过滤器有钢筋骨架过滤器、管材家开圆孔或条孔过滤器、缠丝过滤器、包网过滤器、填砾过滤器等。

(4) 沉淀管　沉淀管接在过滤器下面，用以沉淀进入井内的细小砂粒和自地下水中析出的沉淀物，其长度根据井深和含水层出砂可能性而定，一般为 2～10m。井深小于 20m，沉淀管长度取 2m；井深大于 90m，沉淀管长度取 10m。

管井施工方便，适应性强，能用于各种岩性、埋深、含水层厚度和多层次含水层的取水工程。因而，管井是地下水取水构筑物中应用最广泛的一种形式。

2. 大口井

大口井与管井一样，也是一种垂直建造的取水井，由于井径较大，故名大口井。大口井直径应根据设计水量、抽水设备布置和便于施工等因素确定，一般 5～8m，最大不宜超过 10m。井深一般不宜大于 15m。

大口井有完整式和非完整式之分如图 2.4 所示。完整式大口井贯穿整个含水层，仅以井壁进水，可用于颗粒粗、厚度薄（5～8m）、埋深浅的含水层，井壁、井底均可进水，由于井壁进水孔易于堵塞，影响进水效果，故采用较少。非完整式大口井未贯穿整个含水层，井壁、井底均可进水，由于其进水范围大，集水效果好，含水层厚度大于 10m 时，应做成非完整式。

大口井主要井筒、井口及进水部分组成，如图 2.5 所示。

(1) 井筒　井筒通常用钢筋混凝土、砖或石等做成，用以加固井壁及隔离不良水质的含水层。

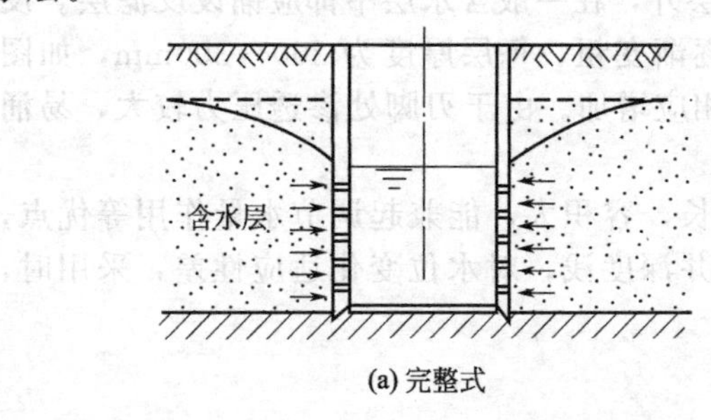

(a) 完整式

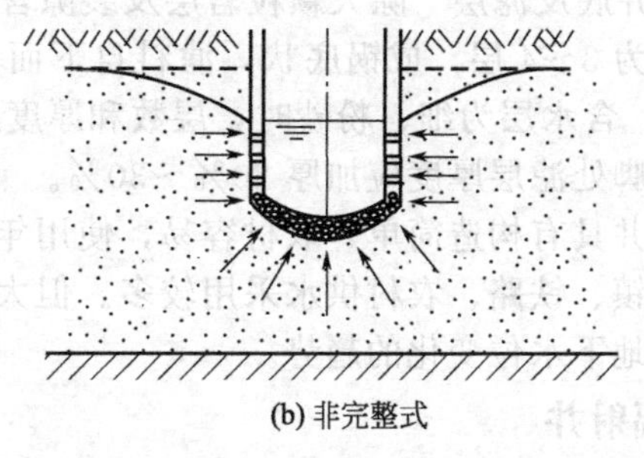

(b) 非完整式

图 2.4 大口井

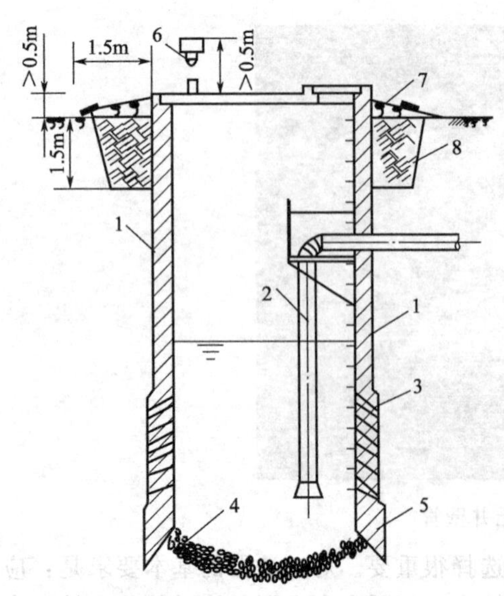

图 2.5 大口井的构造

1—井筒；2—吸水管；3—井壁进水孔；4—井底反滤层；5—刃脚；6—通风管；7—排水坡；8—黏土层

大口井外形通常为圆筒形，因为这种形状受力条件好，节省材料；对周围地层扰动很小，利于进水，但圆筒形井筒紧贴土层，下沉摩擦力较大，深度较大的大口井常采用阶梯圆形井筒。此种井筒系变断面结构，结构合理，具有圆形井筒的优点，下沉时可减少摩擦力。

(2) 井口 井口为大口井露出地表面的部分。为避免地表污水从井口或沿井壁侵入，污染地下水，井口应高出地表 0.5m 以上。并在井口周围修建宽度为 1.5m 的排水坡。如覆盖层系透水层，排水坡下面还应填以厚度不小于 1.5m 的夯实黏土层。

(3) 进水部分 进水部分包括井壁进水孔（或透水井壁）和井底反滤层。

(a) 井壁进水孔 通常有水平孔和斜形孔两种，如图 2.6 所示。

水平孔施工较容易，采用较多。壁孔一般为 100～200mm，直径的圆孔或 100mm×150mm～200mm×250mm 矩形孔，交错排列于井壁，其孔隙率在 15%左右。为保持含水层的渗透性，孔内装填一定级配的滤料层，孔的两侧设置不锈钢丝网，以防止滤料漏失。

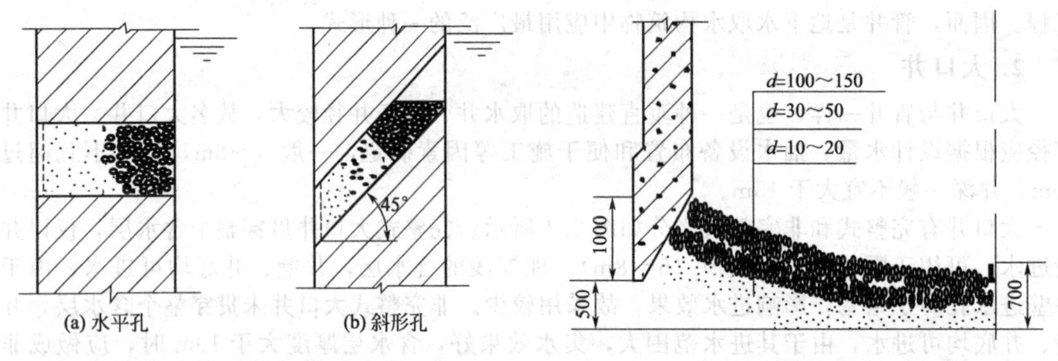

图 2.6 大口井井壁进水孔形式

图 2.7 大口井井底反滤层（单位：mm）

(b) 透水井壁 透水井壁由无砂混凝土制成。其制作方便，结构简单，造价低，但在细粉砂地层和含铁地下水中容易堵塞。

(c) 井底反滤层 除大颗粒岩层及裂隙含水层外，在一般含水层中都应铺设反滤层。反滤层一般为 3～4 层，成锅底状，滤料自下而上逐渐变粗，每层厚度为 200～300mm，如图 2.7 所示。含水层为细、粉砂时，层数和厚度应相应增加。由于刃脚处渗透压力较大，易涌砂，靠刃脚处滤层厚度应加厚 20%～30%。

大口井具有构造简单，取材容易，使用年限长，容积大，能兼起调节水量作用等优点，在中小城镇、铁路、农村供水采用较多。但大口井深度浅，对水位变化适应性差，采用时，必须注意地下水位变化的趋势。

3. 辐射井

辐射井是由集水井与很多辐射状铺设的水平或倾斜的辐射集水管组合而成，见图 2.8。

它是一种进水面积大、出水量高、适应性强的取水构筑物。单井出水量可达$10\times10^4m^3/d$以上。且具有管理集中、占地面积小、便于卫生防护的优点，但辐射管施工难度较高。

辐射井适用于大口井不能开采的、厚度较薄的含水层以及不能用渗渠开采的厚度薄、埋深大的含水层。

4. 复合井

复合井构造如图2.9所示，由大口井和管井的组合而成，是大口井和管井上下重合分层或分段取水的构筑物。

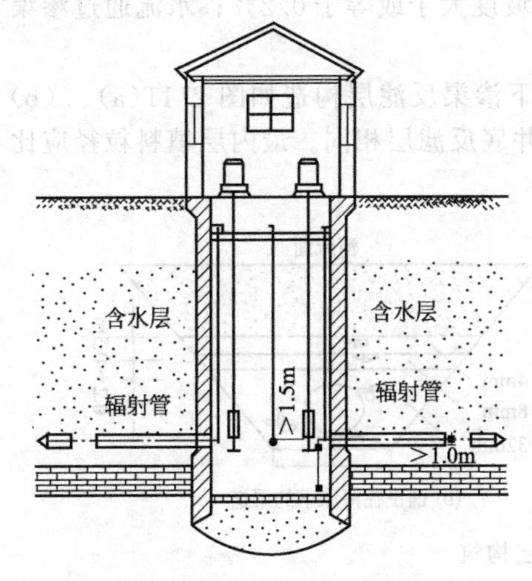

图2.8 单层辐射管的辐射井

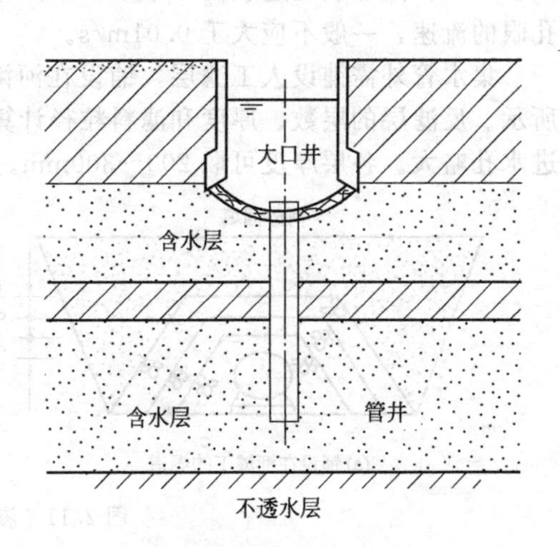

图2.9 复合井

当含水层厚度m和大口井半径r之比等于3～6时或者含水层透水性能较差时，可采用复合井以提高出水量。复合井上部的大口井部分构造同一般大口井构造相同。

由于复合井下部分的管井进水和大口井井底进水相互干扰，所以管井过滤器直径一般取200～300mm，过滤器长度l不大于含水层厚度m的75%，过滤器根数一般取1～3根。

5. 渗渠

渗渠即水平铺设在含水层中的集水管渠。渗渠可用于集取浅层地下水，如图2.10所示。也可铺设在河流、水库等地表水体之下或旁边，集取河床地下水或地表渗透水。由于集水管是水平铺设的，也称水平式地下水取水构筑物。

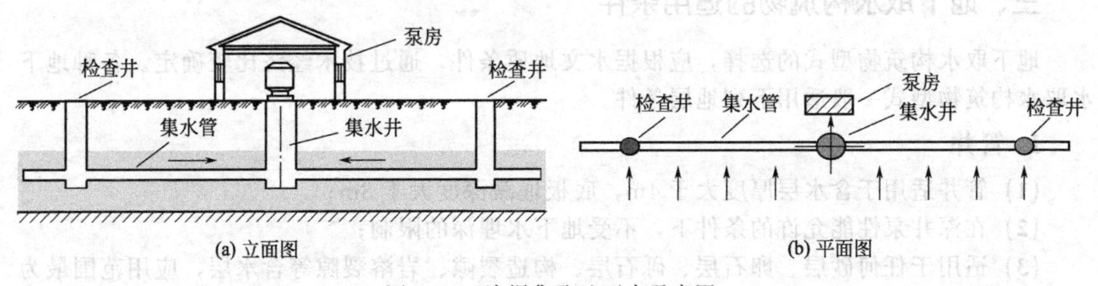

图2.10 渗渠集取地下水示意图

我国东北、西北的一些山区及山区前区的河流，其径流变化很大，枯水期甚至断流，河床稳定性差，冬季水情严重，地表水取水构筑物不能全年取水，而此类河流河床多覆有颗粒较粗、厚度不大的冲积层，蕴藏着河床地下水（河床潜流水）。渗渠正是开采此类地下水的最适宜的取水构筑物。它能适应上述特殊的水文情况，实现全年取水。所以它又可以称为渗透式取水构筑物。

渗渠的埋深一般为4~7m，很少超过10m，因此渗渠通常只适用于含水层厚度小于5m，渠底埋深小于6m的含水层。渗渠有完整式和非完整式之分，通常由水平集水管、集水井、检查井和泵站组成如图2.10所示。

集水管一般为穿孔钢筋混凝土管；水量较小时，可用穿孔混凝土管、陶土管、铸铁管；也可以用带缝隙的干砌块石或装配式钢筋混凝土暗渠。

渗渠中的管渠断面尺寸，应按下列数据计算确定：水流速度为0.5～0.8m/s；充满度为0.4～0.8；内径或短边长度不小于600mm；管底最小坡度大于或等于0.2%；水流通过渗渠孔眼的流速，一般不应大于0.01m/s。

集水管外需铺设人工滤层，铺设在河滩下和河床下渗渠反滤层构造如图2.11(a)、(b)所示。反滤层的层数、厚度和滤料粒径计算和大口井井底反滤层相同。最内层填料粒径应比进水孔略大。各层厚度可取200～300mm。

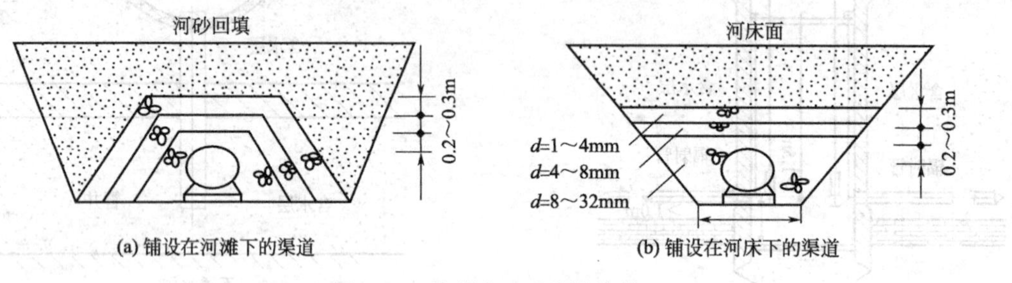

图2.11　渗渠人工反滤层构筑

在集取河床潜流水时，渗渠位置的选择，不仅要考虑水文地质条件，还要考虑河流水文条件，其一般原则如下。

(1) 渗渠应选择在河床冲积层较厚、颗粒较粗的河段，并应避开不透水的夹层如淤泥夹层之类。

(2) 渗渠应选择在河流水力条件良好的河段，避免设在有壅水的河段和弯曲河段的凸岸，以防泥砂沉积，影响河床的渗透能力，但也要避开冲刷强烈的河岸，否则可能增加护岸工程的费用。

(3) 渗渠应设在河床稳定的河岸。河床变迁，主流摆动不定，都会影响渗渠补给，导致出水量降低。

三、地下取水构筑物的适用条件

地下取水构筑物型式的选择，应根据水文地质条件，通过技术经济比较确定。各种地下水取水构筑物型式一般适用下列地层条件。

1. 管井

(1) 管井适用于含水层厚度大于4m，底板埋藏深度大于8m；

(2) 在深井泵性能允许的条件下，不受地下水埋深的限制；

(3) 适用于任何砂层、卵石层、砾石层、构造裂隙、岩溶裂隙等含水层，应用范围最为广泛。

2. 大口井

(1) 大口井适用于含水层厚度5m左右，底板埋藏深度小于15m；

(2) 适用于任何砂、卵石、砾石层，但渗透系数最好大于20m/d；

(3) 含水层厚度大于10m时应做成非完整井，非完整井由井壁和井底同时进水，不易堵塞，应尽可能采用；

(4) 在水量丰富、含水层较浅时，宜增加穿孔辐射管做成辐射井；

(5) 比较适合中小城镇、铁路及农村地下水取水构筑物。

3. 渗渠

(1) 渗渠适用于含水层厚度小于 5m，渠底埋藏深度小于 6m；

(2) 适用于中砂、粗砂、砾石或卵石层；

(3) 最适宜于开采河床渗透水。

正确选择取水构筑物型式、对于确保取水量、水质和降低工程造价影响很大。在选择时，除了考虑上述含水层的岩性构造、厚度、埋深及其变化幅度等之外，还要考虑取水构筑物相关设备材料的供应情况、现场施工条件和工期等因素，经综合比较后确定。

任务三　地表水取水构筑物

【任务内容及要求】

地表水水源水量充沛，分布广泛。由于地表水源种类的不同，其特征也不相同。其中各种地表水的水量分布、水位变化幅度、泥砂、漂浮物及冰凌情况各不相同，这些都影响着构筑物的形式，通过学习要熟悉各种构筑物的适用条件，合理选择及布置构筑物。

地表水是存在于地壳表面、暴露在大气中的水。地表水水源较之地下水源一般水量较充沛，分布广泛，因此很多城市及工业企业常常利用地表水作为给水水源。由于地表水水源的种类、性质和取水条件各不相同。因而地表水取水构筑物形式也不同。按取水构筑物的构造型式分固定式（岸边式、河床式、斗槽式）和活动式（浮船式、缆车式）两种。山区河流则有带低坝的取水构筑物和低栏栅式取水构筑物。以下逐一学习相关内容。

一、影响地表水取水构筑物设计的主要因素

地表水水源多数是江河，因此了解江河的特征以及这些特征与取水构筑物的关系，对取水构筑物的设计、施工和运行管理是十分重要的。

1. 江河的径流特征与取水构筑物的关系

江河的水位、流量和流速等是江河径流的重要特征，亦是江河的水文重要特征。径流变化规律是取水构筑物设计的重要依据。

在设计地表水取水构筑物时，应注意收集以下有关河流段的水位、流量和流速的资料：

(1) 河段历年的最高和最低水位、逐月平均水位和常年水位；

(2) 河段历年的最大流量和最小流量；

(3) 河段取水点历年的最大流速、最小流速和平均流速。

为了确保安全供水，江河取水构筑物在设计时要注意防洪标准。江河取水构筑物防洪标准，其设计洪水重现期不得低于 100 年。设计枯水位的保证率，应根据水源情况、供水重要性选定，应采用 90%～99%。用地表水作为城市供水水源时，其设计枯水流量的年保证率应根据城市规模和工业大用户的重要性选定，宜采用 90%～97%，城镇的设计枯水流量保证率，可根据具体情况适当降低。

特别提醒

(1)《城市防洪工程设计规范》(GB/T 50805—2012) 和《防洪标准》(GB 50201—1994) 都明确规定，堤防工程采用设计标准一个级别；水库大坝和取水构筑物采用设计和校核两级标准。

(2) 设计枯水位是用来确定固定式取水构筑物取水头部及泵组安装标高的决定因素。

2. 江河中泥沙、漂浮物及冰冻对取水构筑物的影响

江河中的泥沙和漂浮物对取水工程的安全和水质有很大影响。江河中的泥沙主要来源于雨雪水对地表土壤的冲蚀，其次是水流对河床和河岸的冲刷。江河中的泥沙，按其运动状态，可分为推移质和悬移质两大类。在水流作用下。沿河底滚动、滑动或跳跃前进的泥沙称为推移质（也称底沙），这类沙一般粒径较粗。另一类泥沙悬浮于水中，随水流前进的泥沙，称为悬移质（也称悬沙），这类泥沙一般粒径较细。在用自流管或虹吸管取水时，为避免水中的泥沙在管中沉积，设计流速不应低于沙的沉积流速。

泥沙及水草类的漂浮物，如果汇流到取水头部，可能会堵塞取水头部，严重影响取水，甚至造成停水事故。所以在设计取水头部时，必须了解江河的最高、最低和平均含沙量，泥沙颗粒的组成及分布规律、漂浮物的种类、数量和分布，以便采取有效的防沙防草措施。

我国北方大多数河流在冬季有冰冻现象，特别是水内冰、流冰和冰坝等，对取水安全有很大影响。

知识链接

(1) 冬季当河水温度降至0℃时，河流开始结冻。若河水流速较大时，由于水的紊动作用，使河水过度冷却，水中出现细小的冰晶。冰晶结成海绵状的冰屑、冰絮，称为浮冰。水内冰沿水深的分布与泥沙相反，越接近水面数量越多。水内冰极易黏附在进水口的格栅上，造成进水口堵塞，严重时甚至中断取水。

(2) 悬浮在水中的冰块顺流而下，形成流冰。流冰在河流急弯和浅滩处积聚起来，形成冰坝，使上游水位抬高。当春季气温上升到0℃以上时，冰雪融化，解体成冰块，由于冰坝后的积水一下冲出，称为春季流冰或春季汛凌，它的流速很快，具有很大的冲击力，对河床中取水构筑物的稳定性有较大的影响。

二、江河取水构筑物位置的选择

江河取水构筑物位置的选择是否恰当，直接影响取水的水质和水量、取水的安全可靠性、投资、施工、运行管理以及河流的综合利用。因此要选择合适的取水构筑物位置必须深入现场，做好调查研究，全面掌握河流的特性，根据取水河段的水文、地形、卫生等条件，全面分析，综合考虑。

在选择江河取水构筑物位置时，应考虑以下基本要求。

(1) 位于水质良好地带。

(2) 靠近主流，有足够的水深，有稳定的河床及岸边，有良好的工程地质条件。

(3) 尽量靠近主要用水地区。

(4) 应注意避开河流上的人工构筑物或天然障碍物。

(5) 尽可能不受冰凌、冰絮等影响。

(6) 不妨碍航运和排洪，并符合河道、湖泊、水库整治规划的要求。

三、江河固定式取水构筑物

由于地表水源的种类较多，地表水取水构筑物型式也有多种。按地表水种类划分可分为：江河取水构筑物、湖泊取水构筑物、水库取水构筑物、山区取水构筑物、海水取水构筑物。

按取水构筑物的构造划分，可分为固定式取水构筑物和移动式取水构筑物。固定式取水构筑物取水可靠，维护管理简单，适应范围较广，但造价高、水下工程量较大、施工工期

长。江河固定式取水构筑物主要分为岸边式和河床式两种，如图 2.12 所示，另外还有斗槽式等形式。

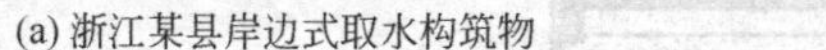

(a) 浙江某县岸边式取水构筑物　　(b) 江苏太湖河床式取水构筑物

图 2.12　江河固定式取水构筑物

1. 岸边式取水构筑物

直接从江河岸边取水的构筑物，称为岸边式取水构筑物，由进水间和泵房两部分组成。它适用于江河岸边较陡，江河主流靠近岸边，岸边有足够水深，水质和地质条件较好，水位变幅不大的情况。

(1) 岸边式取水构筑物的基本形式　按进水间和泵房合建与分建，岸边式取水构筑物的基本形式可分为合建式和分建式。

① 合建式岸边取水构筑物　合建式岸边取水构筑物是进水间与泵房合建在一起，设在岸边，如图 2.13 所示。河水经进水孔进入进水间的进水室，再经过格网进入吸水室，然后由水泵抽送至水厂或用户。合建式岸边取水构筑物的优点是：布置紧凑，占地面积小，水泵吸水管路短，运行管理方便，因而采用较广泛，但合建式土建结构复杂，施工困难。

当地基条件较好时，进水间与泵房的基础可以建在不同的标高上，呈阶梯式布置［图 2.13(a)］，这种布置可以利用水泵吸水高度以减少泵房的深度，有利于施工和降低造价，但水泵启动时需要抽真空。

当地基条件较差时，为了避免产生不均匀沉降，或者由于供水安全性要求高，水泵需要自灌启动时，则直接进水间与泵房的基础建在相同标高上［图 2.13(b)］，但泵房较深，土建费用增加，通风及防潮条件差，操作管理不方便。

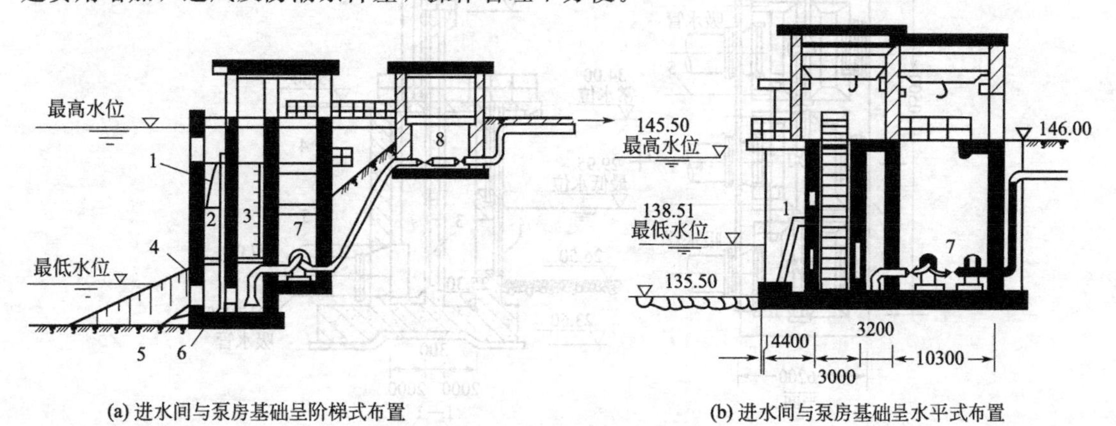

(a) 进水间与泵房基础呈阶梯式布置　　(b) 进水间与泵房基础呈水平式布置

图 2.13　合建式岸边取水构筑物

1—进水间；2—进水室；3—吸水室；4—进水孔；5—格栅；6—格网；7—泵房；8—阀门井

② 分建式岸边取水构筑物　靠近取水岸，水深岸陡，水位变幅较小，河床与河岸较稳定，当岸边地质条件较差，进水间不宜与泵房合建时，或者分建对结构和施工有利时，则采用分建式（如图 2.14 所示）岸边取水构筑物的进水间设于岸边，泵房则建于岸内地质条件较好的地点，但不宜距进水间太远，以免吸水管过长。进水间与泵房之间的交通大多采用引桥，有时采用堤坝连接。分建式土建结构简单，施工较容易，但操作管理不善，吸水管路较长，增加了水头损失，运行安全性不如合建式。

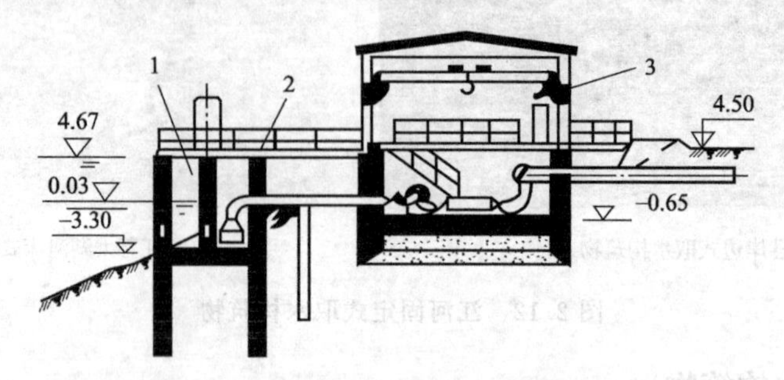

图 2.14　分建式岸边取水构筑物

1—进水间；2—引桥；3—泵房

(2) 岸边式取水构筑物的构造与设计

① 进水间　进水间一般由进水室和吸水室两部分组成。进水间可与泵房分建或合建。分建时进水间的平面形状有圆形、矩形、椭圆形等。

图 2.15 为岸边分建式进水间的构造，进水间由纵向隔墙分为进水室和吸水室，两室之间设有平板格网或旋转格网。在进水室外壁上开有进水孔，孔侧设有格栅。进水孔一般为矩形。进水室的平面尺寸应根据进水孔、格网和闸板的尺寸、安装、检修和清洗等要求确定。吸水室用来安装水泵吸水管，其设计要求与泵房吸水井基本相同。吸水室的平面尺寸按水泵吸水管的直径、数目和布置要求确定。

进水间通常用横向隔墙分成几个能独立工作的分格。当分格数少时，设连通管互相连

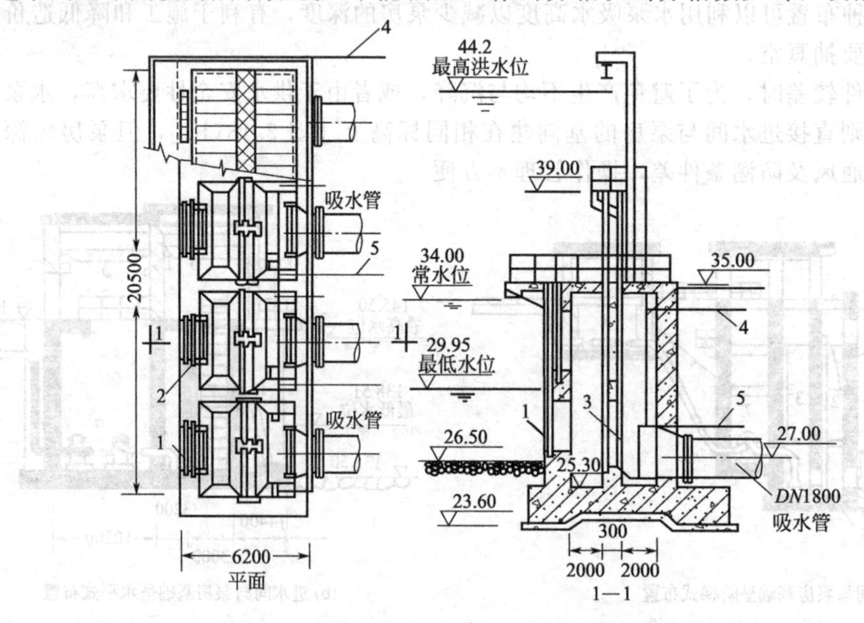

图 2.15　岸边分建式进水间

1—格栅；2—闸板；3—格网；4—冲洗管；5—排水管

通。分格数应根据安全供水要求、水泵台数及容量、清洗、排泥周期、运行检修时间、格栅类型等因素确定。一般不少于两格。大型取水工程最好一台设置一个分格，一个格网。当河中漂浮物少时，也可不设格网。

② 泵房的设计

a. 水泵的选择　水泵的型号及台数不宜太多，否则将增大泵房面积和土建造价。但水泵台数过少，又不利于调度，一般采用3～4台（包括备用泵）。当供水量变化较大时，应考虑大小水泵搭配，以利调节。

b. 泵房的平面布置　泵房的平面形状有圆形、矩形，椭圆形和半圆形等。矩形便于布置水泵、管路和起吊设备，水泵台数多时更为合适。圆形泵房适用于深度大于10m的泵房，其水力条件和受力条件较好，土建造价低于矩形泵房。椭圆形泵房适用于流速较大的河心泵房。

c. 泵房的高程布置　岸边式取水构筑物的泵房进口地坪的设计标高，根据《室外给水设计规范》（GB 50013—2006），应分别按下列情况确定：当泵房在渠道边时，为设计最高水位加0.5m；当泵房在江河边时，为设计最高水位加浪高再加0.5m，必要时尚应增设防止浪爬高的措施；泵房在湖泊、水库或海边时，为设计最高水位加浪高再加0.5m，并应设防止浪爬高的措施。

d. 泵房的起吊、通风、交通和电气设施　考虑到泵房内水泵机组需要检修，由于有些水泵机组重量较大，所以需要设置一些起吊设备，便于维修或更换部件。泵房内由于电动机转动，散热后造成室内气温上升，加之一般泵房内比较潮湿，为了保护电气设备，要加强通风，所以会利用自然通风或机械通风系统，使泵房有一个较好的通风环境。泵房内水泵启动、起吊，通风时需要配套的电气设施，泵房照明、报警等同样也需要设置相关配套的电气设备。

e. 泵房的抗浮和防渗　取水泵房跟河水接触会受到河水的浮力作用，所以在设计时必须考虑抗浮。常用的抗浮措施有：依靠泵房本身重量；在泵房顶部或侧壁增加重量来抗浮；将泵房底板扩大嵌固在岩石地基内增加抗浮力；在泵房底部打入锚桩与基岩锚固来抗浮以及利用泵房下部井壁和底板与岩石之间的黏结力，抵消一部分浮力。实际工程中采用何种措施，可以根据实地情况考察后制定。

取水泵房的井壁，要求能在水压作用下不产生渗漏。井壁的防渗主要在于混凝土的密室性，所以必须注意混凝土的抗渗强度和施工质量。

2. 河床式取水构筑物

河床式取水构筑物是利用伸入江河中心的进水管和固定在河床上的取水头部取水的构筑物。它由取水头部、进水管、集水间和泵房等部分组成。当河床稳定，河岸平坦，枯水期主流远离取水岸，岸边水深不够或水质较差，而河中心具有足够的水深或水质较好时可以采用这种形式。

河床式取水构筑物的基本形式有以下几种。

河水经取水头部的进水孔流入，沿进水管至集水间，然后由水泵抽走。集水间可以合建，也可以分建。按照进水管形式的不同，河床式取水构筑物有以下类型。

① 自流管取水　如图2.16所示。河水靠重力自流，由自流管进入集水井，工作比较可靠，但敷设自流管时，开挖土石方量较大。自流管埋深不大或者在河岸可以开挖隧道以敷设自流管时可以采用这种形式。

在河流水位变幅较大，洪水期历时较长，水中含沙量较高时，可在集水间壁上开设进水孔，或设置高位自流管取上层含沙量较少的水。

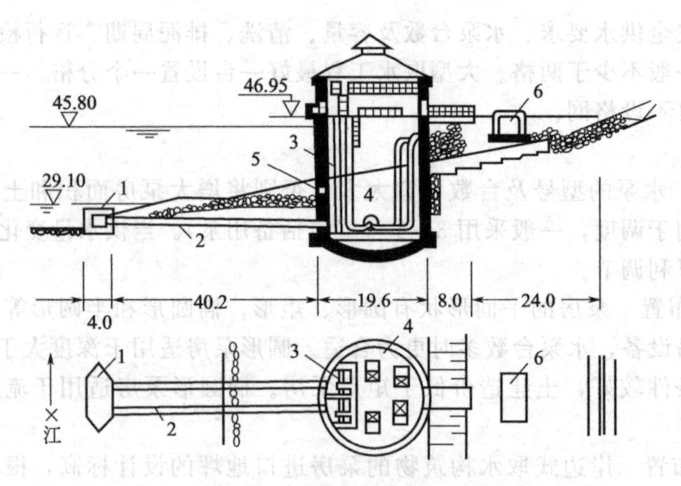

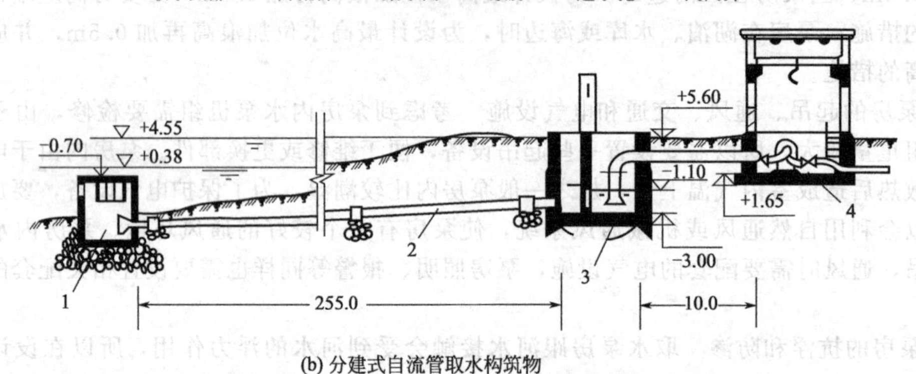

(a) 合建式自流管取水构筑物

1—取水头部；2—自流管；3—集水间；4—泵房；5—进水孔；6—阀门井

(b) 分建式自流管取水构筑物

1—取水头部；2—自流管；3—集水间；4—泵房

图 2.16　自流管取水构筑物

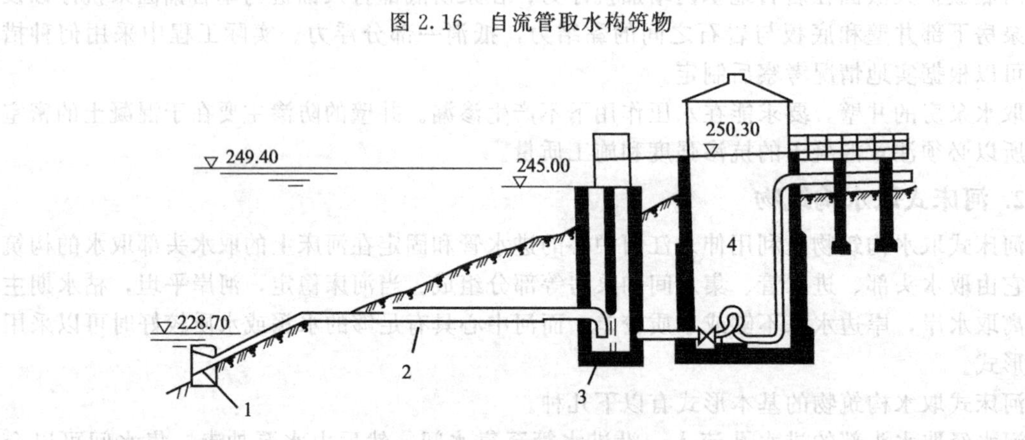

图 2.17　虹吸管取水构筑物

1—取水头部；2—虹吸管；3—集水间；4—泵房

② 虹吸管取水　如图 2.17 所示，河水通过虹吸管进入集水井中，然后由水泵抽走。当河水水位高于虹吸管管顶时，无需抽真空即可自流进水；当河水水位低于虹吸管管顶时，需将虹吸管抽真空后进水。此种方式，与自流管方式相比，造价低，工期短，施工质量要求高，并需保证严密不漏气，需要真空设备。在河滩宽阔、河岸较高、河床地质坚硬或管道需

穿越洪堤时可采用。

③ 水泵直接取水 如图 2.18 所示，水泵直接取水构筑物。该方式不设集水井，水泵吸水管直接伸入河中取水，由于可以利用水泵吸水高度以减少泵房深度，又省去集水间，故结构简单，施工方便，造价较低。在取水量小、河水较清、含泥沙、漂浮物少时可以采用此种方式。

④ 桥墩式取水 整个取水构筑物建在水中，在进水间的壁上设置进水孔如图 2.19 所示。与一般的河床式取水构筑物相比，桥墩式取水可在构筑物两侧壁开设进水孔，以扩大总进水面积，减小进水口的水流速度，或减小构筑物的平面尺寸；省去了取水头部及埋设于河床下的自流进水管，集水井与泵房合建，使整个泵房系统简化，便于集中力量进行突击施工。桥墩式取水构筑物建在河中，缩小了水流过水断面，容易造成附近河床冲刷，基础埋深大，水下工程量大，施工复杂，需要设置较长的引桥与岸边连接，影响航运。只有在枯水期主流远离取水岸，水位变幅较大，河水含砂量高而岸坡较缓，且河床地质条件不适宜建岸边取水构筑物的情况下，对于一些大型的，取水安全要求高的取水工程，才考虑采用桥墩式取水。

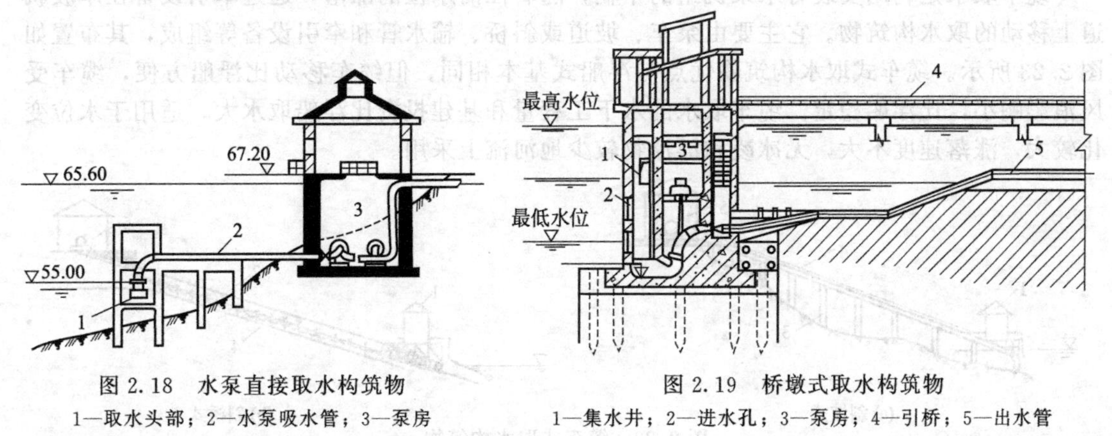

图 2.18 水泵直接取水构筑物

1—取水头部；2—水泵吸水管；3—泵房

图 2.19 桥墩式取水构筑物

1—集水井；2—进水孔；3—泵房；4—引桥；5—出水管

四、江河移动式取水构筑物

当水源水位变化幅度较大，水流不急，水位涨落速度小于 2.0m/h，要求施工周期短和建造固定式取水构筑物有困难时，可考虑采用移动式取水构筑物。

1. 浮船式取水构筑物

浮船式取水构筑物如图 2.20～图 2.22 所示，具有投资少、建设快、易于施工、有较大的适应性和灵活性、能经常取得含沙量少的表层水等优点，因此在我国西南、中南等地区应用较广泛。但浮船式取水构筑物也存在河流水位涨落时，需要移动船位，阶梯式连接时尚需

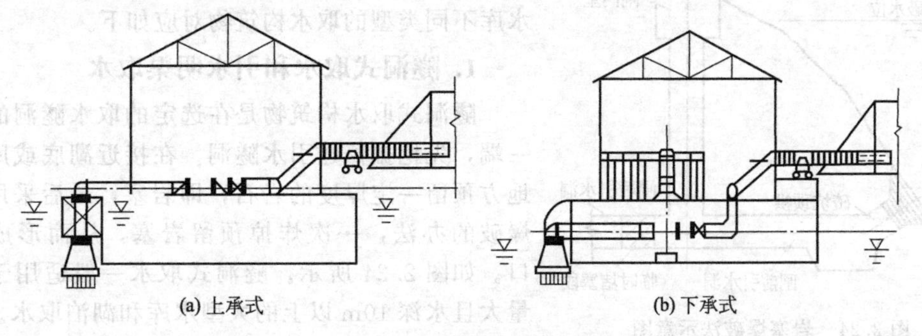

图 2.20 浮船式取水构筑物

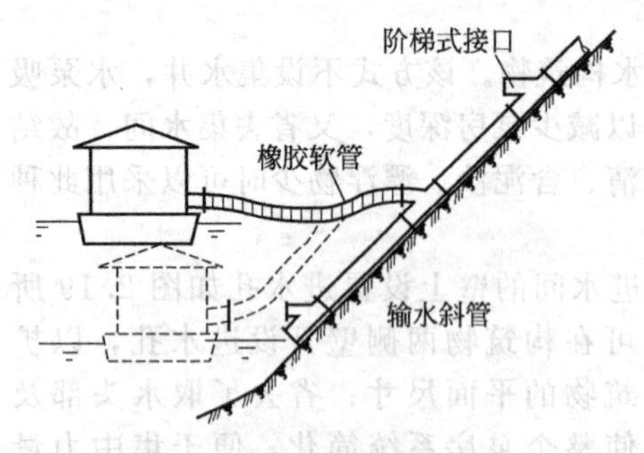

图 2.21 柔性联络管阶梯式连接

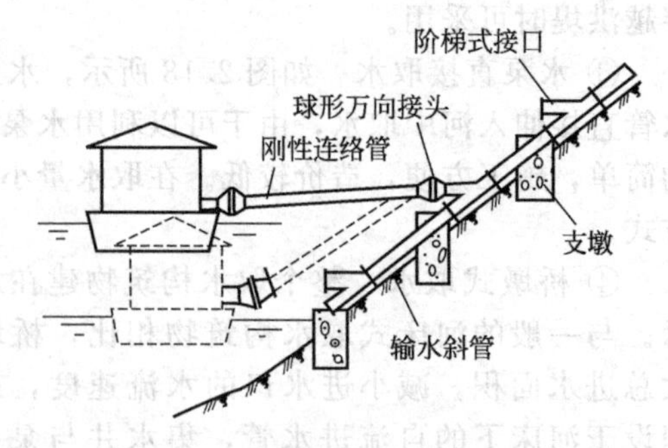

图 2.22 刚性联络管阶梯式连接

拆换接头，导致短时停止供水、操作管理麻烦、易受水流、风浪、航运影响，供水的安全可靠性较差等缺点。

2. 缆车式取水构筑物

缆车取水是利用安装有水泵机组的车辆，随着江河水位的涨落，通过牵引设备在岸坡轨道上移动的取水构筑物。它主要由泵车、坡道或斜桥、输水管和牵引设备等组成，其布置如图 2.23 所示。缆车式取水构筑物优点与浮船式基本相同，但缆车移动比浮船方便，缆车受风浪影响小，比浮船稳定。缆车取水的水下工程量和基建投资比浮船取水大，适用于水位变化较大，涨落速度不大，无冰凌和漂浮物较少地河流上采用。

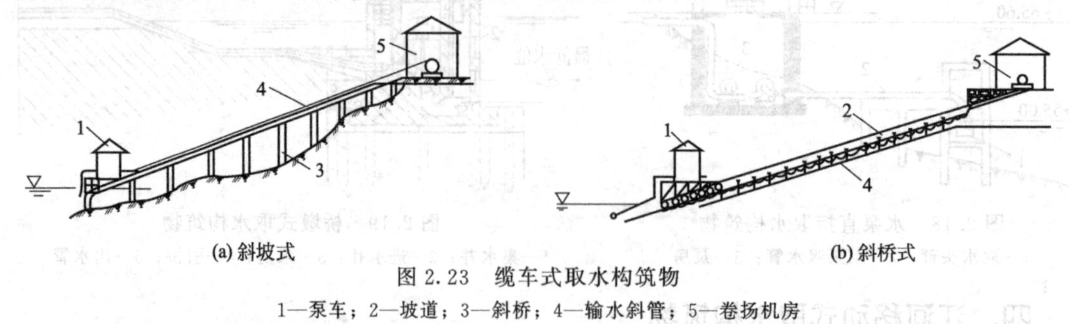

图 2.23 缆车式取水构筑物

1—泵车；2—坡道；3—斜桥；4—输水斜管；5—卷扬机房

五、湖泊与水库取水构筑物

湖泊、水库的补水主要来源于河水、地下水及降雨，因此其水质与补充水的水质有关。湖泊、水库中的浮游生物较多，多分布于水体上层 10m 深度以内的水域中，如蓝藻分布于水的最上层，硅藻多分布于深处。浮游生物的种类和数量，近岸处比湖中心多，浅水处比深水处多，无水草处比有水草处多。取水构筑物在选择和布置时要注意取水头部被水草堵塞，并在湖泊或水库水质相对较好的位置取水。湖泊和水库不同类型的取水构筑物对应如下。

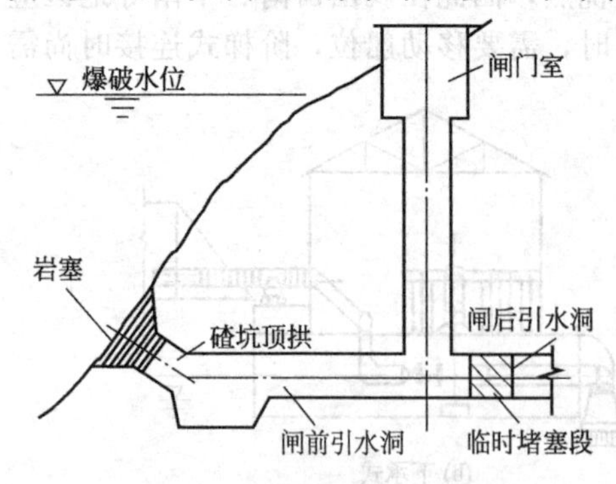

图 2.24 岩塞爆破法示意图

1. 隧洞式取水和引水明渠取水

隧洞式取水构筑物是在选定的取水隧洞的下游一端，先挖掘修建引水隧洞。在接近湖底或库底的地方预留一定厚度的岩石，即岩塞，最后采用水下爆破的办法，一次炸掉预留岩塞，从而形成取水口。如图 2.24 所示。隧洞式取水一般适用于取水量大且水深 10m 以上的大型水库和湖泊取水。水深较浅时，常采用引水明渠取水。

2. 分层取水构筑物

若湖泊和水库水深较大，暴雨后大量泥沙进入湖泊和水库，接近湖底处泥沙含量大，而到了夏季藻类近岸处比湖心处多，浅水区比深水区多，因此需在取水深度范围内设置几层进水孔，这样可根据季节不同，水质不同，取得不同深度处水质较好的水。

3. 自流管式取水构筑物

从浅水湖泊和水库取水，一般采用自流管或虹吸管把水引入岸边深挖的吸水井内，然后水泵的吸水管直接从吸水井内抽水。泵房与吸水井可以合建，也可以分建。图 2.25 为自流管式取水构筑物。

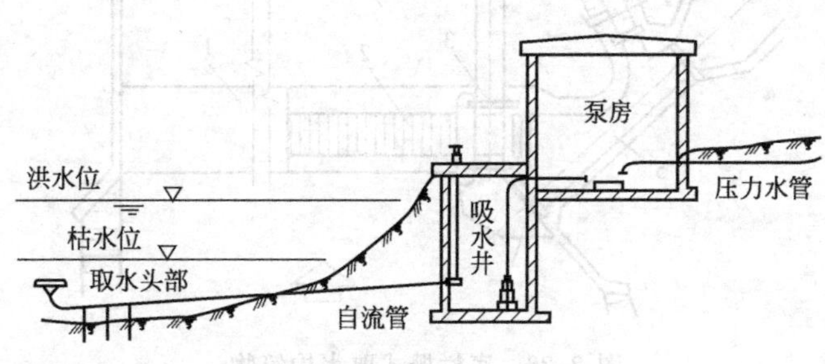

图 2.25　自流管式取水构筑物

六、山区浅水取水构筑物

山区浅水河流由于枯水期和洪水期水位变化幅度较大，暴雨过后水中泥沙、漂浮物含量较多，针对山区浅水河流的特征，取水构筑物也有不同的类型。

1. 低坝式取水构筑物

低坝式取水构筑物一般适用于推移质不多的山区浅水河流。它通过在河流上修筑低坝来提高水位拦截足够的水量。它有固定式和活动式两种形式（见图 2.26、图 2.27）。固定式低坝取水，在坝前容易淤积泥沙，活动式不出现这类问题，所以常被采用，但维护管理复杂。

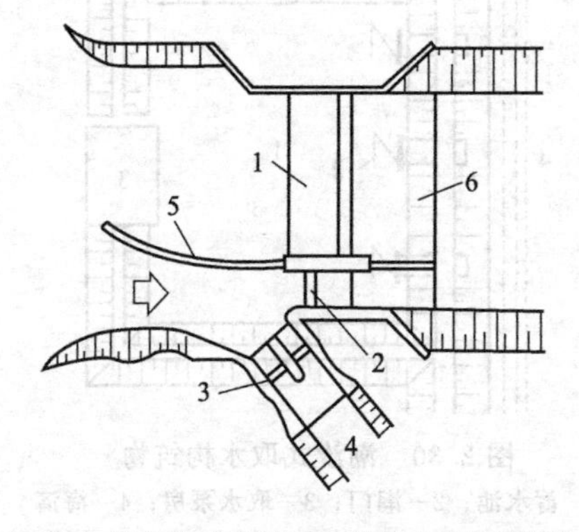

图 2.26　低坝取水构筑物-混凝土坝（固定式）

1—溢流坝；2—冲砂闸；3—进水闸；
4—引水明渠；5—导流堤；6—护坦

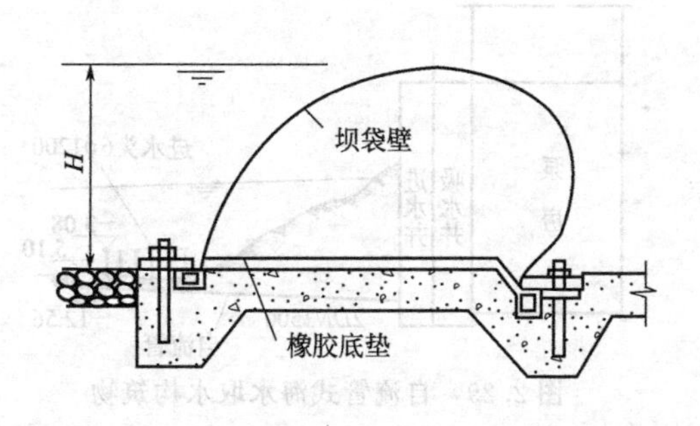

图 2.27　低坝取水构筑物-袋形橡胶坝（活动式）

2. 底栏栅取水构筑物

底栏栅取水构筑物通过在坝顶设置栏栅取水。它一般适用于大颗粒推移质较多的山区河流，取水量较大时采用。它由拦河低坝、底栏栅、引水廊道、沉砂池、取水泵站等部分组成。河水流经坝顶时，一部分通过栏栅流入引水廊道，经过沉砂池去除粗颗粒泥砂后，再由水泵抽走。其余河水经坝顶溢流，并将大粒径推移质、漂浮物及冰凌带至下游。

当取水量大、推移质多时，可在底栏栅一侧设置冲砂室和进水闸（或岸边进水口），如图 2.28 所示。冲砂室用来排除坝上游沉积的泥砂。进水闸在栏栅及引水廊道检修或冬季河水较清澈时进水。该构筑物设在河床稳定、顺直、水流集中的河段，并应避开受山洪影响较大的区域。

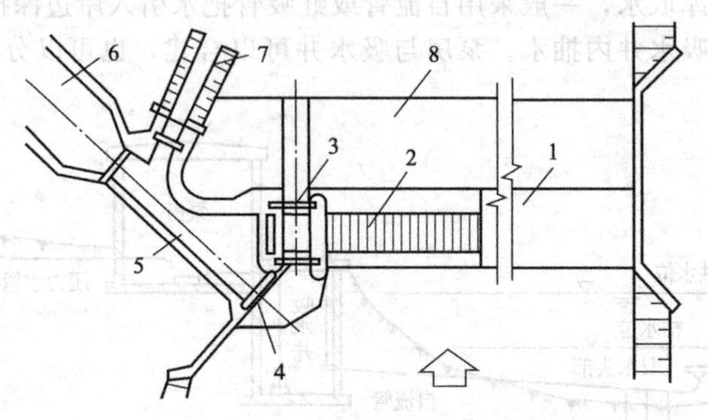

图 2.28 底栏栅式取水构筑物

1—溢流坝；2—底栏栅；3—冲砂室；4—进水闸；5—第二冲砂室；6—沉砂池；7—排砂渠；8—防洪护坦

七、海水取水构筑物

在缺乏淡水资源的沿海地区，随着工业的发展，用水量也日益增加，许多工厂逐渐广泛利用海水作为工业冷却用水。海水与江水、湖水不同，因此海水取水构筑物也具有不同的形式。

1. 引水管渠或自流管取水

当海滩比较平缓，可用自流管或引水管取水。见图 2.29。

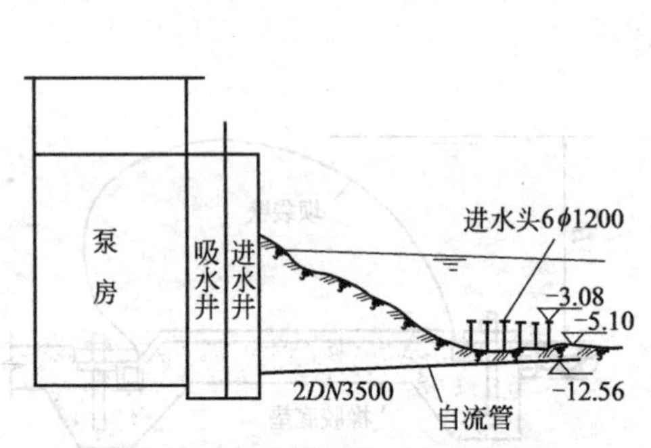

图 2.29 自流管式海水取水构筑物

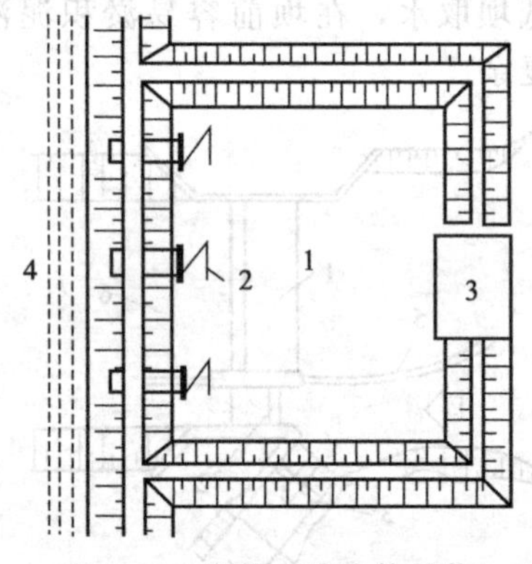

图 2.30 潮汐式取水构筑物

1—蓄水池；2—潮门；3—取水泵房；4—海湾

2. 岸边式取水

在深水海岸，当岸边地质条件较好，风浪较小，泥砂较少时，可采用岸边式取水构筑物，从海岸去水，或者采用水泵吸水管直接伸入海岸边取水。

3. 潮汐式取水

通过在海边围堤修建蓄水池，在靠海岸的池壁上设置若干潮门，涨潮时，海水推潮门，进入蓄水池；退潮时，潮门自动关闭，泵站自蓄水池取水（见图 2.30）。这种方式比较节能，但容积沉积泥砂。

小　结

通过本项目的学习，将项目的主要内容概括如下。

地下水和地表水作为给水水源有不同特点，地表水水源丰富、但容易受污染，地下水水质较好，水源确定后要注意水源地的保护。

地下水取水构筑物有不同类型，主要有管井、大口井、辐射井、复合井、渗渠，它们是适用不同形式的地下水，注意各个适用条件。

地表水影响因素较多，针对不同的地表分别有江河固定式取水构筑物，江河移动式取水构筑物，湖泊与水库取水构筑物，山区浅水取水构筑物，海水取水构筑物；其中江河固定式取水构筑物有岸边式和河床式，江河移动式取水构筑物有浮船式和缆车式。要熟悉不同地表水构筑物的特点，才能对不同地表水源能够正确选用。

思 考 题

1. 取水工程的任务是什么？
2. 地下水源和地表水源各有何特点？
3. 地下水取水构筑物有哪些形式，各有何特点？
4. 地表水取水构筑物有哪些形式？各有何特点？
5. 什么是岸边式取水构筑物，其基本形式及组成有哪些？
6. 什么是河床式取水构筑物，其基本形式及组成有哪些？

工学结合训练

【训练一】学中做

某地下水文地质勘察结果见表 2.1。

表 2.1　地下水文地质勘察结果

<table>
<tr><td colspan="2">地面标高/m</td><td>16.0</td></tr>
<tr><td rowspan="5">含水层</td><td>顶板下缘标高/m</td><td>10.0</td></tr>
<tr><td>静水位标高/m</td><td>7.0</td></tr>
<tr><td>抽水流量达设计流量时的动水位标高/m</td><td>5.5</td></tr>
<tr><td>底板面标高/m</td><td>2.0</td></tr>
</table>

对于上述勘察结果，得出了不同结论：

1. 实际含水层厚度为 3.5m，因此不能采用管井和大口井取水；
2. 含水层厚度大于 4m，底板埋藏深度大于 8m，可以采用管井取水；
3. 含水层厚度 5m，底板埋藏深度 14m，可以采用大口井取水；
4. 静水位深达 9m，不能采用渗渠取水。

对于以上结论，请你结合教材所学判断是否正确并说明理由。

【训练二】案例分析

某设计院承接一取水工程项目。土建设计人员需给排水专业设计人员提供泵房进口处的地坪设计标高值。建设单位提供拟取水口附近 50 年河流水位测量资料，其中测得的最高水位为 26.7m。经分析推算得到不同频率的最高水位见表 2.2。河水浪高为 1.4m。在这种情况下，欲设计岸边式取水泵房，泵房进口处的地坪设计标高应定为多少？

表 2.2 不同频率的最高水位

频率/%	设计最高水位/m	频率/%	设计最高水位/m
0.1	28.2	3.0	25.8
1.0	27.2	4.0	24.5
2.0	26.6	5.0	23.2

能，[illegible]。

小 结

通过本项目的学习，将项目的主要内容概括如下。

地下水和地表水作为给水水源各有不同特点，地表水水源[illegible]，地下水水质较好，水源确定后要注意水源地的保护。

地下水取水构筑物有不同类型，主要有管井、大口井、辐射井、复合井、渗渠，它们适用于不同形式的地下水，注意各个适用条件。

地表水影响因素较多，针对不同的地表水分别有江河固定式取水构筑物、[illegible]；其中江河固定式取水构筑物有岸边式和河床式，江河移动式取水构筑物有浮船式和缆车式。要熟悉不同地表水构筑物的特点，才能对不同地表水源作出正确选用。

思 考 题

1. 取水工程的任务是什么？
2. 地下水源和地表水源各有何特点？
3. 地下水取水构筑物有哪些形式，各有何特点？
4. 地表水取水构筑物有哪些形式，各有何特点？
5. 什么是岸边式取水构筑物，其基本形式及组成有哪些？
6. 什么是河床式取水构筑物，其基本形式及组成有哪些？

工学结合训练

【训练一】学中做

某地下水文地质勘察结果见表2.1。

表 2.1 地下水文地质勘察结果

地面标高/m		15
含水层	[illegible]标高/m	13.5
	[illegible]/m	[illegible]
	抽水流量已设计流量时的动水位标高/m	[illegible]
	底板面标高/m	2

对于上述勘察结果，得出了不同结论：

1. 某结论含水层厚度为3.5m，因此不能采用管井和大口井取水；
2. 含水层厚度大于4m，底板埋藏深度大于8m，可以采用管井取水；
3. 含水层厚度5m，底板埋藏深度14m，可以采用大口井取水；
4. 静水位深达9m，不宜采用渗渠取水。

对于以上结论，请你结合教材所学判断是否正确并说明理由。

【训练二】案例分析

某设计院承接一取水工程项目，[illegible]进口处的设计标高值，建设单位提供取水口附近30年河流水位观测资料，其中洪水的最高水位为28.7m，经分析推算得到不同频率的最高水位见表2.2，河床最高为1.4m，在这种情况下，试设计岸边式取水系统，确定进口处的设计标高应定为多少？

项目三 市政给水管道材料、附件及附属构筑物

项目导读

本项目要求学生在熟悉各类给水管材及附件，对不同种类的管材要熟悉其优缺点，在工程实践中，选择给水管材时能够选出经济合理的给水管材；对给水管道设置附件的原理要理解，能够熟悉给水附件的作用及应用场所；了解各类给水调节构筑物及附属构筑物的构造及作用。

知识目标

· 熟悉各类管材及新型管材的特点

· 熟悉各类给水附件的特点及应用

· 了解各类给水调节构筑物及附属构筑物的作用及构造

能力目标

· 具备正确选择给水管材的能力

· 具备合理选择及正确运用给水附件的能力

· 具备认知各类调节构筑物及附属构筑物的能力

任务一 给水管材及附件

【任务内容及要求】

给水管材种类繁多，新型管材也层出不穷，通过对各种管材的学习，要能够在不同场所及环境条件下正确选择给水管材，在熟悉各种给水附件的性能及特殊作用，能在管段的适当位置，合理布置给水附件，保证管网系统正常运行。

如果将自来水厂比作“心脏”，那么城镇给水管网好比是“血管”将自来水厂出来的“血液”源源不断补给城镇。而作为“血管”的城镇给水管网是由众多水管连接而成。给水管道要正常工作，其性能应满足下列要求：

(1) 有足够强度可以承受来自外部和内部的荷载；

(2) 有良好的水密性不导致经常漏水；

(3) 管内壁水力条件好水流阻力损失小；

(4) 管内卫生条件好不会产生污染水质的成分；

(5) 价格低使用年限长即经济耐用。

一、给水管材

给水管道根据材质的不同可分为金属管、非金属管和复合管。水管材料的选择应根据管

径、内压和外部荷载和管道敷设区的地形、地质、管材的供应，按照运行安全、耐久、减少漏损、施工和维护方便、经济合理以及清水管道防止二次污染的原则，综合考虑后选择。

1. 铸铁管

铸铁管按材质可分为灰铸铁管（也称连续铸铁管）和球墨铸铁管。

灰铸铁管具有较强的耐腐蚀性，但由于连续铸铁管工艺的缺陷，质地较脆，抗冲击和抗震能力差，重量较大施工不方便，接口容易漏水和发生爆管事故。

球墨铸铁管不仅具有灰铸铁管的许多优点，而且力学性能有很大提高，其强度是灰铸铁管的多倍，抗腐蚀性能远高于钢管，如图 3.1 所示。除此之外，球墨铸铁管重量较轻，很少发生爆管、渗水和漏水现象。球墨铸铁管采用推入式楔形胶圈柔性接口，也可以用法兰接口，施工安装方便，接口的水密性好，有适应地基变形的能力，抗震效果较好。

图 3.1 球墨铸铁管

图 3.2 焊接钢管

2. 钢管

钢管有无缝钢管和焊接钢管两种（如图 3.2 所示）。钢管的特点是耐压高、耐振动、重量轻、单管的长度和接口方便，但耐腐蚀性差，管壁内外都需要有防腐蚀措施，而且造价较高。在给水管网中，通常只在大管径和水压高处，以及因地质、地形条件限制或穿越铁路、河谷和地震地区时使用。

3. 预应力和自应力钢筋混凝土管

预应力钢筋混凝土管分普通和加钢套筒（PCCP）两种。如图 3.3 所示。预应力钢套筒混凝土管是在预应力钢筋混凝土管内放入钢筒，兼有钢管和混凝土管的优点。成本比钢管

(a) 南水北调工程应用的PCCP管(一)

(b) 南水北调工程应用的PCCP管(二)

图 3.3 钢套筒钢筋混凝土管 PCCP

低，耗钢量比钢管省70%。内壁光滑、水力性能好、施工方便，使用寿命比钢管高1倍，适合于大口径压力管。

自应力钢筋混凝土管用自应力混凝土并配置一定数量的钢筋制成。自应力钢筋混凝土管容易出现二次膨胀及横向断裂，最大管径600mm，可用在郊区或农村等水压较低的次要管线上。

4. 玻璃钢管

玻璃钢管是一种新型管材，以玻璃纤维和环氧树脂为基本原料预制而成，能长期保持较高的输水能力，还具有耐腐蚀、不结垢、强度高、水流阻力小、重量轻，是钢管的1/4左右，可以在强腐蚀性土壤处采用，但价格相对较高。

近年来，在玻璃钢管的基础上发展起来的玻璃纤维增强塑料夹砂管（简称玻璃钢夹砂管或RPM管），如图3.4所示，增强了玻璃钢管的刚性和强度。RPM管用高强度的玻璃纤维增强塑料作内、外面板，中间以廉价的树脂和石英砂作芯层组成夹芯结构，提高弯曲刚度，通过内衬层形成的复合管壁结构，达到防渗漏目的。

图3.4　玻璃钢夹砂管

图3.5　UPVC管

5. 塑料管

塑料管一般以塑料树脂为原料，加入稳定剂、润滑剂等，以注塑的方法在制管机内经挤压加工而成。它具有重量轻、耐腐蚀、内壁光滑不结垢、外形美观、加工容易、施工方便等优点。

塑料管有多种，如硬聚氯乙烯管（UPVC）（如图3.5所示）、聚乙烯管（PE）（如图3.6所示）、聚丁烯管（PB）、交联聚乙烯管（PEX）（如图3.7所示）、聚丙烯共聚物管（PP-R、PP-C）等。但塑料管材强度低，热膨胀系数较大，用于长距离管道时，需考虑温度补偿措施。

图3.6　PE管

图3.7　PEX管

6. 其他复合管

新型管材中有一些复合管材如双金属复合管、钢塑复合管和铝塑复合管。对于工厂和小区市政给水管材可以采用钢塑复合管或铝塑复合管。它们既有金属管材的优点，又有塑料管材的优点。

钢塑复合管是在基体钢管或钢材内壁和外表面衬涂热熔性塑料（如图 3.8 所示）。按涂衬塑料的形态和方法分为衬塑复合钢管和涂塑复合钢管。衬塑复合钢管是采用热胀法或缩径法在钢管内壁，按输送介质的要求内衬聚乙烯（PE）、耐热聚乙烯（PE-RT）、交联聚乙烯（PEX）、聚丙烯（PP）、硬聚氯乙烯（PVC-U）、氯化聚氯乙烯（PVC-C）等热塑性塑料管制成。涂塑复合钢管是在已加热的钢管内外壁喷涂聚乙烯塑料或环氧树脂，然后加热使塑料固化。

铝塑复合管是用搭接焊铝管或对接焊铝管作为嵌入金属层通过共挤热熔黏结剂与内外层塑料复合而成（如图 3.9 所示）。塑料多采用聚乙烯（PE）、无规共聚聚丙烯（PE-RT）、耐热聚乙烯（PE-RT）、交联聚乙烯（PE-X），热熔胶采用乙烯丙烯酸。

图 3.8　钢塑复合管

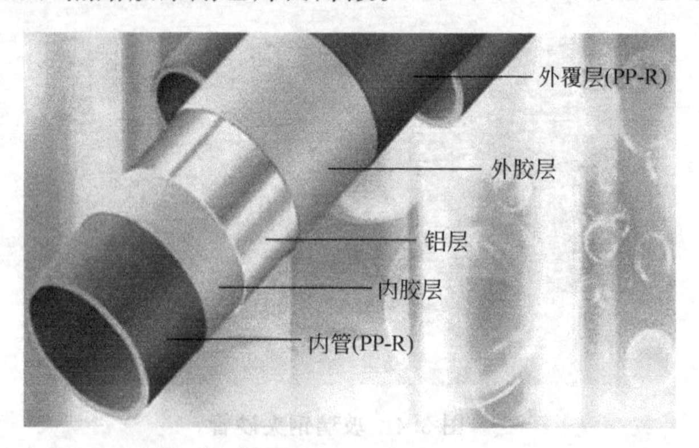

图 3.9　铝塑复合管

二、给水管网附件

为了保证管网正常工作，管网上还需要设置一些起调节流量、压力、排泄及检修等作业的附件。

1. 阀门

在给水管网中，阀门通常起到调节流量、压力大小，截断水流的作用，在输水管网系统中能够分段、分区以便后期的安装及检修。在给水系统中主要使用的阀门有三种：闸阀、蝶阀和旋塞阀。

(1) 闸阀　闸阀通过闸板发生与水流方向垂直的运动（如图 3.10 所示），起到对过流断面全开和全关的作用，闸阀不能用来调节流量大小。因为闸板处于半开位置时，会受到水流冲击使密封面破坏，还会产生振动和噪声。

闸阀具有流体阻力小、开闭所需外力较小、介质的流向不受限制等优点；但外形尺寸和开启高度都较大、安装所需空间较大、水中有杂质落入阀座后阀不能关闭严密、关闭过程中密封面间的相对摩擦容易引起擦伤现象。对于大口径的闸阀，手工开启或关闭费时费力，一般采用电动启闭，旁边可设旁通管，以减少其启闭对给水管路的影响。

截止阀是指关闭件（阀瓣）沿阀座中心线移动的阀门，如图 3.11 所示。它的启闭件是塞形的阀瓣，密封面呈平面或锥面，阀瓣沿阀座的中心线作直线运动。按阀杆的运动形式分暗杆式和明杆式。

图 3.10　闸阀

图 3.11　截止阀

图 3.12　蝶阀

图 3.13　球阀

截止阀结构简单，制造和维修比较方便；工作行程小，启闭时间短；在开闭过程中密封面的摩擦力比闸阀小，耐磨；但是流体阻力大，开启和关闭时所需力较大；不适用于带颗粒、黏度较大、易结焦的介质。

(2) 蝶阀　蝶阀是其阀瓣利用偏心或同心轴旋转的方式达到启闭的作用，如图 3.12 所示。蝶阀的外形尺寸小于闸阀，结构简单，开启方便，旋转 90°就可以全开或全关。可用在中、低压输水管线上，如水处理构筑物相互连接的管线上。

它具有操作力矩小、开闭时间短、安装空间小、重量轻等优点；蝶阀的主要缺点是蝶板占据一定的过水断面，增大水头损失，且易挂积杂物和纤维。

(3) 旋塞阀　旋塞阀是通过阀芯和密封面的接触紧密来维持阀的密封的，也是靠阀芯的旋转来打开流道的。旋塞阀的阀芯是柱状或锥头圆柱状的，也可以是球状，即通常所说的球阀，如图 3.13 所示。

球阀的主要特点是本身结构紧凑，密封可靠，结构简单，维修方便，密封面与球面常在闭合状态，不易被介质冲蚀，易于操作和维修。但它一般造价较高，如管道内有杂质，容易被杂质堵塞，导致阀门无法打开。

2. 止回阀

止回阀是启闭件靠介质流动和力量自行开启或关闭，以防止介质倒流的阀门，又称单向阀或逆止阀（如图 3.14 所示）。通常流体在压力作用下使阀门的阀瓣开启，并从进口侧流向出口侧。当进口侧压力低于出口侧时，阀瓣在流体压力和本身重力的作用下自动地将通道关闭。一般安装在水泵出水管、用户接入管和水塔、水箱进水管处。根据启闭件动作方式不同，可分为旋启式止回阀、升降式止回阀、蝶式止回阀等类型。

升降式止回阀动作可靠，但流体阻力较大，适用于轻小口径的场合。升降式止回阀可直通式和立式两种。直通式升降止回阀一般只能安装在水平管路，而立式升降止回阀一般就安装在垂直管路。

图 3.14 止回阀

图 3.15 泄压阀

图 3.16 水锤消除器

旋启式止回阀的阀瓣绕转轴作旋转运动。其流体阻力一般小于升降式止回阀，它适用于较大口径的场合。旋启式止回阀根据阀瓣的数目可分为单瓣旋启式、双瓣旋启式及多瓣旋启式三种。单瓣旋启式止回阀一般适用于中等口径的场合，若用在大口径管路上时，为减少水锤压力，最好采用能减少水锤压力的缓闭止回阀。双瓣旋启式止回阀适用于大中口径管路。对夹双瓣旋启式止回阀结构小、重量轻，是一种发展较快的止回阀；多瓣旋启式止回阀适用于大口径管路。

蝶式止回阀的结构类似于蝶阀。其结构简单、流阻较小，水锤压力亦较小，但密封性相对较差。

特别提醒

(1) 给水管道上使用的阀门，可根据不同需要选择，一般的要求水流阻力小的部位，如水泵吸水管上，宜采用闸阀，安装空间较小的场所，可以考虑采用蝶阀、球阀。

(2) 止回阀设计时，图纸上需标明流向，安装时严格按图纸所示进行安装；水平和竖直设置的管段要正确选择相应的止回阀。旋启式止回阀装于竖直管段上，水流方向要由下而上。

3. 管网防护设备

管网系统在运行过程中，由于水泵和阀门突然的启闭，会导致管道中压力的骤然变化，使管道局部承受巨大的压力，产生超压或水锤现象，为保护管网安全，保证系统的正常运行，需要在管道上设置一些防护设备。

(1) 恒压控制设备 装设在管道上，通过从管网压力检测反馈来的数据，自动控制水泵的开、停和转速调节的设备。主要用来保持供水管网中压力恒定，避免过大的压力波动。

(2) 泄压设备

① 泄压阀 泄压阀又名安全阀（safety valve），一般安装于封闭系统的设备或管路上保护系统安全如图 3.15 所示。当设备或管道内压力超过泄压阀设定压力时，即自动开启泄压，保证设备和管道内介质压力在设定压力之下，保护设备和管道，防止发生意外。

泄压阀结构主要有两大类：弹簧式和杠杆式。弹簧式是指阀瓣与阀座的密封靠弹簧的作用力。杠杆式是靠杠杆和重锤的作用力。随着大容量的需要，又有一种脉冲式泄压阀，也称为先导式泄压阀，由主泄压阀和辅助阀组成。

② 水锤消除器 水锤消除器（如图 3.16 所示）能在无需阻止流体流动的情况下，有效地消除各类流体在传输系统可能产生的水外锤和浪涌发生的不规则水击波震荡，从而达到消除具有破坏性的冲击波，起到保护之目的。

知识链接

(1) 水锤是在突然停电或者在阀门关闭太快时，由于压力水流的惯性而产生水流冲击波，就像锤子敲打一样，所以叫水锤。水流冲击波来回产生的力，锤击管道产生较大噪声甚至破坏阀门和水泵。

(2) 水锤防护可以从防止水锤发生着手，如尽量减低管道中水的流速、延长阀门开启和关闭的时间等，也可采用水锤防护装置如设置水锤消除器、调压塔等。

4. 排气阀和泄水阀

排气阀安装在管线隆起部分，为了排除管线投产、检修后通水时管线内的空气以及平时从水中释出的气体（如图 3.17 所示）。因为空气积聚在管中，会缩小过水断面，增加水头损失。一般在地形隆起的高处设置。平地敷设的管线通常 1000m 左右设置一个。

为了排除管道内沉积物或检修防放空以及排放管道消毒水、冲洗水，在管道最低点设置的泄水阀门（如图 3.18 所示）。泄水阀与排水管连接，其管径由所需放空时间确定。若要加速排水，可根据需要同时安装进气管或进气阀。

图 3.17 排气阀

图 3.18 泄水阀

图 3.19 地上式消火栓

3.20 地下式消火栓

5. 消火栓

消火栓主要供消防车从市政给水管网或室外消防给水管网取水实施灭火，也可以直接连接水带、水枪出水灭火。所以它是一种扑救火灾的重要消防设施。消火栓分地上式和地下式（如图 3.19、图 3.20 所示），前者适用于气温较高的地区，后者适用于气温较低的地区。

任务二 给水管网调节构筑物及附属构筑物

【任务内容及要求】

给水管网系统为了平衡水量，需要设置一些调节构筑物，用来调节供水量或水压，以节约系统的能量；管网系统还需在给水附件设置阀门井，在特殊位置或穿越障碍物时，还需设置一些特殊构筑物，要通过学习了解其作用及构造。

一、管网调节构筑物

由取水泵站从水源地取得的水，经过混凝、沉淀、消毒等处理后，通过供水泵站输送给用户。由于各种原因，用户用水量时刻发生着变化。所以取水泵站的取水、供水泵站的供水和用户的用水三者之间存在水量差异，因此需要设置一些调节构筑物，如水塔及水池。它们能够在用水高峰时供水，用水低峰时蓄水。

1. 水池

在取水泵站与供水泵站之间，通常会设置两座及以上的清水池。水池可以设置在地面上（如图 3.21 所示），也可以设置在地面以下（如图 3.22 所示），有些城市，如有可利用的地形，通过方案比较确定后，可以将清水池设置在城市的高处。水池一般由进水管、出水管、溢流管、排水管、通气孔、检修孔、导流墙、水位指示装置、池体，导流墙等组成。

水池的材质可以有混凝土水池、预应力钢筋混凝土水池和砖石水池等，其中以钢筋混凝土水池使用最广，其形状可以做成圆形或矩形。

图 3.21 地上式清水池

图 3.22 地下式清水池

水池应有单独的进水管和出水管，安装位置高度要尽量保证池内水流的循环。此外还需要有溢水管，管径可比进水管大一级，管端有喇叭口，溢流管上不装设阀门。水池的排水管接到集水坑内，管径一般按 2h 内将水池放空确定。容积 $1000m^3$ 以上的水池，至少应设两个检修孔。池顶设通风孔，便于池内自然通风，一般高出水池覆土面 0.7m 以上。池顶覆土一般 0.5～1.0m，厚度结合当地气温及抗浮要求而定。清水池应设水位连续测定装置如超声波液位仪，发出上、下限水位信号。

不同材质的水池，有不同的特点。砖石水池，节约建材，造价低，但是抗拉抗渗、抗冻性能差。预应力钢筋混凝土水池可做成圆形或矩形，水密性较高。大型水池一般采用此种材料，它与混凝土水池相比，造价低。近年来，也采用装配式钢筋混凝土水池。水池的梁、板、柱等构件事先预制，各构件拼装完毕后，外面加钢箍，接缝处喷涂砂浆。

2. 水塔

水塔是用来保持和调节给水管网中的水量和水压的一种高耸构筑物。它主要由水柜、基础和连接两者的支筒或支架等组成，水柜的形状可以是倒锥形也可近似圆柱形（如图 3.23、图 3.24 所示）。在城市建筑中，水塔是一种比较常见而又特殊的建筑物。多数水塔采用混凝土或砖石建造，以钢筋混凝土水塔或砖支座的钢筋混凝土水柜用的居多。

砖石水塔，适用于水箱容量为 $30m^3$、$50m^3$ 的小型水塔。其优点是施工方便，设备简单，节约三大材料，便于因地制宜，就地取材。钢筋混凝土水塔，塔身和水箱全部采用钢筋混凝土浇筑，一般常见于水箱容量较大或水塔高度较高者。其优点是抗震性能好。虽然施工比较复杂，但采用滑模施工的方法，可大大提高施工速度。装配式水塔由钢丝网水泥水箱、装配式预应力钢筋混凝土抽空杆件支架及板式基础组成，除基础现浇外，水箱和支架杆件均为预制吊装。这种水塔具有节约材料、缩短工期、便于机械化施工等优点。

图 3.23　倒锥形水塔

图 3.24　圆柱形水塔

二、管网附属构筑物

1. 阀门井

阀门井用来安装管网中附件（阀门、排气阀、地下式消火栓等）的构筑物（如图 3.25 所示）。阀门井一般用砖砌，也可以用石砌或钢筋混凝土建造。阀门井的平面尺寸取决于水管直径，附件的种类和数量。井内空间需满足阀门操作、拆卸所需的最小空间。阀门井深度与水管埋设相关。

图 3.25　阀门井平面图

图 3.26　一体式阀门井剖面图

阀门井一般用砖砌，也可以用石砌或钢筋混凝土建造，近年来出现了预制式和一体式阀门井（如图 3.26 所示）。预制式多为混凝土砌块拼砌而成，一体式多为塑料材质。

阀门井通常由井底、井身和井盖组成。井底以下素土夯实，可根据需要是否铺设基础。井壁可以砖砌、钢筋混凝土浇筑或混凝土块拼装而成。井底和井壁一般需做防渗处理，防止地下水入渗，井盖需有足够强度，承受上部荷载。

2. 管道支墩

当管内水流通过承插式接口的弯管、三通、水管尽端的盖板上以及缩管处，都会产生拉力，接口可能因此松动脱节而使管道漏水，因此需要在这些部位设置支墩（如图 3.27 所示）。

（1）设计原则

① 当管径小于300mm或管道转弯角度小于10°，且水压不超过980kPa时，可以不设置支墩。

② 管径大于600mm管线上，水平敷设时应尽量避免选用90°弯头，垂直敷设时应尽量避免使用45°以上的弯头。

③ 支墩后背必须为原土，并接触紧密，若有空隙需用于支墩材料相同材料填实。

④ 支墩后背的土壤，最小厚度应大于墩底在设计地面以下深度的3倍。

（2）推力计算　管道支墩大小和管道截面计算与外推力对支墩产生的压力大小有关。如图3.27、图3.28所示。根据管道验收试验压力可以计算出截面外推力：

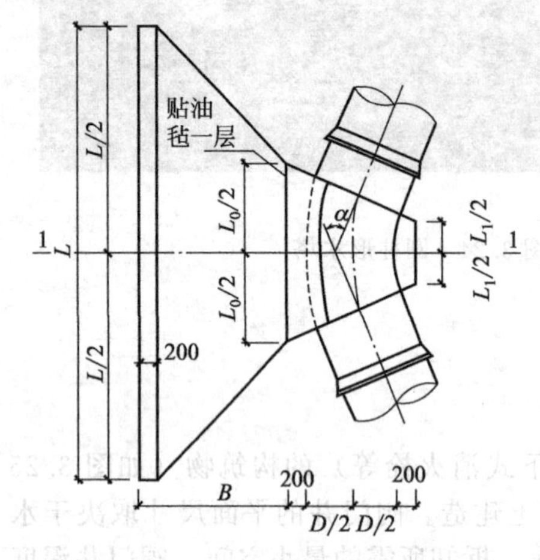

图3.27　水平弯管支墩平面图

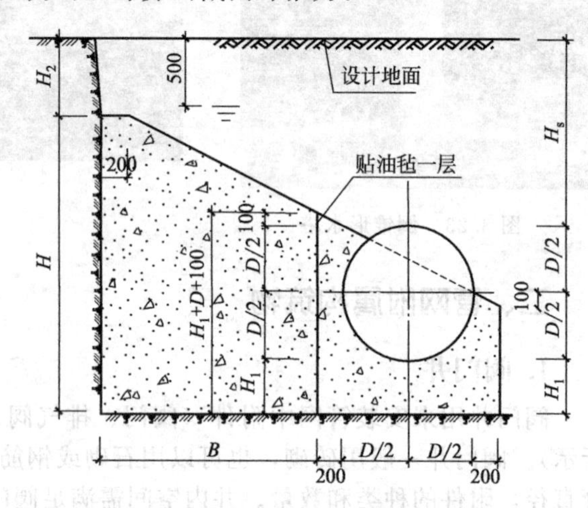

图3.28　水平弯管支墩剖面图

$$P=\pi/4\ (p_0 D^2-kp_s)$$

式中　P——管道接口允许承受内水压力后的管道截面计算外推力，N；

p_0——管道验收试验压力，Pa或N/m^2；

p_s——管道接口允许承受内水压力，Pa或N/m^2；

D——管道直径，m；

k——设计抗拉强度安全修正系数，$k<1$。

支墩可以根据推力计算值确定，也可以根据内水压力从图集中选取。此处学习任务可参见任务二。

3. 管线穿越障碍物

当给水管道通过铁路、公路和河谷时，必须采用一定的措施。一般管道通过这类障碍物时，通常有地下式和架空式两种形式。埋地式一般以倒虹管形式敷设，架空式可以采用桥架敷设或拱形管架设。

图3.29　管道过河桥架

无论是埋地敷设还是架空敷设，管道在敷设时要注意下列事项。

（1）管道穿越车站咽喉区间、站场范围内时，应设防护套管；防护套管管顶或输水管管顶至轨底的深度不得小于1.0m，至路基面高度不应小于0.7m。两端应设检查井、井内应设阀门或排水管等。

（2）管线架空穿越河川、山谷时，可平行桥梁做管桥架设水管（如图3.29所示），或做成拱形管，拱形管最顶端需设置排气阀。

(3) 敷设倒虹管时，如河道通航，管道埋设深度应在航道设计高程 2.0m 以下。

小　结

通过本项目的学习，将项目的主要内容概括如下。

通过学习能够熟悉给水管材不同特点，金属管的突出特点是强度高，非金属管的突出特点是耐腐蚀性能好，在实践工程中要明确影响因素，正确选用各类给水管材。

不同给水附件有各自的作用，通常可概括为控制水流启闭、水流方向、水流能量等，在给水管道不同部位要能正确设置相应附件。

给水管网的调节构筑物主要起调节作用，水池是设置在地下的构筑物，水塔是设在高处的构筑物；通过设置阀门井、支墩及管桥桥架可以起到不同的作用，阀门井方便阀门维护工作，支墩可以平衡管道受力，起到保护管道的作用而桥架可以方便管道的过河敷设。

思　考　题

1. 给水管材在选择时需考虑哪些因素？
2. 常用的给水管材有哪些，各有何优缺点？
3. 阀门有哪几种，各自作用是什么，各有何优缺点？
4. 管网上为何需要设置防护设备，有哪些防护设备？
5. 水塔和水池的作用是什么？两者不同之处在哪里？
6. 给水管道上为什么需要设置支墩，支墩通常设置在哪些部位？
7. 管道穿越障碍物时，管道敷设应注意哪些事项？

工学结合训练

【训练一】信息速递

在给水管道设计时，需要指明所选用的给水管道的材质及管径，而不同材质的材质管道设计及施工时遵循的规范和标准有所不同。近年来，先后出现了许多新型管材，由于新型管材特有的优点，其应用也越来越广泛。为了正确合理的利用新型给水管材，在此罗列了管材选用说明表，见表 3.1，供学习参考。

表 3.1　管材选用说明表

管材名称	管材规格	适用标准及图集	备　注
硬聚氯乙烯（PVC-U）（给水用）	*DN*63　*DN*75　*DN*90　*DN*110　*DN*125　*DN*160　*DN*200　*DN*225　*DN*250　*DN*315　*DN*355　*DN*400　*DN*450　*DN*500　*DN*630　*DN*710 *DN*800 管材线膨胀系数：0.07mm/m·℃	《埋地硬聚氯乙烯给水管道工程技术规程》（CECS17：2000）；《硬聚氯乙烯（PVC-U）给水管安装》（02SS405－1）	在图纸上的描述以“公称外径”来表达，符号为“D_g××”，同时需要注明压力等级，其描述标准为“*PN*=××MPa”；宜采用公称压力等级为 *PN*1.00MPa、*PN*1.25MPa、*PN*1.60MPa 产品
聚乙烯（PE）给水管（PE80、PE100）	*DN*63　*DN*75　*DN*90　*DN*110　*DN*125　*DN*140　*DN*160　*DN*180　*DN*200　*DN*225　*DN*250　*DN*280　*DN*315　*DN*355　*DN*400　*DN*450　*DN*500　*DN*560　*DN*630　*DN*710　*DN*800	《给水用聚乙烯（PE）管材》（GB/T 13663—2000）《建筑给水聚乙烯类管道工程技术规程》（CJJ/T 98—2003）	在图纸中的描述以“公称外径”来表达，符号为“*DN*××”；系统工作压力：P_s≤0.6MPa 宜采用 S6.3 或 S5 系列；管材线胀系数：0.20mm/m·℃；同材质管件；低温抗冲性能优良，易燃

续表

管材名称	管材规格	适用标准及图集	备注
交联聚乙烯管(PE-X)	DN63 DN75 DN90 DN110 DN125 DN140 DN160 DN180 DN200 DN225 DN250	《建筑给水聚乙烯类管道工程技术规程》(CJJ/T98—2003,J279—2003)	在图纸中的描述以"公称外径"来表达,符号为"DN××"
球墨铸铁给水管(DIP)	DN50 DN65 DN80 DN100 DN125 DN150 DN200 DN250 DN300 DN350 DN400 DN450 DN500 DN600 DN700 DN800 DN900 DN1000 DN1100 DN1200	《水及煤气管道用球墨铸铁管、管件和附件》(GB/T 13295—2003)	在图纸上的描述以"公称直径"来表达,符号为DN××;内衬水泥砂浆(离心衬涂)外表面涂刷沥青漆
钢丝网骨架塑料(聚乙烯)复合给水管	DN63 DN75 DN90 DN110 DN140 DN160 DN200 DN225 DN250 DN315 DN355 DN400 DN450 DN500 DN560 DN630	《钢丝网骨架塑料(聚乙烯)复合管材及管件》(CJ/T 189—2007)	管材公称压力:DN≤90mm为1.6MPa,DN≥110mm为1.0MPa、1.6MPa

扩展阅读:

1. DN、D_e、D、d、ϕ、D_g 的含义

一般来说,管子的直径可分为外径(D_e)、内径(D)、公称直径(DN)。

(1) DN是指管道的公称直径,是外径与内径的平均值。DN的值$=D_e$的值$-0.5\times$管壁厚度。注意:这既不是外径也不是内径。

水、煤气输送钢管(镀锌钢管或非镀锌钢管)、铸铁管、钢塑复合管和聚氯乙烯(PVC)管等管材,应标注公称直径"DN"(如DN15、DN50)。

(2) D_e主要是指管道外径,PPR、PE管、聚丙烯管外径,一般采用D_e标注的,均需要标注成外径×壁厚的形式(如$D_e25\times3$)。

(3) D一般指管道内径。

(4) d混凝土管内直径。钢筋混凝土(或混凝土)管、陶土管、耐酸陶瓷管、缸瓦管等管材,管径宜以内径d表示(如d230、d380等)。

(5) ϕ表示普通圆的直径;也可表示管材的外径,但此时应在其后乘以壁厚。如:$\phi25\times3$,表示外径25mm、壁厚为3mm的管材。对无缝钢管或有色金属管道,应标注"外径×壁厚"。例如$\phi108\times4$,ϕ可省略。中国、ISO和日本部分钢管标准采用壁厚尺寸表示钢管壁厚系列。对这类钢管规格的表示方法为管外径×壁厚。例如$\phi60.5\times3.8$。

(6) D_g [diameter gong(汉语拼音"公"的声母)] D_g是有中国特色的表示方法,现在都不用了。

2. 管径的表达方式

(1) 水、煤气输送钢管(镀锌或非镀锌)、铸铁管和塑料管等管材,应标注公称直径"DN"(如DN15、DN50)。

(2) 无缝钢管、焊接钢管(直缝或螺旋缝)、铜管、不锈钢管等管材,管径宜以外径×壁厚表示(如$D_e108\times4$、$D_e159\times4.5$等);对无缝钢管或有色金属管道,应标注"外径×壁厚"。例如$\phi108\times4$,ϕ可省略。

(3) 钢筋混凝土(或混凝土)管、陶土管、耐酸陶瓷管、缸瓦管等管材,管径宜以内径d表示(如d230、d380等)。

(4) 塑料管材,管径宜按产品标准的方法表示。

(5) 当设计均用公称直径 DN 表示管径时，应有公称直径 DN 与相应产品规格对照表。

3. 几种管材横向比较（表 3.2）

表 3.2　几种管材横向比较

管　材	水　质	抗　冻	耐　热	安　装	成　本	寿　命
UPVC	一般	一般	差	容易	低	短
PE-X	好	好	差	容易	高	较长
铝塑管	好	好	差	容易	高	较长
PP-R	好	较好	好	容易	低	长
PP-C	好	好	好	容易	低	长

【训练二】讨论与分析

某设计院承接一给水管道工程设计项目。设计人员根据甲方所提供的资料，进行了给水量计算，由计算水量选取管道，绘制给水管道平面图。根据规范并考虑日后检修维护需要，在适当位置设计了阀门等附件，并在适当位置设计了管道支墩，绘制了管道支墩大样图（如图 3.30 所示）。管道正常工作水压为 1.0MPa，管道竣工时，预计水压试验压力为工作压力的 1.5 倍，管道采用普通钢筋混凝土管，接口采用石棉水泥接口，接口允许承受最大摩擦力为 100kN/m，设计安全系数采用 $k=0.8$，某三通管连接处的大样图如图 3.30 所示，试讨论并分析下列问题。

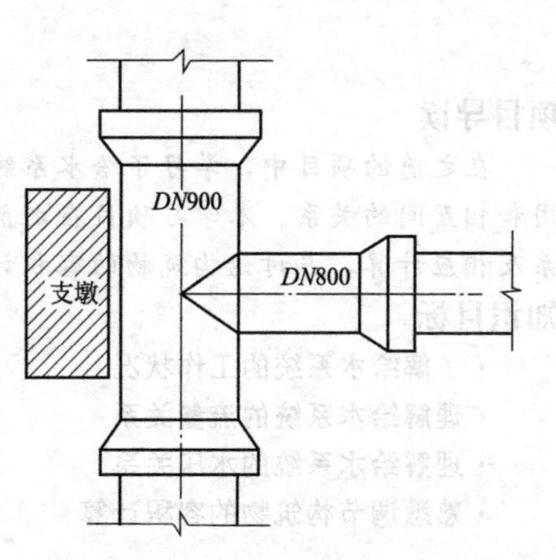

图 3.30　管道三通连接大样图

1. 讨论管道系统中为何需要设置管道支墩，设置的支墩大小与哪些因素有关？

2. 分析计算上图中管道支墩需承受的推力为多大？

3. 通过上述学习理解，在实际工程设计中，应如何设计或选取合适的支墩？

项目四 给水系统的工作状况

项目导读

在之前的项目中，学习了给水系统的各组成部分如取水、水处理和输配水构筑物等的作用和相互间的关系。本学习项目在之前项目学习的基础上，分析各组成部分的流量和水压关系及相应计算，并讨论构筑物的容积计算。

知识目标

· 了解给水系统的工作状况
· 理解给水系统的流量关系
· 理解给水系统的水压关系
· 熟悉调节构筑物的容积计算

能力目标

· 具备分析给水系统工作状况的能力
· 具备计算给水系统流量和水压的能力
· 具备熟悉调节构筑物容积计算原理的能力

任务一 给水系统工作状况介绍

【任务内容及要求】

生活用水和生产用水，由于各种因素，它们的用水量是变化的，通过学习给水系统的常见工况，理解在给水系统设计时需要考虑的一些不利因素，以保证供水系统的任务能可靠完成。

给水系统的工作状况是多变的，它的多变是由许多不确定因素决定的。根据情况的不同，将给水系统工作状况分为以下几种。

1. 最高用水时

此时管网通过最高日最高时设计用水量，并保证所有用户的设计水量、水压，此种工作状况属于正常供水中的最不利工况。为保证供水安全可靠，供水系统中的水泵扬程、给水管网耐压及输水能力、水塔或水池的高度等都要满足此时供水状况的需求。

2. 消防时

这种情况是指系统在最高日最高时供水工况下，又出现了火灾，此时给水系统既要满足最高日最高时用水量，又要满足消防所需水量及水压。此时给水系统供水量为最高时用水量与消防用水量之和，由于管网系统流量的增加，水头损失也相应增加，整个系统对水泵扬程需求增大，所以通常对消防水压不满足的场所，一般设置专门设施以供消防时使用。

3. 事故时

当系统由于种种原因发生事故，在局部发生短时间供水中断，出现的管网水力特性发生改变，供水能力受到影响的情况。如果故障发生在供水干管上，按照现行规范规定，其余干管必须保证70%的供水量，此时给水系统所需的扬程也相对较正常工作时高。

4. 最大传输时

给水系统中设有调节构筑物如水塔等，当二级泵站供水流量大于用水量时，多余的水由供水管网进入水塔暂时储存。流入水塔的流量称为传输流量，传输流量最大的小时流量为最大传输流量。由于此时管网中用户水量较小，沿程泄流较少，管网系统承担最大传输流量进入水塔，管网中的水头损失可能比正常工作时增加很大，所以此时给水系统对扬程的需求有可能比其他工况下高。

给水系统是由功能互不相同而且又彼此密切联系的各组成部分连接而成，每个组成部分工况发生变化，都会导致整个系统工况的变化。因此只有在了解给水系统可能出现的各种工况的基础上，对各部分设计流量和压力等进行校核，才能达到供水系统安全、可靠供水的目的。

任务二　给水系统的流量关系

【任务内容及要求】

给水系统设计时，由于种种原因，从取水到供水各组成部分的设计流量，是不同的。通过学习给水系统组成结构和作用原理，理解各部分设计流量的计算。

一、取水构筑物、一级泵站、原水输水管渠、净水厂

1. 取水构筑物、一级泵站、原水输水管渠

城市的最高日设计用水量和原水输水管渠漏损水量确定后，取水构筑物和水厂的设计流量将随一级泵站的工作情况而定。大中城市水厂的一级泵站一般按三班制即24h均匀工作来考虑，以缩小构筑物规模和降低造价。

取水构筑物、一级泵站和原水输水管渠按下式计算确定，即

$$Q_1=\frac{(1+\alpha+\beta)Q_d}{T}\quad (m^3/h) \tag{4-1}$$

式中，α是考虑水厂本身用水量的系数，以供沉淀池排泥、滤池冲洗等用水，其值取决于水处理工艺、构筑物类型及原水水质等因素，一般在5%～10%之间；β是原水输水管渠漏损水量占设计规模的比例，与管道材质、供水水量、水压等有关；T为一级泵站每天工作小时数；Q_d为最高日设计用水量。

2. 净水厂设计水量

净水厂水处理构筑物设计水量按照最高日供水量（设计规模）加水厂自用水量确定。取用地表水源时，水处理构筑物设计水量按照下式计算：

$$Q_1=\frac{(1+\alpha)Q_d}{T}\quad (m^3/h) \tag{4-2}$$

取用地下水源时，管网前消毒而无需其他处理时，一级泵站可直接将井水输入管网，但为提高水泵的效率和延长井的使用年限，一般先将水输送到地面水池，再经二级泵站将水池水输入管网。因此，取用地下水的一级泵站计算流量为

$$Q_1=\frac{Q_d}{T}\quad (m^3/h) \tag{4-3}$$

二、二级泵站、水塔（高位水池）、管网

二级泵站、输水管、配水管网的设计流量及水塔、清水池的调节容积，都应按照用户用水情况和一、二级泵站的工作情况。

1. 二级泵站的工作情况

二级泵站的工作情况与管网中是否设置流量调节构筑物有关。当管网中无流量调节时，二级泵站应满足最高日最高时的水量要求，否则就会存在不同程度的供水不足现象。因为用水量时刻都在变化，所以通常二级泵站由多台泵大小搭配运行，一方面适应水量、水压变化满足用户要求；另一方面确保水泵在经济条件下运行。

2. 二级泵站的设计流量

给水管网内没有水塔或高地水池时，二级泵站到管网的输水管应按最高日最高时用水量作为设计流量。

管网内设有水塔或高地水池时，二级泵站的设计供水线应根据用水量变化曲线确定，且要注意：①泵站各级供水线尽量接近用水线，以减小水塔的调节容积，分级数一般不应多于三级，以便于水泵机组的运转管理；②分级供水时，应注意每级流量能否选到合适的水泵，以及水泵机组的合理搭配，并尽可能满足设计年限内用水量增长的需要。

管网内设有水塔或水池时，由于它们可以调节水泵供水和用水之间的流量差，因此二级泵站每小时供水量可以不等于用户每小时的用水量，但泵站最高日总供水量应等于用户最高日供水量。

3. 水塔（高位水池）

尽管各城市的具体条件有差别，水塔或高地水池在管网中的位置可能不同，例如可能在管网起端、中间或末端，但水塔或高地水池的调节作用并不因此而有变化。

4. 管网

清水输水管和管网的设计流量，视有无水塔（高地水池）和它们在管网中的位置而定。无水塔的管网，按最高日的最高时用水量确定管径。管网起端设水塔时，泵站到水塔的输水管径按泵站分级工作的最大一级供水量计算，管网仍按最高日最高时用水量计算。管网末端设水塔时，因最高时用水量必须从二级泵站和水塔同时向管网供水，因此，应根据最高时从泵站和水塔输入管网的流量进行计算。

特别提醒

当管网设计满足设计工况要求后，还必须进行特殊工况的校核（前已提及）：管网通过事故流量时、管网通过消防流量时和管网通过最大传输流量时，校核满足要求，才能确保给水系统供水的可靠性。

【例 4-1】 某城市最高日设计用水量为 45000m³/d，最高日内用水量时变化曲线如图 4.1 所示，水厂自用水量取 5%，原水管漏损水量取 5%。试求 (1) 一级泵站设计供水流量量是多少？(2) 管网中不设水塔或水池，二级泵站设计供水流量是多少？(3) 管网中设水塔或水池，二级泵站供水设计流量是多少？水塔或水池设计供水流量是多少？最大传输时水塔或水

池的进水量是多少？

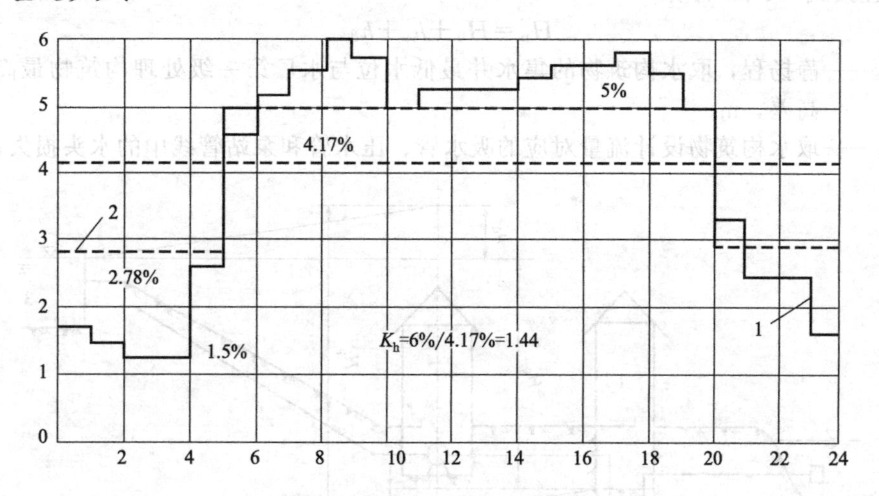

图 4.1　城市用水量变化曲线

1—用水量变化曲线；2—二级泵站设计供水线

解 (1) 设一级泵站三班制 24 小时运转，由式 (4-1) 得，

一级泵站供水量＝45000×(1＋5％＋5％)/24＝2062.5(m^3/h)

(2) 管网中不设水塔或水池，二级泵站设计流量按最高日最高时用水量设计，

二级泵站供水量＝45000×6％＝2700(m^3/h)

(3) 管网中设水塔或水池时二级泵站设计流量按最大工作一级确定，

二级泵站供水量＝45000×5％＝2250(m^3/h)

水塔或水池的供水量＝最高日最高时－二级泵站供水量＝2700－2250＝450(m^3/h)

最大传输时，水塔或水池进水量＝max{二级泵站小时供水量－用户小时用水量}，即水塔或水池最大小时进水量；由图可知水塔或水池最大进水量＝45000×(2.78％－1.5％)＝576(m^3/h)。

任务三　给水系统的压力关系

【任务内容及要求】

泵站、水塔或高地水池是给水系统中保证水压的构筑物，因此需了解水泵扬程和水塔(或高地水池) 高度的确定方法，以满足设计水压要求。通过学习水压之间的关系，理解泵站扬程及水塔或高地水池高度的求解。

给水系统应保证一定的水压，使能够供给足够的生活用水或生产用水。控制点是指管网中控制水压的点，往往位于离二级泵站最远或地形最高的点。设计时认为该点压力在最小服务水头，整个管网就不会存在低压区。当按直接供水的建筑层数，估算所需服务水头时，一层按 10m，二层 12m，二层以上每层增加 4m (层高通常不超过 3.5m 时)。

设计时，应以供水区内大多数建筑的层数来确定服务水头。城镇内个别高层建筑或建筑群，或建筑在城镇高地上的建筑物等所需的水压，不应作为管网水压控制的条件。为满足这类建筑的用水，可单独设置局部加压装置。

一、水泵扬程的确定

1. 一级泵站扬程的计算

一般水厂中，取水构筑物、一级泵站和水处理构筑物的高程关系如图 4.2 所示，则一级

泵站的扬程按式（4-4）计算

$$H_p = H_0 + h_s + h_d \tag{4-4}$$

式中　H_0——静扬程，取水构筑物的集水井最低水位与水厂第一级处理构筑物最高水位的高差，m；

h_s，h_d——取水构筑物设计流量对应的吸水管、压水管和泵站管线中的水头损失，m。

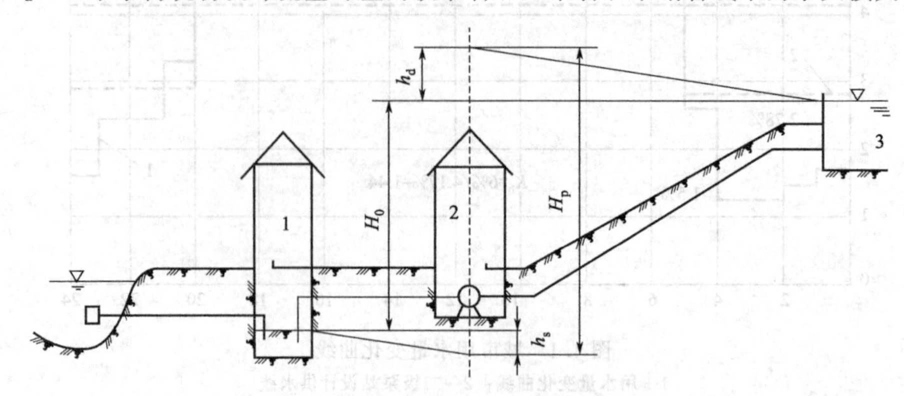

图 4.2　一级泵站扬程计算

1—取水构筑物；2—泵站；3—水处理构筑物（絮凝池）

在工业化的循环给水系统中，水从冷却池（或冷却塔）的吸水井直接送到车间，这时静扬程等于车间所需水压（车间地面标高和要求的自由水压之和）与吸水井最低水位的高差，水泵扬程仍按式（4-4）计算。

2. 二级泵站扬程的计算

确定二级泵站扬程是从水厂清水池取水直接送往用户或先送入水塔，而后送往用户。无水塔管网，即管网内不设水塔而由二级泵站直接供水时，静扬程等于清水池最低水位与管网控制点所需服务水头标高的高程差。控制点也称最不利点，是管网中控制水压的点，这一点常位于离二级泵站最远或地形最高的点，或者是最小服务水头要求最高的点，只要该点的水压在管网输送设计流量（最高日最高时流量）时可以达到服务水头，整个管网就不会出现低水压区（个别特殊建筑除外）。水压线如图 4.3 所示。因此二级泵站的扬程按式（4-5）计算。

$$H_p = Z_c + H_c + h_s + h_c + h_n \tag{4-5}$$

式中　Z_c——管网内控制点 C 的地面标高和清水池生活调节容积最低水位的高程差，m；

H_c——控制点要求的最小服务水头，m；

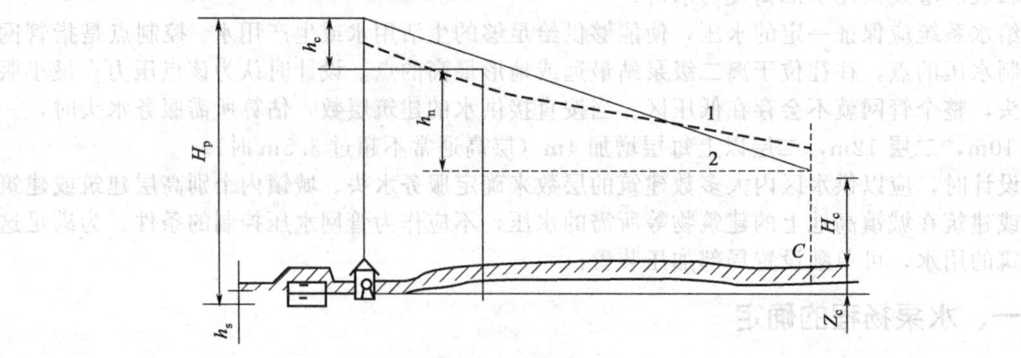

图 4.3　无水塔管网的水压线

1—最小用水时；2—最高用水时

h_s——吸水管中的水头损失，m；

h_c，h_n——输水管和管网中的水头损失，m。

在工业企业和中小城市水厂，有时建造水塔，这时二级泵站只需供水到水塔，而由水塔高度来保证管网控制点的最小服务水头见图4.3，这时静扬程等于清水池最低水位和水塔最高水位的高程差，水头损失为吸水管、泵站到水塔的管网水头损失之和。水泵扬程仍可按式(4-5)计算。

二级泵站扬程除了满足最高用水时水压外，还应满足消防流量及水压要求（见图4.4）。消防时，水泵扬程仍可按式（4-5）计算，但控制点应选在设计时假设的着火点，并代入消防时最低水压，以及通过消防流量时管网的水头损失。消防时计算出的水泵扬程比最高日最高时计算出的值高，则根据两种扬程的差别大小，选择是调整给水系统，还是用户局部增压。

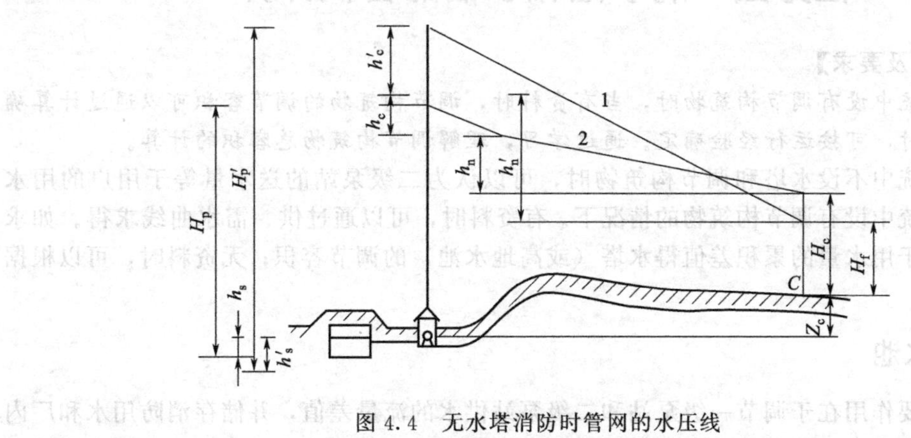

图4.4 无水塔消防时管网的水压线

1—消防时；2—最高用水时

二、水塔高度

大城市一般不设水塔，因城市用水量大，水塔容积小起不了作用，容积太大造价高，况且水塔高度一经确定，不利于今后给水管网的发展，但是，在地势非常平坦的城镇，不得已情况下，也有采用水塔或水塔群作管网中的流量调节构筑物。水塔通过重力供水，所以，水塔要顺利供水，即要保证水塔有足够的高度。水塔一般设于地形较高处，不管水塔位置如何，它的水柜底高于地面的高度均可按式（4-6）计算，见图4.5。

$$H_t = H_c + h_n - (Z_t - Z_c) \tag{4-6}$$

式中 H_t——水塔高度，m；

H_c——控制点C要求的最小服务水头，m；

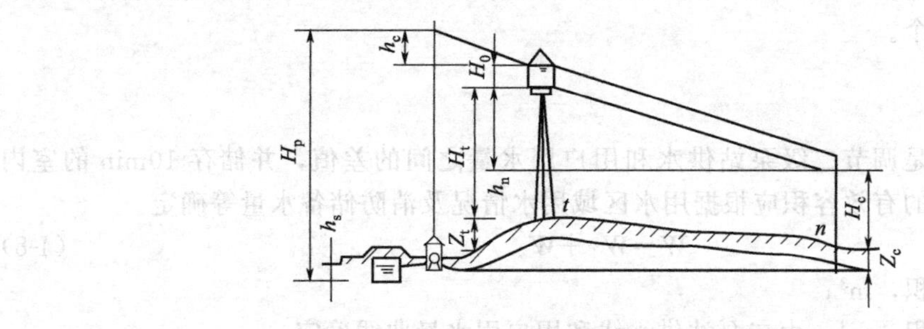

图4.5 有水塔管网的水压线

h_n——按最高时供水量计算的从水塔到控制点的管网水头损失，m；

Z_t——设置水塔处的地面标高与清水池最低水位的高差，m；

Z_c——控制点的地面标高与清水池最低水位的高差，m。

从式（4-6）可以看出，建造水塔处的地面标高 Z_t 越高，则水塔高度 H_t 越低，这是水塔建在高地的原因。离二级泵站越远地形越高的城市，水塔可能建在管网末端而形成对置水塔的管网系统。这种系统的给水情况比较特殊，在最高用水时，管网用水由泵站和水塔用时供给，两者各有自己的给水区，在给水区分界线上，水压最低。求对置水塔管网系统中的水塔高度时，式（4-6）中 h_n 是指水塔到分界线处的水头损失，H_c、Z_c 分别指水压最低点的服务水头和地形标高。水头损失和水压最低点由管网水力计算确定。

任务四　清水池和水塔的容积计算

【任务内容及要求】

当给水系统中设有调节构筑物时，当有资料时，调节构筑物的调节容积可以通过计算确定；缺乏资料时，可按运行经验确定。通过学习，理解调节构筑物总容积的计算。

当供水系统中不设水塔和调节构筑物时，可以认为二级泵站的送水量等于用户的用水量。当供水系统中设有调节构筑物的情况下。有资料时，可以通过供、需水曲线求得。如求供水量连续大于用水量的累积差值得水塔（或高地水池）的调节容积；无资料时，可以根据经验计算。

一、清水池

清水池主要作用在于调节一级泵站和二级泵站供水的流量差值，并储存消防用水和厂内生产用水。因此清水池的有效容积应根据水厂产水曲线、二级泵站送水曲线、自用水量及消防储备水量等确定，并满足消毒接触时间的要求。其有效容积为：

$$W=W_1+W_2+W_3+W_4 \tag{4-7}$$

式中　W——清水池的有效容积，m^3；

W_1——调节容积（由产水曲线、送水曲线确定），m^3；

W_2——消防储备水量（按 2h 火灾延续时间计算），m^3；

W_3——水厂冲洗、排泥等生产用水（等于最高日用水量的 5%～10%），m^3；

W_4——安全储量，m^3。

当管网无调节构筑物时，在缺乏资料情况下，清水池有效容积，可按水厂最高日设计水量的 10%～20% 确定，对于大型水厂，取小值。生产用水的清水池调节容积，可按工业生产调度、事故和消防等要求确定。

清水池的个数或分格不得少于两个，并能单独工作和分别泄空；有特殊措施能保证供水要求时，也可修建一个。

二、水塔

水塔的主要作用是调节二级泵站供水和用户用水量之间的差值，并储存 10min 的室内消防水量，因此水塔的有效容积应根据用水区域用水情况及消防储备水量等确定。

$$W=W_1+W_2 \tag{4-8}$$

式中　W——有效容积，m^3；

W_1——调节容积，m^3，由二泵站供水线和用户用水量曲线确定；

W_2——消防贮水量，m^3，按 10min 室内消防用水量计算。

当缺乏用户用水量变化资料的情况下，水塔的有效容积可按运转经验确定，当泵站分级工作时，可按最高日设计水量的2.5%～3%或5%～6%设计计算，城市用水量大时取低值。工业用水可按生产上的要求（调度、事故及消防时）确定水塔的调节容积。

总之，清水池和水塔（或高地水池）二者有着密切的联系，二级泵站供水线越接近用水线，则水塔容积越小，相应清水池容积就要适当放大。

小　结

通过本项目的学习，将项目的主要内容概括如下。

给水系统的工作状况分最高时、事故时、消防时和最大传输时，通过学习能够理解给水系统的工作状况，在实践工程中能正确运用各种工况进行系统校核。

一级泵站、二级泵站它们服务的对象分别是净水厂和用户，二者的流量、压力在数值上存在着一定的联系，在给水系统中要理清二者之间的流量和压力关系。

清水池和水塔分别是调节一级泵站与二级泵站，二级泵站与用户之间的调节构筑物，它们的总容积主要由调节容积组成，调节容积的计算主要有资料法和经验法两种。

思　考　题

1. 给水系统工作状况有几种？它们对于系统工作有何指导作用？
2. 取用地表水源时，取水口、水处理构筑物、泵站和管网等按什么流量设计？
3. 已知用水量曲线时，如何定出二级泵站工作曲线？
4. 给水系统中，一级泵站和二级泵站的设计扬程如何确定？
5. 清水池和水塔的作用是什么？水塔的调节容积与其在管网中的位置有关吗？

工学结合训练

【训练一】工程设计

某院进行一给水工程初步设计项目，为方便计算，将城市水厂供水泵房和水塔之间的管线简化成如图4.6所示，该市地形平坦，用水点最低服务水头要求为10m，试设计该市供水泵房扬程和水塔高度（图中序号表示节点标号，管线上方数字表示水头损失，单位以m计）。

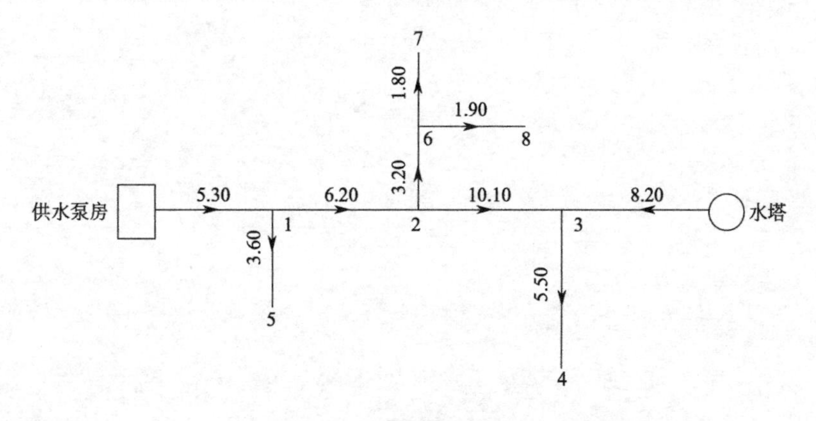

图4.6　管线简化图

【训练二】工程设计

有一座小型城市，设计供水规模为24000m^3/d，在设计过程中，设计人员进行了该市用水量调查，并据此确定了二级泵站的供水量，结果如表4.1所示。二级泵站供水量与用户用水量之间的差别，通过设置水塔来调节，则本工程中水塔的调节容积应该是多少？

表 4.1　二级泵站供水量

时　段	0～5	5～10	10～12	12～16	16～19	19～21	21～24
二级泵房供水量/(m^3/h)	600	1200	1200	1200	1200	1200	600
管网用水量/(m^3/h)	500	1100	1700	1100	1500	1100	500

提示：根据所给数据，先绘制城市用水量、供水量的变化曲线，如图 4.7 所示，然后进行分析计算。

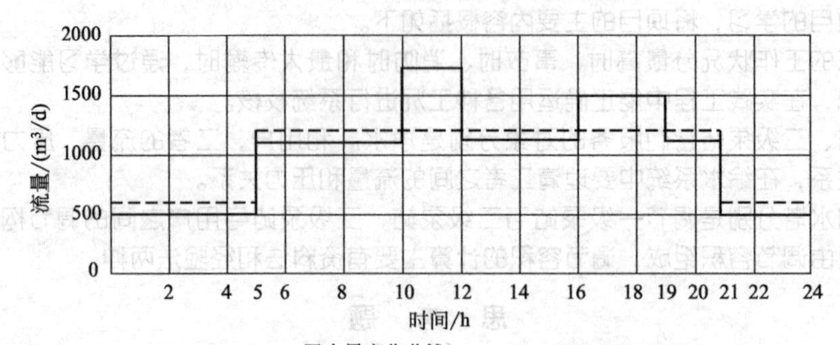

图 4.7　城市用水量、供水量变化曲线图

项目五 输配水管网设计

项目导读

输配水管网的布置与城市规划、地形、地貌等密切相关，影响着给水工程的造价及系统的安全运行。通过相关学习，能合理布置给水管网。在学习城市用水量计算的基础上，对城市管网进行相应简化，然后对管网主要管段分配流量，进行管网平差后确定管段流量，确定输配水管径，从而完成输配水管网的设计。

知识目标

· 了解给水管网布置的要求

· 理解城市给水用水量的计算原理

· 熟悉输配水管网的水力计算

能力目标

· 具备给水输配水管网初步布置的能力

· 具备城市用水量计算的能力

· 具备输配水管网初步设计计算能力

任务一 给水管网布置

【任务内容及要求】

给水管网是给水系统的重要组成部分，一般占给水工程总投资的70%～80%。合理布置给水管网对系统的安全运行及工程投资起关键作用。

一、城镇给水管网的布置

输水和配水系统是保证输水到给水区内并且配水到所有用户的设施。对输水和配水系统的总体要求是：供给用户所需的水量，保证配水管网足够的水压。

给水系统中，从水源到城市水厂的管、渠和从城市水厂输送到相距较远管网的管线，称之为输水管线（渠）。从清水输水管输水分配到供水区域内各用户的管道为配水管网。

1. 管网系统布置原则

给水管网的规划布置应符合下列基本原则：

(1) 按照城市总体规划，结合当地实际情况布置给水管网，并进行多方案技术经济比较；

（2）管线应均匀地分布在整个给水区域内，保证用户有足够的水量和水压，并保持输送的水质不受污染；

（3）力求以最短距离敷设管线，并尽量减少穿越障碍物等；

（4）必须保证供水安全可靠；

（5）尽量减少拆迁，少占农田或不占农田；

（6）管渠的施工、运行和维护方便；

（7）规划布置时应远近期相结合，考虑分期建设的可能性，并留有充分的发展余地。

2. 输水管布置

输水管渠布置要依据城市建设规划进行，具体要求如下。

（1）尽量做到线路最短，工程量最小，尽量避免穿越河谷、铁路、不良地质地段等，尽量沿道路规划敷设，减少拆迁，少占农田。

（2）原水输水管渠的设计流量，按最高日平均时供水量确定，并计入输水管渠漏损水量和水厂自用水量，水厂或增压站后的清水输水管设计流量，按最高日最高时供水量计算确定。

（3）输水干管不宜少于两条，当有安全贮水池或其他安全供水措施时，也可修建一条。输水干管和连通管的管径及连通管根数，应按输水干管任何一段发生故障时仍能通过事故用水量计算确定，城镇事故水量为设计水量的70%。

（4）输水管道系统运行中，应保证在最大流量运行时，敷设高度在水力坡降线以下，管道不出现负压。

（5）输水管隆起点上应设通气设施，管线布置平缓时，宜1000m左右设一处通气设施。

（6）原水和清水输送要避免水质污染，防止水量流失。

（7）输水系统采用重力、加压或两种方式并用，应通过技术经济比较后选定。

知识链接

输水工程中，管渠长度超过10km的工程可认为是长距离输水工程，它是一项复杂的综合性工程，如“引滦入津”工程，工程规模50m³/s，输水距离长234km；“南水北调”工程，工程规划的东、中、西线干线总长度达4350公里，规划最终年调水规模为448亿立方米。其中，东线148亿立方米，中线130亿立方米，西线170亿立方米。此两项工程为典型的长距离输水工程。长距离输水管道布置时，应遵守下列基本规定。

（1）应深入进行管线实地勘察和线路方案比选，对输水方式、管道根数按不同工况进行技术经济分析论证，根据工程具体情况，进行管材、设备的选择，通过计算经济流速确定经济管径。

（2）应进行必要的水锤分析计算，并对管路系统采取水锤综合防护设计，根据管道纵向布置、管径、设计水量、功能要求，确定空气阀的数量、型式、口径。

（3）应设测流、测压点，并根据需要设置遥测、遥信、遥控系统。

3. 配水管网布置

给水管网遍布整个给水区内，根据管道功能，可划分为干管、分配管（或称配水支管）、接户管三类。干管主要用于输水和沿线供水，管径一般大于等于200mm，分配管的主要作用是把干管输送来的水配给接户管和消火栓。接户管是从分配管接到各用户的管线。三者之间的关系见图5.1。管网布置时可布置成树状管网、环状管网或二者的混合管网（如图5.2、图5.3所示）。

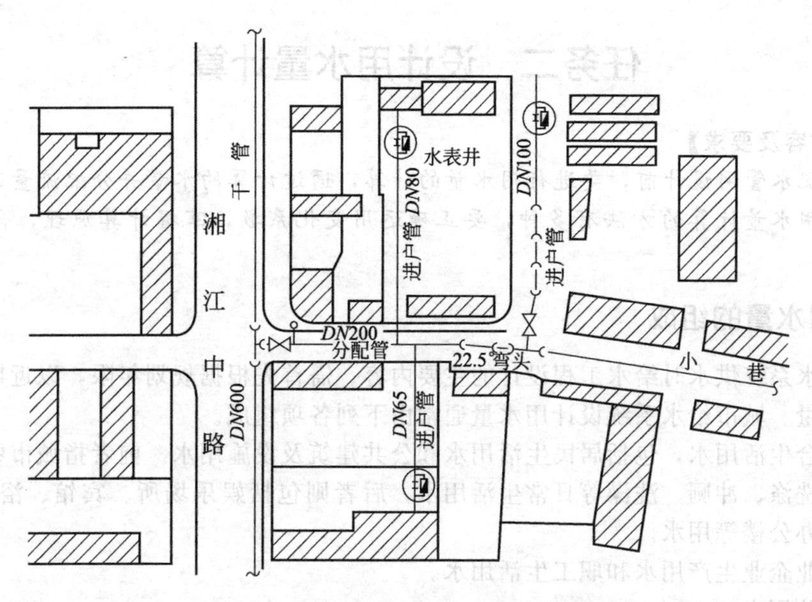

图 5.1　干管、配水支管和接户管布置图

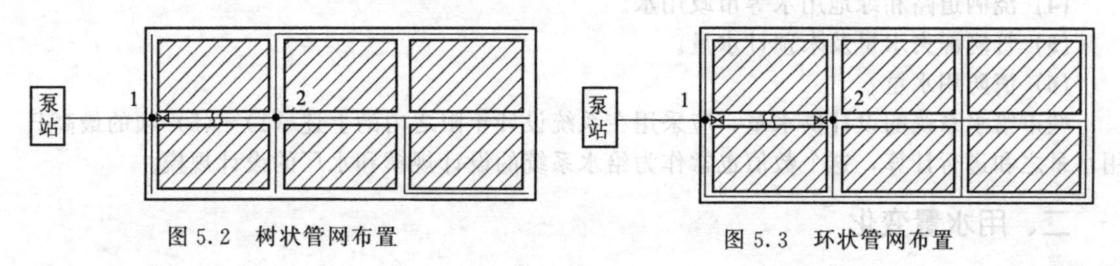

图 5.2　树状管网布置　　　　图 5.3　环状管网布置

配水管网定线是在城镇规划平面图上确定各管的走向和位置，定线时一般考虑下列要求。

(1) 干管的延伸方向要与主要供水方向一致。主要供水方向一般取决于供水区中的用水大户和水塔等调节构筑物的位置。

(2) 在主要供水方向上敷设一条或数条并行的干管线，干管之间加以连接管连接，以保证供水安全。干管之间的距离，可根据街区情况和供水可靠性的要求，一般 500～800m 要设置控制流量的闸阀，其间不应隔开 5 个以上的消火栓。

(3) 城镇边缘地区或郊区用户，通常采用树状管线供水，对个别用水量大、供水可靠性高的边远地区用户也可采用双管供水。

(4) 干管与连接管相连的分配管通常以树状形式分布于干管与连接管两侧的街道，主要道路和人行道或工厂、车间前的路边。

(5) 管网布置要紧密结合城镇发展规划，不仅要考虑分期建设的可能性，还要考虑施工和维护管理方便。

二、工业企业内部管网布置

对于工业企业管网的布置，一般要根据企业生产的特点，可能布置成分质或分压的给水系统，或考虑保障生产用水，在管网形式上，采用环状管网布置。所以，定线时要充分考虑相应的因素。此外，定线时，厂内水质不同的管线不能相互连接；工业企业的生活饮用水管线严禁与城市饮用水管线直接连接。

任务二　设计用水量计算

【任务内容及要求】

进行输配水管网设计前，要进行用水量的计算，通过计算的水量并分配流量，从而确定管径。城市用水量计算的方法有多种，要正确运用变化系数，掌握计算原理，合理计算用水量。

一、用水量的组成

城市给水系统供水时给水工程设计的主要内容。需首先根据规划年限，以近期为主，合理确定用水量。城市给水系统设计用水量通常由下列各项组成。

(1) 综合生活用水，包括居民生活用水和公共建筑及设施用水。前者指城市中居民的饮用、烹调、洗涤、冲厕、洗澡等日常生活用水，后者则包括娱乐场所、宾馆、浴室、商业、学校和机关办公楼等用水。

(2) 工业企业生产用水和职工生活用水。

(3) 消防用水。

(4) 浇洒道路和绿地用水等市政用水。

(5) 管网漏失水量及未预计水量。

(6) 消防用水量。

城市给水系统的设计供水量，应采用在系统设计年限之内的上述 (1)～(5) 项的最高日用水量之和进行计算，这个数值也常作为给水系统的设计规模和水厂的设计规模。

二、用水量变化

上述用水量随着时间是变化的。其中生活用水量，随着生活习惯、气候和生活条件等变化着；而生产用水量也会因产品的不同、工艺和采用的技术不同而不同。在给水工程项目的不同设计阶段及给水系统的不同组成部分，为了尽可能适应实际需求，在变化系数的基础上，提出 4 种用水量的说法。变化系数是反映用水量变化规律的参数。由于用水量的逐日逐时发生变化，所以引入了日变化系数和时变化系数，来反映用水量变化幅度的大小。

1. 日变化系数

在一年中，每天用水量的变化可以用日变化系数表示，即最高日用水量与平均日用水量的比值，称为日变化系数，记作 K_d。

平均日用水量是指规划年限内，用水量最多的一年的日平均用水量。该值一般作为水资源规划和确定城市污水量的依据。

最高日用水量是指规划年限内，用水量最多那一年用水量最大的一日的用水量。该值一般作为给水取水与水处理工程规划和设计的依据。

2. 时变化系数

在一日内，每小时用水量的变化可以用时变化系数表示，设计时一般计最高日用水量的时变化系数。最高一小时用水量与平均时用水量的比值，叫做时变化系数，记作 K_h。

最高日平均时用水量是指最高日用水的每小时平均用水量，该值一般用于取水构筑物和一级泵站的用水量计算。

最高日最高时用水量是指最高日中的最大一个小时的用水量。该值一般作为配水管网规划和设计的依据。

3. 用水量变化曲线

变化系数可由用水量数据统计后，绘制用水量变化曲线求得，求得的变化系数可供用水量计算作参考。以下是某用水单位通过测得最高日 0～24 小时各小时段用水量，而绘制成的用水量时变化曲线图，如图 5.4 所示。

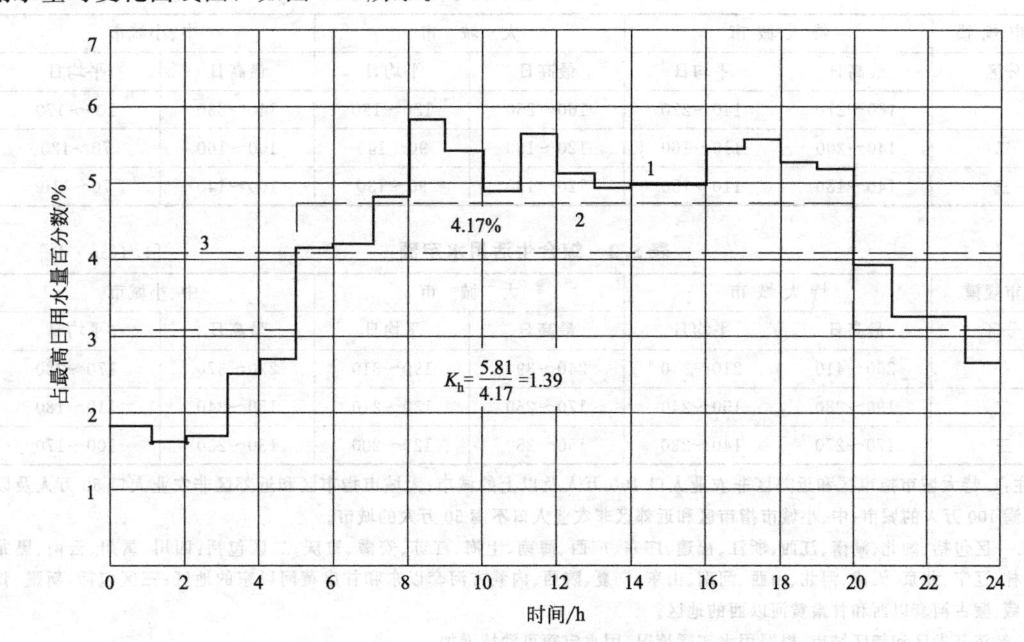

图 5.4　用水量时变化曲线图

1—用水量变化曲线；2—二级泵站设计供水线；3—一级泵站设计供水线

三、用水量计算

城市用水量计算的方法有多种，在工程规划或设计时，可以根据具体情况，选择合理可行的办法，必要时可采用多种算法后比较确定。

1. 分类估算法（定额法）

定额法的一般计算方法为：用水量＝用水量定额×实际用水的单位数目。其中用水量的单位指标称为用水量定额，它是一个平均值。

(1) 综合生活用水量　综合生活用水量 Q_1 包括城市居民生活用水量 Q_1' 和公共建筑用水量 Q_1''，其中：

① 居民生活用水量 Q_1' 可按下式计算：

$$Q_1'=N_1'\times q_1' \quad (\mathrm{L/d}) \tag{5-1}$$

式中　N_1'——设计期限内规划人口数，cap；

q_1'——设计期限内采用的最高日居民生活用水定额，L/(cap·d)，参见表 5.1。

② 公共建筑用水量 Q_1''，可按下式计算：

$$Q_1''=N_1''\times q_1'' \quad (\mathrm{L/d}) \tag{5-2}$$

式中　N_1''——对应用水定额用水单位的数量（人、床位等）；

q_1''——某类公共建筑最高日用水定额，可参考《建筑给水排水设计规范》(GB 50015—2003)(2009 年版)。

所以：综合生活用水量 Q_1 也可直接按下式计算：

$$Q_1=N_1\times q_1 \quad (\mathrm{L/d}) \tag{5-3}$$

式中 N_1——设计期限内城市各用水分区的计划用水人口数，cap；

q_1——设计期限内城市各用水分区的最高日综合生活用水定额，L/(cap·d)，参见表5.2。

表5.1 居民生活用水定额 [L/(cap·d)]

城市规模	特大城市		大城市		中、小城市	
分区	最高日	平均日	最高日	平均日	最高日	平均日
一	180～270	140～210	160～250	120～190	140～230	100～170
二	140～200	110～160	120～180	90～140	100～160	70～120
三	140～180	110～150	120～160	90～130	100～140	70～110

表5.2 综合生活用水定额 [L/(cap·d)]

城市规模	特大城市		大城市		中、小城市	
分区	最高日	平均日	最高日	平均日	最高日	平均日
一	260～410	210～340	240～390	190～310	220～370	170～280
二	190～280	150～240	170～260	130～210	150～240	110～180
三	170～270	140～230	150～250	120～200	130～230	100～170

注：1. 特大城市指市区和近郊区非农业人口100万人及以上的城市；大城市指市区和近郊区非农业人口50万人及以上，不满100万人的城市；中、小城市指市区和近郊区非农业人口不满50万人的城市。

2. 一区包括：湖北、湖南、江西、浙江、福建、广东、广西、海南、上海、江苏、安徽、重庆；二区包括：四川、贵州、云南、黑龙江、吉林、辽宁、北京、天津、河北、山西、河南、山东、宁夏、陕西、内蒙古河套以东和甘肃黄河以东的地区；三区包括：新疆、青海、西藏、蒙古河套以西和甘肃黄河以西的地区。

3. 经济开发区和特区城市，根据用水实际情况，用水定额可酌情增加。

4. 当采用海水或污水再生水等作为冲厕用水时，用水定额相应减少。

一般情况下，城市应按房屋卫生设备类型不同，划分不同的用水区域，以分别选用用水量定额，使计算更准确。城市计划人口数往往并不等于实际用水人数，所以，应按实际情况考虑用水普及率，以便得出实际用水人数。

(2) 工业企业用水量 工业企业用水量 Q_2 包括企业内的生产用水量 Q_2' 和工作人员的生活用水量 Q_2''。

① 企业内生产用水量有实际用水资料时，可根据实际用水资料研究确定。无资料时可参考同类行业用水定额确定。生产用水定额一般有单位产值耗水量（m^3/万元）、单位产品用水量（m^3/单位产品）和单台设备每天用水量。

② 工作人员的生活用水量，根据车间性质选取定额，一般可采用30～50L/(人·班)，用水时间为8h，时变化系数为1.5～2.5；工业企业内工作人员淋浴用水量可按40～60 L/(人·班)，延续供水时间1h计算确定。

(3) 浇洒道路和绿地用水量 浇洒道路和绿地用水量 Q_3 应根据路面、绿化、气候和土壤等条件确定。浇洒道路用水可按2～3L/(m^2·d)计算；浇洒绿地用水可按1～3 L/(m^2·d)计算。

(4) 管网漏失水量 管网漏失水量 Q_4 与管材、管径、长度、压力和施工质量有关，可按下式计算。

$$Q_4=(0.10-0.12)\times(Q_1+Q_2+Q_3) \tag{5-4}$$

(5) 未预见水量 未预见水量 Q_5 指在给水设计中对难以预见的因素而保留的水量。可按下式计算。

$$Q_5=(0.08-0.12)\times(Q_1+Q_2+Q_3+Q_4) \tag{5-5}$$

(6) 消防用水量 消防用水量 Q_6 为扑灭火灾需要的用水量，可按下式计算。

$$Q_6 = \sum(q_s \times N_s) \tag{5-6}$$

式中　q_s——一次灭火用水量，L/s；

N_s——同一时间内火灾次数，次。

(7) 最高日设计用水量　最高日设计用水量 Q_d 按下式计算。

$$Q_d = Q_1 + Q_2 + Q_3 + Q_4 + Q_5 \tag{5-7}$$

2. 单位面积法

单位面积法根据城市用水区域面积估算用水量。《城市给水工程规划规范》(GB 50282—1998) 给出了城市单位面积综合用水量指标，如表 5.3 所示。根据该指标可计算出最高日用水量。

表 5.3　城市单位面积综合用水量指标　$10^4 m^3/(km^2 \cdot d)$

分　区	城市规模			
	特大城市	大城市	中城市	小城市
一	1.0～1.6	0.8～1.4	0.6～1.0	0.4～0.8
二	0.8～1.2	0.6～1.0	0.4～0.7	0.3～0.6
三	0.6～1.0	0.5～0.8	0.3～0.6	0.25～0.5

注：1. 特大城市指市区和近郊区非农业人口 100 万人及以上的城市；大城市指市区和近郊区非农业人口 50 万人及以上，不满 100 万人的城市；中城市指市区和近郊区非农业人口 20 万及以上，不满 50 万人的城市；小城市指市区和近郊区非农业人口不满 20 万的城市。

2. 一区包括：湖北、湖南、江西、浙江、福建、广东、广西、海南、上海、江苏、安徽、重庆；二区包括：四川、贵州、云南、黑龙江、吉林、辽宁、北京、天津、河北、山西、河南、山东、宁夏、陕西、内蒙古河套以东和甘肃黄河以东的地区；三区包括：新疆、青海、西藏、蒙古河套以西和甘肃黄河以西的地区。

3. 经济开发区和特区城市，根据用水实际情况，用水定额可酌情增加。

3. 人均综合指标法

城市总用水量与人口数密切相关，城市人口总用水量称为人均综合用水量。城市规划人口数乘以人均综合用水量可得城市规划年最高日用水量。

4. 年递增率法

对已经进入稳定发展的城市，年用水量呈现规律性递增，则年用水量可用下式计算。

$$Q_t = Q_0(1+\delta)^t \tag{5-8}$$

式中　Q_t——起始年份后第 t 年的平均日用水量，m^3/d；

Q_0——起始年份平均日用水量，m^3/d；

δ——用水量年平均增长率，%；

t——年数，a。

5. 线性回归法

城市日平均用水量亦可用一元线性回归模型进行预测计算，公式可写为：

$$Q_t = Q_0 + \Delta Q t \tag{5-9}$$

式中，ΔQ 为日平均用水量的年平均增量，根据历史数据回归计算求得，其余符号同式 (5-8)。

四、设计用水量计算实例

【例 5-1】 某城市位于江苏北部，城市近期规划人口 25 万人，规划工业产值为 30 亿元/年。根据调查，该市的自来水普及率为 90%，工业万元产值用水量为 $92m^3$（含企业内生活用水)，工业用水量的日变化系数为1.15，城市道路面积为$185hm^2$，绿地面积$235hm^2$。试计算该市自来水厂的规模为多大。

解：水厂规模需分别求出Q_1、Q_2、Q_3、Q_4、Q_5；

(1) 综合生活用水量Q_1：该市属于一区中小城市，取居民综合生活用水定额（最高日）295L/(人·d)

最高日综合生活用水量为：$250000 \times 0.9 \times 295/1000 = 66375(m^3/d)$；

(2) 工业企业用水量Q_2：采用万元产值用水量计算。该市的年工业用水量为：

$92m^3$/万元$\times 300000$万元/年$= 2.76 \times 10^7 (m^3/年)$

最高日工业用水量为：$2.76 \times 10^7 / 365 \times 1.15 = 86959(m^3/d)$；

(3) 浇洒道路和绿地用水量Q_3：

浇洒道路用水按$2L/(m^2 \cdot d)$计算，浇洒道路用水量为

$$2L/(m^2 \cdot d) \times 1850000m^2/1000 = 3700(m^3/d)$$

浇洒绿地用水按$1L/(m^2 \cdot d)$计算，浇洒绿地用水量为

$$1L/(m^2 \cdot d) \times 2350000m^2/1000 = 2350(m^3/d)$$

浇洒道路和绿地用水量$Q_3 = 3700 + 2350 = 6050\ (m^3/d)$；

(4) 管网漏失水量Q_4：取1～3项之和的10%计算，即管网漏失水量为：

$$(66375 + 86959 + 6050) \times 10\% = 15938(m^3/d)；$$

(5) 未预见用水量Q_5：取1～4项之和的8%计算，即未预见水量为：

$$(66375 + 86959 + 6050 + 15938) \times 8\% = 14026(m^3/d)；$$

该市自来水厂规模$= Q_1 + Q_2 + Q_3 + Q_4 + Q_5 = 66375 + 86959 + 6050 + 15938 + 14026 = 189348\ (m^3/d)$。可取19万吨/d。

任务三 输配水管网计算

【任务内容及要求】

输配水管网定线之后，需确定各管段管径，必须先进行管网简化，计算各节点流量，根据管段流量，由经济流速确定管径，并通过水头损失推算出各节点压力及水泵扬程和水塔高度，关键要理解节点流量的计算及管段流量计算。

一、管网图形的简化

大家知道每个城市布置的给水管网系统是错综复杂的，要对这么一个庞大的系统进行水力计算，工程量相当之大，所以我们需对管网系统先进行管网图形简化。

1. 简化原则

主要的干管需保留，略去一些次要的、水力条件影响较小的管线，简化后的管网基本上要能反映实际用水情况。不能过分简化管网，否则计算结果与实际用水情况偏差较大。总之，管网图形简化是保证计算结果接近于实际情况的前提下，对管线进行的简化。

2. 简化方法

在进行管网简化时，应先对实际管网的管线情况进行充分了解和分析，然后采用分解、合并、省略等方法进行简化。

(1) 分解　只有一条管线连接的两个管网，可以把连接管线断开，分解成为两个独立的管网；有两条管线连接的分支管网，若其位于管网的末端且连接管线的流向和流量可以确定时，也可以进行分解；管网分解后即可分别计算。

(2) 合并 当被合并的两条平行管线越靠近时，因合并而产生的水头损失影响将越小。因管线合并引起的水头损失差值比管线省略时为小。

(3) 省略 管线省略时，首先略去水力条件影响较小的管线，即省略管网中管径相对较小的管线。管线省略后的计算结果是偏于安全的，但是由于流量集中，管径增大，并不经济。

二、管网计算的基础方程

管网计算原理是基于质量守恒和能量守恒，环状网计算就是联立求解连续性方程、能量方程和压降方程。

1. 连续性方程

连续性方程是节点流量平衡方程。任一节点，流向该节点的流量等于从该节点流出的流量。假定从节点流出的流量为正，流向节点的流量为负，得：

$$q_i + \sum q_{ij} = 0 \tag{5-10}$$

式中 q_i——节点流量，L/s；

q_{ij}——该节点上的各管段的流量，L/s。

连续性方程式和流量成一次方的关系，管网中有 J 个节点，可写出 $(J-1)$ 个独立方程。

2. 能量方程

能量方程式闭合环的能量平衡方程，表示每一环中各管段的水头损失总和等于零。一般规定，水流顺时针方向的管段，水头损失为正，逆时针方向的为负，得：

$$\sum h_{ij} = 0 \tag{5-11}$$

式中 h_{ij}—管段水头损失，m。

若管网中有 L 个基环，就可以列出 L 个独立方程。

3. 压降方程

压降方程即水头损失方程，表示管段水头损失与其两端节点水压的关系式。管网计算时，一般不计局部阻力损失，必要时可适当增大摩阻系数或当量长度将局部阻力损失估算在内。流量 q 和水头损失 h 的关系可用指数型公式表示：

$$q_{ij} = \left(\frac{H_i - H_j}{S_{ij}}\right)^{1.852} \tag{5-12}$$

式中 H_i——节点 i 对某一基准点的水压，m；

H_j——节点 j 对某一基准点的水压，m；

S_{ij}——管段摩阻。

三、管段计算流量

1. 沿线流量

城市给水管网的干管和分配管上，承接了许多用户，沿线配水情况比较复杂，既有工厂、机关、学校、医院、宾馆等大用户，其用水流量称为集中流量，又有数量很多、但用水量较小的居民用水、浇洒道路或绿化用水等沿线流量，以致不但沿线所接用户很多，而且用水量变化也很大。干管的配水情况如图 5.5 所示。

从图中可以看出，干管用户较多，用水量经常变化，若按实际情况进行管网计算是非常繁杂的，而且在实际工程中也无必要。所以，为了计算方便，常采用简化法也称比流量法，即扣除大用水户的水量，假定小用水户的流量均匀分布在全部干管上。比流量法有长度

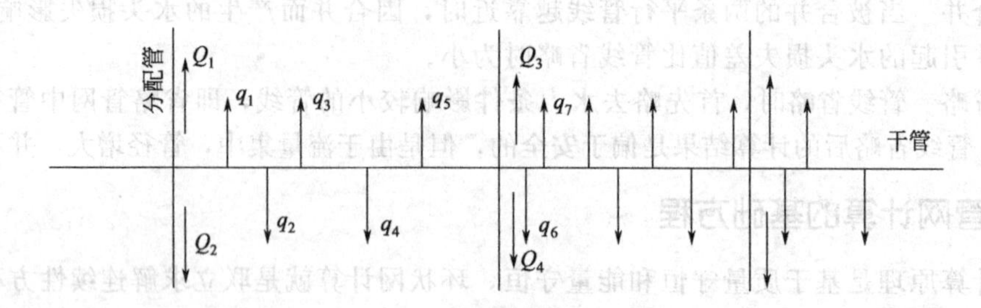

图 5.5 干管配水情况

比流量和面积比流量两种。

(1) 长度比流量 所谓长度比流量法是假定沿线流量 q_1、q_2…均匀分布在全部配水干管上，则管线单位长度上的配水流量称为长度比流量，记为 q_s[L/(s·m)]。

q_s可按下式计算：

$$q_s=\frac{Q-\sum Q_i}{\sum L} \tag{5-13}$$

式中 Q——管网总用水量，L/s；

$\sum Q_i$——工业企业及其他大用户的集中流量之和，L/s；

$\sum L$——管网配水干管总计算长度，m。

其中配水干管长度，对于单侧配水的管段（如沿河岸等地段敷设的只有一侧配水的管线）按实际长度的一半计入；对于双侧配水的管段，计算长度等于实际长度；对于两侧不配水的管线长度不计（即不计穿越广场、公园等无建筑物地区的管线长度）。

比流量的大小随用水量的变化而变化。因此，控制管网水力情况的不同供水条件下的比流量（如在最高用水时、消防时、最大转输时的比流量）是不同的，需分别计算。另外，若城市内各区人口密度相差较大时，也应根据各区的用水量和干管长度，分别计算其比流量。

长度比流量按用水量全部均匀分布在干管上的假定来求比流量，忽视了沿管线供水人数和用水量的差别，存在一定的缺陷。因此计算出来的配水量可能和实际配水量有一定差异。为接近实际配水情况，也可按面积比流量法计算。

(2) 面积比流量 假定沿线流量 q_1、q_2…均匀分布在整个供水面积上，则单位面积上的配水流量称为面积比流量，记作 q_A[L/(s·m²)]，按下式计算：

$$q_A=\frac{Q-\sum Q_i}{\sum A} \tag{5-14}$$

式中 $\sum A$——给水区域内沿线配水的供水面积总和，m²；

其余符号意义同前。

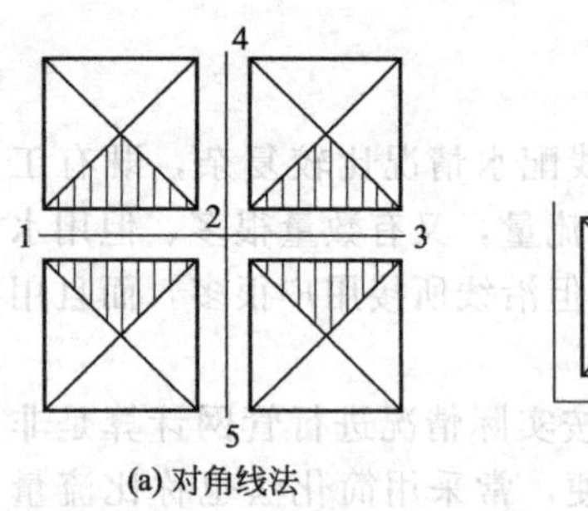

(a) 对角线法

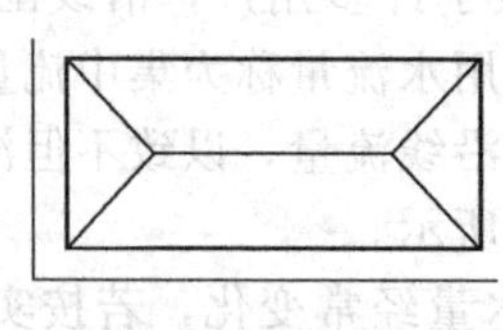

(b) 分角线法

图 5.6 供水面积划分

干管每一管段所负担的供水面积可按分角线或对角线的方法进行划分，如图 5.6 所示。在街区长边上的管段，其单侧供水面积为梯形；在街区短边上的管段，其单侧供水面积为三角形。

用面积比流量法计算虽然比较准确，但计算过程较麻烦。当供水区域的干管分布比较均匀、干管距离大致相同的管网，用长度比流量法计算较为简便。

由比流量 q_s、q_A 可计算出各管段的沿线配水流量即沿线流量，记作 q_1，则任一管段的沿线流量 q_1（L/s）可按下式计算：

$$q_1 = q_s L_i \tag{5-15}$$

$$\text{或}\quad q_1 = q_A A_i \tag{5-16}$$

式中　L_i——该管段的计算长度，m；

A_i——该管段所负担的供水面积，m^2。

2. 节点流量

管网中任一管段的流量，包括两部分：一部分是沿本管段均匀泄出供给各用户的沿线流量 q_1，流量大小沿程直线减小，到管段末端等于零；另一部分是通过本管段流到下游管段的流量，沿程不发生变化，称为转输流量 q_t。从管段起端到末端管段内流量由 q_1+q_t 变为 q_t，流量是变化的。对于流量变化的管段，难以确定管径和水头损失。所以有必要将沿线流量转化成节点流量。所谓节点流量是从沿线流量折算得出的并且假设是在节点集中流出的流量。这样管段中的流量不再沿线变化，就可以进行管段流量计算。

沿线流量转化成节点流量的原理是求出一个沿线不变的折算流量 q，使它产生的水头损失等于实际上沿线变化的流量 q_x 产生的水头损失。

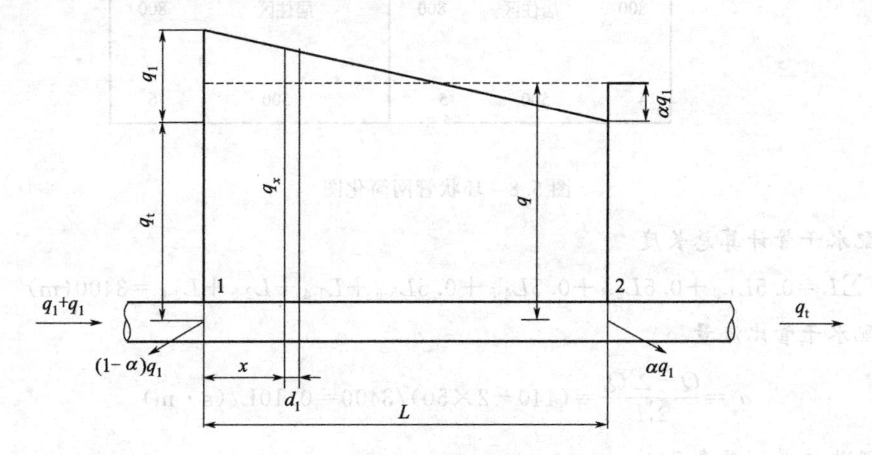

图 5.7　沿线流量折算成节点流量

图中 5.7 中水平虚线表示沿线不变的折算流量 q：

$$q = q_t + \alpha q_1 \tag{5-17}$$

式中　α——折减系数，通常统一采用 0.5，即将管段沿线流量平分到管段两端的节点上。

因此管网任一节点的节点流量为：

$$q_i = 0.5\sum q_1 \tag{5-18}$$

即管网中任一节点的节点流量 q_i 等于与该节点相连各管段的沿线流量总和的一半。

城市管网中，工企业等大用户所需流量，可直接作为接入大用户节点的节点流量。工业企业内的生产用水管网，水量大的车间用水量也可直接作为节点流量。

这样，管网图上各节点的流量包括由沿线流量折算的节点流量和大用户的集中流量。大用户的集中流量可以在管网图上单独注明，也可与节点流量加在一起，在相应节点上注出总流量。一般在管网计算图的各节点旁引出细实线箭头，并在箭头的前端注明该节点总流量的大小。

在计算完节点设计流量后，应验证流量平衡，即：

$$Q=\sum Q_i+\sum q_i \tag{5-19}$$

式中 Q——管网总用水量，L/s；

Q_i——各节点的集中流量，L/s；

q_i——各节点的节点流量，L/s。

3. 沿线流量、节点流量计算实例

【例 5-2】 某城市最高时总用水量为 440L/s，其中集中工业用水量为 120L/s，分别在节点 4、5 集中出流 50L/s。各管段长度（m）和节点编号如图 5.8 所示。管段 1-2、2-3、4-5、5-6 为一侧供水，其余为双侧供水。试求：(1) 比流量；(2) 各管段的沿线流量；(3) 各节点流量。

图 5.8 环状管网简化图

解：配水干管计算总长度

$$\sum L=0.5L_{1\text{-}2}+0.5L_{2\text{-}3}+0.5L_{4\text{-}5}+0.5L_{5\text{-}6}+L_{1\text{-}4}+L_{2\text{-}5}+L_{3\text{-}6}=3400(\text{m})$$

(1) 配水干管比流量

$$q_s=\frac{Q-\sum Q_i}{\sum L}=(440-2\times 50)/3400=0.10\text{L}/(\text{s}\cdot\text{m})$$

(2) 沿线流量（见表 5.4）

表 5.4 沿线流量计算表

管段编号	管段长度/m	管段计算长度/m	比流量/[L/(s·m)]	沿线流量/(L/s)
1-2	500	0.5×500=250	0.10	25
2-3	500	0.5×500=250		25
1-4	800	800		80
2-5	800	800		80
3-6	800	800		80
4-5	500	0.5×500=250		25
5-6	500	0.5×500=250		25
合计	—	3400		340

(3) 节点流量（见表 5.5）

表 5.5　节点流量计算表

节　点	连接管段	节点流量/(L/s)	集中流量/(L/s)	节点总流量/(L/s)
1	1-2、1-4	0.5(25+80)=52.5	—	52.5
2	1-2、2-5、2-3	0.5(25+80+25)=65	—	65
3	2-3、3-6	0.5(25+80)=52.5	—	52.5
4	1-4、4-5	0.5(80+25)=52.5	50	102.5
5	4-5、2-5、5-6	0.5(80+25+25)=65	50	115
6	3-6、5-6	0.5(80+25)=52.5	—	52.5
合计	—	340	100	440

将节点流量和集中流量标注于相应节点上，如图 5.9 所示。

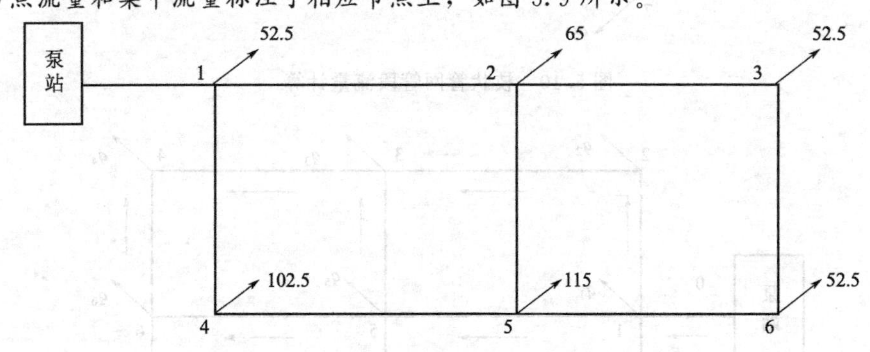

图 5.9　节点流量和集中流量图（单位：L/s）

4. 管段计算流量

求出节点流量后，可以进行管网的流量分配，求出包括沿线流量和传输流量的管段的流量。所以流量分配在管网计算中是一个重要环节。

若规定流入节点的流量为负，流出节点为正，则上述平衡条件可表示为：

$$q_i + \sum q_{ij} = 0 \qquad (5\text{-}20)$$

式中　q_i——节点 i 的节点流量，L/s；

q_{ij}——连接在节点 i 上的各管段流量，L/s。

(1) 树状网　从配水源（泵站或水塔等）供水到各节点只能沿一条管路通道，即管网中每一管段的水流方向和计算流量都是确定的。每一管段的计算流量等于该管段后面（顺水流方向）所有节点流量和大用户集中用水量之和。因此，对于枝状管网，若任一管段发生事故，该管段以后地区就会断水。

如图 5.10 所示的一枝状管网，部分管段的计算流量为：

$$q_{4\text{-}5} = q_5;\ q_{8\text{-}10} = q_{10};\ q_{3\text{-}4} = q_4 + q_5 + q_8 + q_9 + q_{10}$$

(2) 环状网　各管段的计算流量不是唯一确定的。配水干管相互连接环通，环路中每一用户所需水量可以沿两条或两条以上的管路供给，各环内每条配水管段的水流方向和流量值都是不确定的。

如图 5.11 中的 1 节点，图中流入节点 1 的流量只有 $q_{0\text{-}1} = Q$（泵站供水流量），流出节点 1 的流量有 q_1、$q_{1\text{-}2}$、$q_{1\text{-}5}$ 和 $q_{1\text{-}7}$，由公式（5-20）得：

$$-Q + q_1 + q_{1\text{-}2} + q_{1\text{-}5} + q_{1\text{-}7} = 0$$

或

$$Q - q_1 = q_{1\text{-}2} + q_{1\text{-}5} + q_{1\text{-}7}$$

对于节点 1 来说，流入管网的总流量 Q 和节点流量 q_1 是已知的，但各管段的流量 $q_{1\text{-}2}$、$q_{1\text{-}5}$、$q_{1\text{-}7}$ 可以有不同的分配方法，也就是有不同的管段流量。为了确定各管段的计算流量，

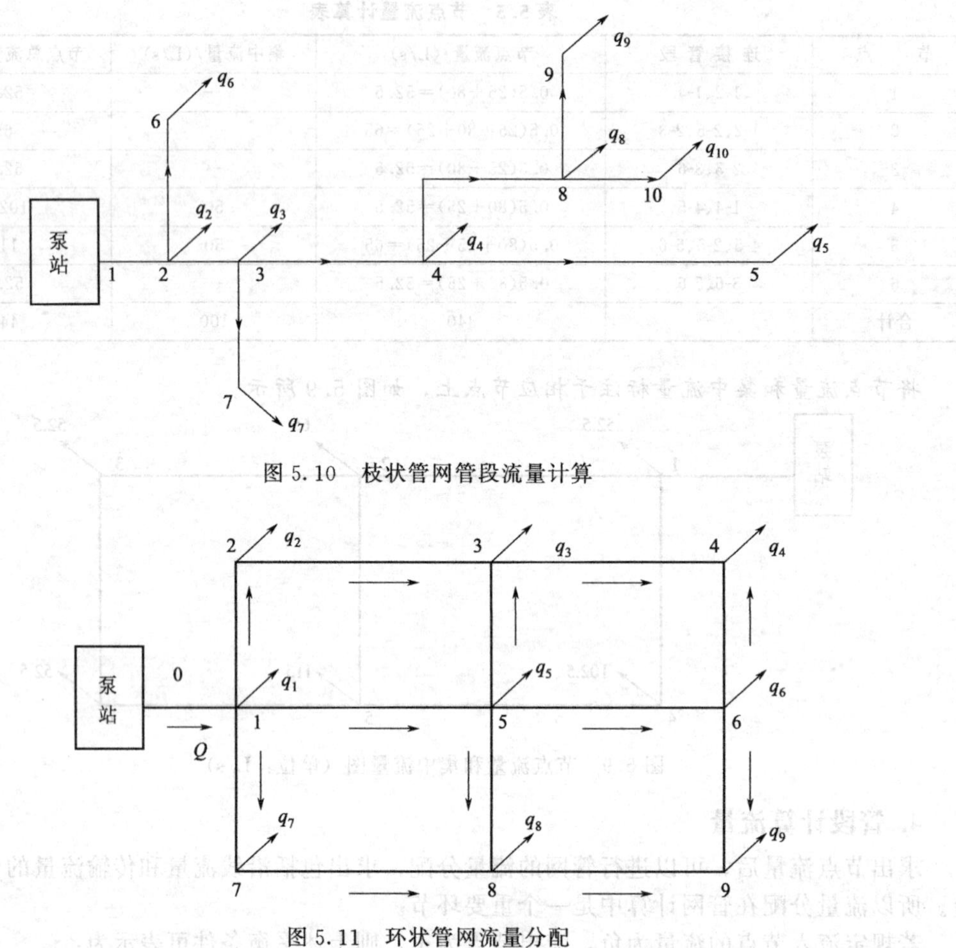

图 5.10 枝状管网管段流量计算

图 5.11 环状管网流量分配

需人为地假定各管段的流量分配值称为流量分配，根据流量选定管径。流量分配时需考虑经济性及可靠性。在综合考虑两者后，可按如下步骤进行环状管网流量分配。

① 按照管网的主要供水方向，先假定各管段的水流方向，并选定整个管网的控制点。

② 保证可靠供水，在供水关键路线段，敷设几条平行的主干管线。

③ 与干管垂直的连接管，其主要作用是沟通平行干管之间的流量，有时起输水作用，有时只是就近供水到用户，平时流量一般不大，只有在干管损坏时，才转输较大流量。因此，连接管中可分配较少的流量。

④ 分配流量时应满足节点流量平衡条件，即流入节点流量等于流出节点流量。

对于多水源管网，会出现由两个或两个以上水源同时供水的节点，这样的节点叫供水分界点；各供水分界点的连线即为供水分界线；各水源供水流量应等于该水源供水范围内的全部节点流量加上分界线上由该水源供给的那部分节点流量之和。因此，流量分配时，应首先按每一水源的供水量确定大致的供水范围，初步划定供水分界线，然后从各水源开始，向供水分界方向逐节点进行流量分配。

环状管网流量分配后得出的是各管段的计算流量，该值由管网平差后的计算结果来定出，根据此流量值来最终定出管道管径。

四、计算管径

根据管网流量分配后得到的各个管段的计算流量，按下式计算管段管径。

$$D=\sqrt{\frac{4q}{\pi v}} \tag{5-21}$$

式中 q——管段流量，m^3/s；

v——管内流速，m/s。

由上式可知，管径不但和管段流量有关，而且还与流速有关。因此，确定管径时必须先选定流速。

为了防止管网因水锤出现事故，最大设计流速不应超过 2.5～3.0m/s；在输送浑浊的原水时，为了避免水中悬浮物质在水管内沉积，最低流速通常应大于 0.60m/s，同时，还需结合当地的经济条件，考虑管网的造价和经营管理费用，来确定管径。

从公式可以看出，流量一定时，管径与流速的平方根成反比。如果流速大，管径则小，相应的管网造价低，但水头损失明显增加，所需的水泵扬程将增大，经营管理费（主要指电费）增大；若流速小，管径增大，管网造价会增加，但水头损失减小，可节约电费，经营管理费降低。因此，一般在保证城市所需水量、水压和水质安全可靠的条件下，选用管网造价和经营管理费（主要指电费）这两项之和为最小的经济流速，来确定管径。

设管网造价为 C，每年的经营管理费用为 M，包括电费 M_1 和折旧、大修费 M_2，因 M_2 和管网造价有关，故可按管网造价的百分数计，表示为 $PC/100$，那么在投资偿还期 t 年内，由此得出：

$$W_t=C+tM=C+\left(M_1+\frac{P}{100}C\right)t \tag{5-22}$$

式中 P——管网的折旧和大修率，以管网造价的百分比计。

如以一年为基础求出年折算费用，即有条件地将造价折算为一年的费用，则得年折算费用 W 为：

$$W=\frac{C}{t}+M=\left(\frac{1}{t}+\frac{P}{100}\right)C+M_1 \tag{5-23}$$

如图 5.12 所示，总费用 W 曲线的最低点表示管网造价和经营管理费用之和为最小时的流速称为经济流速 v_e。

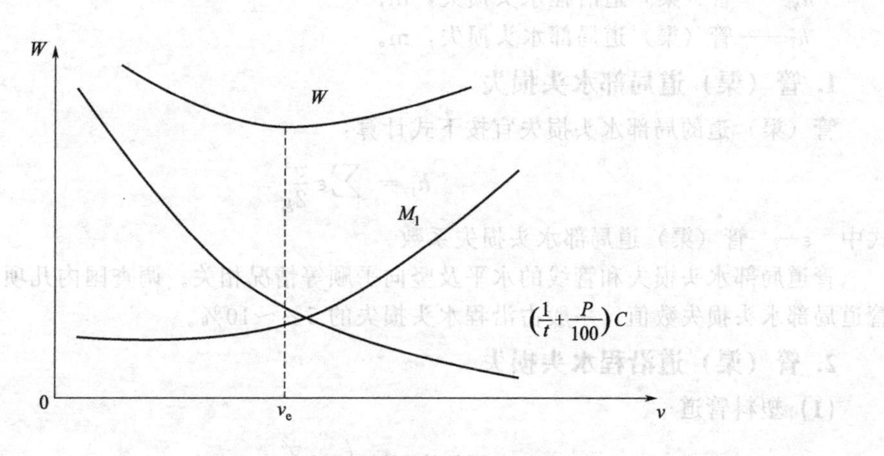

图 5.12 流速和费用的关系

各城市的经济流速值应按当地条件，如水管材料和价格、施工条件、电费等来确定，不能直接套用其他城市的数据。另外，管网中各管段的经济流速也不一样，须随管网图形、该管段在管网中的位置、该管段流量和管网总流量的比例等决定。因为计算复杂，有时简便地应用“界限流量表”确定经济管径，如表 5.6 所示。

表 5.6 界限流量表

管径 /mm	界限流量 /(L/s)	管径 /mm	界限流量 /(L/s)
100	<9	450	130～168
150	9～15	500	168～237
200	15～28.5	600	237～355
250	28.5～45	700	355～490
300	45～68	800	490～685
350	68～96	900	685～822
400	96～130	1000	822～1120

由于实际管网的复杂性，加上情况在不断地变化，例如流量在不断增加，管网逐步扩展，诸多经济指标如水管价格、电费等也随时变化，要从理论上计算管网造价和年管理费用相当复杂且有一定难度。在条件不具备时，设计中也可采用由各地统计资料计算出的平均经济流速来确定管径，得出的是近似经济管径，见表 5.7。

表 5.7 平均经济流速表

管径/mm	平均经济流速 v_e/(L/s)	管径/mm	平均经济流速 v_e/(L/s)
D=100～400	0.6～0.9	D≥400	0.9～1.4

五、水头损失计算

管（渠）道流量、流速和管径确定以后，即能进行管段的水头损失计算。管渠总水头损失，一般可按下式计算：

$$h_z = h_y + h_j \tag{5-24}$$

式中 h_z——管（渠）道总水头损失，m；

h_y——管（渠）道沿程水头损失，m；

h_j——管（渠）道局部水头损失，m。

1. 管（渠）道局部水头损失

管（渠）道的局部水头损失宜按下式计算：

$$h_j = \sum \varepsilon \frac{v^2}{2g} \tag{5-25}$$

式中 ε——管（渠）道局部水头损失系数。

管道局部水头损失和管线的水平及竖向平顺等情况相关。调查国内几项大型输水工程的管道局部水头损失数值，一般占沿程水头损失的 5%～10%。

2. 管（渠）道沿程水头损失

(1) 塑料管道

$$h_y = \lambda \frac{l}{d} \times \frac{v^2}{2g} \tag{5-26}$$

式中 λ——沿程阻力系数，与管道的相对当量粗糙度（Δ/d_j）和雷诺数（R_e）有关，其中 Δ 为管段当量粗糙度，mm；

l——管道长度，m；

d——管道计算内径，m；

v——管道断面水流平均流速，m/s；

g——重力加速度，m/s^2。

(2) 混凝土管（渠）及采用水泥砂浆内衬的金属管道　采用舍齐公式计算沿程水头损失，该公式可用在紊流阻力平方区的明渠和管流。

$$h_y = il = i\frac{v^2}{C^2 R} \tag{5-27}$$

式中　i——管道单位长度的水头损失（水力坡降）；

C——流速系数，$C=R^{1/6}/n$（曼宁公式），n 为粗糙系数；

R——水力半径，m。

(3) 输配水管道、配水管网水力平差计算

$$h_y = \frac{10.67q^{1.852}l}{C_h^{1.852}d^{4.87}} \tag{5-28}$$

式中　C_h——海曾-威廉系数。

上述几种沿程水头损失计算公式中的一些参数，可参考表 5.8 选取。

表 5.8　各种管道沿程水头损失计算参数值

管道种类		粗糙系数 n	海曾-威廉系数 C_h	当量粗糙度 Δ/mm
钢管、铸铁管	水泥砂浆内衬	0.011～0.012	120～130	
	涂料内衬	0.0105～0.0115	130～140	
	旧钢管、旧铸铁管	0.014～0.018	90～100	
混凝土管	预应力混凝土管		110～130	
	预应力钢套筒混凝土管	0.0110～0.0125	120～140	
现浇矩形混凝土管渠		0.012～0.014		
化学管材(聚乙烯管、聚氯乙烯管玻璃纤维树脂增强夹砂管),内衬及内涂涂料的钢管			140～150	0.010～0.030

(4) 沿程水头损失计算公式的一般形式　上述沿程水头损失计算公式可转划为一般指数形式：

$$h_y = \frac{kq^b}{d^c}l = \alpha q^b l = sq^b \tag{5-29}$$

式中　k，b，c——指数公式参数，海曾-威廉公式和曼宁公式的参数见表见 5.9；

α——比阻，即单位长度管长的摩阻系数；

q——流量，m^3/s；

s——摩阻系数；

l——管长，m；

d——管道计算内径，m。

表 5.9　沿程水头损失指数公式参数表

参　数	海曾-威廉公式	曼 宁 公 式
k	$\frac{10.67}{C_h^{1.852}}$	$10.29n^2$
b	1.852	2.000
c	4.87	5.333

六、树状管网水力计算

1. 枝状管网水力计算

枝状管网中的计算，因为水从供水起点到任一节点的水流路线只有一个，每一管段也只有唯一确定的计算流量。在枝状管网计算中，应先确定或假定管网中的控制点，由控制点求出其所在干管管线上的各点水压，推算起点水压，然后进行支管水力计算，计算并校核支管的水压要求是否满足需求。

枝状管网水力计算步骤如下。

(1) 按城镇管网布置图，绘制计算草图，对节点和管段顺序编号，并标明管段长度和节点地形标高。

(2) 按最高日最高时用水量计算节点流量，并在节点旁引出箭头，注明节点流量。大用户的集中流量也标注在相应节点上。

(3) 在管网计算草图上，从距二级泵站最远的管网末梢的节点开始，按照任一管段中的流量等于其下游所有节点流量之和的关系，逐个向二级泵站推算每个管段的流量。

(4) 确定管网的最不利点（控制点），选定泵房到控制点的干管管线为计算管线。有时控制点不明显，可初选几个点作为管网的控制点进行比较，推求得到的起点水压标高中最大者为控制点。

(5) 根据管段流量和经济流速求出干管管线上各管段的管径和水头损失。

(6) 按控制点要求的最小服务水头和从水泵到控制点管线的总水头损失，求出水塔高度和水泵扬程。

(7) 支管管径参照支管的水力坡度选定，即按充分利用起点水压的条件来确定。

(8) 校核支管管路上各节点水压是否满足用户需求。

(9) 对最大用水时，消防时，最大传输时的工况进行计算，校核起点水压是否满足各控制点需求。

2. 实例

【例 5-3】 某管网布置如图 5.13 所示，测得各节点处地面标高见表 5.10，沿线流量折算成的各节点流量如下图，管道长度如图。最不利点服务水头（从用户地面算起）为 20m，水塔内水深为 4.5m，水流经水泵的水头损失取 3m，水泵到水塔的水头损失取 1m，吸水井最低水位 50.00m，试确定水塔高度及水泵扬程。

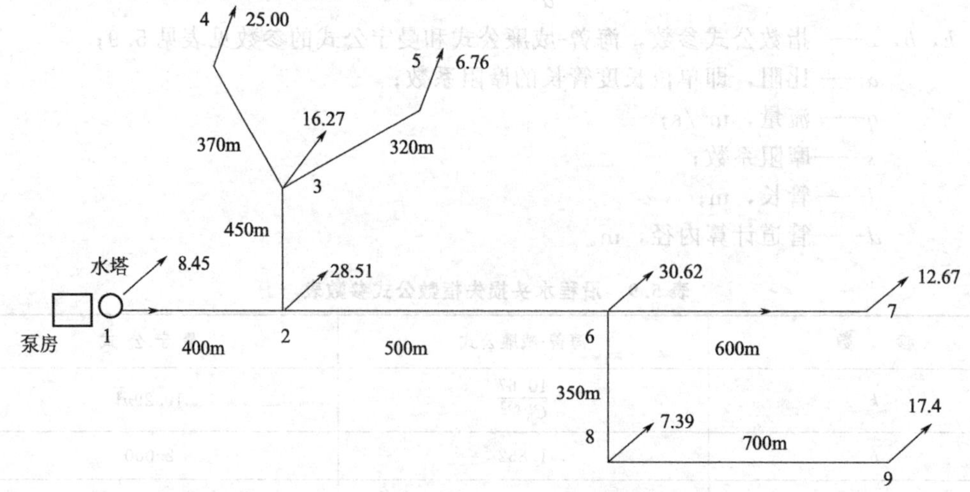

图 5.13 枝状管网计算（流量单位：L/s）

表 5.10 节点地面标高

节点	1	2	3	4	5	6	7	8	9
标高/m	57.4	56.6	56.3	56.0	56.1	56.3	56.0	56.2	55.7

解：

(1) 根据所给条件，选择控制点，确定干管所在计算管线。

由于各节点的自由水压要求相同，根据地形和用水量情况，控制点选为节点 7，干管定为 1—2—6—7，其余为支管。

(2) 编制干管和支管水力计算表格，见表 5.11、表 5.12。

(3) 将节点编号、地形标高、管段编号和管段长度等已知条件分别填于表 5.11 和表 5.12 第 (1)、(2)、(3)、(4) 项。

表 5.11 干管水力计算表

节点	地形标高 /m	管段编号	管段长度 /m	流量 /(L/s)	管径 /mm	1000i	流速 /(m/s)	水头损失 /m	水压标高 /m	自由水压 /m
(1)	(2)	(3)	(4)	(5)	(6)	(7)	(8)	(9)	(10)	(11)
7	56.0	6—7	600	12.67	150	7.20	0.73	4.34	76.00	20.0
6	56.3								80.34	24.04
2	56.6	2—6	500	68.08	300	4.90	0.96	2.45	82.79	26.19
1	57.4	1—2	400	144.62	500	1.53	0.73	0.61	83.40	26.00

表 5.12 支管水力计算表

节点	地形标高 /m	管段编号	管段长度 /m	管段流量 /(L/s)	管段管径 /mm	1000i	水头损失 /m	水压标高 /m	自由水压 /m
(1)	(2)	(3)	(4)	(5)	(6)	(7)	(8)	(9)	(10)
6	56.3	6—8	350	24.79	200	5.89	2.06	80.34	24.04
8	56.2							78.28	22.08
9	55.7	8—9	700	17.4	200	3.09	2.16	76.12	20.42
2	56.6	2—3	450	48.03	250	6.53	2.94	82.79	26.19
3	56.3							79.85	23.55
3	56.3	3—5	320	6.76	125	5.71	1.83	79.85	23.55
5	56.1							78.02	21.92
3	56.3	3—4	370	25.00	200	5.98	2.21	79.85	23.55
4	56.0							77.64	21.64

注：为满足连接室外消火栓的要求，室外给水管道最小管径为 100mm。

(4) 确定各管段的计算流量 按 $q_i+\sum q_{ij}=0$ 的条件，从管线终点（包括和支管）开始，同时向供水起点方向逐个节点推算，即可得到各管段的计算流量：

由 7 节点得 $q_{6\text{-}7}=q_7=12.67(\text{L/s})$；

由 6 节点得：

$q_{2\text{-}6}=q_6+q_{6\text{-}8}+q_7+q_{8\text{-}9}=30.62\text{L/s}+12.67\text{L/s}+7.39\text{L/s}+17.4\text{L/s}=68.08(\text{L/s})$

同理，可得其余各管段计算流量，计算结果分别列于表 5.11 和表 5.12 中的第 (5) 项。

(5) 干管水力计算

① 由各管段的计算流量，查铸铁管水力计算表，参照经济流速，确定各管段的管径和相应的1000i及流速。

管段 6—9 的计算流量 12.67L/s，由铸铁管水力计算表查得：当管径为 125mm、150mm、200mm 时，相应的流速分别 1.04m/s、0.72m/s、0.40m/s。前已指出，当管径 $D<400$mm 时，平均经济流速为 0.6～0.9m/s，所以管段 6—7 的管径应确定为 150mm，相应的 $1000i=7.24$，$v=0.73$m/s。同理，可确定其余管段的管径和相应的1000i和流速，其结果见表 5.11 第 (6)、(7)、(8) 项。

② 根据 $h=iL$ 计算出各管段的水头损失，即表 5.11 中第 (9) 项等于 $\left[\frac{(7)}{100}\times(4)\right]$，则

$$h_{6\text{-}9}=\frac{7.24}{1000}\times600=4.34(\text{m});$$

同理，可计算出其余各管段的水头损失，计算结果见表 5.11 中第 (9) 项。

③ 计算干管各节点的水压标高和自由水压。

节点水压标高 H_i、自由水压 H_{0i} 与该处地形标高 Z_i 存在下列关系：

$$H_i=H_{0i}+Z_i$$

因管段起端水压标高 H_i 和终端水压标高 H_j 于该管段的水头损失 h_{ij} 存在下列关系：

$$H_i=H_j+h_{ij}$$

由于控制点 7 节点要求的水压标高为已知：

$$H_7=Z_7+H_{07}=56.0+20=76.0(\text{m});$$

因此，在本例中要从节点 7 开始，按上述关系逐个向供水起点推算：

节点 6 $$H_6=H_7+h_{6\text{-}7}=76.0+4.34=80.4(\text{m});$$

$$H_{0\text{-}6}=H_6-Z_6=80.34-56.3=34.04(\text{m});$$

同理，可得出干管上 1、2 节点的水压标高和自由水压。计算结果见表 5.11 中第 (10)、(11) 项。

(6) 支管水力计算

根据上述计算，干管上各节点的水压已通过计算确定，则各支管起点的水压也已经确定，便可推求出支管末端的节点水压值，并校核是否满足各点的服务水头的要求。下面以 6—8—9 为例进行计算说明：

由 $q_{6\text{-}8}=24.79$L/s，查铸铁管水力计算表，取 $D_{6\text{-}8}=200$mm，流速为 0.8m/s，在经济流速范围内，相应的实际 $1000i=5.89$，则：

$$h_{6\text{-}8}=\frac{5.89}{1000}\times350=2.06(\text{m});$$

计算 8 节点得水压标高和自由水压：

$$H_8=H_6-h_{6\text{-}8}=80.34-2.06=78.28(\text{m});$$

$H_{08}=H_8-Z_8=78.28-56.2=22.08(\text{m})$，满足 20m 的服务水头要求；

由 $q_{8\text{-}9}=17.4$L/s，查铸铁管水力计算表，取管径 $D_{8\text{-}9}=200$mm，相应的 $1000i=3.09$

则： $$h_{8\text{-}9}=\frac{3.09}{1000}\times700=2.16(\text{m})$$

同理，可计算出节点 9 的水压标高和自由水压：

$$H_9=H_8-h_{8\text{-}9}=78.28-2.16=76.12(\text{m});$$

$H_{09}=H_9-Z_9=76.12-55.7=20.42(\text{m})$；满足 20m 最小服务水头要求。

(7) 确定水塔高度

由表 5.11 可知，水塔高度应为 $H_t=26.00$m。

(8) 确定二级泵站所需的总扬程

由吸水井最低水位标高 $Z_p=50.00\text{m}$，泵站内吸、压水管的水头损失 $\sum h_p=3.0\text{m}$，水塔水柜深度为4.5m，水泵至1节点间的水头损失为1.0m，则二级泵站所需总扬程为：

$$\begin{aligned} H_P &= H_{ST}+\sum h+\sum h_p \\ &=(Z_t+H_t+H_0-Z_p)+h_{泵\text{-}1}+\sum h_p \\ &=(57.4+26.00+4.5-50.0)+1.0+3.0 \\ &=41.90(\text{m}) \end{aligned}$$

七、环状管网水力计算

1. 环状管网水力计算

环状网计算多采用解环方程组的哈代-克罗斯法，即管网平差计算方法，主要计算步骤如下。

(1) 根据城镇供水情况，假定环状网各管段水流方向，根据连续性方程，考虑供水的实际情况，进行初步流量分配，此时各管段分配的流量可用 q_{ij} 表示，i，j 表示管段两端的节点编号。

(2) 根据管段流量 q_{ij}，按经济流速选取管径。

(3) 求各管段的摩阻系数 $s_{ij}(=a_{ij}l_{ij})$，然后求水头损失：$h_{ij}=s_{ij}q_{ij}^b$。

(4) 假定各环内水流顺时针方向的管段的水头损失为正，水流逆时针方向的管段的水头损失为负，计算各环内管段水头损失代数和 $\sum h_{ij}$。$\sum h_{ij}$ 不等于0时，以 Δh_i 表示，称为闭合差。$\Delta h_i>0$，说明顺时针方向各管段中初步分配的流量多些；$\Delta h_i<0$，说明逆时针方向各管段中初步分配的流量多些。

(5) 计算各环的校正流量 Δq_i，若闭合差为正，则校正流量为负；反之，校正流量为正：

$\Delta q_i=-\dfrac{\Delta h_i}{b\sum\left|s_{ij}q_{ij}^{b-1}\right|}$，其中对于海曾-威廉公式，$b=1.852$ 对于曼宁公式，$b=2$。

(6) 假设校正流量 Δq_i 以顺时针方向为正，逆时针方向为负，原管段流量同校正流量方向相同的，则两者流量相加，否则相减，由此得到校正后的管段流量。

(7) 校正后的管段流量再进行闭合差计算，如果闭合差计算未能达到设定的允许精度，再从第三步开始进行计算，直到闭合差满足相应要求。这一过程我们称之为环状管网的管网平差计算。管网平差的计算精度要求：手工计算时，每环闭合差小于0.5m，大环闭合差小于1.0m；计算机平差时，闭合差的大小可以达到任何要求的精度，可考虑采用0.01～0.05m。

2. 实例

【例 5-4】按最高日最高用水时流量 $0.2198\text{m}^3/\text{s}$，计算如图5.14所示，环状网的管段流量。水管管材按旧钢管计。

解：根据用水情况，拟定各管段的水流方向如图5.14所示。根据最短路线供水原则，结合供水可靠性要求，进行流量分配。分配时，每一节点应满足流量节点流量=流出节点流量，即 $q_i+\sum q_{ij}=0$ 的条件。几条主干线，3—2—1，6—5—4，9—8—7，大致分配相等流量。与主干线垂直的连接管，因平时流量较小，所以分配较少流量，由此得到每一个管段的初步分配流量作为计算流量。

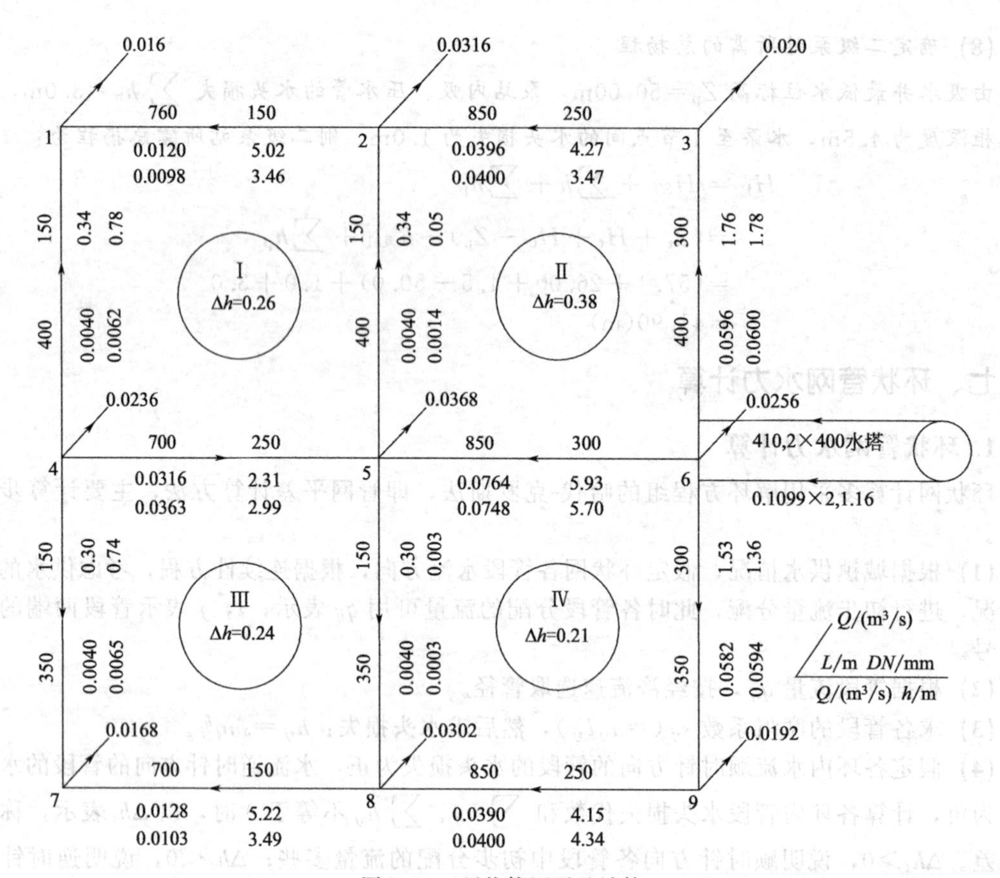

图 5.14 环状管网平差计算

管径按平均经济流速确定。考虑事故时，连接干管之间的连接管需要通过较大用水量或消防流量，所以连接管管径可适当放大。将连接管 5—2，5—8，4—1 和 4—7 的管径放大为 $DN150$。每一管段的管径确定后，由表 5-8 得旧钢管海曾-威廉系数 C_h 为 90～100 取 95，根据表 5-9 及式（5-29）得 i 值代入表 5-13，该值乘以管段长度即得到水头损失。水头损失除以流量即为 $|sq^{0.852}|$ 的值，计算结果见图 5-14 及表 5-13。

表 5-13 环状网计算（最高用水时）

环号	管段	管长/m	管径/mm	初步分配流量				第一次校正			
				$q/(m^3/s)$	$1000i$	h/m	$\lvert sq^{0.852}\rvert$	$q/(m^3/s)$	$1000i$	h/m	$\lvert sq^{0.852}\rvert$
Ⅰ	2—1	760	150	−0.0120	6.61	−5.02	418.33	−0.0098	4.55	−3.46	353.06
	4—1	400	150	0.0040	0.86	0.34	85.00	0.0062	1.95	0.78	125.81
	5—2	400	150	−0.0040	0.86	−0.34	85.00	−0.0014	0.12	−0.05	35.71
	4—5	700	250	−0.0316	3.30	2.31	73.10	0.0363	4.27	2.99	82.37
						−2.71	661.43			0.26	596.95
				$\Delta q_{Ⅰ}=\frac{2.71}{1.852\times 661.43}=0.0022$							
Ⅱ	3—2	850	250	−0.0396	5.02	−4.27	107.83	−0.0400	5.11	−4.34	108.50
	5—2	400	150	0.0040	0.86	0.34	85.00	0.0014	0.12	0.048	34.29
	6—3	400	300	−0.0596	0.86	−1.76	29.53	−0.0600	4.46	−1.78	29.67

续表

环号	管段	管长/m	管径/mm	初步分配流量				第一次校正			
				$q/(m^3/s)$	$1000i$	h/m	$\lvert sq^{0.852}\rvert$	$q/(m^3/s)$	$1000i$	h/m	$\lvert sq^{0.852}\rvert$
Ⅱ	6—5	850	300	0.0764	7.46	5.93	77.62	0.0748	6.71	5.70	76.20
						0.24	299.98			−0.37	248.66
				$\Delta q_{Ⅱ}=\frac{-0.24}{1.852\times 299.98}=-0.0004$							
Ⅲ	4—5	700	250	−0.0316	3.30	−2.31	73.10	−0.0363	4.27	−2.99	82.37
	4—7	350	150	−0.0040	0.86	−0.30	75.00	−0.0065	2.12	−0.74	113.85
	5—8	350	150	0.0040	0.86	0.30	75.00	0.0003	0.01	0.0035	11.67
	8—7	700	150	0.0128	7.46	5.22	407.81	0.0103	4.99	3.49	338.83
						2.91	630.91			−0.24	546.72
				$\Delta q_{Ⅲ}=\frac{-2.91}{1.852\times 630.91}=-0.0025$							
Ⅳ	6—5	850	300	−0.0764	6.97	−5.93	77.62	0.0748	6.71	−5.70	76.20
	6—9	350	300	0.0582	4.21	1.47	25.26	0.0594	4.37	1.53	25.76
	5—8	350	150	−0.0040	0.86	−0.30	75.00	−0.0003	0.01	−0.0035	11.67
	9—8	850	250	−0.0390	4.88	4.15	106.41	0.0402	5.11	4.34	107.96
						−0.61	284.29			0.17	221.59
				$\Delta q_{Ⅳ}=\frac{0.61}{1.852\times 284.29}=0.0012$							

经过一次校正后，各环闭合差均小于 0.5m，大环 6—3—2—1—4—7—8—9—6 的闭合差为：

$\sum h=-h_{6\text{-}3}-h_{3\text{-}2}-h_{2\text{-}1}+h_{4\text{-}1}-h_{4\text{-}7}+h_{8\text{-}7}+h_{9\text{-}8}+h_{6\text{-}9}=-1.78-4.34-3.46+0.78-0.74+3.49+4.34+1.53=-0.18$ (m)，满足小于允许值 1.0m 的要求。

八、多水源管网

在城市供水系统中，通常设置有泵站、水塔、高位水池。非高峰供水时，水厂泵房向管网供水，供水量大于用水量，多余的流量经管网传输到水塔属于单水源供水，在供水高峰时，水厂泵房和水塔同时向管网供水属于多水源管网供水。

1. 多水源管网特点

许多大、中城镇随着用水量的增长，逐步发展成为多水源给水系统。多水源管网的计算原理虽然和单水源相同，但有其特点。

(1) 各水源有其供水范围，分配流量时应按每一水源的供水量和用水情况确定大致的供水范围，经过管网平差再得到供水分界线的确切位置。

(2) 按经济性和供水可靠性考虑，从各水源节点开始分配流量，每一节点符合流量连续性方程的条件。

(3) 分界线上的各节点的流量，由几个水源供给，即各水源供水范围内的节点流量总和加上分界线上该水源供给的节点流量之和，等于该水源供水量。

2. 多水源管网计算

(1) 应用虚环的概念，将多水源管网转化成单水源管网，拟定一个虚节点，用虚线将各水源与虚节点连成环。虚环数等于水源（包括泵站、水塔等）数减一。如图 5.15 所示，0 为虚节点，0-水塔和 0-泵站为虚环管段，这样使多水源管网成为虚节点 0 供水的单水源管网。

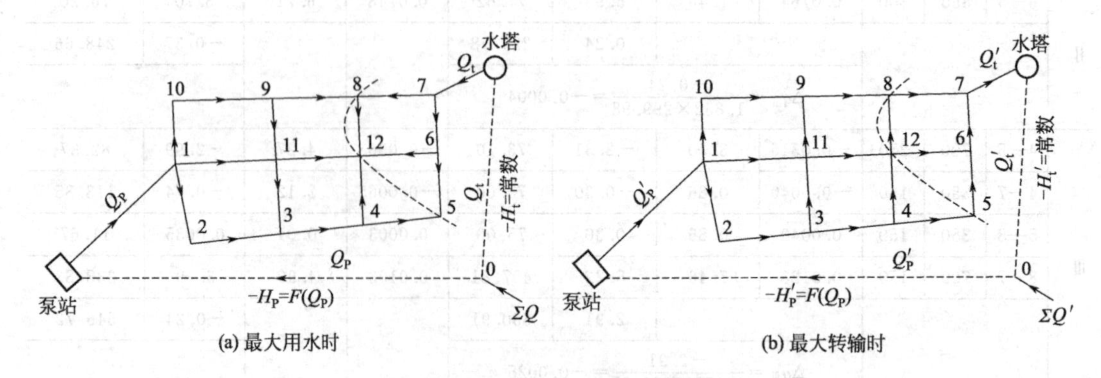

图 5.15　对置水塔的工作情况

(2) 最高用水时，管网用水由多个水源同时供给（图 5.15），供水分界线通过 8，12 和 5；从虚节点 0 流向泵站的流量 Q_p 等于泵站供水量，到水塔的流量 Q_t 等于水塔供水量。最高用水时虚节点 0 的流量平衡条件为 $Q_p+Q_t=\sum Q$，即各水源供水量之和等于管网的最高时用水量。

(3) 管网设水塔（或高地水池）时，还有转输的情况，即当二级泵站供水量大于用水量时，多余水量通过管网进入水塔储存，此时转输流量从水塔通过虚管段流向虚节点 0。最大转输时虚节点流量平衡条件为 $Q_p'=Q_t'+\sum Q'$，即最大转输时的泵站供水量等于最大转输时进入水塔的流量与最大转输时管网用水量之和。

(4) 虚节点水压假设为零。虚管段中没有流量，不考虑摩阻。流入虚节点的管段，水压为正，离开虚节点的管段，水压为负。最高时虚环的水头损失平衡条件为 $H_p-\sum h_p=H_t-\sum h_t$ 即最高用水时的泵站水压减去水泵到分界线上控制点的任一条管线的总水头损失等于水塔的水位标高减去水塔分界线上控制点的任一条管线上的总水头损失。最大转输时如图 5.15 所示，虚环的水头损失平衡条件为 $-H_p'+\sum h'+H_t'=0$，即最大转输时的泵站水压等于最大转输时从泵站到水塔的水头损失与最大转输时水塔水位标高之和。

(5) 虚环和实环同时平差，计算方法和单水源管网相同。

九、输水管（渠）设计

输送原水的输送管渠设计流量，按最高日平均时供水量确定，并计入原水输水管渠的漏损水量和水厂的自用水量。清水输水管渠的设计流量，按最高日最高时用水量确定。输水管渠中若承担消防任务，还应包含消防补充流量或消防流量。

输水干管为保证供水可靠，一般不宜少于 2 条，有安全储水池或其他安全供水措施时，也可修建 1 条。输水干管和连通管的管径及连通管根数，按输水干管任何一段发生故障时，仍能通过事故用水量计算确定，对城镇事故用水量为设计用水量的 70%。

输水管（渠）设计的任务是确定输水形式，管材，计算管径和水头损失。采用重力输水或压力输水可以通过方案比较后确定。

1. 输水管形式

(1) 压力输水管渠　此种形式使用较多，一般的在没有可利用地形的情况下，可采用水泵加压后输水。

(2) 重力输水管渠（非满流水管或暗渠） 重力输水管渠的单位长度造价较压力管渠低，但在定线时，为利用与水力坡度相接近的地形，不得不延长路线，因此，初期建造费用可能增加，但后期可节约水泵输水所耗电费。

(3) 压力与重力相结合的输水系统 在地形复杂的地区常用压力与重力结合的输水方式。

2. 输水管尺寸

(1) 重力输水管由可以利用的水头来确定管径。

(2) 压力输水管按照经济流速或经济管径选取。

3. 连接管数量

(1) 重力输水时 水源在高地时（如取用蓄水库水时），若水源水位和水厂内第一个水处理构筑物之间有足够的水位高差克服两者管道的水头损失时，可利用水源水位向水厂重力输水如图 5.16 所示。

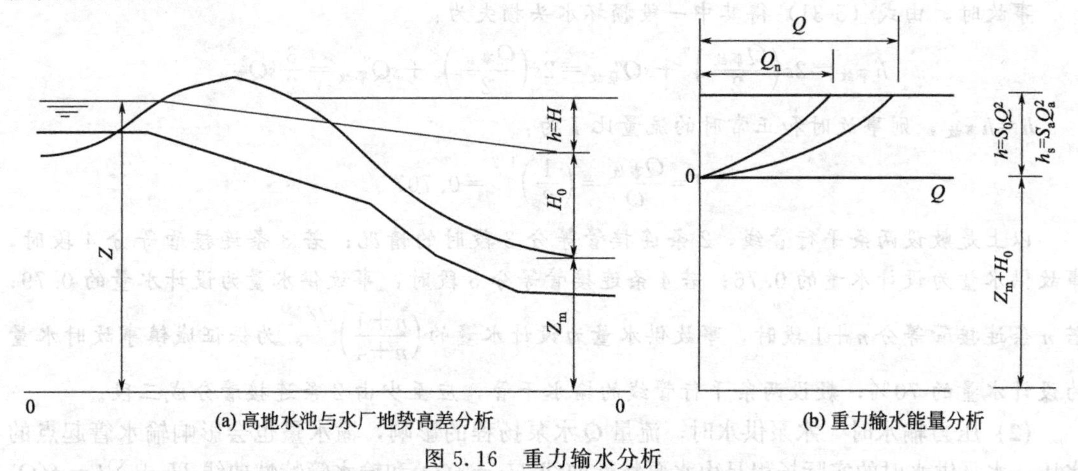

图 5.16　重力输水分析

如果输水管水量为 Q，平行的输水管线为 N 条，则每条管线的流量为 Q/N。设平行管线的管材、直径和长度都相同，则并联管路输水系统的水头损失为：

$$h=s\left(\frac{Q}{N}\right)^n=\frac{s}{N^n}Q^n \tag{5-30}$$

式中　s——每条管线的摩阻；

n——管道水头损失计算流量指数，塑料管、混凝土管及采用水泥砂浆内衬的金属管，n 取 2；金属管道 n 取 1.852。

当其中一条管线损坏时，该系统使用其余（$N-1$）条管线的水头损失为：

$$h_{事故}=s\left(\frac{Q_{事故}}{N-1}\right)^n=\frac{s}{(N-1)^n}Q_{事故}^n \tag{5-31}$$

重力输水、正常输水和事故输水时的水头损失都等于位置水头即 $h=h_{事故}=Z-Z_0$，联立式（5-30）和式（5-31）得事故流量为：

$$Q_{事故}=\left(\frac{N-1}{N}\right)Q=\alpha Q \tag{5-32}$$

式中　α——流量比例系数。

当平行管线数 $N=2$ 时，则 $\alpha=(2-1)/2=0.5$，不能保证通过设计水量的 70%。为了提高供水可靠性，需在平行管段上增设连接管，在连接管上装设阀门，对损坏管段进行检修，这样不需要将整条管线全部停止。

【例 5-5】有两条平行敷设的混凝土重力流输水管线，其管材、直径和长度相等，用 2 个连通管将其分成三段，每一段单根管的摩阻均为 s，重力输水管位置水头一定，如图 5.17 所示。求输水管事故时的流量与正常工作时的流量比。

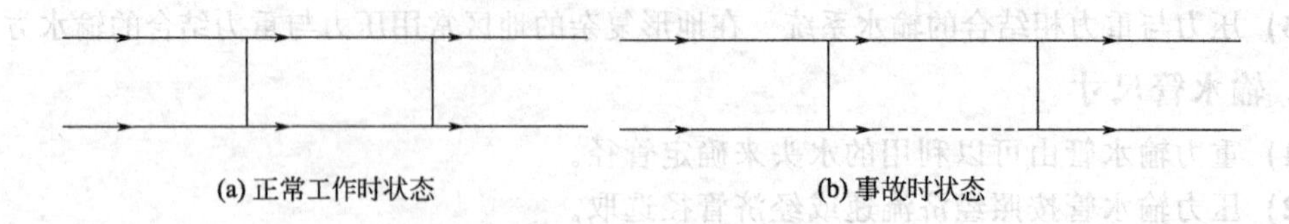

图 5.17 重力流输水干管

解： 每根输水管分成三段，由式（5-30）得正常工作时的水头损失为：

$$h=3s\left(\frac{Q}{2}\right)^n=3\left(\frac{1}{2}\right)^n sQ^n=3\left(\frac{1}{2}\right)^2 sQ^2=\frac{3}{4}sQ^2$$

事故时，由式（5-31）得其中一段损坏水头损失为：

$$h_{事故}=2s\left(\frac{Q_{事故}}{2}\right)^n+sQ^n_{事故}=2s\left(\frac{Q_{事故}}{2}\right)^2+sQ^2_{事故}=\frac{3}{2}sQ^2_{事故}$$

$h=h_{事故}$，则事故时和正常时的流量比 I 为：

$$I=\frac{Q_{事故}}{Q}=\left(\frac{1}{2}\right)^{1/2}=0.707$$

以上是敷设两条平行管线，2 条连接管等分 3 段时的情况；若 3 条连接管等分 4 段时，事故供水量为设计水量的 0.76；若 4 条连接管等分 5 段时，事故供水量为设计水量的 0.79；若 n 条连接管等分 $n+1$ 段时，事故供水量为设计水量的 $\left(\frac{n+1}{n+4}\right)^{1/2}$。为保证城镇事故时水量为设计水量的 70%，敷设两条平行管线的输水干管，应至少由 2 条连接管分成三段。

(2) 压力输水时 水泵供水时，流量 Q 水泵扬程的影响，输水量也会影响输水管起点的水压。水泵供水时的实际扬程是由水泵特性曲线 $H_p=f(Q)$ 和输水管特性曲线 $H_0+\sum h=f(Q)$ 确定的。

图 5.18 表示水泵特性曲线 Q-H_p 和输水管特性曲线 Q-$\sum h$ 的联合工况。Ⅰ为输水管正常工作时的管路特性曲线，Ⅱ为事故时管路特性曲线。当输水管任一管段损坏时，管路阻力增大，使曲线的工况交点由 b 移动到 a 点。此时由图看出，事故时流量小于正常时工作流量。输水干管中设置连接管时，a 点和 b 点可以比较接近。为了保证管线损坏时的输水量，输水管的分段计算方法如下。

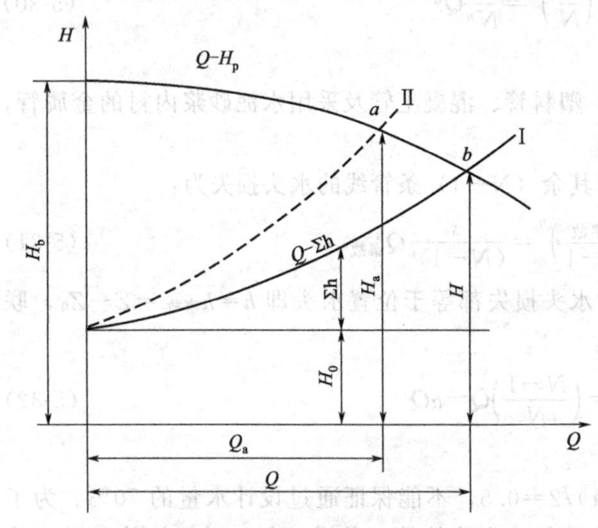

图 5.18 水泵特性曲线和输水管路特性曲线图

设输水管接入水塔，输水管损坏首先影响水塔进水量，到水塔放空无水时，影响管网用水量。输水管 Q-$\sum h$ 特性方程表示为：

$$H=H_0+(s_p+s_d)Q^2 \quad (5\text{-}33)$$

设两条不同直径的输水管用连接管分成 n 段，其中任一段损坏时的 Q-$\sum h$ 特性方程为：

$$H_{事故}=H_0+\left(s_p+s_d-\frac{s_d}{n}+\frac{s_1}{n}\right)Q_{事故}^2 \tag{5-34}$$

$$\frac{1}{\sqrt{s_d}}=\frac{1}{\sqrt{s_1}}+\frac{1}{\sqrt{s_2}};s_d=\frac{s_1s_2}{(\sqrt{s_1}+\sqrt{s_2})^2} \tag{5-35}$$

式中　H_0——水泵静扬程，等于水塔水面和泵站吸水井水面的最大高差，m；

s_p——泵站内部管线的摩阻；

s_d——两条输水管的当量摩阻；

s_1，s_2——每条输水管的摩阻；

n——输水管分段数；

Q——正常时流量，L/s；

$Q_{事故}$——事故时流量，L/s。

当连接管长度与输水管长度相比很短时，其阻力可以忽略不计。

水泵 Q-H_p特性方程为（其中 s 为水泵摩阻）：

$$H_p=H_b-sQ^2 \tag{5-36}$$

式中，H_b为总扬程。

输水管任一段损坏时的水泵特性方程为：

$$H_{事故}=H_b-sQ_{事故}^2 \tag{5-37}$$

联立式（5-33）和式（5-36）得水泵工况点即正常时的水泵输水量为：

$$Q=\sqrt{\frac{H_b-H_0}{s+s_p+s_d}} \tag{5-38}$$

从上式看出，H_0，s，s_p一定，当 H_b减小或输水管当量摩阻 s_d增大，均可使水泵流量减少。联立式（5-34）和式（5-37），得事故时工况点的事故流量为：

$$Q_{事故}=\sqrt{\frac{H_b-H_0}{s+s_p+s_d+(s_1-s_d)/n}} \tag{5-39}$$

联立式（5-38）和式（5-39），得事故时和正常时的流量比为：

$$\frac{Q_{事故}}{Q}=\alpha=\sqrt{\frac{s+s_p+s_d}{s+s_p+s_d+(s_1-s_d)/n}} \tag{5-40}$$

按事故用水量为设计水量的 70%，即 $\alpha=0.7$ 时，所需的分段数 n 为：

$$n=\frac{(s_1-s_d)\alpha^2}{(s+s_p+s_d)(1-\alpha^2)}=\frac{0.96(s_1-s_d)}{s+s_p+s_d} \tag{5-41}$$

小　结

通过本项目的学习，将项目的主要内容概括如下。

城市管网的合理规划和正确布置需要考虑城市总体规划、地形、障碍物，施工等因素，长距离输水时，管网需合理定线，并按照要求设置排气阀，水锤防护设施及测流测压装置。

城市用水量的计算方法有多种，最常用的是分项计算法，要理解计算原理，在不同的场合，运用合适的方法进行城市用水量计算。

管网的流量计算是确定管网的水量，水力计算目的是确定管网所需的压力。计算时必须先进行管网简化，计算节点流量，从而求出管段流量，由管段流量选取合适管径、确定流速；再通过水头损失计算，推算出各节点的水压及水泵扬程和水塔高度。

思 考 题

1. 给水管网系统布置的原则是什么？
2. 配水管网布置有哪两种基本形式，其各自的特点是什么？

3. 长距离输水管网布置时，有哪些要求？

4. 给水系统用水量计算方法有哪些，给水厂最高日用水包含哪些用水？

5. 用水量变化系数有哪些，各是什么含义？

6. 比流量、沿线流量、节点流量的含义各是什么？

7. 树状网计算时，什么是管网的控制点，如何确定该控制点？

工学结合训练

【训练一】工程设计

有一座小型城市，设计供水规模为 $20\times10^4 m^3/d$，在设计过程中，设计人员进行了该市用水量调查，结果如图 5.19 所示，并据此确定了二级泵站的供水量，二级泵站分两级供水，5-19 时供水量为最高日设计用水量的 5.5%，19-24（0）-5 时供水量为最高日设计用水量的 2.3%。二级泵站供水量与用户用水量之间的差别，通过设置水塔来调节，则本工程中水塔的调节容积应该是多少？

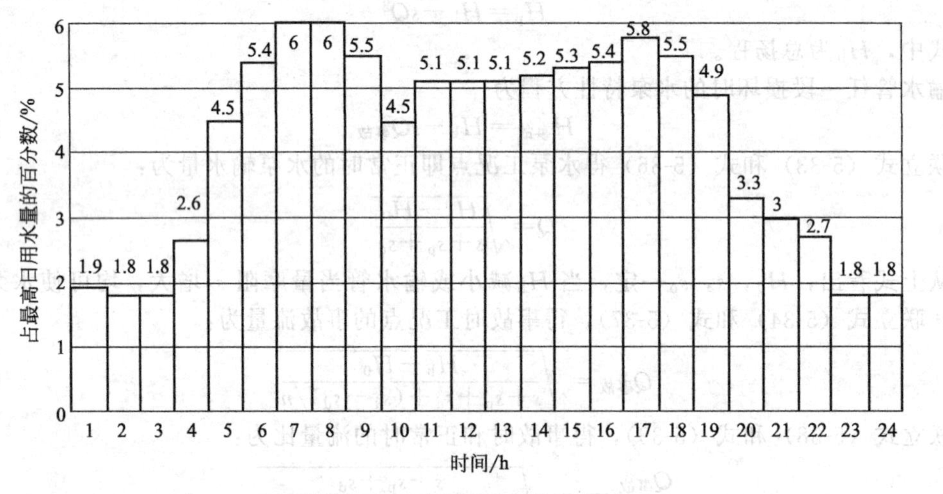

图 5.19 城市用水量情况表

【训练二】工程设计

某院进行一给水工程初步设计项目，为方便计算，将该地区供水管线简化成如图 5.20 所示，各节点地形标高见表 5.14，用水点最低服务水头要求为 10m，试确定入口处供水点所需水压（图中序号表示节点标号，管线上方数字表示水头损失，单位以 m 计）。

表 5.14 各节点地形标高

节点编号	1	2	3	4
地面标高/m	61	60	63	62

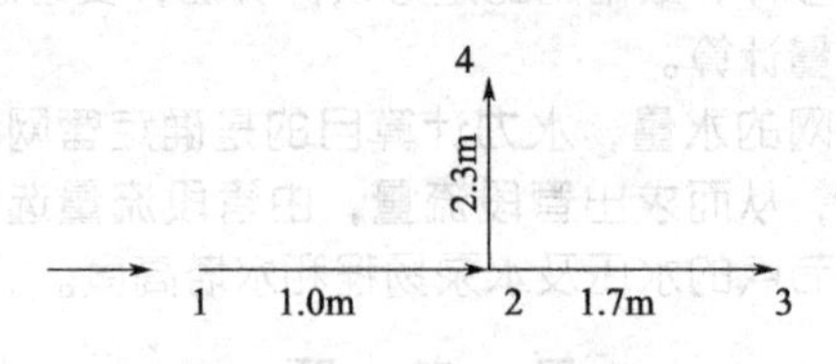

图 5.20 管线简化图

项目六 市政排水系统

项目导读

本项目在明确市政排水工程重要地位的基础上，主要介绍市政排水工程的分类、体制与组成，明确不同形式的排水体制的概念；学习排水系统不同布置形式，理解各布置形式的特点及应用场合；通过学习排水系统规划设计的各个阶段、任务及步骤，用以指导排水系统的规划设计。

知识目标

· 了解市政排水系统的功能及地位
· 熟悉市政排水系统的分类与体制
· 熟悉市政排水系统的各组成
· 熟悉市政排水系统布置考虑的因素
· 熟悉市政排水系统的规划设计

能力目标

· 具备构建市政排水系统组成的专业能力
· 具备一定选择排水体制及布置市政排水系统的专业能力
· 具备一定排水系统规划设计知识

任务一 市政排水系统的功能及地位

【任务内容及要求】

人们使用后的水是由排水系统收集、处理后排放的，市政排水系统在此水的人工循环过程中担任了重要角色，通过学习理解排水系统的作用及组成。

人们在生活和生产过程中，不断使用着水，在这一过程中，水可能发生了物理、化学、生物性质的变化。由于这些改变，上述使用后的水可称之为污水或废水。除此之外，污水还包括降水（雨水和冰雪融化水），将这些水可统称为城镇排水。城镇排水的收集、输送、处理及排放等设施以一定方式组合称市政排水系统。市政排水系统在水体循环中的地位及功能见图 6.1。

从上面的功能关系图中，看到排水系统的主要任务就是将城镇生活用水的排放水，通过市政管网收集；某些工业废水排水，经过处理后收集，然后一并由城镇下水道输送至污水处理厂，由污水处理厂处理，处理后的水质达到各地相应的排放标准后，排放到附近的河流；在降水时，它承担着收集排放雨水的任务。所以排水系统功能正常发挥与否，制约着城镇社

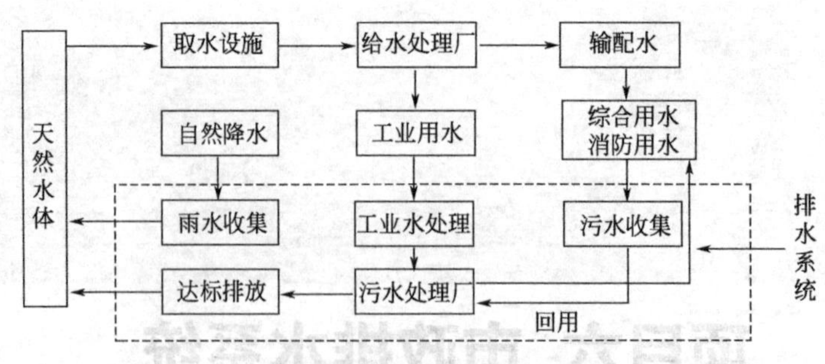

图 6.1 给水排水系统的地位及功能关系图

会、经济、环境的发展，维系人与环境可持续发展的一个重要保障，在此过程中，排水系统发挥着如下的功能。

1. 集水功能

生活污水由建筑内部污水管道收集后，由出户管进入市政污水管道，如需经过局部处理构筑物的，经过局部处理构筑物处理后，也同样进入市政污水管道；一些工业废水，由于水质污染程度大等问题，由厂区内污水管道收集，进入厂内的污水处理构筑物，处理后再由厂区污水管道汇入市政污水管道。而降水，主要指雨水和融化的雪水，由设置在地面的雨水口收集，通过连接管，流入到市政雨水排水管渠，从而使地面不积水，保证车辆行人通行或免受洪水之灾。它有组织的收集污水，这一功能称之为集水功能。

2. 净化功能

市政污水管道将污水收集后，送入污水处理厂，污水流经一系列处理构筑物、水处理设备，通过一系列物理、生化反应，又改变了原来污水的物理、化学等性质，使水的污染程度得以改观，水质得到净化。它的这一功能我们称之为污水净化功能。

3. 排水功能

污水处理厂处理后的水，达到当地规定的尾水排放标准后，通过排水管网系统，汇入到附近比较大的河流中，而降雨时收集的水一般不经过污水处理厂处理，收集后通常就近排入到附近的水体中。这些水最终都重新回归到了河流中，完成了水体循环。它的这一功能称之为排水功能。

上述的功能使得水能最终回到自然水体中，而这也是水的社会循环中关键一环，由此可见排水工程与给水工程一样，在人类社会生活和生产活动中占有十分重要的地位，它与给水工程是相互联系不可分割的，它的功能的正常发挥也将直接影响着人们的正常生活和经济发展，所以它同样是人类生活和生产环境中一项重要的基础设施。

知识链接

(1) 相关标准：《室外排水设计规范》(GB 50014—2006) (2011 年版)，适用于新建、扩建和改建的城镇、工业区和居住区的永久性的室外排水工程设计。《污水排入城镇下水道水质标准》(CJ 343—2010)，适用于向城镇下水道排放污水时水质取样、监测及水质要求。《污水综合排放标准》(GB 8978—1996)，适用于现有单位水污染物的排放管理，以及建设项目的环境影响评价、建设项目环境保护设施设计、竣工验收及其投产后的排放管理，它与国家行业排放标准不交叉执行。

(2) 有机物污染物：污水中有机物的多少通常用生化需氧量 (BOD)、化学需氧量 (COD) 来表示。BOD 是指水中所含的有机物被微生物生化降解时所消耗的氧气量。COD 是指利用化学氧化剂（如重铬酸钾）将水中的还原性物质（如有机物）氧化分解所消耗的氧量。它们的值越高，表示污染程度越严重。

任务二　市政排水系统

【任务内容及要求】

根据污水来源的不同，排水系统可以分成三类。由污水收集、输送及处理的形式不同，可分成不同排水体制，城镇排水体制的合理选择要综合考虑众多因素，进行经济技术比较后确定。

一、排水系统分类

城市排水按污水来源不同，大致可分为三类，即降水、生活污水和工业废水。其中，排入污水排水系统的生活污水、工业废水称为城市污水。

1. 降水

降水即大气降水，包括液态降水和固态降水，通常是指雨水或融化的冰雪水。由于天然降水时间集中，径流量很大，特别是暴雨，必须设法及时排除，否则会积水成灾，影响人们的生活和生产。降落的雨水可能会携带空气中的污染物质，会同屋面、地面的各种污染物质，污染程度严重，尤其是初期雨水。另外，冲洗街道和消防用水，由于其性质和雨水相似，也并入雨水。通常，雨水不需处理，可直接就近排入水体。

2. 生活污水

生活污水是人们在日常生活中使用过的水，主要包括住宅、公共场所、机关、学校、医院、商店及其他公共建筑和工厂的生活间、洗浴、洗涤、冲厕等用后排出的水，它主要来自卫生间、浴室、厨房、洗衣房等处。生活污水中含有较多物质，如蛋白质、脂肪、碳水化合物、尿素、合成洗涤剂，氨氮和病源微生物等污染物质，在收集经过处理后才能排入水体或另作他用。

3. 工业废水

工业废水是指工矿企业在生产过程中使用过的水，工业废水水质随工厂生产类别、工艺过程、原材料、用水成分生产管理水平不同而有所差别。

根据污染程度的不同，工业废水又分为生产废水和生产污水两类。生产废水是指在使用过程中受到轻度污染或仅水温增高的水，如冷却用水，通常经简单处理后即可在生产中重复使用，或直接排放水体。生产污水是指在使用过程中受到较严重污染的水，这种水中含有大量有机物、重金属及化学有毒物质，具有危害性。生产污水必须经过有效的处理方可再利用或排放，所以在厂区会设置一系列污水处理构筑物，将污水处理后排入城镇污水管道，这对于保护社会环境、净化美化城市、维护自然生态和谐平衡、促进国民经济的可持续发展，都具有重要和深远的意义。不同的工业废水所含污染物质有所不同，如冶金、建材工业废水含有大量无机物，食品、炼油、石化工业废水所含有机物较多，另外，不少工业废水含有的物质是工业原料，具有回收利用价值。

二、排水系统的体制

降水、生活污水和工业废水是三种不同类型的污水，可采用一个排水系统收集、输送、处理，或采用两个及两个以上各自独立的系统进行。城镇污水收集、输送、处理的方式称为排水体制。排水体制一般分为合流制和分流制两种。

1. 合流制

合流制排水系统是将城市生活污水、工业废水和雨水径流汇集在一个管渠内予以输送、处理和排放。按照其产生的次序及对污水处理的程度不同，合流制排水系统可分为直排式合流制、截流式合流制和全处理式合流制。

(1) 直排式合流制 城市污水与雨水径流不经任何处理直接排入附近水体的合流制称为直排式合流制排水系统如图 6.2 所示。国内外老城区的合流制排水系统均属于此类。由于这种形式对水体污染严重，现在这些合流制形式基本被改造。

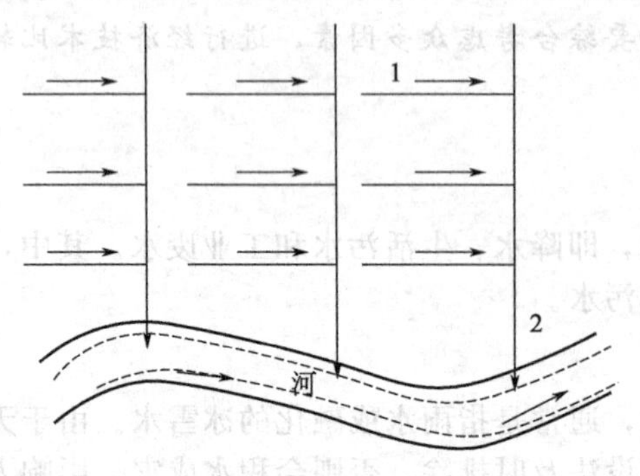

图 6.2 直排式合流制

1—合流支管；2—合流干管

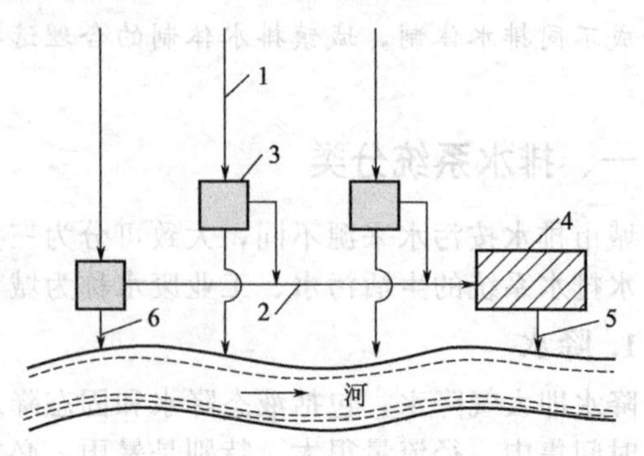

图 6.3 截流式合流制

1—合流干管；2—截流主干管；3—溢流井；4—污水处理厂；5—出水口；6—溢流出水口

(2) 截流式合流制 截流式合流制是在直排式合流制的基础上，修建沿河截流干管，并在适当的位置设置截流井，将截流住的合流水送至污水处理厂处理如图 6.3 所示。该系统可以保证晴天的污水全部进入污水处理厂，雨季时，通过截流设施，截流式合流制排水系统可以汇集部分雨水（尤其是污染重的初期雨水径流）至污水处理厂，当雨污混合水量超过截流干管输水能力后，其超出部分通过溢流形式泄入水体。这种体制对带有较多悬浮物的初期雨水和污水都进行处理，对保护水体是有利的，但另一方面雨量过大，混合污水量超过了截流管的设计流量，超出部分将溢流到城市河道，不可避免会对水体造成局部和短期污染。并且，进入处理厂的污水，由于混有大量雨水，使原水水质、水量波动较大，势必对污水厂各处理单元产生冲击，这就对污水厂处理工艺提出了更高的要求。

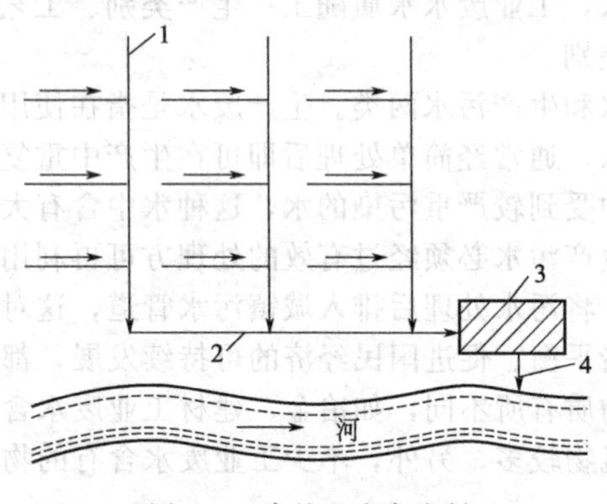

图 6.4 全处理式合流制

1—合流支管；2—合流干管；3—污水处理厂；4—出水口

(3) 全处理式合流制 在雨量较小且对水体水质要求较高的地区，可以采用完全合流制如图 6.4 所示。将生活污水、工业废水和降水径流全部送到污水处理厂处理后排放。这种方式对环境水质的污染最小，但对污水处理厂处理能力的要求高，并且需要大量的投资和运行费用。

2. 分流制

如果将排除生活污水，工业废水的系统称为污水排水系统；排除雨水的系统称为雨水排水系统。根据排除雨水方式的不同，又分为完全分流制、不完全分流制和截流式分流制。

(1) 完全分流制 排水系统分设污水和雨水两个管渠系统，前者汇集生活污水、工业废水，送至处理厂，经处理后排放或加以利用。后者及时收集雨水，就近排入水体如图 6.5 所示。但初期雨水未经处理直接排放到水体，对水体污染严重。

(2) 不完全分流制 不完全分流制只建污水排水系统，未建雨水排水系统，雨水沿着地面、道路边沟和明渠泄入水体；或者在原有渠道排水能力不足之处修建部分雨水管道，待城市进一步发展或有资金时再修建雨水排水系统如图 6.6 所示。该排水体制投资省，主要用于

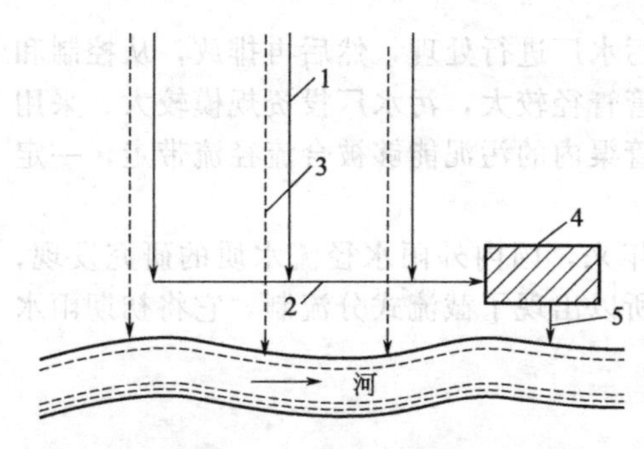

图 6.5　完全分流制
1—污水干管；2—污水主干管；3—雨水干管；
4—污水处理厂；5—出水口

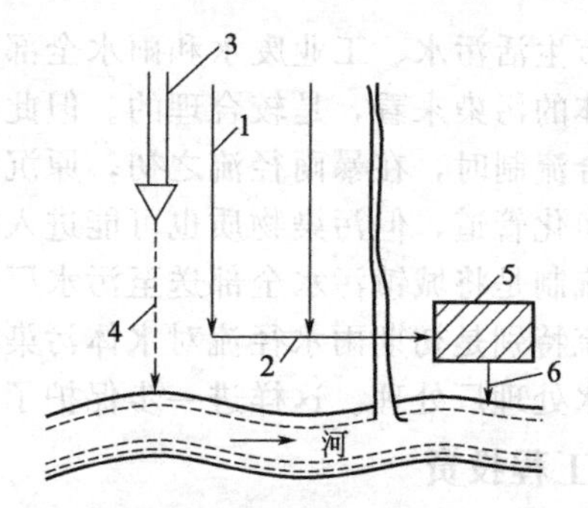

图 6.6　不完全分流制
1—污水干管；2—污水主干管；3—原有管渠；
4—雨水管渠；5—污水处理厂；6—出水口

有合适的地形、有比较健全的明渠水系的地方，以便顺利排泄雨水。目前还有很多城市在使用，不过它没有完整的雨水管道，在雨季容易造成径流污染和洪、涝灾害，后期还得改造为完全分流制。对于常年少雨、气候干燥的城市可采用这种体制，而对于地势平坦，多雨易造成积水地区，不宜采用不完全分流制。

(3) 截流式分流制　近年来，国内外对雨水径流的水质调查发现，雨水径流特别是初降雨水径流对水体的污染相当严重，因此提出对雨水径流也要严格控制的截流式分流制排水系统如图 6.7 所示。截流式分流制既有污水排水系统，又有雨水排水系统，与完全分流制的不同之处是在于它具有把初期雨水截住的设施，称雨水截流井。在小雨时，雨水经初期雨水截流干管与污水一起进入污水处理厂处理；中后期的雨水通过溢流形式进入水体。截流式分流制的特点是让初期雨水进入截流管，中期以后的雨水直接排入水体，同时截流井中的污水不能溢出泄入水体。所以截流式分流制可以较好地保护水体不受污染，由于仅接纳污水和初期雨水，截流管的断面小于截流式合流制，进入截流管内的流量和水质相对稳定，亦减少污水泵站和污水处理厂的运行管理费用。

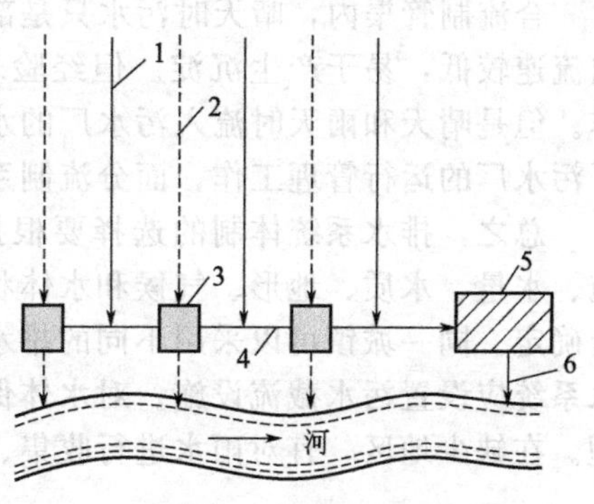

图 6.7　截流式分流制
1—污水干管；2—雨水干管；3—截流井；
4—截流干管；5—污水处理厂；6—出水口

分流制的优点是一方面它可以分期建设和实施，一般在城市建设初期建造城市污水下水道，在城市建设达到一定规模后再建造雨水道，收集、处理和排放降水尤其是暴雨径流水，这样将污水全部收集处理，从一定程度上保护了水体环境；另一方面它增加了一套管网系统，使得排水管网系统复杂化，从而增加了排水管网建设上的投资。

在一个城市中，有时采用的是混流制排水系统，即既有分流制也有合流制的排水系统。混流制排水系统一般是在由合流制的城市改扩建排水系统而成的。在大城市中，因各区域的自然条件以及修建情况可能相差较大，因地制宜的在各区域采用不同的排水体制也是合理的。

三、排水体制选择

合理选择排水制度，是城镇排水系统规划和设计的首要问题。因为它不仅从根本上影响排水系统的设计、施工、维护管理，而且影响着城镇总体规划和环境保护，同时影响着排水系统工程的总投资和初期投资以及维护管理费用。合理选择排水制度，要综合考虑环境保护、工程投资和维护管理等因素。

1. 环境保护

直排式合流制不符合卫生要求，新建的城镇和小区已不再采用此种形式。如果采用合流制将城市生活污水、工业废水和雨水全部截流送往污水厂进行处理，然后再排放，从控制和防止水体的污染来看，是较合理的。但此时截流干管管径较大，污水厂投资规模较大。采用截流式合流制时，在暴雨径流之初，原沉淀在合流管渠内的污泥能够被合流径流带走，一定程度上净化管道，但污染物质也可能进入水体。

分流制是将城镇污水全部送至污水厂处理。近年来，国内外雨水径流水质的研究发现，雨水径流特别是初期雨水径流对水体污染较严重，所以出现了截流式分流制，它将初期雨水送入污水处理厂处理。这样进一步保护了水体环境。

2. 工程投资

排水管网工程占整个排水工程总投资的比例很大，一般为60%～80%，所以排水体制的选择对基建投资影响很大，必须慎重考虑。根据国内外经验，合流制排水管网的造价比完全分流制一般要低20%～40%，但是合流制的泵站和污水厂造价要比分流制的高。从初期投资来看，不完全分流制因初期只建污水排水管网，因而可节省初期投资费用，又可缩短施工期，发挥工程效益相对较快。

3. 维护管理

合流制管渠内，晴天时污水只是部分充满管道，雨天时管道充满，因而晴天时合流制管内流速较低，易于产生沉淀。但经验表明，管中的沉淀物易被暴雨冲走，减少维护管理工作。但是晴天和雨天时流入污水厂的水量变化很大，对污水厂造成一定的冲击负荷，也增加了污水厂的运行管理工作，而分流制系统水量相对稳定，不会出现上述情况。

总之，排水系统体制的选择要根据城市规划，环境保护、污水利用情况、原有排水设施、水量、水质、地形、气候和水体状况等因素，在满足环境保护前提下，通过技术比较综合确定。同一城镇可以采用不同的排水制度。新建地区的排水系统宜采用分流制。合流制排水系统应设置污水截流设施。对水体保护要求高的地区，可对初期雨水进行截流、调蓄和处理。在缺少地区，宜对雨水进行收集、处理和综合利用。

特别提醒

分流制对环境保护有较好效果，但有些城市阳台或厨房产生的污水，也排入雨水管道系统，这样即使污水主干管已经建成，那么也无法实施雨、污分流。其结果只能是：一方面污水总干管未能充分利用，造成投资浪费；另一方面，污水还是走雨水管道排入河里，继续污染水体。所以在设计、施工及后期管理部门都应注意这些问题。

任务三　市政排水系统组成

【任务内容及要求】

室外市政排水工程是一个系统组成，根据污水来源的不同，其组成部分是不同的，通过熟悉各个组成部分，能在知识体系中构建不同排水系统的组成。

排水系统是指排水的收集、输送、处理和利用，以及排放等设施以一定方式组合而成的总体。下面分别介绍城镇污水、工业废水及城镇雨水排水系统的主要组成部分。

一、城镇污水排水系统

用于接纳城镇污水的排水系统主要由以下几部分组成。

1. 室内污水管道系统及设备

这部分是属于建筑给排水范畴，其作用是收集室内生活污水，排送至室外市政排水管网中。建筑物内的各个用水设备，就是生活污水的排水的起端，可称之为受水设备，生活污水由受水设备流入排水支管，进入排水立管，再由出户管排出。

2. 室外污水管道系统

污水由出户管排出后进入室外市政污水管道系统，它又可分为居住小区污水管道系统和街道污水管道系统。

(1) 居住小区污水管道系统　它位于小区内，连接建筑出户管的污水管道系统称居住小区污水管道系统。该系统由接户管、小区支管、小区干管组成。

特别提醒

接管审查：目前许多城市出台《排水管理条例》，居住小区或厂区污水排出口的数量和位置要按照法定程序报城市排水管理部门审批同意，排水水质也要符合要求。污水排入城镇排水系统时，其水质必须符合《污水排入城镇下水道水质标准》（CJ 343—2010）、《污水综合排放标准》（GB 8978—1996）等。

(2) 街道污水管道系统　敷设在街道下，用以排除居住小区流来的污水的污水管道系统。在一个市区内它由城镇支管、干管、主干管等组成。

(3) 管道系统上附属构筑物　排水管道系统上的附属构筑物有检查井、跌水井、水封井、倒虹管等。

3. 污水提升泵站及压力管道

污水一般以重力流排除，但由于地形、输送距离等原因，需要设置污水提升泵站，把污水提升至一定高度。泵站分局部泵站、中途泵站、总泵站。局部泵站往往是地势低洼处的污水需汇集至地势相对较高处时需设置；中途泵站是当管道的埋深超过最大允许埋深时，应设置泵站以提高下游管道的管位；总泵站又称终点泵站，指污水管道系统终点通常埋层较深，需提升才能进入第一个污水处理构筑进行处理，而后依次流入后续构筑物处理。

4. 污水处理厂

污水处理厂是供处理和利用污水、污泥的一系列构筑物及附属构筑物的综合。在城市中常称废水处理站。它一般设置在城市河流的下游地段，并与居民点或公共建筑保持一定的卫生防护距离。

5. 出水口及事故排出口

污水排入水体的渠道和出口称为出水口，它是整个城市污水排水系统的终点设备。事故排出口是指在污水排水系统的中途，在某些易于发生故障的设施之前，设置应急排出口，仅在系统出现故障时，才使用该排出口。

二、工业废水排水系统

工业废水可以排入市政排水管道与城镇污水一起输送至污水厂，也可以经过处理直接排入水体。一般情况下，它常与城镇污水一并流入污水厂，处理达标后排放。当工业废水水质比较特殊，需要先行处理或回收时，要根据需要进行工业排水系统设计。如具有腐蚀性的生产污水，含酸、碱、氨、碳酸盐等的污水，须设独立排水系统，经适当的处理（或预处理）后，再排入相应的系统。含有易燃、易爆物（如油类、乙炔、乙醇、甲烷、苯、醚等）的污水，必须进行回收或处理，消除其危害性后，才能排入工业污水系统。工业排水系统，主要由下列几部分组成。

1. 车间内部管道系统和设备

用于收集各生产设备排出的工业废水，并将其送至车间外部的厂区管道系统中。

2. 厂区管道系统

敷设在工厂内、用以收集并输送各车间排出的工业废水的管道系统。厂区工业废水的管道系统，可根据具体情况设置若干个独立的管道系统。

3. 污水泵站及压力管道

工业废水直接流入市政污水管道时，如工业废水管道高程低于市政污水管道时，需要污水提升泵站和压力管道，将工业废水送入市政污水管道；工业废水需处理后流入市政污水管道时，一般需泵站及压力管道，将工业废水提升后流入各污水处理构筑物处理。

4. 废水处理站

它是厂区内回收和处理废水与污泥的场所。对于有毒、有害物质、放射性物质、重金属离子和不易降解的有害有机物质，必须先在厂内废水处理站先行去除。

5. 管道系统上的附属构筑物

工业废水排水管道系统需按要求设置配套的附属设施如隔油池、降温池、检查井、水封井等。

在工业废水水质允许的条件下，工业企业位于城区内时，应尽量考虑将工业废水直接排入城市排水系统，利用城市排水系统统一排除和处理，这样较为经济，能体现规模效益。如果工业废水水质影响城市排水管渠和污水厂的正常运行，或者影响污水处理厂出水以及污泥的排放和利用时，工业废水需先行在工厂内设置污水处理构筑物，进行处理。当工业企业远离城区，符合排入城市排水管道条件的工业废水，是直接排入城市排水管道或是单独设置排水系统，应根据技术经济比较确定。

一般来说，对于工业废水，由于工业门类繁多，水质水量变化较大。可以考虑先从改革生产工艺和技术革新入手，尽量把有害物质消除在生产过程之中，做到不排或少排废水。同时应重视废水中有用物质的回收，尽可能地做到节能减排，让企业在追求经济效益的同时，提高社会和环境效益。

三、城镇雨水排水系统

降落在屋面上的雨水由天沟和雨水斗收集，经雨落管进入雨水口，由雨水口经连接管进入雨水管渠，或与降落在地面上的雨水一起形成地表径流，然后通过雨水口收集流入连接管，再进入街坊、厂区或街道的雨水管渠系统，通过出水口排入附近水体。雨水排水系统的主要组成部分由下列几个部分组成。

1. 建筑物的雨水管道系统和设备

收集屋面雨水并将其排入建筑小区雨水管道系统，可以包括：屋面天沟、雨水斗、连接管、悬吊管、雨水立管、排出管等。

2. 街坊或厂区雨水管渠系统

分布在小区或工厂地面下的依靠重力流输送雨水的管道系统，它负责接纳从建筑雨水立管或路面上雨水口连接管汇集来的雨水。

3. 街道雨水管渠系统

街道雨水管渠系统主要包括敷设在街道下的雨水管渠及其附属构筑物。

4. 排洪沟

城镇或一些特殊建筑物为防止受到洪水侵袭，在其外围设置的疏导洪水的排水管渠。排洪沟的设计按照防洪要求进行。

5. 雨水泵站和压力管道

有些地势低洼的地方，如立交桥下、地下通道、隧道等处收集的雨水，通过重力流不能排除时，或有些城镇，雨期雨水径流量大，不能及时排除时，设置雨水提升泵站或排涝泵站及压力管道来排除雨水。

6. 出水口

它设置在雨水系统末端，形式与污水出水口相似，雨水通过出水口流入水体。

雨水排水系统的室外管渠系统基本上和污水排水系统相同，通常设置雨水排水系统排入水体。随着水资源的匮乏的进一步加深，国内外提出了雨水的资源化。就是通过规划和设计，采取相应的工程措施，将汛期雨水蓄积起来并作为一种可用水源的过程。它不仅可以增加城市水源，在一定程度上缓解水资源的供需矛盾。同时，还可以有效地减小城市径流量，延滞汇流时间，减轻城市排洪设施的压力，减少防洪投资和洪灾损失。

任务四 市政排水系统的布置形式

【任务内容及要求】

市政排水系统的根据城市规划、地形、水文地质条件、污水厂位置、道路宽度等因素可以有不同的布置形式，熟悉各布置形式的特点，能够在不同条件下合理布置排水系统。

一、排水系统的总平面布置

影响排水系统布置的主要因素介绍如下。

城市、居住区或工业企业的排水系统在平面上的布置应依据地形、城市规划、土壤条件、污水厂的位置、水体分布情况，以及污水的来源的分布情况等因素而定。在工厂中，车间排污口的位置、污水种类、污染程度，厂内道路以及地下设施等因素都将影响工业企业排水系统的布置。

(1) 城市规划　一般城市的规划范围影响排水区域的划分；城市经济发展程度影响污水量标准；规划人口数影响污水管网的设计污水量；城市地面材料的透水性，影响雨水径流量的大小；规划的道路是管网定线的依据。所以城市规划是城市排水管网系统平面布置最重要的依据。

(2) 地形　在一定条件下，地形是影响管道定线的主要因素。排水管网定线时应充分利用地形，使管道的走向尽量与地形坡度一致，让管道顺坡排水。在整个排水区域较低的地方，主干管及干管一般考虑敷设在集水线或河岸的低处，便于满足支管接入的高程要求，而横支管的坡度尽可能与地面坡度一致。在地形平坦地区，应避免小流量的横支管长距离平行等高线敷设，注意让其尽早接入干管。要注意干管与等高线垂直，主干管与等高线平行。由于主干管管径较大，保持最小流速所需坡度小，因此与等高线平行较合理。当地形高低起伏时，可以考虑不同的排水流域布置成几个独立的排水系统。

(3) 水文地质条件　排水管网应尽量敷设在地质条件好的地段，最好埋设在地下水位以上。如果不能保证在地下水位以上铺管时，在施工时应注意地下水的影响采取相应措施。有冰冻的地区，将管线敷设在冰冻线以下。雨水管可选择就近排入水体。排出口位置，要考虑河流的常水位，如果雨期排出口低于河流水位，要有相应保护措施。

(4) 污水处理厂及出水口位置　污水处理厂与出水口的位置决定了排水主干管的走向，污水处理厂一般可考虑设置在地势较低处。通常的一个出水口或一个污水处理厂就有一个独立的排水管网系统。城市区域内的河流、池塘、湖泊、水库等水体的位置、水位、容量合影响到雨水排水系统的布置，当水体离流域很近，水位变化不大且洪水位低于流域地面标高时，如果出水口的建筑费用不大，宜采用分散的出水口，使雨水就近排入水体。当水体洪水位高于该流域地面标高时，应设提升泵站。当水体离流域较远时，应将雨水相对集中地排放，以减少管道长度。

(5) 道路宽度 道路宽度及其车流量和电力、电讯、煤气、供热等地下管线的完善程度影响到排水管道的埋深及其在街道上的位置。排水干管一般不宜敷设在交通繁忙而路面狭窄的街道下，以免因管道施工及维修而阻塞交通。若街道宽度超过 40m 时，为了减少连接支管的数目和减少与其他地下管线的交叉，可考虑设置两条平行的排水管道。

(6) 地下管线及构筑物的位置 在现代化城市和工厂的道路下，有各种地下管线：给水管、污水管、雨水管、煤气管、供热管、电话电缆、民用电缆、动力电缆、有线电视电缆、电车电缆等；有的道路下还有各种隧道：地下通道、地下铁道、防空隧道、工业隧道等；设计排水管道在街道横断面上的位置（平面位置和垂直位置）时、应与各种地下设施的位置联系起来综合考虑，并应符合室外排水设计规范的有关规定要求。为避免排水管道渗漏对其他地下管线造成危害，排水管道与其他地下管线应保持一定的净距并在高程上低于其他地下管线。由于排水管道是重力流，管道（尤其是干管）的埋设深度较其他种类的管道大。有很多连接支管。如果位置安排不当造成和其他管道交叉，就会增加排管上的困难，在管道综合时，通常是首先考虑排水管道在平面和垂直方向上的位置。

二、排水系统的主要布置形式

1. 正交式

在地势向水体适当倾斜的地区，各排水流域的干管可以最短距离沿与水体大体垂直相交的方向布置，这种布置称为正交式布置。正交布置的干管长度短、管径小，因而相对经济，污水排出也迅速。但污水未经处理就直接排放，造成水环境污染。因此，在现代城市中，直排式适用于雨水的排除。如图 6.8 所示。

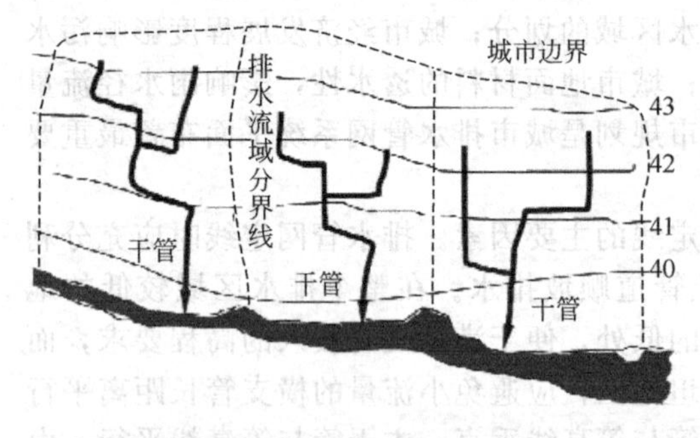

图 6.8 正交式布置形式

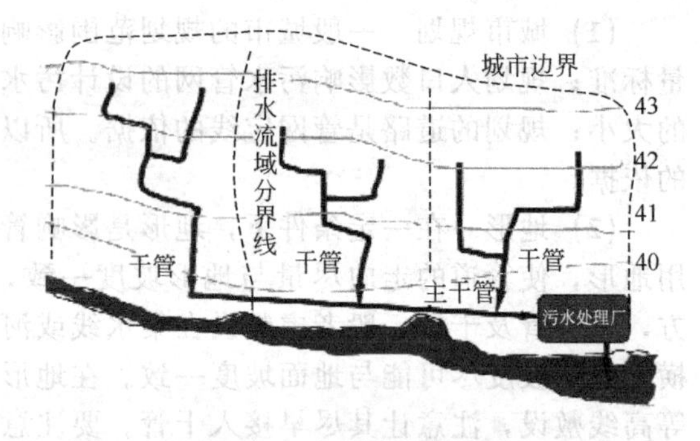

图 6.9 截流式布置形式

2. 截流式

若沿河岸再敷设总干管，将各干管的污水截流输送至污水厂，这种布置称为截流式布置。截流式布置对减轻水体污染、改善和保护环境有较大作用，适用于分流制的污水排水系统。将生活污水和工业废水经处理后排入水体，也适用于区域排水系统。此时，区域内截流总干管需要截流区域内各城镇的所有污水输送至区域污水厂进行处理。对于截流式合流制排水系统，因雨天有部分混合污水泄入水体，对水体有所污染，这也是截流式合流制的缺点。如图 6.9 所示。

3. 平行式

在地势向河流方向有较大倾斜的地区，为了避免干管坡度过大或流速过急，增加管道埋深或使管道受到严重冲刷，可将干管与等高线及河道基本平行、主干管与等高线及河道成一定斜角的形式敷设，这种布置称为平行式布置。在实际工程中，能否采用上述的平形式布置，还与城镇规划道路网的形态有关。如图 6.10 所示。

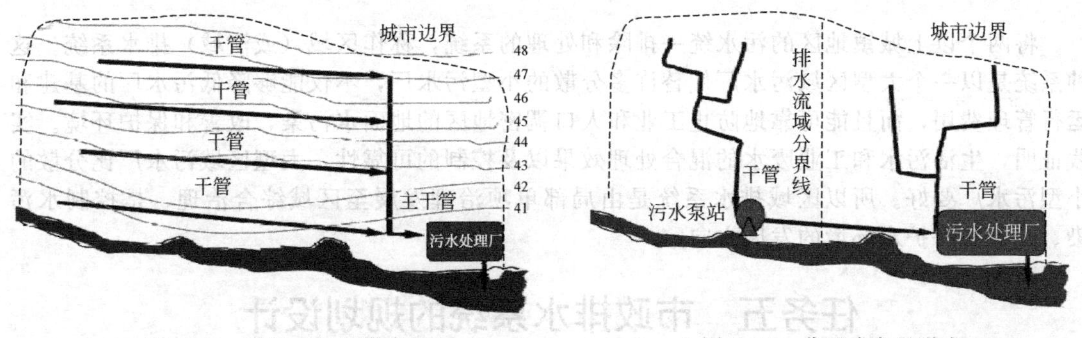

图 6.10　平行式布置形式　　图 6.11　分区式布置形式

4. 分区式

在地势高低相差较大地区，当污水不能靠重力流流至污水厂时，可采用分区式布置。分区式布置即在地形较高区和地形较低区根据各自的地形和路网情况敷设独立的管道系统。高区污水靠重力流直接流入污水厂，低区污水由水泵抽送至高地区干管或污水厂。这种布置只能用于个别阶梯地形或起伏很大的地区，其优点是能充分利用地形较高区的地形排水，节省能源，又能将地区的水排出。如图 6.11 所示。

5. 分散式

当城市周围有河流，或城市中央部分地势较高、地势向四周倾斜时，各排水流域的干管常采用放射状的分散式布置，各排水流域具有独立的排水系统。这种布置具有干管长度短、管径小、管道埋深浅等优点，但污水厂和泵站（如需要设置时）的数量将会增多。在地形平坦的大城市，可以根据实际情况采用。如图 6.12 所示。

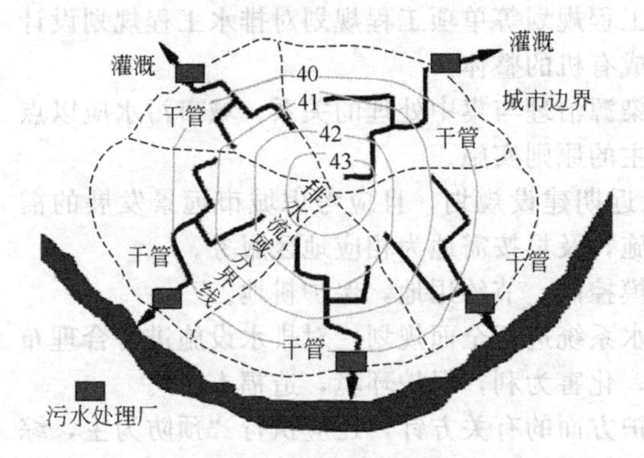

图 6.12　分散式布置形式

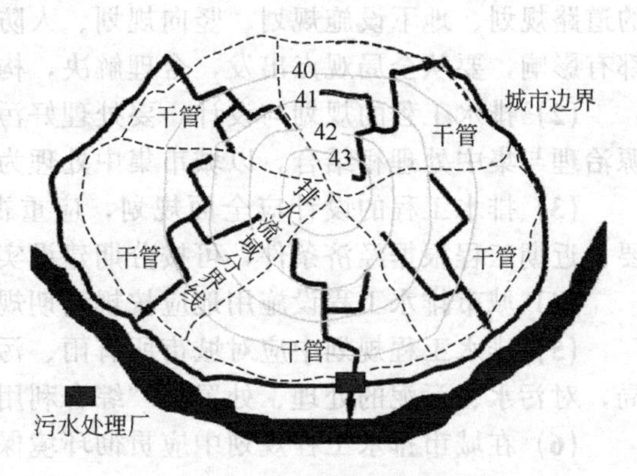

图 6.13　环绕式布置形式

6. 环绕式

在分散式布置的基础上，沿城市四周布置截流总干管，将各干管的污水截流送往污水厂，这种布置称为环绕式布置。有些城市污水厂用地不足，投资运行费用缺乏，可考虑采用环绕式布置，便于实现只建一座大型污水厂，避免修建多个小型污水厂，可减少占地、节省基建投资和运行管理费用。如图 6.13 所示。

应当注意的是城市的地形是非常复杂的，加之多种因素的影响，在实际中单独采用一种形式布置管道的情况较少，通常是根据当地条件，因地制宜地采用各种形式综合布置。

三、区域排水系统

将两个以上城镇地区的污水统一排除和处理的系统，称作区域（或流域）排水系统。这种系统是以一个大型区域污水厂代替许多分散的小型污水厂，不仅能够降低污水厂的基建和运行管理费用，而且能可靠地防止工业和人口稠密地区的地面水污染，改善和保护环境。实践证明，生活污水和工业废水的混合处理效果以及控制的可靠性，大型区域污水厂比分散的小型污水厂要好。所以区域排水系统是由局部单项治理发展至区域综合治理，是控制水污染、改善和保护水环境的发展方向。

任务五　市政排水系统的规划设计

【任务内容及要求】

排水系统是城市总体规划的组成部分，在进行排水系统规划设计时必须按照相应原则，针对不同设计阶段有步骤的进行，通过学习熟悉其设计原则、设计阶段及设计思路。

从环境保护促进经济持续发展以及城镇防洪排涝，造福人民，排水工程已经成了社会生活中不可或缺的设施。排水工程的设计对象是需要新、改建或扩建排水工程的城市、工业企业和工业区。主要任务是对排水管道系统和污水厂进行规划与设计。排水工程规划设计是在区域规划以及城市和工业企业总体规划基础上进行的，应以其设计方案为依据，确定排水系统的分界、设计年限和设计规模。排水工程规划时，可参考相应城市排水工程规划规范、标准，遵循相应原则，按照规划设计有步骤的科学进行。

一、排水系统规划设计原则

（1）排水工程的规划应符合区域规划以及城市和工业企业的总体规划。城市和工业企业的道路规划、地下设施规划、竖向规划、人防工程规划等单项工程规划对排水工程规划设计都有影响，要从全局观点出发，合理解决，构成有机的整体。

（2）排水工程的规划与设计，要处理好污染源治理与集中处理的关系。城市污水应以点源治理与集中处理相结合，以城市集中处理为主的原则实施。

（3）排水工程的设计应全面规划，应重视近期建设规划，且应考虑城市远景发展的需要。近期工程根据经济条件，可按分期建设实施，及早按需地为相应地区服务。

（4）城市排水工程设施用地应按规划期规模控制，节约用地，保护耕地。

（5）排水工程规划中应对城市所有雨、污水系统进行全面规划，对排水设施进行合理布局，对污水、污泥的处理、处置应“综合利用，化害为利，保护环境，造福人民”。

（6）在城市排水工程规划中应贯彻环境保护方面的有关方针，还应执行“预防为主，综合治理”以及环境保护方面的有关法规、标准和技术政策。

二、排水系统规划设计阶段

排水工程的建设必须以城市规划和工业企业的总体规划为依据，按基本建设程序进行。设计工作一般分阶段进行，对于技术上较复杂的大型排水工程，可按初步设计、技术设计和施工图设计三个阶段进行；对于一般的工程项目，可按扩大初步设计（技术设计和施工图设计两阶段）进行；对于技术上较简单的工程项目，可直接编制施工图设计，即按一阶段设计。对于设计阶段的划分，应按工程性质的不同，区别对待。

初步设计在于解决工程的原则性问题，也就是原则和工程轮廓的确定。如应明确工程规模、确定排水系统服务地区的界限、排水系统体制、泵站、污水厂和出水口的位置、管道系统的布置，涉及的征地、拆迁以及一些注意问题及其他需研究和解决的问题。可见初步设计涉及的范围广、问题复杂，所以通常要进行不同方案的比较，然后从总体规划、环境保护、技术和经济多方面进行综合分析，选择最优方案。

技术设计是在初步设计批准后进行的。它是初步设计的具体化，是对工程中的技术问题作出具体的和详尽的研究并予以解决。如管道的坡度、管径、管道衔接方式和埋深等，并对初步设计的概算进行修正。

施工图设计是以技术设计的文件为依据，使工程进一步明细化，其设计深度应满足施工、安装和编制出施工图预算的要求。设计文件包含：设计说明书、设计图纸、设备材料表，施工图预算。

知识链接

一般的基建程序包括五个阶段。可行性研究阶段，它是论证基建项目在经济上、技术上等方面是否可行。计划任务书阶段，它是确定基建项目、编制设计文件的主要依据。设计阶段，它是设计单位根据上级有关部门批准的计划任务书文件进行设计工作，编制概、预算。施工阶段，它是由施工单位将项目建造落实的阶段。竣工验收阶段，它是项目建成后，交付使用前，进行工程合格性检验工作。

三、排水系统设计思路

1. 排水系统布置

(1) 管道走向尽量根据地形趋势，选择顺坡排水；

(2) 管径大小须与街坊布置或小区规划相吻合，并考虑远期发展；

(3) 管网密度合适，尽量均匀收水，排水路线最短，以求经济合理；

(4) 雨水排放尽可能分散，尽快排入就近水体；

(5) 污水截流干管尽可能布置在河岸及水体附近，便于溢流水出流。

2. 选定排水出路

(1) 利用天然排水系统或已建排水干线为污、雨水排放的出路；

(2) 要在流量、高程两方面都保证污、雨水能够顺利排除。

3. 划分汇水面积

(1) 依据地形并结合街坊布置或小区规划进行污、雨水汇水面积的划分；

(2) 污、雨水汇水面积不宜过大；

(3) 污、雨水汇水面积图的形状尽可能比较规则且与地形变化紧密结合；

(4) 划分污、雨水汇水面积须与统筹考虑，做到均匀合理。

4. 选择排水线路

(1) 排水管道的线路须服从排水规划的统筹安排；

(2) 尽量避免排水管道穿越不容易通过的地带及构筑物（如铁路、公路，建筑物等）。

5. 确定排水管道系统的控制高程

(1) 排水管道出口的控制高程（水体的洪水位、常水位、排水干管的高程）；

(2) 排水管道起点的控制高程（起点本身是地势较低、有排水要求的地下室、管道计划将来向上游延伸等）；

(3) 排水管道系统中，各重要节点的控制高程（接入的支管、已建成管道、与各种地下管线的交叉等）。

小　结

通过本项目的学习，将项目的主要内容概括如下。

市政排水工程有着特殊的地位和作用，它负责城镇用水的收集、输送及处理，是完成水的人工循环的重要组成部分。

市政排水系统有不同体制，可分成分流制和合流制两个基本类别，排水系统的基本组成部分有污水收集系统、污水输送系统、污水处理或利用系统。

市政排水系统在选择和布置上要充分考虑城市规划、地形、水文地质条件等的影响。

排水系统各规划设计阶段的工作内容和深度是不同的，按照规划原则及设计思路有步骤的进行排水系统规划设计，排水系统的设计思路是排水系统布置、选定排水出路、划分汇水面积、选择排水线路，确定排水管道系统的控制高程。

思 考 题

1. 什么是污水？它分为几类？各类的性质特征是什么？

2. 什么是排水系统？它包括哪些部分？

3. 什么是排水体制？它有哪几种基本形式？选择排水体制的原则是什么？

4. 排水系统的六种布置形式的特点各是什么？各适用于什么条件？

5. 城市的工业废水在什么情况下可以排入城市污水管道？

6. 排水工程的规划设计应遵循哪些原则？

工学结合训练

【训练一】

在工程设计前，首先要理解各基本知识，才能正确运用各知识。以下选项需要理解所学知识，运用该知识进行分析判断，并说明选择的理由。

1. 下面关于城市排水系统的规划设计的论述，哪一项说法不正确？（　）

A. 城市排水工程的规划设计应符合城市的总体规划

B. 城市污水应以点源治理与集中治理相结合，并以点源治理为主，以集中治理为辅的原则加以实施

C. 城市排水工程的规划设计，应考虑远期发展的可能性

D. 在规划设计城市排水工程时，必须执行国家和地方有关部门制定的现行有关标准、规范或规定

2. 下列四种排水系统，对水体污染最严重的是哪一项？（　）

A. 完全分流制排水系统

B. 不完全分流制排水系统

C. 截流式合流制排水系统

D. 直流式合流制排水系统

3. 某城镇沿河岸山地建设，城市的地形以0.01～0.02的坡度坡向河流，该城镇污水排水干管、主干管宜采用以下哪种平面布置形式较为合理？（　）

A. 直流正交式　　B. 分区式　　C. 平行式　　D. 截流式

4. 下列哪几项属于城镇分流制排水系统？（多选）（　）

A. 将城镇生活污水和雨水分别在独立的管渠系统中排除

B. 将城镇生活污水和工业废水分别在独立的管渠系统内排除

C. 将城镇工业废水和雨水分别在独立的管渠系统内排除

D. 根据城镇地形状况所划分的分区排水系统

5. 在进行排水制度选择时，以下哪些因素是需要综合考虑在内的主要因素？（多选）（　）

A. 城镇的地形特点

B. 城镇的污水再生利用率

C. 受纳水体的水质要求

D. 城镇人口数及生活水平

【训练二】

小组讨论：某地区地形南高北低、纵坡约 0.008，西高东低坡度约 0.002，其污水系统采取如图 6.14 所示形式，请讨论其合理性，如不合理，请给出建议。

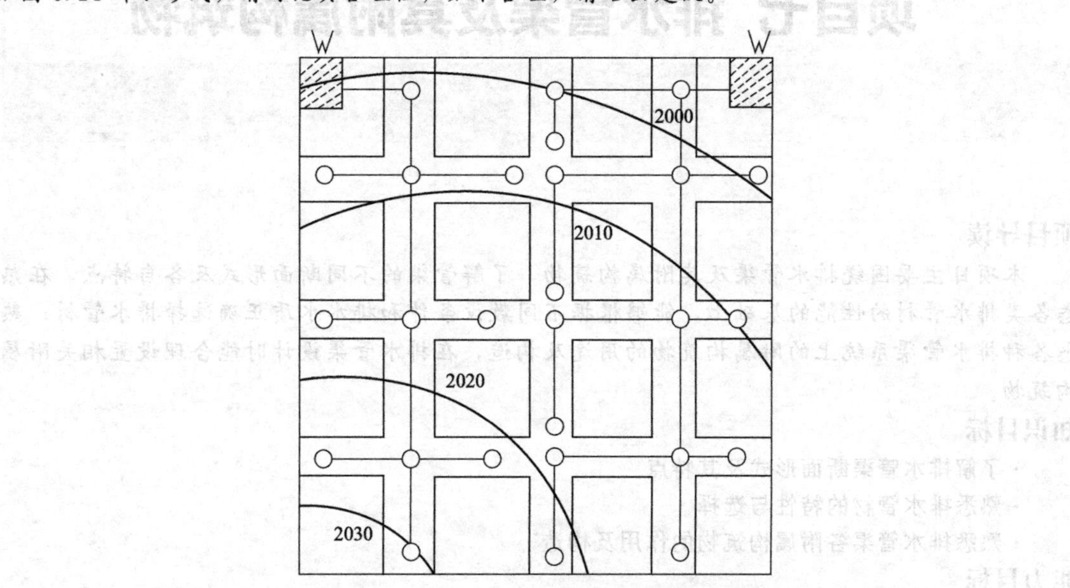

图 6.14　某地区分散式排水系统布置图

图中：W表示污水处理厂；＝表示规划道路；—表示污水管

【训练三】实践调查

收集所在城市的排水工程规划资料，学习研究其排水系统的布置，并调查收集城市水体情况、污染情况及污水排放情况，试着用所得数据进行分析，完成排水系统的概述并给出自己的结论。

项目七 排水管渠及其附属构筑物

项目导读

本项目主要围绕排水管渠及其附属构筑物，了解管渠的不同断面形式及各自特点，在熟悉各类排水管材的性能的基础上，能够根据不同敷设条件件和排水水质正确选择排水管材；熟悉各种排水管渠系统上的附属构筑物的用途及构造，在排水管渠设计时能合理设置相关附属构筑物。

知识目标

· 了解排水管渠断面形式及其特点

· 熟悉排水管材的特性与选择

· 熟悉排水管渠各附属构筑物的作用及构造

能力目标

· 具备不同条件下合理选择排水管渠断面形式的能力

· 具备正确选择排水管材的能力

· 具备合理设置排水管渠附属构筑物的能力

任务一 排水管渠断面形式

【任务内容及要求】

排水管渠有着不同的断面形式，各种断面有自身的特点及适用场合，学习各个断面的类型，能够在不同的场合，正确选择排水管渠断面形式。

一、排水管渠断面的基本要求

排水管渠的断面形式必须满足静力学、水力学要求，并且力求经济合理便于养护。在静力学方面，管道应具有较大的稳定性，在承受各种荷载时是稳定的和坚固的。在水力学方面，管道断面应具有最大的排水能力，并在一定的流速下不产生沉淀物。在经济方面，管道造价相对较低。在养护管理方面，应便于冲洗和清通淤积。城镇排水管渠系统，常用的管渠断面形式有圆形、半椭圆形、马蹄形、矩形、梯形和蛋形等，如图 7.1 所示。

二、不同管渠断面的特点

1. 圆形断面

它的水力性能较好，在一定坡度下，一定断面面积下，水力半径最大，流速、流量也最大。此外，圆形管便于预制、节省材料、受力条件好，若挖土形式与管道相对称时，能获得较高的稳定性；在运输、施工和养护管理方面也较方便。在水力学、力学及经济上的优势，圆形断面成了最常用的排水管渠断面形式。

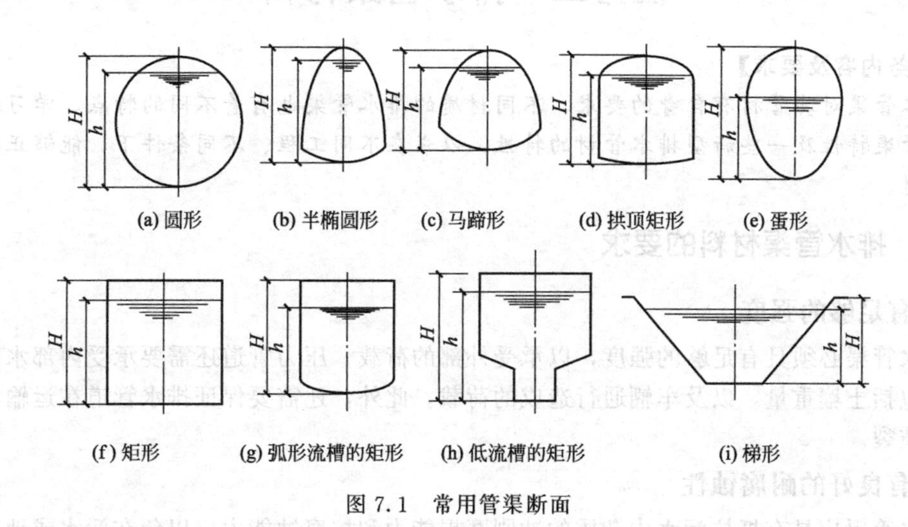

图 7.1　常用管渠断面

2. 半椭圆形断面

在土压力和活荷载较大时，可以更好地分配管壁压力，因而可减小管壁厚度。在污水流量变化不大及管渠直径大于 2m 时，可以采用此种断面形式。

3. 马蹄形断面

此种断面的高度小于宽度。在地质条件较差或地形平坦，当受纳水体水位的限制而要尽量减小管道的埋深时，可采用此种形式的断面。此外，马蹄形断面的下部较大，管内流量经常性较大时比较适用。由于断面形式的特殊性，此种管渠稳定性在很大程度上依赖于还土的密实程度，还土密实度大则稳定性好；反之，两侧底部的管壁容易产生裂缝，所以此种管渠施工时要注意把握还土的密实度。

4. 蛋形断面

由于底部断面较小，从理论上看，能使管内流量较小时维持较大的流速，因而可减少淤积，所以可适用于污水流量变化较大的地区；但实际上，此种断面的冲洗和清通工作比较困难，所依实际工程采用的不多。

5. 矩形断面

它能就地浇制或砌筑，可以通过增大宽度或深度来增大排水量。因此，它的适用性较广。某些工业企业的污水管道、路面狭窄地区的排水管道和排洪沟均可采用。很多地区在矩形断面的基础上加以改造，用细石混凝土或水泥砂浆制成了带弧形流槽的矩形或带低流槽的矩形，以改善水力条件。它们适用于合流制管渠，旱流污水在弧形流槽或低流槽内流动，能保持一定的充满度和流速，避免管渠内产生淤积。

6. 梯形断面

适用于明渠，它的边坡与土壤性质和铺砌材料有关，土壤性质好、铺砌条件好的渠道，边坡可以适当大些。

在城市污水管道系统中经常采用圆形断面。受实际条件的限制不宜采用圆形断面时，可考虑其他形式的断面。《室外排水设计规范》(GB 50014—2006)(2011 年版) 中规定，当输送容易造成管内沉析的污水时，管渠形式和断面的确定，必须考虑维护检修的方便。

任务二 排水管渠材料

【任务内容及要求】

排水管渠对其管材有自身的要求，不同材质的排水管渠也有着不同的特点，学习各种材质排水管渠特性及一些新型排水管材的特性，以求在不同工程、不同条件下，能够正确选择排水管材。

一、排水管渠材料的要求

1. 有足够的强度

排水管渠必须具有足够的强度，以承受外部的荷载，压力管道还需要承受内部水压。外部荷载包括土壤重量，以及车辆通行造成的荷载。此外，还需要保证排水管道在运输和施工中不致破裂。

2. 有良好的耐腐蚀性

排水管渠应具有抵抗污水中杂质的冲刷磨损能力和抗腐蚀能力，以免在污水或地下水的侵蚀作用下受到损坏。输送腐蚀性污水管渠必须采用耐腐蚀材料，其接口及附属构筑物必须采取相应的防腐措施。

3. 有较好的密闭性

排水管渠必须密闭不透水，以防止污水渗出或地下水渗入。如果污水从管渠中渗出，会造成管道基础或附近建筑物基础被侵蚀，也会引起地下水或附近水体的污染；如果地下水渗入到管渠中，则会影响排水管渠的输水能力，增加污水泵站及污水处理构筑物的负荷。

4. 有良好的水力条件

排水管渠的内壁应平整光滑，以减少水流阻力，提高管渠的排水能力。

5. 有一定的经济性

排水管渠应就地取材，并尽量采用预制管件，以降低管渠的造价和缩短工期。

二、常用排水管渠的材料及制品

1. 混凝土管和钢筋混凝土管

混凝土管和钢筋混凝土管适用于排除雨水和污水，可在专门的工厂预制，也可现场浇制，实际工程中采用预制的居多，分混凝土管、轻型钢筋混凝土管和重型钢筋混凝土管三种。管口通常有承插式、企口式和平口式三种形式，如图7.2所示。混凝土管的管径一般小于450mm，长度多为1m，适用于管径较小的无压管。当管道埋深较大或敷设在土质条件不良地段，以及穿越铁路、河流、谷地时通常采用钢筋混凝土管。

混凝土管和钢筋混凝土管便于就地取材，制造方便。根据抗压的不同要求，制成无压管、低压管、预应力管等，以适用于不同抗压的需求。钢筋混凝土管和预应力钢筋混凝土管除用作重力流排水管道外，还可用作泵站的压力管及倒虹管。它们的主要缺点是抗酸、碱侵蚀及抗渗性能差、管节短、接头多、管径大时自重大、搬运不便、施工复杂，对应施工工期长。此外，它们属于刚性管材，抗震性差，在地震烈度大于8度的地区及饱和松砂、淤泥和淤泥土质、冲填土和杂填土的地区不宜敷设。

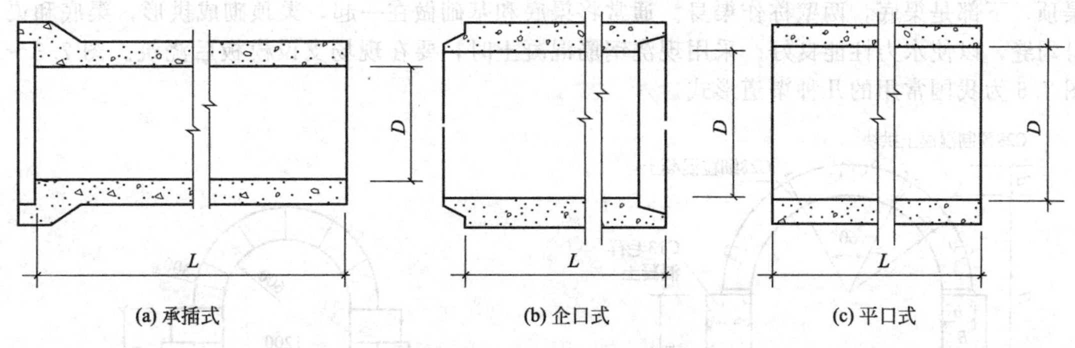

图 7.2 混凝土管和钢筋混凝土管的接口形式

知识链接： 刚性管道与柔性管道的受力情况

刚性管道承受外部荷载时，荷载完全沿着管壁传递到底部，在管壁内产生弯矩，管材上下两点管壁内侧和管材的左右两点管壁外侧产生拉应力。

柔性管道承受外部荷载时，先产生横向变形，管道四周的土壤阻止管道外扩产生约束压力，外部荷载就这样传递和分担到管道周围的土壤中，约束压力在管壁产生的弯矩和应力恰好和垂直外部荷载产生的弯矩和应力相反相互抵消。当负载是四周均匀外压时，管材只有均匀的压应力，没有弯矩和弯矩产生的拉应力。所以，同样荷载下，柔性管内的应力比较小。

2. 陶土管

陶土管是由塑性黏土制成的。为了防止在焙烧过程中产生裂缝，通常加入一定比例的耐火黏土和石英砂，经过研细、调和、制坯、烘干、焙烧等过程制成。根据需要可制成无釉、单面釉、双面釉的陶土管。若采用耐酸黏土和耐酸填充物，还可制成特种耐酸陶土管。一般制成圆形断面，有承插口和平口两种形式，承插形式使用较多，多作为小型排水管使用。普通陶土管的最大公称直径 300mm，有效长度为 800mm，适用于居住小区室外排水管道。耐酸陶土管的最大公称直径可达 800mm，一般在 400mm 以内，管节长度有 300mm、500mm、700mm、1000mm 四种。

陶土管带釉，内外壁光滑、水流阻力小、不透水性好、耐磨损、抗腐蚀，适用于排除酸性废水，或管外有侵蚀性的地下水。但是陶土管质脆易碎，不宜远运，不能受内压，抗弯抗拉强度低，不宜敷设在松土中或埋深较大的地段。此外，管节短、接口多增加了施工的麻烦和费用。

3. 金属管

常用的金属管为铸铁管或钢管。室外排水管道一般情况下很少采用金属管道，只有当排水管道承受高内压、高外压或对渗漏要求特别高的地方，如排水泵站的进出水管、穿越铁路、公路、河道倒虹管或靠近给水管道和房屋基础时，以及在地震烈度大于 8 度或地下水位高、流砂严重的地区才采用金属管。

金属排水管质地坚固，抗压、抗震、抗渗性能好；内壁光滑，水流阻力小；每节管子长度长，接头少，但耐腐蚀性差，需做防腐处理，而且价格相对较高。

4. 排水渠道

一些地区的排水管道除采用上述各种管材排除城市污水外，还采用浆砌砖、石渠道或大型钢筋混凝土渠道。排水管道的预制管径一般小于 2m，实际上当管道的设计断面大于 1.5m 时，通常就在现场建造排水渠道。常用的建筑材料有砖、石、陶土块、混凝土块、钢筋混凝土块和现浇钢筋混凝土。砖砌渠道应用普遍，常用的断面形式有圆形、矩形、半椭圆形等。可用普通砖或特制的楔形砖砌筑。在石料丰富的地区，可用料石或毛石砌筑。渠道的上部是渠顶，下部是渠底，两壁称作渠身。通常将渠底和基础做在一起，渠顶砌成拱形，渠底和渠身勾缝，以使水力性能良好。采用现浇钢筋混凝土时，要在现场支设模板后浇筑。图7.3～图7.6为我国常用的几种渠道形式。

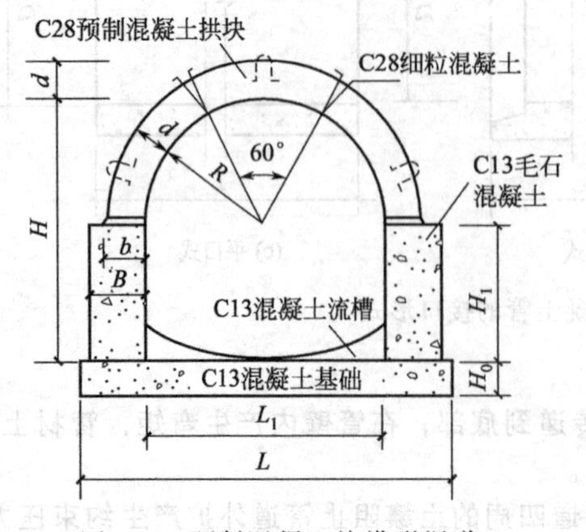

图7.3 预制混凝土块拱形渠道

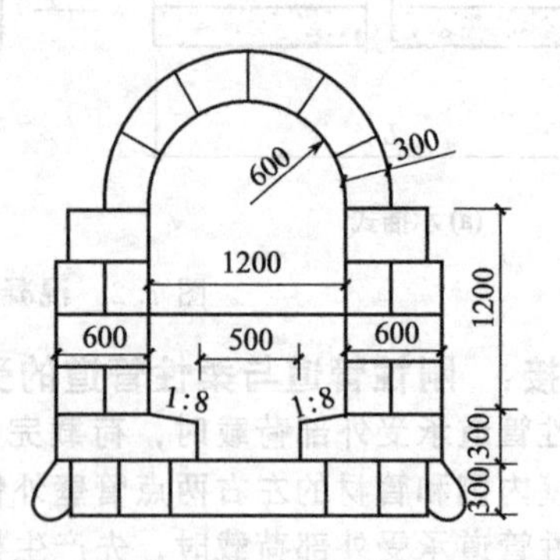

图7.4 条石砌渠道

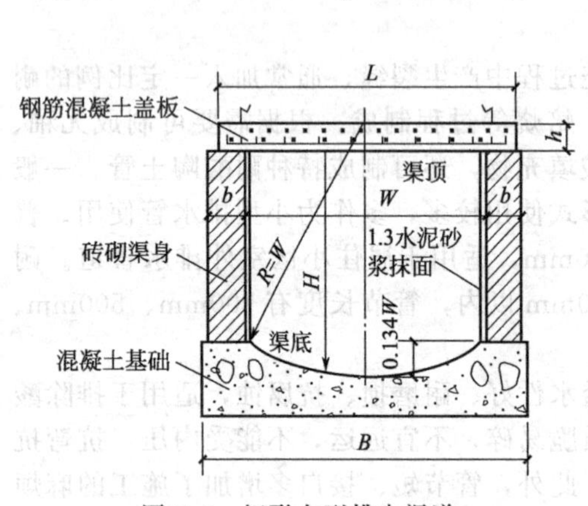

图7.5 矩形大型排水渠道

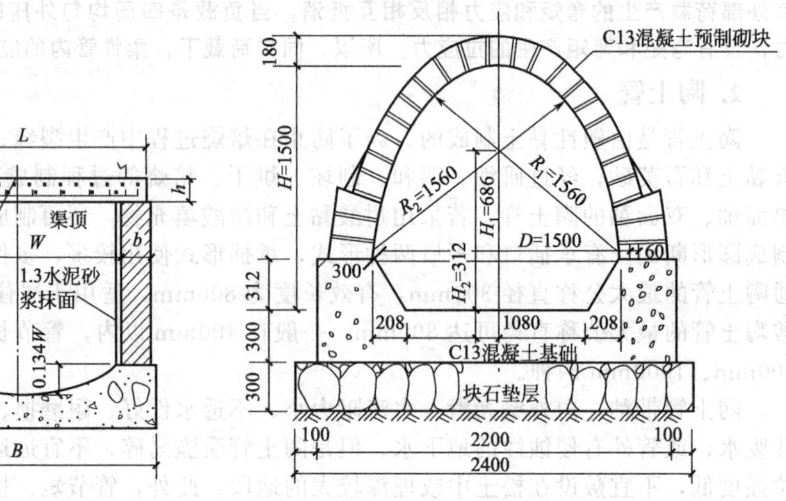

图7.6 预制混凝土块污水渠道

5. 新型管材

传统的排水管材有着自身的缺点，随着新型建筑材料的不断研制，用于制作排水管道的材料也日益增多，新型排水管道不断涌现，这些管材性能好，施工难易程度都比传统管材方便，一般有以下特点：强度高、耐压能力大、内壁光滑、水流阻力小、耐腐蚀、连接方便、重量轻、施工快，使用寿命长等。

市场上目前使用较多的新型排水管材主要有硬聚氯乙烯管（UPVC)、夹砂玻璃钢管，高密度聚乙烯管（HDPE)。

硬聚氯乙烯管具有良好的化学稳定性和耐候能力，其抗拉、抗弯、抗压强度高，但抗冲击强度相对较低，加之生产大口径管道生产工艺和连接工艺比较困难，所以该管材绝大部分在 $DN600$ 以下使用。

夹砂玻璃钢管有较强的耐腐蚀性能、质量轻、强度高、安装方便，综合投资低，广泛用于化工企业输送腐蚀性介质及市政排水。由于这种管材由于采用纤维缠绕工艺，环刚度一般在 $10kN/m^2$ 以下，需要增加夹砂量来加大环刚度。

HDPE双壁波纹管由聚乙烯树脂挤压成型，外壁梯形中空结构、内壁光滑平整。有优异的环刚度和良好的强度与韧性，耐冲击强、不易破损等特点。管道主要采用橡胶圈的承插连接。由于双壁波纹管的管壁结构特殊，在同等直径和同一环刚度下，可以节省管道用料。国内生产的HDPE最大管径为1200mm，大多数厂家产品都在630mm以内，因为内径达到800mm时，环刚度很难达到$8kN/m^2$，为此出现了HDPE缠绕结构壁管和钢带增强聚乙烯（HDPE）螺旋波纹管。前者采用缠绕成型工艺制成肋型结构壁管材，根据管材的结构形式分为A型和B型两大类；后者以弯曲成型的钢带波形体为主要支撑结构，管壁由内外层为聚乙烯层、中间层为涂塑处理的金属钢带层的三层特殊结构制成。

知识链接

环刚度在不同的国家和标准中有不同的名称和定义。在国际标准ISO 9969中，环刚度的物理意义是一个管环断面的刚度。它是新型管材抗外压负载能力的综合参数，为保证埋地排水管在外压负载下安全工作，要合理选择环刚度。如果选择环刚度太小，管材可能发生变形或出现压屈失稳破坏；如果选择环刚度过大，必然采用大截面惯性矩，耗材太多，成本也高。

三、管渠材料的选择

合理地选择管渠材料，对保证排水管道系统正常运行及降低系统工程造价影响很大。选择排水管渠材料时，应综合考虑污水水质、埋设地点、埋设方以及经济等方面的因素。

不同污水的酸碱度是不同的，而不同管材的耐腐蚀性能也不相同。当排除生活污水及中性或弱碱性（pH为8～10）的工业废水时，上述管材均可以使用，但使用混凝土管或钢筋混凝土管需加由沥青、环氧树脂等制成的衬层；当排除碱性（pH＞10）的工业废水时可用砖渠，也可在钢筋混凝土渠内做塑料衬砌；排除弱酸性（pH为5～6）的工业废水时可用陶土管或砖渠；排除强酸性（pH＜5）的工业废水时可用耐酸陶土管、耐酸水泥砌筑的砖渠或用塑料衬砌的钢筋混凝土渠。

管道受压、管道埋设地点及土质条件的不同，对管道要求也不同。压力管道一般采用金属管、钢筋混凝土管或预应力钢筋混凝土管；在地震区、施工条件较差的地区以及穿越铁路等，也可采用金属管；而在一般地区的重力流管道，常采用塑料管、混凝土管或钢筋混凝土管等。

总之，选择管渠材料时，在满足技术要求的前提下，应尽可能降低材料、运输及施工费用，力求经济合理。

任务三　排水管渠系统上的附属构筑物

【任务内容及要求】

排水管渠上通常需要设置一些附属构筑物以满足不同排水条件的需求，学习各种附属构筑物的构造及设置条件，一方面在进行排水管渠系统设计时，能够正确设置各附属构筑物，另一方面能够有助于排水管渠的维护管理。

为了顺利地排除雨水和污水，除管渠本身，还需在管渠系统上设置一些附属构筑物，以满足不同排水条件的需求。排水管渠系统上的附属构筑物主要包括检查井、跌水井、水封井、雨水口、连接暗井、溢流井、倒虹管、冲洗井、防潮门、出水口等。

一、雨水口、连接暗井、截流井

1. 雨水口

雨水口是在雨水管渠或合流管渠上设置的收集地表径流的构筑物。雨水是通过雨水口收集，再经连接管进入雨水管渠或合流管渠的，因此雨水口也叫收水井。

(1) 雨水口的位置、间距和数量 雨水口的设置位置应能保证迅速有效地收集地面雨水。一般应在道路交叉口、路侧边沟的一定距离处以及没有道路边石的低洼地方设置，以防雨水漫过道路或造成道路及低洼地区积水而妨碍交通。雨水口在交叉口处的布置详见第3章。在直线道路上的间距一般为25～50m（视汇水面积的大小而定），在低洼和易积水的地段，应根据需要适当增加雨水口的数量。雨水口的数量通常应按汇水面积内产生的径流量和雨水口的收水能力而定。一般一个平箅雨水口可收集15～20L/s的地表径流量，从而可确定雨水口的数量。此外，在确定雨水口的间距和数量时，还要综合考虑道路的纵坡、路边石的高度，道路周边的铺砌等情况，尽量保证雨水不积水太高漫过道路。

(2) 雨水口的构造 雨水口构造包括进水箅、井筒和连接管三部分，如图7.7所示。

进水箅可用铸铁、钢筋混凝土或塑料制成。实践证明，采用钢筋混凝土或石料进水箅虽可节约钢材降低造价，但其进水能力远不如铸铁进水箅。有的城市为加强钢筋混凝土或石料进水箅的进水能力，把雨水口的边沟沟底下降数厘米，但给行车带来不便，甚至也可能引发交通事故。进水箅箅条应与水流方向平行时进水效果好，因此常将进水箅箅条设计成纵横交错的形式（如图7.8所示），以便收集路面上来自不同方向的雨水。

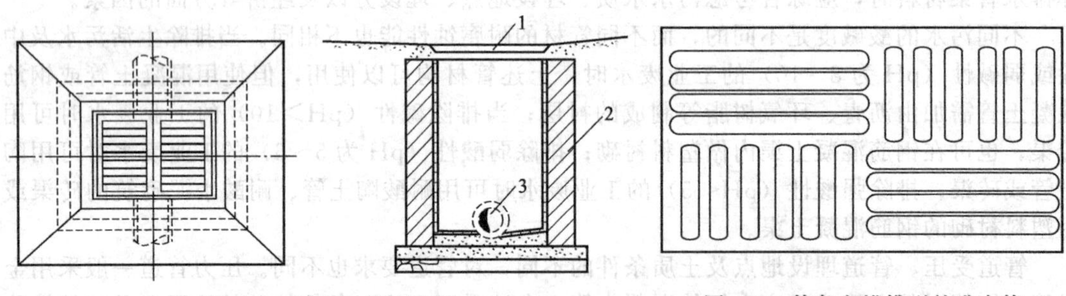

图7.7 雨水口的构造

1—进水箅；2—井筒；3—连接管

图7.8 箅条交错排列的进水箅

雨水口的井筒可用砖砌、钢筋混凝土预制或塑料成品，也可采用预制的混凝土管。井筒深度一般不大于1m。在有冻胀影响的地区，可根据经验适当加大。雨水口由连接管与道路雨水管渠或合流管渠的检查井相连接。连接管的最小管径为200mm，坡度一般为0.01，长度不宜超过25m。接在同一连接管上的雨水口一般不宜超过3个。

(3) 雨水口的形式 雨水口按进水箅在道路上的设置位置可分为如下几种。

① 边沟式雨水口。进水箅稍低于边沟底水平放置，如图7.9所示。

② 边石式雨水口。进水箅嵌入边石垂直放置，如图7.10所示。

③ 联合式雨水口。在边沟底和边石侧面都安放进水箅，如图7.11所示。为提高雨水口的进水能力，目前我国南方大多数城市已采用双箅联合式或三箅联合式雨水口。通过扩大进水箅的进水面积，增强收水效果。考虑到路面的积灰、落叶以及其他杂物会在下雨天随雨水径流一起进入雨水口，可将雨水口做成有沉泥井的雨水口，这种雨水口可截留雨水所挟带的砂砾及部分杂物，避免它们进入管渠造成管道堵塞。但与此同时，杂质在沉泥井中积存时间一久会孳生蚊蝇，散发臭气，影响环境卫生。因此需要定期经常清掏，加强维护管理。

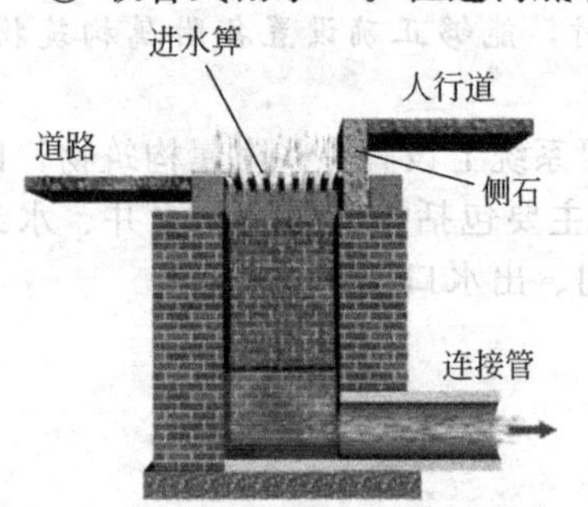

图7.9 边沟式雨水口

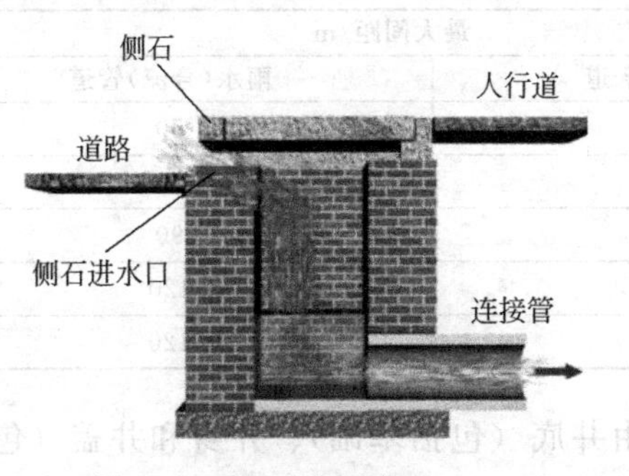

图 7.10 边石式雨水口

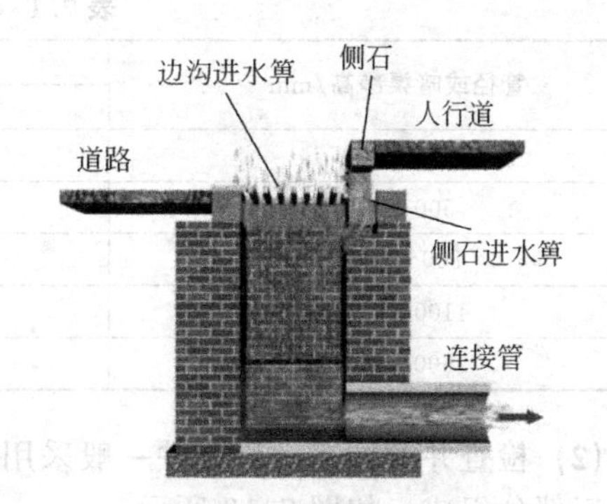

图 7.11 联合式雨水口

2. 连接暗井

当排水管直径大于 800mm 时，在雨水连接管与排水管道连接处可不设检查井，而采用连接暗井，如图 7-12 所示。连接管的最小管径为 200mm，坡度一般为 0.01，长度不宜超过 25m，连接管串联雨水口个数不宜超过 3 个。

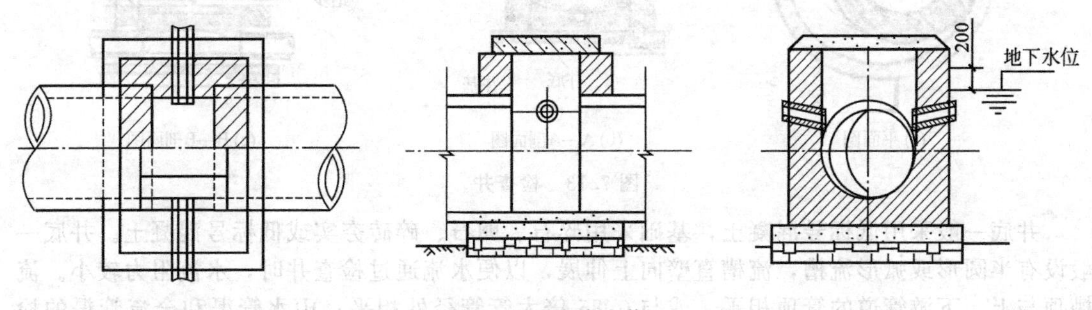

图 7.12 连接暗井

3. 截流井

截流井设置在截流式合流制管渠系统中，通常在合流管渠与截流干管的交汇处设置截流井。截流井的位置应根据污水截流干管位置、合流管渠位置、溢流管下游水位和周围情况等确定。截流井有截流槽式、溢流堰式和跳越堰式三种形式，其构造可根据水力计算确定，截流井的溢流水位应在受纳水体设计水位以上，不能满足时，应设置防倒灌的设施。截流井构造见项目十。

二、各类井室

为了便于排水管渠的清通和维护，在管渠系统上必须设置检查井。当检查井内上下游衔接的管渠的管底标高差大于 1m 时，为防止冲刷，影响管内流速，应该在管渠系统上设跌水井。当污水中有易燃易爆气体析出时，可设置水封井，根据不同的需要，排水管渠上还应设备不同类别的井室。

1. 检查井

(1) 检查井的位置和间距 通常设在排水管渠交汇、转弯、管渠尺寸或坡度改变、跌水等处以及相隔一定距离的直线管渠段上均需要设置检查井。检查井在直线管渠段上的最大间距，一般按表 7.1。

表 7.1 检查井的最大间距

管径或暗渠净高/mm	最大间距/m	
	污水管道	雨水(合流)管道
200～400	40	50
500～700	60	70
800～1000	80	90
1100～1500	100	120
1600～2000	120	120

(2) 检查井的构造　检查井一般采用圆形，由井底（包括基础）、井身和井盖（包括盖座）三部分组成。如图 7.13 所示。

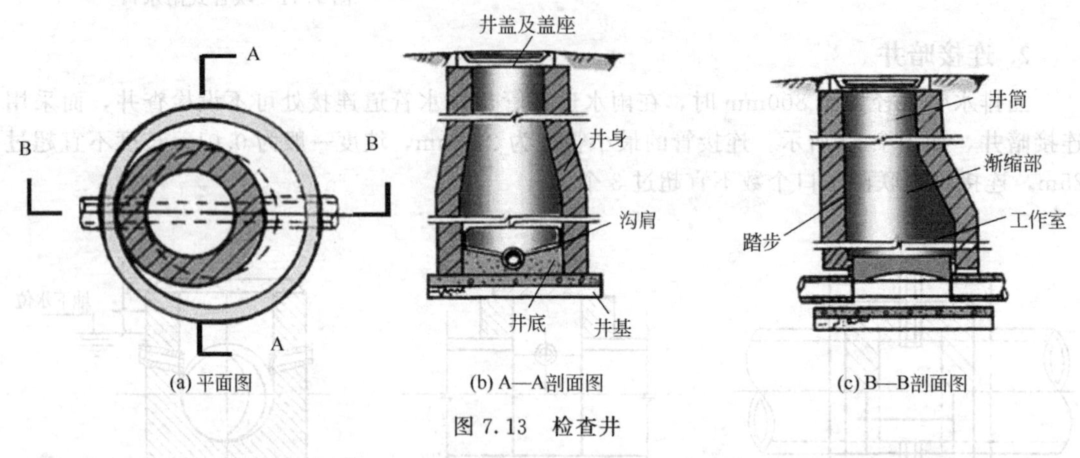

图 7.13 检查井

井底一般采用低标号混凝土，基础采用碎石、卵石、碎砖夯实或低标号混凝土。井底一般设有半圆形或弧形流槽，流槽直壁向上伸展，以便水流通过检查井时，水流阻力较小。流槽顶与上、下游管道的管顶相平，或与 0.85 倍大管管径处相平；雨水管渠和合流管渠的检查井流槽顶可与 0.5 倍大管管径处相平。流槽两侧至检查井井壁间的底板（称沟肩）应有一定宽度，一般不小于 200mm，以便养护人员下井时可以立足，并应有 2%～5%的坡度坡向流槽，以利于检查井积水时泄水，防止淤泥沉积。在管渠转弯或几条管渠交汇处，为使水流通顺，流槽中心线的弯曲半径应按转角大小和管径大小确定，但不得小于大管的管径。检查井井底各种流槽的平面形式如图 7.14 所示。根据不少城市的管渠养护经验证明，每隔一定距离（200m 左右），检查井井底做成落地 0.5～1.0m 沉泥槽，有利于管渠清淤。接入的支管（接户管或连接管）管径大于 300mm 时，支管数不宜超过 3 根，检查井与支管接口处，应有防止不均匀沉降的措施。

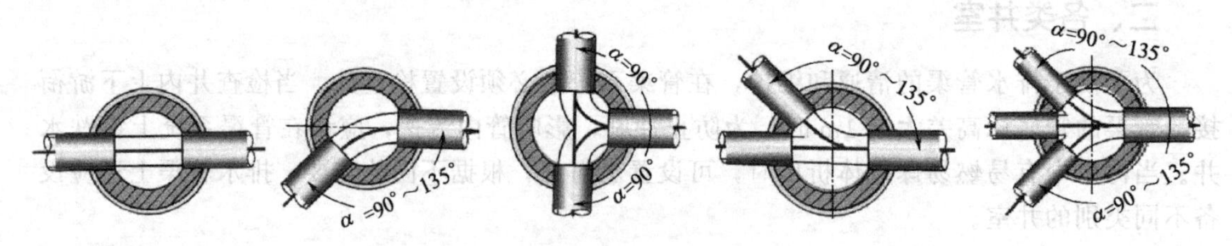

图 7.14 检查井井底流槽的形式

检查井井身的材料可以用砖砌、混凝土或钢筋混凝土。位于车行道的检查井，应保证足够的承载力和稳定性；我国多采用砖砌检查井，水泥砂浆抹面。近年来，随着技术的进步出现了塑料检查井（如图 7.15 所示），模块式检查井（如图 7.16 所示），玻璃钢检查井等。

其中塑料检查井安装简便、重量轻、便于运输安装，性能可靠、承载力强、抗冲击性好，耐腐蚀，耐老化、与塑料管道连接方便、密封性好，有效防止污水渗漏、安全环保；内壁光滑流畅，污物不易滞留，减少堵塞的可能，排放率大大增强；井筒可现场进行切割、开孔、调整，适应各种深度安装要求，可全天施工，大大提高施工进度，有效降低成本。按检查井井身的平面形状，可分为圆形、方形、矩形或其他各种不同的形状。方形和矩形检查井用在大直径管道的连接处或交汇处。图 7.17 为大管径管道转弯时设置的扇形检查井（平面图）。

图 7.15　塑料检查井

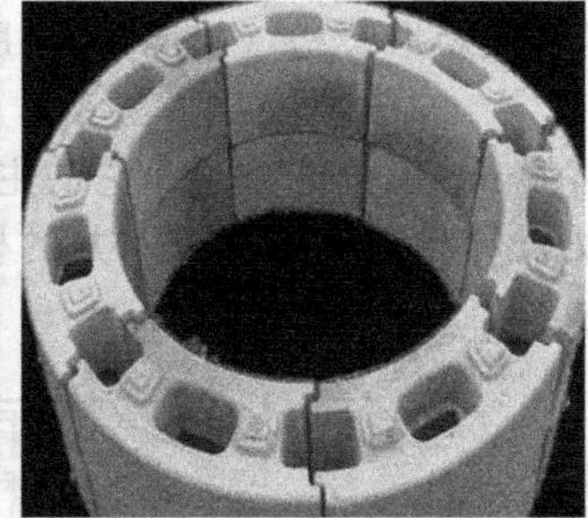
图 7.16　混凝土模块式检查井

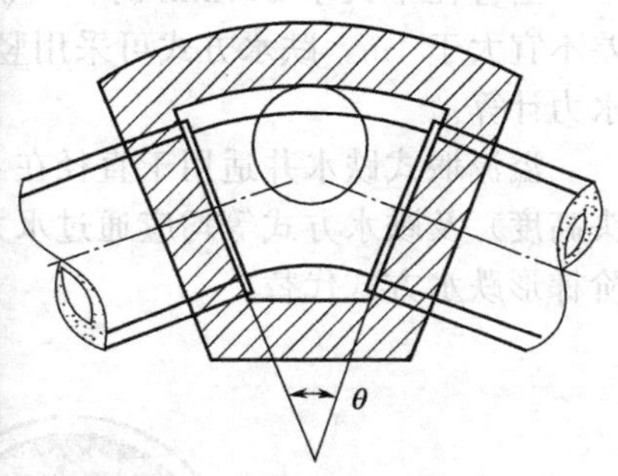

图 7.17　扇形检查井

井身的构造与是否需要工人下井有密切关系。不需要下人的浅井井身构造简单，为直壁圆筒形；需要下人的井在构造上分为工作室、渐缩部和井筒三部分，如图 7.13 所示。工作室是养护人员下井进行临时操作的地方，其直径不能小于 1m，其高度在埋深许可时一般采用 1.8m。为降低检查井造价，缩小井盖尺寸，井筒直径一般比工作室小，但为了工人检修出入安全方便，其直径不应小于 0.7m。井筒与工作室之间可采用锥形渐缩部连接，渐缩部高度一般为 0.6～0.8m，也可在工作室顶偏向出水管渠一侧加钢筋混凝土盖板梁，井筒则砌筑在盖板梁上。为便于上下，井身在偏向进水管渠的一边应保持一壁直立。

检查井井盖可采用铸铁或钢筋混凝土材料，在车行道上一般采用铸铁。铸铁井盖具有强度高、刚度好、抗冲击、耐腐蚀等优点，但是井盖在车辆驶过时易发生跳动、声响，在夜间噪声很大，影响居民生活。随着技术的进步，出现了复合材料的钢纤维混凝土检查井盖、再生树脂复合材料检查井盖、玻璃钢检查井盖等。钢纤维混凝土检查井盖的强度要比同配比下的普通混凝土检查井盖提高了 30%以上，各项性能接近了铸铁检查井盖，且钢纤维混凝土检查井盖具有制作成本低、回收价值小、防盗等优势，因此其在市场上占有一定的份量，但是它相对是笨重、开启困难、承载能力不够（如图 7.18 所示）。再生树脂复合材料检查井盖（如图 7.19 所示）是以粉煤灰和废塑料为原料，在熔融状态下混炼、通过压制成型的合成树脂基复合材料制品，同时其抗压、抗弯、抗冲击强度等性能较好，且具有不腐蚀、不生锈等优点，其质量达到了同类铸铁产品的水平，在成本上比铸铁制品低 30%左右，但该类井盖在使用过程中，尤其是在气温较高的情况下车辆不断碾压。检查井盖会发生蠕变，致使井盖中间部位不断下沉，甚至脱落，有一定的安全隐患。玻璃钢检查井盖（如图 7.20 所示）因具有材质轻、强度高、抗疲劳、耐腐蚀、不易脆性破坏、易加工成型等优点而逐步得到推广。

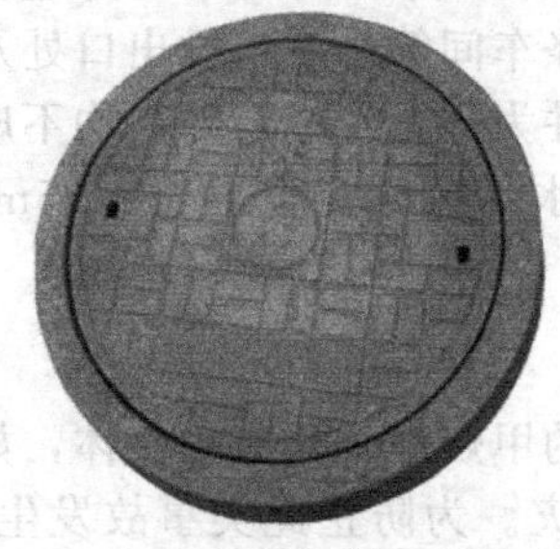
7.18　钢纤维混凝土检查井盖

图 7.19　再生树脂复合材料检查井盖

图 7.20　玻璃钢检查井盖

2. 跌水井

跌水井是设有消能设施的检查井。《室外排水设计规范》（GB 50014—2006）（2011 年版）规定：管道跌水水头为 1.0～2.0m 时，宜设跌水井；跌水水头大于 2.0m 时，应设跌水井。管道转弯处不宜设跌水井。跌水井的进水管管径不大于 200mm 时，一次跌水水头高度不得大于 6m；管径为 300～600mm 时，一次跌水水头高度不宜大于 4m。

当管径不大于 200mm 时，一次落差不宜大于 6m；当管径为 300～600mm 时，一次落差不宜大于 4m。跌水方式可采用竖管或矩形竖槽（如图 7.21 所示）。这种跌水井一般不作水力计算。

溢流堰式跌水井适用于直径在 400mm 以上的管道。它的主要尺寸（包括井长、跌水水头高度）及跌水方式等均应通过水力计算求得。这种跌水井的构造如图 7.22 所示，它可用阶梯形跌水方式代替。

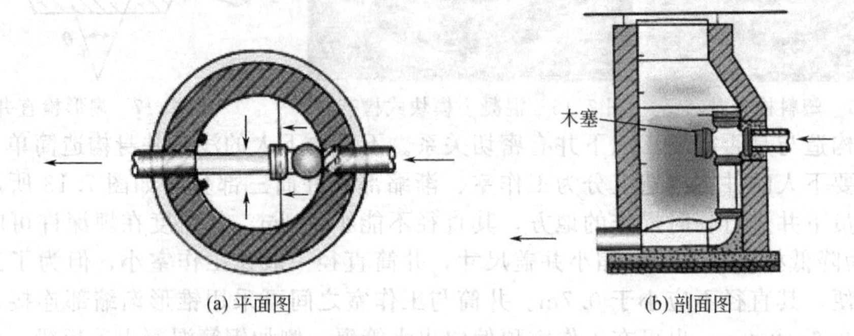

图 7.21　竖管式跌水井

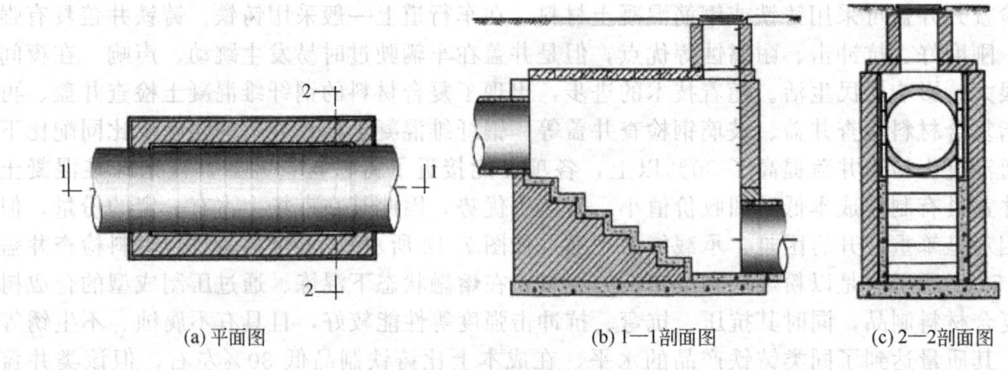

图 7.22　溢流堰式跌水井

3. 水封井

当废水中能产生引起爆炸或火灾的气体时，其管道系统中必须设置水封井。水封井应设在废水的生产装置、贮罐区、原料贮运场地、成品仓库、容器洗涤车间等的废水排出口处及其干管上每隔适当距离处。水封井以及同一管道系统的其他检查井为防止发生意外，均不应设在车行道和行人众多的地段，并应适当远离产生明火的场地。水封深度不应小于 0.25m，井上宜设通风管，井底应设沉泥槽如图 7.23 所示。

4. 换气井

污水中的有机物在管渠中因长时间沉积，发生厌氧发酵产生的甲烷、硫化氢等气体，如与一定体积的空气混合，遇明火条件下会发生爆炸，甚至引起火灾。为防止此类事故发生，也为保证在检修排水管渠时工作人员能较安全地进行操作，有时在街道排水管的检查井上设

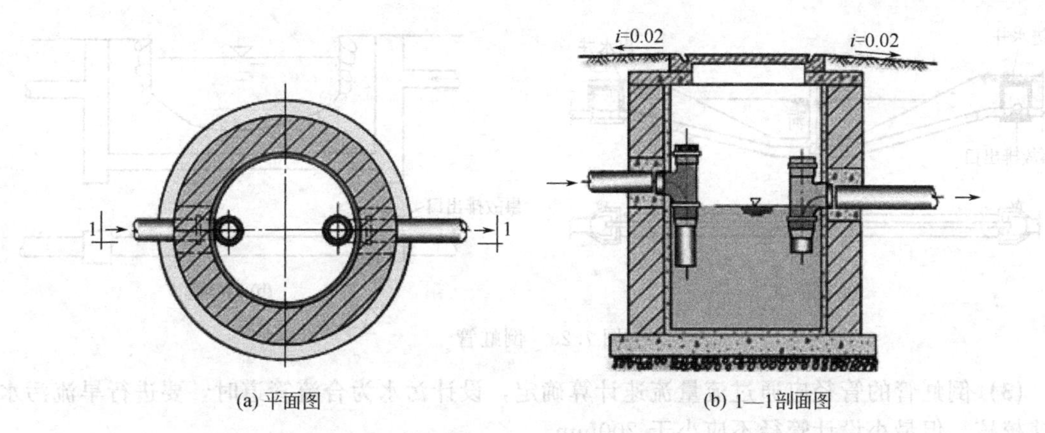

图 7.23　水封井

置通风管，使此类有害气体在住宅竖管的抽风作用下，随着空气沿庭院管道、出户管和竖管排入大气中。这种设有通风管的检查井称换气井，如图 7.24 所示。

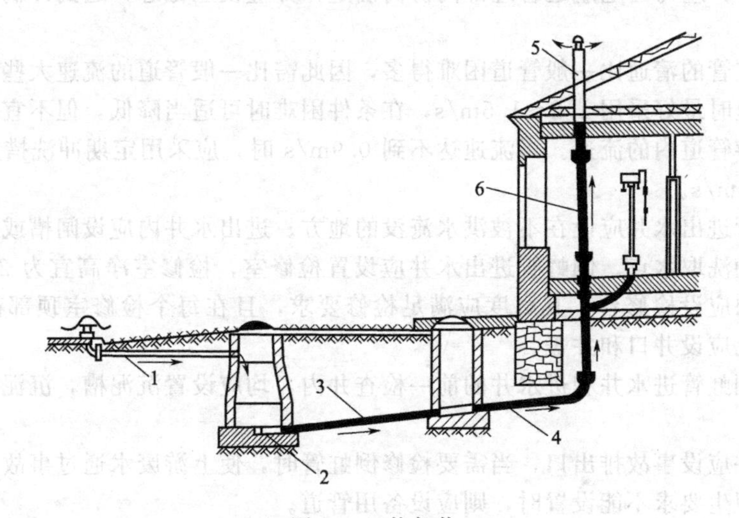

图 7.24　换气井

1—通风管；2—街道排水管；3—庭院管；4—出户管；5—透气管；6—竖管

三、倒虹管

排水管渠遇到河流、山涧、洼地或地下构筑物等障碍物时，不能按原有的坡度埋设，而是按下凹的折线方式从障碍物下通过，以这种方式敷设的管道称为倒虹管。倒虹管有多折型和凹字型两种形式（如图 7.25 所示）。多折型用于河面与河滩较宽阔，河床深度较大，所需施工面较大；凹字型用于河面与河滩较窄，或障碍物面积与深度较小，可用大开挖施工，或顶管法施工。凹字型倒虹管在我国华东地区广为应用，效果良好。

1. 倒虹管设计时的注意事项

（1）确定倒虹管的路线时，应尽可能与障碍物正交通过，以缩短倒虹管的长度，并应选择在地质条件好、不易被水冲刷地段及埋深小的地段通过。

（2）设计穿过河道的倒虹管一般不宜少于两条，当近期水量不能达到设计流速时，可使用其中的一条，暂时关闭一条。穿过小河、旱沟和洼地的倒虹管，可敷设一条工作管道。当穿过特殊重要构筑物（如地下铁道）的倒虹管，应敷设备用管道。

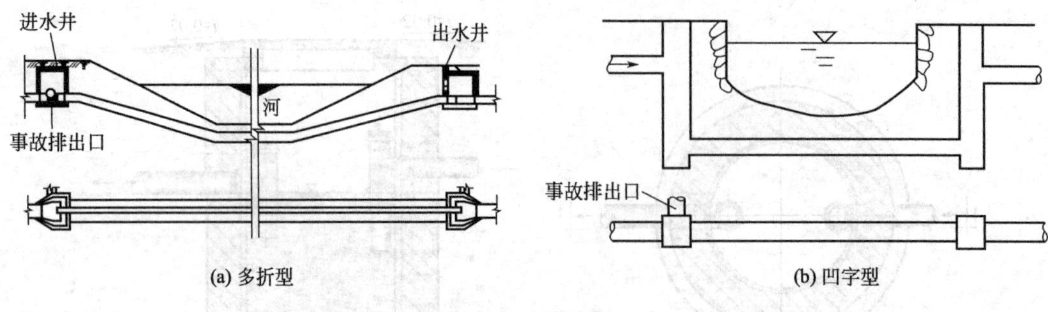

图 7.25 倒虹管

(3) 倒虹管的管径应通过流量流速计算确定，设计污水为合流管道时，要进行旱流污水流速校核。但最小设计管径不应小于 200mm。

(4) 倒虹管管材选用一般采用金属管或钢筋混凝土管；倒虹管水平管的长度应根据穿越物的形状和远景发展规划确定；倒虹管的水平管的管顶距规划的河底一般不宜小于 0.5m，通过航运河道时，应与当地航运管理部门协商确定，并应设立标志，遇到冲刷河床应采取防冲刷措施。

(5) 因倒虹管的清通比一般管道困难得多，因此需比一般管道的流速大些，以防产生淤积。在设计流速时最好采用 1.2～1.5m/s，在条件困难时可适当降低，但不宜小于 0.9m/s，且不得小于上游管道内的流速。当流速达不到 0.9m/s 时，应采用定期冲洗措施，但冲洗流速不得小于 1.2m/s。

(6) 倒虹管进出水井应设在不被洪水淹没的地方。进出水井内应设闸槽或闸门。在进水井内还应设有冲洗取水点。倒虹管进出水井应设置检修室，检修室净高宜为 2m。当进出水井较深时，井内应设检修台，其宽度应满足检修要求，且在每个检修室顶部都应设人孔进入，地面检修孔应设井口和井盖。

(7) 凹型倒虹管进水井和进水井的前一检查井内，均应设置沉泥槽，沉泥槽的设置深度一般为 0.5m。

(8) 进水井应设事故排出口，当需要检修倒虹管时，使上游废水通过事故排出口直接排入水体。如因卫生要求不能设置时，则应设备用管道。

2. 倒虹管水力计算公式

污水在倒虹管内的流动是依靠上下游管道中的水面高差（进、出水井的水面高差）H 进行的。该高差用以克服污水通过倒虹管时的阻力损失。倒虹管内的阻力损失可按下式计算：

$$H=i\times L+\sum\xi\frac{v^2}{2g} \tag{7-1}$$

式中 H——倒虹管的总阻力损失，m；

i——倒虹管每米长度的阻力损失；

L——倒虹管的总长度，m；

ξ——局部阻力系数（包括进口、出口、转弯处）；

v——倒虹管内污水流速，m/s；

g——重力加速度，m/s^2。

进口、出口及转弯处的局部阻力损失值应分项进行计算。初步估算时，一般可按沿程阻力损失值的 5%～10% 考虑，当倒虹管长度大于 60m 时，采用 5%；等于或小于 60m 时，采用 10%。进、出水井的水面高差应略大于总阻力损失值，其差值一般可考虑采用 0.05～0.10m。

3. 实例

【例 7-1】 已知最大流量为 340L/s，最小流量为 120L/s，倒虹管长为 60m，共 4 只 15°弯头，倒虹管上游管流速 1.0m/s，下游管流速 1.24m/s。求倒虹管管径和倒虹管的全部水头损失。

解：（1）考虑采用两条管径相同、平行敷设的倒虹管线，每条倒虹管的最大流量为 340/2＝170L/s，查水力计算表得倒虹管管径 $D=400$mm。水力坡度 i：0.0065。流速 $v=1.37$m/s，此流速大于允许的最小流速 0.9m/s，也大于上游管流速 1.0m/s。在最小流量 120L/s 时，只用一条倒虹管工作，此时查表得流速为 1.0m/s＞0.9m/s。

（2）倒虹管沿程水力损失值

$$i\times L=0.0065\times60=0.39\ (\text{m})$$

（3）考虑倒虹管局部阻力损失为沿程阻力损失的 10%，则倒虹管全部阻力损失值为

$$H=1.10\times0.39=0.429\ (\text{m})$$

（4）倒虹管进、出水井水位差为

$$\Delta H=H+0.10=0.429+0.10=0.529\ (\text{m})$$

四、冲洗井、防潮门、出水口

1. 冲洗井

当污水管内的流速不能保证自清时，为防止淤塞，可设置冲洗井（如图 7.26 所示）。冲洗井有两种做法：人工冲洗和自动冲洗。自动冲洗井一般采用虹吸式，其构造复杂，造价很高，目前已很少采用。人工冲洗井的构造相对简单，是一个具有一定容积的普通检查井。冲洗井出流管道上设有闸门，井内设有溢流管以防止井中水深过大。冲洗水可利用上游来的污水或自来水。用自来水时，供水管的出口必须高于溢流管管顶一定距离，以免发生回流污染。

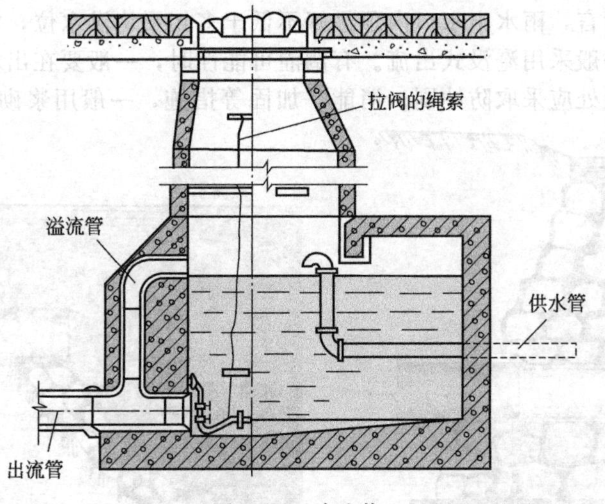

图 7.26　冲洗井

冲洗井一般适用于小于 400mm 管径的较小管道上，冲洗管道的长度一般为 250m 左右。

2. 防潮门

一些城市的排水管渠会受季节或潮汐的影响，为防止河水倒灌，在排水管渠出水口上游

的适当位置上应设置防潮门，如图 7.27 所示。当排水管渠中无水时，防潮门靠自重密闭。当上游排水管渠来水时，水流顶开防潮门排入水体。涨潮时，防潮门靠下游潮水压力密闭，使潮水不会倒灌入排水管渠。有些污水处理厂、排涝泵站出水口，通过装设鸭嘴阀来阻止水倒流和气味扩散。鸭嘴阀由弹性氯丁橡胶加人造纤维经特殊加工而成，形状类似鸭嘴，故称鸭嘴阀，如图 7.28 所示。在内部无压力情况下，鸭嘴出口在本身弹性作用下合拢；随内部压力逐渐增加，鸭嘴出口逐渐增大，保持液体能在高流速下排出。

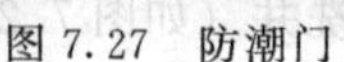

图 7.27 防潮门

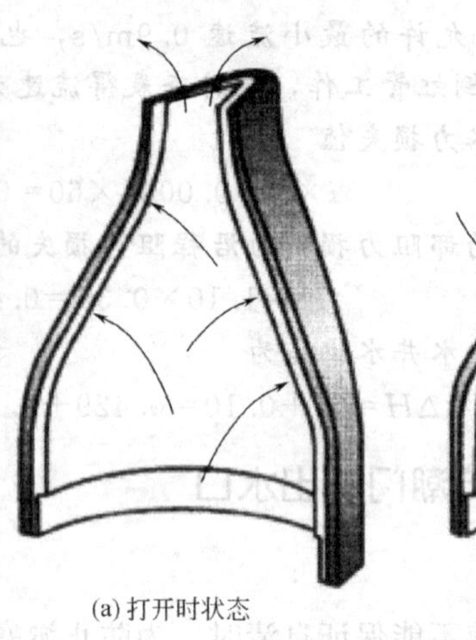

(a) 打开时状态

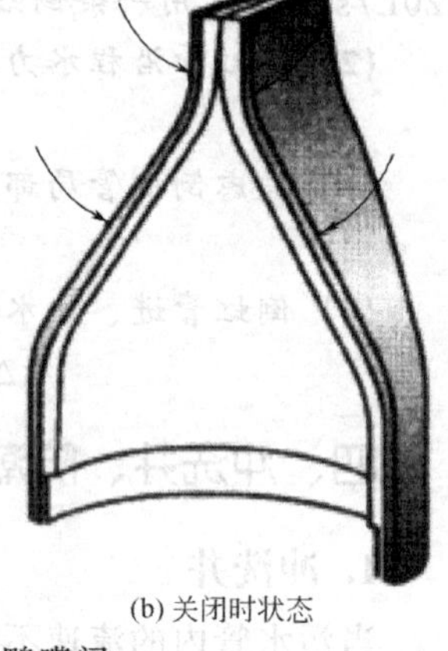

(b) 关闭时状态

图 7.28 鸭嘴阀

3. 出水口

排水管渠排出口上一般会设置出水口。出水口的形式有淹没式出水口、江心分散式出水口、一字式出水口和八字式出水口如图 7.29～图 7.32 所示。出水口的位置、形式和出口流速，应根据受纳水体的水质要求、水体的流量、水位变化幅度、水流方向、波浪状况、稀释自净能力、地形变迁和气候特征等因素确定。出水口位置必须取得卫生监督机关、水体管理养护部门的同意，如出水口伸入通航的河道中时，还需取得航运部门的同意，并设立相应标志。出水口高程上而言，雨水出水口内顶最好不低于多年平均洪水位，污水出水口为使污水与水体混合较好，一般采用淹没式出流。有倒灌可能性时，一般要在出水口上设防潮门。出水口与水体岸边连接处应采取防冲刷、消能、加固等措施，一般用浆砌块石做护墙和铺底，

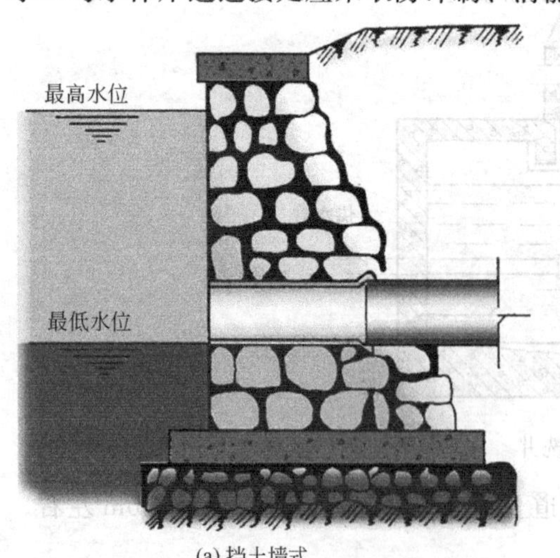

(a) 挡土墙式

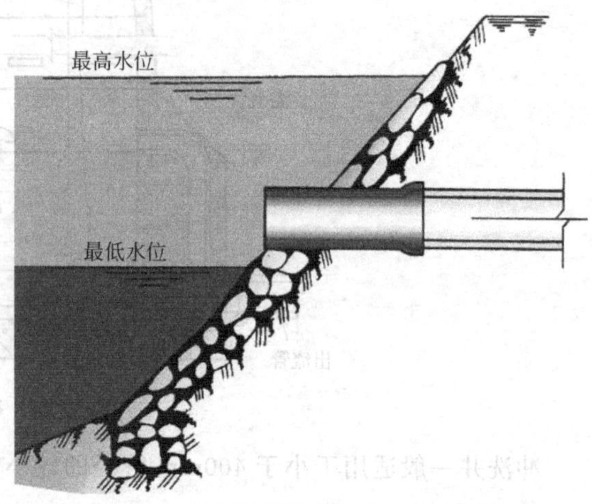

(b) 护坡式

图 7.29 淹没式出水口

并视需要设置标志。在受冻胀影响地区的出水口，应考虑用耐冻胀材料砌筑，出水口的基础必须设置在冰冻线以下。

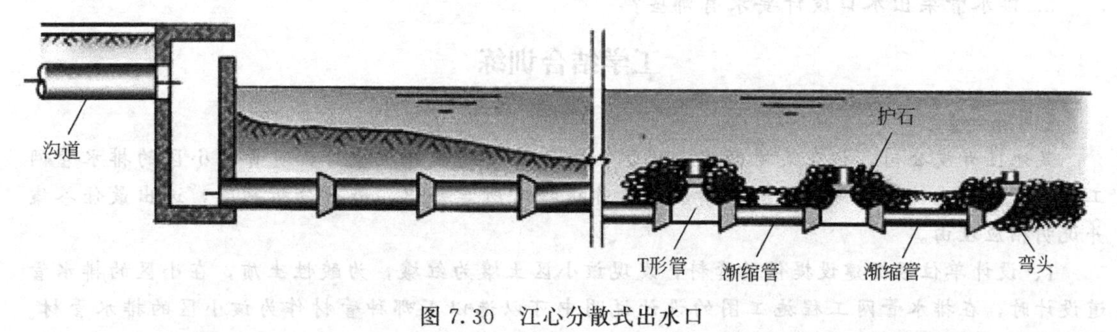

图 7.30　江心分散式出水口

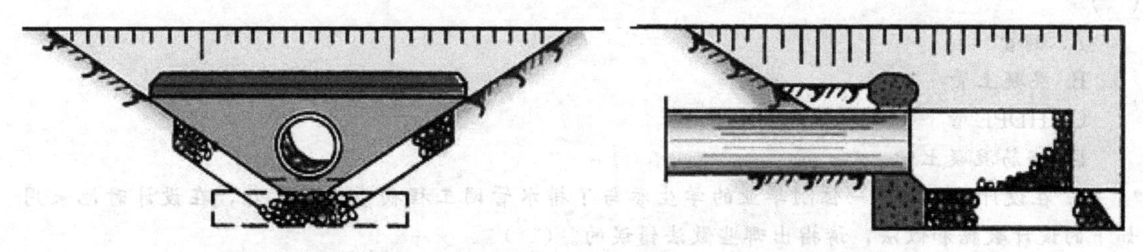

图 7.31　一字式出水口

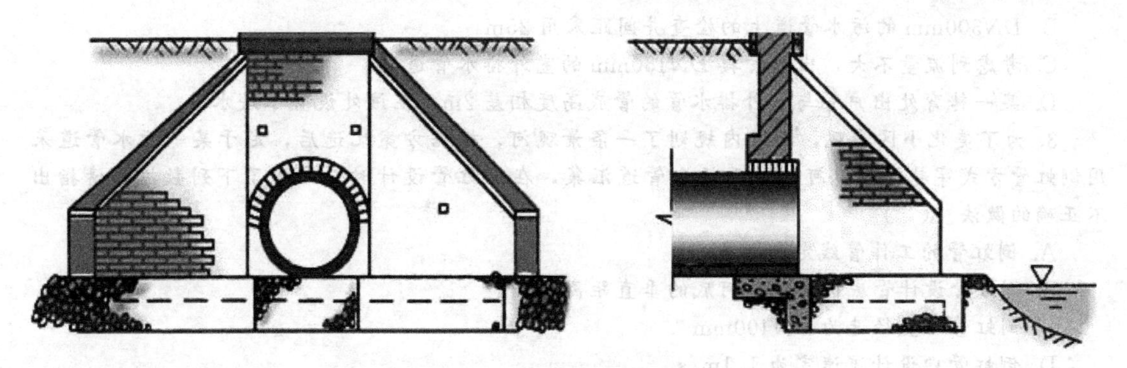

图 7.32　八字式出水口

小　结

通过本项目的学习，将项目的主要内容概括如下。

排水管渠有圆形、矩形、椭圆形、马蹄形、蛋形等不同断面形式，不同的断面形式有不同的优点，其中最常用的断面形式是圆形，它有着较好的水力条件好和受力性能。

排水管渠材质需满足强度、经济方面、水力条件等方面的要求，排水管渠在选择管材时需综合考虑管渠的埋设地点、受压强度、输送污水的 pH 值等因素而确定。

排水管渠系统上附属构筑物有检查井、水封井、跌水井、换气井、倒虹管、防潮门、出水口等。不同的附属构筑物有着不同的作用，其中最常用的是检查井，它一方面起着排水管渠的衔接作用，另一方面也是排水管渠维护的场所。

思 考 题

1. 雨水口有什么作用，其构造如何？怎样确定其设置地点？
2. 为什么要设置检查井？其构造如何？怎样确定其设置位置？

3. 在进行倒虹管设计时，可采取哪些措施防止在倒虹管内产生淤积？

4. 防潮门的作用是什么？在哪些地方需要设置防潮门？

5. 排水管渠出水口设计要求有哪些？

工学结合训练

【训练一】

某地区开发公司，拟在某地新建一小区，该地的市政设计院中标，负责该小区的排水管网工程设计。在设计过程中出现如下情况，请你根据对所学知识，进行分析判断，选出最佳答案并说明相应理由。

1、设计单位根据建设提供的资料，发现该小区土壤为红壤，为酸性土质，在小区的排水管道设计时，在排水管网工程施工图的设计说明中可以选以下哪种管材作为该小区的排水管材。(　)

A. 钢管

B. 混凝土管

C. HDPE 管

D. 钢筋混凝土管

2. 在设计过程中，一位刚毕业的学生参与了排水管网工程初步设计工作，在设计时他采用如下的设计数据和做法，请指出哪些做法错误的。(　)

A. 设计雨水口时，有一段设计间距采用了 35m

B. DN300mm 的污水管道上的检查井间距采用 25m

C. 考虑到流量不大，出户管接 DN150mm 的室外排水管道

D. 某一转弯处出户管与室外排水管的管底高度相差 2m，在该处设置了跌水井

3. 为了美化小区景观，小区内规划了一条景观河，根据方案比选后，定于某一污水管道采用倒虹管方式穿越该景观河与对面污水管道汇集，在倒虹管设计时，采用了下列数据，请指出不正确的做法。(　)

A. 倒虹管的工作管线定为 2 条

B. 倒虹管设计管底标高距离河底的垂直距离 0.5m

C. 倒虹管的直径选为 DN400mm

D. 倒虹管内设计流速定为 1.1m/s

【训练二】资料调查

目前随着知识的不断更新与技术进步，出现许多新的材质的排水管道及新型附属构筑物，请学生通过图书、上网等方式自行查阅相关资料，并完成如下任务。

1. 查找目前新型排水管材有哪些，汇总归纳其优缺点。

2. 调查新型附属构筑物的，包括材质的改良，内部结构的改造等，并汇总成文。

3. 查阅国外新型排水管材的利用情况及新型排水附属构筑物的情况，例如国外的防沉降的检查井应用等，并写出小结。

项目八 污水管道系统设计

项目导读

本项目在明确污水管道方案设计及城镇污水量计算的基础上，能够运用水力计算的公式进行水力计算，能够科学划分污水区域、合理进行污水管道定线，在掌握上述各项能力后，综合运用各项知识进行系统的污水管道设计及计算，并绘制出污水管道施工图。

知识目标

· 熟悉污水管道系统设计前期资料及方案确定

· 掌握城镇生活污水与工业废水的计算

· 掌握污水管道水力计算基本公式及水力计算方法

· 掌握污水管道设计计算能力

· 熟悉污水管道的平面图绘制及剖面图绘制

能力目标

· 具备利用基础资料制定污水方案的初步能力

· 具备合理确定城镇污水量的计算能力

· 具备污水管道的水力计算能力

· 具备污水管道设计计算能力

· 具备一定的污水管道的施工图绘制能力

任务一 收集基础资料制定污水方案

【任务内容及要求】

对同一项目而言，污水收集的方案可以有多种，研读基础资料，进行多种污水方案的比选，从而确定最优方案对于工程的技术和经济是至关重要的。

在规划和设计城市排水系统时，首先要根据当地条件选择排水系统的体制。当确定为分流制时，就可分别进行污水管道系统和雨水管渠系统的设计。污水管道系统是收集和输送城市污水的管道及其附属构筑物。它的设计依据是批准的城市规划和排水系统规划。设计的主要内容包括以下六个方面。

(1) 划分排水流域，确定排水分界。

(2) 在平面图上布置污水管道系统。

(3) 确定基础数据，进行污水设计流量计算和水力计算。

(4) 污水管道系统附属构筑物如倒虹管，中途提升泵站等的设计计算。

(5) 确定污水管道在道路横断面上的位置。

（6）绘制管道平面图与纵断面图。

一、设计资料的调查

1. 与设计任务相关的资料

收集与本工程有关的城市或工业企业的总体规划，从而确定出本工程的设计范围、设计期限、设计人口数、排水体制、污水处置方式和受纳水体的位置；道路、给水、电力、电信、煤气管道等专项工程的规划，确定排水管线的走向以及在道路横断面的大致位置，对管线存在穿越一些障碍及管线交叉做好相应准备工作。

2. 自然因素方面的资料

（1）地形图　初步设计与施工图设计时，区域性和大城市设计与中小城镇设计以及工厂内部设计应采用不同比例的地形图。初步设计时地区性或大城市需要地形图的比例尺为1∶2500～1∶10000，等高线间距1～2m；对中小城镇地形图采用比例尺1∶5000～1∶10000，等高线间距1～2m；工厂的地形图采用比例尺1∶500～1∶2000，等高线间距0.5～2m。施工图设计阶段时，要求街区平面图比例尺1∶500～1∶2000，等高线间距0.5～1m；设置排水管道的沿线带状地形图，比例尺1∶200～1∶1000；对于排水管道需穿越河流、铁路等障碍物时，比例尺常为1∶100～1∶500，等高线间距0.5～1m。

（2）气象资料　气象资料包括设计地区的气温、最大冰冻深度、风向和风速等。

（3）水文资料　包括管道穿越河流时，河流的宽度，河底的高程；接纳污水的河流流量、流速、不同时期的水位情况，以及河流河道规划及整治情况等。

（4）地质资料　地质资料包括设计地区的地基土的性质、组成和承载力，管线沿线重要地段地质柱状图，地下水的分布、水质、水量和水位，地震烈度等。

3. 工程方面的资料

与工程有关的资料包括道路的现状与规划、道路等级，路面宽度及材料；地面上下建筑物和构筑物的位置与高程；各种地下管线的位置；本地区常用的管道管材供应和施工单位的施工水平等。

污水管道系统设计所需的资料范围比较广泛，对于设计人员来说，许多资料由建设单位负责提供，对于拿到的规划资料、地形图等，必要时还需要到现场实地勘察，以求最大限度地服务于设计，完善设计成果。

二、设计方案的确定

设计人员在熟悉了上述资料之后，可根据工程的要求和特点，对工程中一些原则性的和涉及面较广的问题提出不同的解决方法，这样就构成了不同的设计方案。这些方案都要满足工程上的要求，但在经济技术上是各有利弊的。因此必须对各设计方案深入分析其技术经济的利弊。比如，在不同排水体制的选择上可以有不同的设计方案；污水处理方案是采取分散处理还是集中处理，工业废水单独处理还是与城镇污水混合处理；污水处理厂、中途提升泵站位置选取的不同方案；污水管道走向的不同布置；对不同地段管材的不同选取方案；污水管道与其他管线的交叉时不同处理等。为了使设计方案结合国家的方针、政策和法规，必须对这些设计方案进行深入细致的利弊分析、影响评价和进行技术经济比较，从而确定一个最佳方案。通常确定最佳方案的步骤如下。

1. 建立可行的技术方案

根据所提供的设计资料，按照既定的设计目标，制定切实可行的2～3个设计方案。比如关于污水处理厂设置位置的方案，方案一：污水厂设在A点时，进行污水管道系统中主干管和泵站的系统布置，方案二：污水厂设在B点时，进行污水管道系统中主干管和泵站的系统布置。

2. 进行方案的技术经济比较

根据技术经济评价原则和方法，在同等深度下计算出上述各方案的工程量、投资以及其他技术经济指标，然后我们可以通过逐项对比法、综合比较法、综合评分法、两两对比加权评分法等进行各方案的技术经济比较。

3. 综合评价与决策

在上述评价的基础上，我们还可以由建设单位邀请相应专家召开专家评审会或以民意测评的方式对上述方案的政策性、环境效益、社会效益作出评价与决策。

污水管道设计前对相关资料调查和研究是十分重要的，它影响着污水管道系统方案的设计。对于污水管道系统方案的确定需通过技术经济综合比较确定，应深入细致的分析每一问题。科学合理的方案将一劳永逸，造福人民，反之可能会在日后施工或运行维护中出现较多的问题，造成一定的经济损失或给人民生活带来一定的困扰。

任务二 污水管道系统设计流量

【任务内容及要求】

城镇污水管道系统设计流量由生活污水和工业废水组成，有地下水渗入的地方还要考虑地下水的渗入量。通过学习要能够根据收集的基础资料，选定合适的污水量标准进行生活污水和工业废水的水量计算。

污水管道系统的设计流量通常以最大日最大时流量作为污水管道系统的设计流量，其单位为 L/s。它包括综合生活污水设计流量和工业废水设计流量（在地下水位较高的地区，宜适当考虑地下水渗入量）。综合生活污水设计流量由居住区综合生活污水设计流量和工厂生产区的生活污水设计流量两部分。计算污水设计流量时，需要先确定设计标准、变化系数和设计人口等重要参数。

一、参数确定

1. 污水量设计标准

(1) 生活污水量设计标准　生活污水量设计标准可依据居民生活污水定额或综合生活污水定额确定。

居民生活污水：指居民日常生活中洗涤、冲厕、洗澡等产生的污水，单位 L/(人·d)。

综合生活污水：指居民生活污水和公共建筑排水两部分的综合，单位 L/(人·d)。

以上两种定额应根据当地的给水用水定额，给水的普及率，及建筑物内部给水排水设备的完善程度，进行选取。对给水排水系统完善的地区可按用水的 90%，一般地区可按用水的 80%计。给水定额的取用可以根据实际资料或《城市居民生活用水量标准》(GB/T 50331—2002)、《室外给水设计规范》(GB 50013—2006)（参见表 5.1 或表 5.2）。

(2) 工业企业中的生活污水量标准　工业企业中的生活污水量和淋浴水量的标准及厂内公用建筑物生活污水量的标准，可参考国家现行的建筑给水排水设计规范或根据实际调查的情况而定。

(3) 工业废水量标准　工业废水量标准是指生产单位产品或加工单位数量原料所排出的平均废水量，也称为工业废水量定额。工业废水量可按单位产品或单位产值的废水量计算，或按实测数据计算，并与国家现行的工业用水量有关规定相协调。

2. 设计人口数

设计人口数是计算污水设计流量的基本数据，是指污水排水系统规划设计期限内最大人口数，可参考城镇或地区的总体规划确定或由该区统计年鉴上各年的人口数推求而得。为了计算出污水管道服务区的人口数，通常用人口密度乘以服务面积得到。

人口密度表示人口分布的情况，是指住在单位面积上的人口数，以人/hm^2表示。若人口密度所用的地区面积包括街道、公园、运动场、水体等在内时，该人口密度称为总人口密度。若所用的面积是街区的建筑面积时，该人口密度称为居住区人口密度。在设计不同阶段，选择不同的人口密度进行计算。通常初步设计阶段，可选用总人口密度计算；在技术设计或施工图设计阶段，可采用居住区人口密度进行计算。

3. 污水量变化系数

流入污水管道的污水量并不时均匀不变的，而是时刻都在变化的。污水量的变化程度通常用变化系数来表示。变化系数分为日变化系数、时变化系数和总变化系数三种。

一年中最大日污水量与平均日污水量的比值称为日变化系数（K_d）；

最大日最大时污水量与最大日平均时污水量的比值称为时变化系数（K_h）；

最大日最大时污水量与平均日平均时污水量的比值称为总变化系数（K_z）。

显然，按上述定义有：

$$K_z = K_d K_h \tag{8-1}$$

我国在多年观测资料的基础上，经过综合分析归纳，总结出了总变化系数与平均流量之间的关系式，即：

$$K_z = \frac{2.7}{Q^{0.11}} \tag{8-2}$$

式中　Q——污水平均日流量，L/s。

综合生活污水量总变化系数见表 8.1。

表 8.1　综合生活污水量总变化系数

污水平均日流量/(L/s)	≤5	15	40	70	100	200	500	≥1000
总变化系数 K_z	2.3	2.0	1.8	1.7	1.6	1.5	1.4	1.3

注：1. 当污水平均日流量为中间数值时，总变化系数用内插法求得。

2. 当居住区有实际生活污水量变化资料时，可按实际数据采用。

二、污水量计算公式

1. 生活污水设计流量

(1) 居民（综合）生活污水设计流量　居民生活污水主要来自居住区，它通常按下式计算：

$$Q_1 = \frac{nNK_z}{24 \times 3600} \tag{8-3}$$

式中　Q_1——居民生活污水设计流量，L/s；

n——居民生活污水量定额，L/(人·d)；

N——设计人口数，人；

K_z——生活污水量总变化系数。

公共建筑生活污水可单独计算，也可与居民排水一起计算，一起计算时，n 取值应该取综合生活污水定额。

(2) 工业企业生活污水和淋浴污水设计流量　工业企业的生活污水和淋浴污水主要来自生产区的食堂、卫生间、浴室等。其设计流量的大小与工业企业的性质、污染程度、卫生要求有关。一般按下式进行计算：

$$Q_2=\frac{A_1B_1K_1+A_2B_2K_2}{3600T}+\frac{C_1D_1+C_2D_2}{3600} \tag{8-4}$$

式中　Q_2——工业企业生活污水和淋浴污水设计流量，L/s；

A_1——一般车间最大班职工人数，人；

B_1——一般车间职工生活污水定额，以 25L/(人·班) 计；

K_1——一般车间生活污水量时变化系数，以 3.0 计；

A_2——热车间和污染严重车间最大班职工人数，人；

B_2——热车间和污染严重车间职工生活污水量定额，以 35L/(人·班) 计；

K_2——热车间和污染严重车间生活污水量时变化系数，以 2.5 计；

C_1——一般车间最大班使用淋浴的职工人数，人；

D_1——一般车间的淋浴污水量定额，以 40L/(人·班) 计；

C_2——热车间和污染严重车间最大班使用淋浴的职工人数，人；

D_2——热车间和污染严重车间的淋浴污水量定额，以 60L/(人·班) 计；

T——每工作班工作时数，h。

淋浴时间按 60min 计。

2. 工业废水设计流量

工业废水设计流量按下式计算：

$$Q_3=\frac{mMK_z}{3600T} \tag{8-5}$$

式中　Q_3——工业废水设计流量，L/s；

m——生产过程中每单位产品的废水量定额，L/单位产品；

M——产品的平均日产量，单位产品/d；

T——每日生产时数，h；

K_z——总变化系数。

各工业企业的废水量标准 m 是有差别，即使生产同一产品，若生产设备或工艺不同，其废水量标准也可能不同。若生产中采用循环给水系统，其废水量较采用非循环给水系统时会明显降低。所以，工业废水量标准取决于产品种类、生产工艺、单位产品用水量以及给水方式等。

在不同的工业企业中，工业废水的排出情况也不相同，有些工业废水是均匀排出的，而有些则变化较大，甚至个别车间的工业废水在短时间内一次排放。因而工业废水量的变化取决于工业企业的性质和生产工艺。工业废水在一日内的变化一般较小，其日变化系数 $K_d=1$，则 $K_z=K_h$。K_h 可根据一天的实测值计算，也可按行业类型、工艺生产特点参考，如表 8.2 所示。

表 8.2　不同行业总变化系数的选取参考

行　业	冶金工业	化学工业	纺织工业	食品工业	皮革工业	造纸工业
$K_z(K_h)$	1.0～1.1	1.3～1.5	1.5～2.0	1.5～2.0	1.5～2.0	1.3～1.8

【例 8-1】某工业区，居住区人口为 2000 人，居民生活污水定额（平均日）＝100

L/(人·d)，工厂最大班职工人数1000人，其中热车间职工占25%，热车间70%职工淋浴，一般车间10%职工淋浴。求该工业区生活污水总设计流量。

解：(1) $Q_1=\dfrac{nNK_z}{24\times3600}=\dfrac{100\times2000\times K_z}{86400}=2.31\times K_z$

由于2.31L/s < 5L/s，所以K_z取2.3

则 $Q_1=2.31\times2.3=5.313$(L/s)。

(2) 工业企业生活污水和淋浴污水设计流量

$A_1=1000\times75\%=750$人，$A_2=1000\times25\%=250$人，$B_1=25$L/(人·班)，$B_2=35$L/(人·班)，$K_1=3.0$，$K_2=2.5$；$T=8$h，$C_1=750\times10\%=75$人，$C_2=250\times70\%=175$人，$D_1=40$L/(人·班)，$D_2=60$L/(人·班)；代入式(8-4)得：

$$Q_2=\frac{750\times25\times3.0+250\times35\times2.5}{3600\times8}+\frac{75\times40+175\times60}{3600}=2.71+3.75=6.46\text{(L/s)}$$

所以该工业区生活污水总设计流量=5.313+6.46=11.773(L/s)。

三、城市污水管道系统设计总流量

城市污水管道系统的设计总流量一般采用直接求和的方法进行计算，即直接将上述各项污水设计流量计算结果相加，作为污水管道设计的依据，城市污水管道系统的设计总流量可用下式计算：

$$Q=Q_1+Q_2+Q_3 \tag{8-6}$$

在城镇污水设计流量计算时，为了得到Q_1、Q_2、Q_3，一般先将生活污水集水区、工业废水的集水区按功能进行划分，分别计算后再进行累加（参见例8-2）。

特别提醒

在有地下水渗入的地方，排水系统设计应适当考虑入渗地下水量。受管道埋设地的土质、地下水位、管道及接口材料、施工质量等因素的影响，当地下水位高于排水管渠时，地下水入渗到污水管道中。入渗的地下水量宜根据测定资料确定，一般以单位管长和管径计，也可以按平均日综合生活污水量和工业废水量的10%～15%计，还可以按每天每单位服务面积入渗地下水量计。

【例8-2】在某城镇计算城市污水管道系统的污水设计总流量时，先将设计区域按功能划分不同区块，分别对其区域内的污水进行计算，将各排水区域内居住区生活污水、工业废水和工厂生活污水设计流量值列于计算表8.3～表8.5中，最后再汇总得出污水管道系统的设计总流量见表8.6。

表8.3 城镇综合生活污水设计流量计算表

居住区名称	排水流域编号	居住区面积/ha	人口密度/(人/ha)	居民人数/人	污水量定额/[L/(人·d)]	平均污水量			总变化系数K_z	设计流量	
						/(m³/d)	/(m³/h)	/(L/s)		/(m³/h)	/(L/s)
1	2	3	4	5	6	7	8	9	10	11	12
商业区	Ⅰ	60	500	30000	160	4800	200	55.6	1.74	348	96.74
文卫区	Ⅱ	40	400	16000	180	2880	120	33.3	1.81	217.2	60.27
工业区	Ⅲ	50	450	22500	160	3600	150	41.7	1.78	267	74.23
合计	—	150	—	68500	—	11280	470	130.6	1.57①	737.9②	205.04②

① 总变化系数是根据合计平均流量查出的。

② 数字不是直接合计，而是合计平均流量与相对应的总变化系数的乘积。

表 8.4　各工业企业工业废水设计流量计算表

工业企业名称	班数	各班时数/h	产品名称	日产量/t	工业废水定额/(m³/t)	平均流量			总变化系数	设计流量	
						/(m³/d)	/(m³/h)	/(L/s)		/(m³/h)	/(L/s)
1	2	3	4	5	6	7	8	9	10	11	12
酿酒厂	3	8	酒	15	18.6	279	11.63	3.23	3.0	34.89	9.69
肉类加工厂	3	8	牲畜	162	15	2430	101.25	28.13	1.7	172.13	47.82
造纸厂	3	8	白纸	12	150	1800	75	20.83	1.45	108.75	30.20
皮革厂	3	8	皮革	34	75	2550	106.25	29.51	1.4	148.75	41.31
印染厂	3	8	布	36	150	5400	225	62.5	1.42	319.5	88.75
合计						12459	519.13	144.2		784.02	217.77

表 8.5　各工业企业生活污水和淋浴污水设计流量计算表

车间名称	车间性质	班数	每班工作时数/h	生活污水				淋浴污水			合计设计流量/(L/s)
				最大职工人数/人	定额/[L/(人·d)]	时变化系数	设计流量/(L/s)	最大班淋浴的职工人数/人	定额/[L/(人·d)]	设计流量/(L/s)	
1	2	3	4	5	6	7	8	9	10	11	12
酿酒厂	污染	3	8	156	35	2.5	0.47	109	60	1.82	2.29
	一般	3	8	108	25	3.0	0.28	38	40	0.42	0.70
肉类加工厂	污染	3	8	168	35	2.5	0.51	116	60	8.8	2.49
	一般	3	8	92	25	3.0	0.24	35	40	2.27	0.63
造纸厂	污染	3	8	150	35	2.5	0.46	105	60	1.75	2.21
	一般	3	8	145	25	3.0	0.38	50	40	0.56	0.94
皮革厂	污染	3	8	274	35	2.5	0.83	156	60	2.6	3.43
	一般	3	8	324	25	3.0	0.84	80	40	0.89	1.64
印染厂	污染	3	8	450	35	2.5	1.37	315	60	5.25	6.62
	一般	3	8	470	25	3.0	1.22	188	40	2.09	3.31
总计							6.6			17.7	24.3

表 8.6　城镇污水管道系统的设计总流量统计表

排水工程对象	综合生活污水设计流量/(L/s)	工业企业生活污水和淋浴污水设计流量/(L/s)	工业废水设计流量/(L/s)	城镇污水设计总流量/(L/s)
居住区和公共建筑	205.04			
工业企业		24.3		447.11
工业企业			217.77	

上述直接相加计算方法是假定排出的各种污水都在同一时间内出现最大流量，这样可以保证污水管道容纳最大污水流量。但在泵站和污水厂设计中，如采用此法计算污水设计流量将造成巨大浪费。因为各种污水最大时流量同时发生的可能性很小，且各种污水汇合时能相互调节，因而可使流量高峰降低。如果能测得实际排水量，可以绘制各种污水的日排放过程线，再将过程线累加，得到总污水排放过程线，并求出最大时污水量。缺乏资料时可以将各种污水混合后的最大流量作为设计流量，即先将各种污水的平均日平均时流量相叠加，再将叠加后的值乘以总变化系数得到的流量作为设计流量。

任务三　污水管道的水力计算

【任务内容及要求】

污水管道水力计算是在污水设计流量后进行水力参数坡度、流速、充满度、管径的计算，要掌握水力计算基本公式及计算方法，并对计算后的参数进行校核，各必须满足规范规定的要求。

污水在建筑内部收集后，由出户管流入室外管道中，污水在室外管道中的流动犹如分布于地下的河流，从支管的枝流汇入大管道的主流。污水的流向同给水的流动方向不同，污水管道系统中通常只存在枝状流，而给水管道系统中还存在环状流。污水在管道中的流动在水力学方面有着以下特点。

一、污水管道中污水流动的特点

(1) 污水在管道内依靠管道两端的水面高差从高处流向低处，是不承受压力的，即为重力流。

(2) 污水中含有一定数量的悬浮物，它们有的漂浮于水面，有的悬浮于水中，有的则沉积在管底内壁上。这与清水的流动有所差别。但污水中的水分一般在99%以上，所含悬浮物很少，因此，可认为污水的流动遵循一般流体流动的规律，工程设计时仍按水力学公式计算。

(3) 污水在管道中的流速随时都在变化，但在直线管段上，当流量没有很大变化又无沉淀物时，可认为污水的流动接近均匀流。设计时对每一设计管段都按均匀流公式进行计算。

知识链接

污水管道内的水流特征可以分为三种。

(1) 压力流与重力流：水体沿流程整个周界与固体壁面接触，而无自由液面，这种流动称为有压流或压力流。水体沿流程一部分周界与固体壁面接触，另一部分与空气接触，具有自由液面，这种流动称为重力流或无压流。

(2) 恒定流与非恒定流：水量不发生变化属于恒定流状态，反之为非恒定流。

(3) 均匀流与非均匀流：液体质点流速的大小和方向沿流程不变的流动，称为均匀流；反之，液体质点流速的大小和方向沿流程变化的流动，称为非均匀流。

二、水力计算基本公式

污水管道水力计算是解决污水管道系统设计中污水管道管径、坡度、埋深等的设计问题。由于计算依据水力学的规律，所以称为管道的水力计算。如果在设计与施工中注意改善管道的水力条件，则可使管内污水的流动状态尽可能地接近均匀流，因此，为了简化计算，目前在排水管道设计中仍采用均匀流公式。常用的均匀流基本公式有：

1. 流量公式

$$Q=Av \tag{8-7}$$

2. 流速公式

$$v=C\sqrt{RI} \tag{8-8}$$

式中　Q——流量，m^3/s；

A——过水断面面积，m^2；

v——流速，m/s；

R——水力半径（过水断面面积与湿周的比值），m；

I——水力坡度（等值于水面坡度和管底坡度）；

C——谢才系数，一般按曼宁公式计算得：

$$C=\frac{1}{n}R^{\frac{1}{6}} \tag{8-9}$$

将式（8-9）代入式（8-8）和式（8-7）得：

$$v=\frac{1}{n}R^{\frac{2}{3}}I^{\frac{1}{2}} \tag{8-10}$$

$$Q=\frac{1}{n}AR^{\frac{2}{3}}I^{\frac{1}{2}} \tag{8-11}$$

对于圆形管道过水断面如图 8.1 所示。设其管径为 d 水深为 h，定义 $\alpha=\frac{h}{d}=\sin^2\frac{\theta}{4}$，$\alpha$ 称为充满度，所对应的圆心角 θ 称为充满角。由几何关系可得各水力要素之间的关系为：

$$A=\frac{d^2}{8}(\theta-\sin\theta) \tag{8-12}$$

湿周：

$$\chi=\frac{d}{2}\theta \tag{8-13}$$

水力半径：

$$R=\frac{d}{4}\left(1-\frac{\sin\theta}{\theta}\right) \tag{8-14}$$

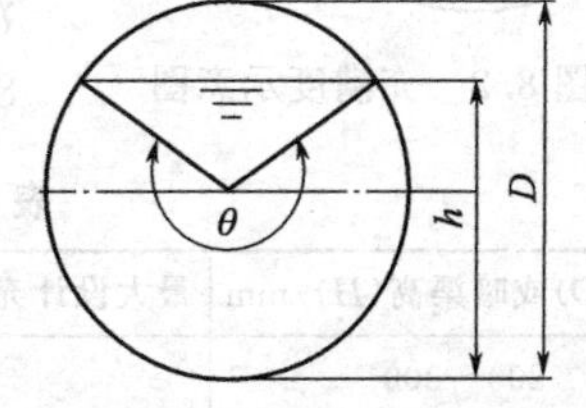

图 8.1 圆形管道过水断面图

所以

$$v=\frac{1}{n}\left[\frac{d}{4}\left(1-\frac{\sin\theta}{\theta}\right)\right]^{\frac{2}{3}}i^{\frac{1}{2}}=\frac{1}{n}R^{\frac{2}{3}}i^{\frac{1}{2}} \tag{8-15}$$

$$Q=\frac{d^2}{8}(\theta-\sin\theta)\frac{1}{n}\left[\frac{d}{4}\left(1-\frac{\sin\theta}{\theta}\right)\right]^{\frac{2}{3}}i^{\frac{1}{2}}=\frac{1}{n}AR^{\frac{2}{3}}i^{\frac{1}{2}} \tag{8-16}$$

式中，n 为管壁粗糙系数。该值由管道（渠）材料而定，混凝土管和钢筋混凝土污水管道的管壁粗糙系数一般采用 0.014，塑料管 0.009～0.011。不同管材的管道粗糙系数参见表 8.7。

表 8.7 排水管道（渠）粗糙系数

管道类型	粗糙系数 n	管道类型	粗糙系数 n
UPVC、PE、玻璃钢管	0.009～0.011	浆砌砖渠道	0.015
石棉水泥管、钢管	0.012	浆砌块石渠道	0.017
陶土管、铸铁管	0.013	干砌块石渠道	0.020～0.025
混凝土管、钢筋混凝土管	0.013～0.014	主明渠（含草皮）	0.025～0.030

知识链接

对于同一管道而言，污水流量和流速并不是在满流情况下达到最大值。

当充满度 $h/d=0.95$ 时，$Q/Q_0=1.087$，此时通过的流量为最大，恰好为满管流流量的 1.087 倍；当充满度 $h/d=0.81$ 时，$v/v_0=1.16$，此时管中的流速为最大，恰好为满管流时流速的 1.16 倍。

因为，水力半径 R 在充满度=0.81 时达到最大，其后，水力半径相对减小，但过水断面却在继续增加，当充满度=0.95 时，过水断面面积 A 值达到最大；随着充满度的继续增加，过水断面虽然还在增加，但湿周 X 增加得更多，以致水力半径 R 相比之下反而降低，所以过流量有所减少。

三、污水管道水力计算参数

最后推求出来的水力计算的两个基本公式给出了流量 Q、流速 v、粗糙系数 n、水力坡度 I、水力半径 R 和过水断面面积 ω 等水力要素之间的关系。为使污水管渠正常运行，在《室外排水设计规范》（GB 50014—2006）中对这些因素作了规定，在污水管道设计计算时，必须予以遵守。

1. 设计充满度

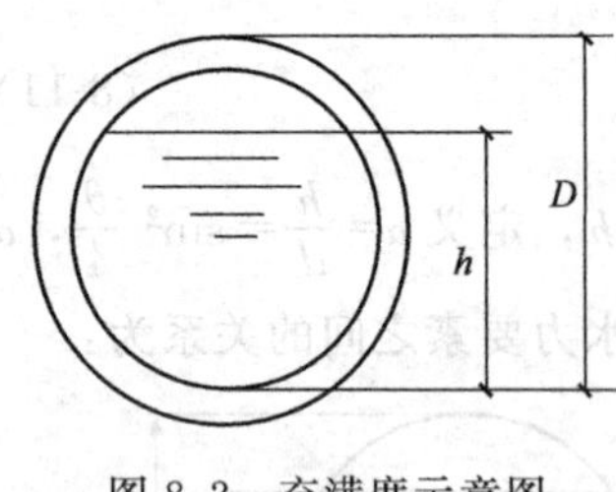

图 8.2　充满度示意图

(1) 定义：在设计流量下，污水在管道中的水深 h 与管道直径 D 的比值（h/D）称为设计充满度，它表示污水在管道中的充满程度，如图 8.2 所示。

(2) 规定：当 $h/D=1$ 时称为满流；$h/D<1$ 时称为不满流。《室外排水设计规范》（GB 50014—2006）中这样规定，污水管道按不满流进行设计，其最大设计充满度的规定如表 8.8 所示。

表 8.8　污水管道（渠）最大设计充满度

管径（D）或暗渠高（H）/mm	最大设计充满度（h/D 或 h/H）	管径（D）或暗渠高（H）/mm	最大设计充满度（h/D 或 h/H）
200～300	0.60	500～900	0.70
350～450	0.65	≥1000	0.75

注：在计算污水管道充满度时，不包括淋浴或短时间内突然增加的污水量，但当管径小于或等于 300mm 时，应按满流复核。

(3) 这样规定的原因如下。

① 污水流量时刻在变化，很难精确计算，而且雨水或地下水可能渗入污水管道增加流量，因此，选用的污水管道断面面积应留有余地，以防污水溢出影响环境卫生。

② 污水管道内沉积的污泥可能分解析出一些有害气体（如 CH_4、H_2S 等）。此外，污水中如含有汽油、苯、石油等易燃液体时，可能产生爆炸性气体。所以需留出适当的空间，以利管道内的通风，排除有害气体。

③ 便于管道在后期维护管理中的清通和养护管理。

特别提醒

在设计中选用最大充满度不能超过上述表 8.8 中的最大充满度的限值，但为了节约投资，合理地利用管道断面，选用的设计充满度也不应过小。因此，在设计过程中考虑到合理性的要求，还应考虑最小设计充满度作为设计充满度的下限值。根据相关经验，各种管径的最小设计充满度不宜小于 0.25。一般情况下设计充满度最好不小于 0.5，对于管径较大的管道设计充满度以接近最大限值为好。

2. 设计流速

(1) 定义：管道中的流量达到设计流量时，与设计充满度相对应的水流平均速度称为设计流速。为了防止管道中产生淤积或冲刷现象，设计流量不宜过大或过小，应在合理范围之内。

(2) 规定：在《室外排水设计规范》（GB 50014—2006）中规定，污水管道在设计充满度下的最小设计流速为 0.6m/s，明渠为 0.4m/s。含有金属、矿物固体或重油杂质的生产污水管道，其最小设计流速宜适当加大。金属排水管道的最大设计流速为 10m/s，非金属管道为 5m/s。压力管道的设计流速宜采取 0.7～2.0m/s。虽然悬浮物不宜沉淀淤积，但可能会对管壁产生冲刷，甚至损坏管道使其寿命降低。为了防止管道内产生沉淀淤积或管壁遭受冲刷，《室外排水设计规范》（GB 50014—2006）规定了污水管道的最小设计流速和最大设计流速。污水管道的设计流速应在最小设计流速和最大设计流速范围内。

在平坦地区，可以结合当地具体情况，对规范中规定的最小设计流速作合理的调整。当设计流速不能满足最小设计流速时，应增强清淤措施。

(3) 原因：最小设计流速规定的原因是，保证管道内不致发生沉淀淤积的流速。最大设计流速限制的目的是，保证管道不被冲刷损坏的流速。

3. 最小设计坡度

(1) 定义：在均匀流情况下，水力坡度等于水面坡度，即管底坡度。由式（8-8）可知，管渠的流速和水力坡度间存在一定的关系。对应于最小设计流速的坡度就是最小设计坡度。

(2) 规定：实际工程中，充满度随时都在变化，同一直径的管道因充满度不同，则应有不同的最小设计坡度。表 8.9 以半满流情况下的最小坡度作为最小设计坡度来参考。另从式(8-10）可以看出，设计坡度与设计流速的平方成正比，与水力半径的 2/3 次方成反比。由于水力半径是过水断面面积与湿周的比值，因此不同管径的污水管道应有不同的最小坡度。管径相同的管道，因充满度不同，其最小坡度也不同。当在给定设计充满度条件下，管径越大，对应的最小设计坡度也就越小。所以只规定最小管径的最小设计坡度值即可。

表 8.9　设计充满度下常用管径对应的最小设计坡度（钢筋混凝土管半满流）

管径/mm	最小设计坡度	管径/mm	最小设计坡度
200	0.01	800	0.0008
300	0.003(塑料管为 0.002)	1000	0.0006
400	0.0015	1200	0.006
500	0.0012	1400	0.0005
600	0.0010	1500	0.0005

(3) 原因：保证管道不发生淤积时的坡度。在设计污水管道系统时，通常使管道敷设坡度与地面坡度一致，这样可以减少管道埋设深度，降低工程造价；但相应于管道敷设坡度的污水流速应等于或大于最小设计流速，以防止管道内产生淤积，这对地势平坦或逆坡地段尤为重要。

4. 最小管径

(1) 定义：为了养护工作的方便，常规定一个允许的最小管径。

(2) 规定：我国《室外排水设计规范》规定：污水管道在街坊和厂区内的最小管径为 200mm，在街道下的最小管径为 300mm。即便按设计流量计算确定的管径小于最小管径，也应采用规定的最小管径。

(3) 原因：根据养护经验证明，管径过小容易堵塞，举个例子 150mm 支管的堵塞次数可能达到 200mm 支管堵塞次数的两倍，使养护管道的费用增加，而 200mm 与 150mm 管道在同样埋深下，施工费用相差不多。此外，采用较大的管径，可以选用较小的坡度，使管道埋深减少。

知识链接

在管道衔接或管道埋设的起点，为了满足接管需求或减少埋深，通常将按流量计算出来的管径或规定的最小管径再放大一级。

四、污水管道的埋设深度和覆土厚度

管道埋设深度和覆土厚度两者是有联系的，参见图 8.3。

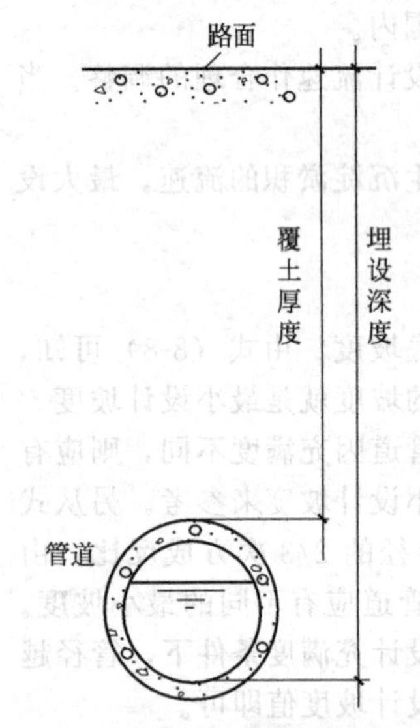

图 8.3 管道埋设深度示意图

1. 定义

(1) 埋设深度：是指管道内壁底部到地面的距离；

(2) 覆土厚度：是指管道外壁顶部到地面的距离。

管道埋设深度与覆土厚度之间的数值关系可以近视为，埋设深度＝覆土厚度＋管道直径（D）

2. 规定

(1) 最大允许埋深（覆土厚度） 埋设在道路上的管道埋深愈大，施工愈困难，施工工程造价愈高。管道埋深允许的最大值称为最大允许埋深，其值应根据技术经济指标和施工方法确定。一般在干燥土壤中不超过 7～8m；在多水、流砂、石灰岩地层中不超过 5m。

(2) 最小允许埋深（覆土厚度） 埋设在道路上的污水管道埋深小，可以降低造价，缩短工期，但是管道的埋设深度也不是越小越好。它有一个最小的限制。这个限值称为最小埋设深度。最小埋设深度应根据管材强度、外部荷载、土壤冰冻深度和土壤性质等条件，结合当地埋管经验确定。设置最小埋设深度的原因是因为管道在埋设时要满足以下要求。

① 防止污水冰冻或土壤冻胀而损坏管道 为了防止管道内污水冰冻或管道周围土壤冰冻膨胀损坏污水管道，一般情况下，污水管道的最小埋深在冰冻线以下。考虑到生活污水温度较高，即使在冬天水温也不会低于 4℃。很多工业废水的温度也比较高。此外，污水管道按一定的坡度敷设，管内污水经常保持一定的流量，以一定的流速不断流动。因此，污水在管道内是不会冰冻的，管道周围的土壤也不会冰冻。从这个角度考虑的话，不必把整个污水管道都埋设在土壤冰冻线以下。但如果将管道全部埋设在冰冻线以上，则可能又会因土壤冰冻膨胀导致损坏管道基础，从而损坏管道。

所以《室外排水设计规范》（GB 50014—2006）规定，冰冻层内污水管道的埋设深度，应根据流量、水温、水流情况和敷设位置等因素确定，一般应符合下列规定。

(a) 无保温措施的生活污水管道或水温与生活污水接近的工业废水管道，管底可埋设在冰冻线以上 0.15m。

(b) 有保温措施或水温较高的管道，管底在冰冻线以上的距离可以加大，其数值应根据该地区或条件相似地区的经验确定。

② 防止管壁因地面荷载而破坏 为了防止管道壁因地面荷载而受到破坏。埋设在人行道的污水管道最小埋深时需满足覆土厚度为 0.6m，埋设在车行道下的污水管道最小覆土厚度为 0.7m。

③ 满足街区污水管道衔接要求 为了保证城市住宅和公共建筑内产生的污水顺畅地依靠重力流排入街道污水管网，街道污水管网起点的埋深必须大于或等于接入该起点的街区污水管终点的埋深，同样街区污水管起点的埋深必须大于或等于该建筑物污水出户管的埋深。一般来说，建筑物内首层污水能顺利排出，其出户管的最小埋深一般取 0.5～0.6m，所以街区污水管起点最小埋深一般采用 0.6～0.7m 。根据街区污水管道起点最小埋深值，我们就可以求出街道污水管网起点的最小埋深，如图 8.4 所示，按照式（8-12）可以求出街道污水管起点的埋深。

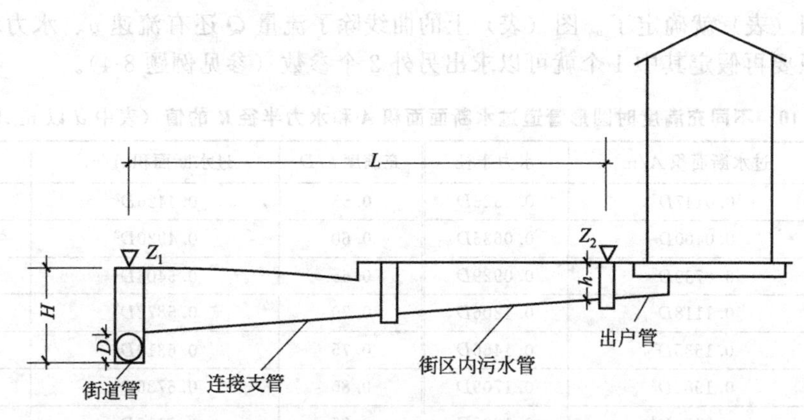

图 8.4　街道污水管道与街区污水管道衔接示意图

由街区与街道污水管管内底高程的相互关系得：$Z_2-h-IL-\Delta h=Z_1-H$

则 $H=Z_1-Z_2+h+IL+\Delta h$　　(8-17)

式中　H——街道污水管道起点的最小埋深，m；

Z_1——街道污水管道起点检查井处地面标高，m；

Z_2——街区污水管道起点检查井处地面标高，m；

h——街区污水管道起点的最小埋深，m；

I——街区污水管道和连接支管的坡度；

L——街区污水管道和连接支管的总长度，m；

Δh——连接支管与街道污水管的管内底高差或跌落差，m。

对于每个具体的设计管段，从上述决定最小埋深的三因素出发，可以得到三个不同的埋深，这三个埋深中的最大值才是管段的允许最小埋深。

五、污水管道水力计算方法

在设计管段的设计流量确定后，即可从上游管段开始，进行各设计管段的水力计算。在污水管道的水力计算时，污水设计流量通过计算变成已知值，而需要确定管道的直径和坡度。

1. 水力计算的内容与一般原则

由污水量计算确定管径和坡度时。所选择的管道断面尺寸，必须要在规定的设计充满度和设计流速的情况下，既能排除设计流量，还要满足经济优化的原则。管道坡度在满足最小坡度的前提下，尽量与地面坡度接近，以减少埋深降低造价。管道内的流速需满足大于最小流速，小于最大流速。

2. 水力计算方法

管道水力计算中，除了 Q 可以是计算出来的已知值，还有管道粗糙系数 n，可以通过确定污水管道管材来确定，其他的参数可以通过下列方法求解。

(1) 方程法　通过联立公式 (8-10)、式 (8-11)，Q、n、D、水力半径 R、过水断面面积 A、管道坡度 I、流速 v，2 个可以确定，还有 5 个未知参数，需假定 3 个求出另外 2 个。这样计算较为复杂。为了简化计算，借用表 8.10 可以使计算更为方便（参见例题 8-3）。

(2) 图解法　为了简化计算，常采用水力计算图进行计算。水力计算图涉及的参数有：Q、n、D、充满度 h/D、管道坡度 I、流速 v，其中 2 个可以确定，还有 4 个未知参数，需假定 2 个才可以求出另外 2 个参数。管道粗糙系数 n 确定后，再假定管道直径 D，则对于 Q

的水力计算图（表）就确定了。图（表）上的曲线除了流量 Q 还有流速 v、水力坡度 I、充满度 h/D，只要再假定其中 1 个就可以求出另外 2 个参数（参见例题 8-4）。

表 8.10 不同充满度时圆形管道过水断面面积 A 和水力半径 R 的值（表中 d 以 m 计）

充满度 h/D	过水断面积 A/m^2	水力半径	充满度 h/D	过水断面积 A/m^2	水力半径
0.05	$0.0147D^2$	$0.0326D$	0.55	$0.4426D^2$	$0.2649D$
0.10	$0.0400D^2$	$0.0635D$	0.60	$0.4920D^2$	$0.2776D$
0.15	$0.0739D^2$	$0.0929D$	0.65	$0.5404D^2$	$0.2881D$
0.20	$0.1118D^2$	$0.1206D$	0.70	$0.5872D^2$	$0.2962D$
0.25	$0.1535D^2$	$0.1466D$	0.75	$0.6319D^2$	$0.3017D$
0.30	$0.1982D^2$	$0.1709D$	0.80	$0.6736D^2$	$0.3042D$
0.35	$0.2450D^2$	$0.1935D$	0.85	$0.7115D^2$	$0.3033D$
0.40	$0.2934D^2$	$0.2142D$	0.90	$0.7445D^2$	$0.2980D$
0.45	$0.3428D^2$	$0.2331D$	0.95	$0.7707D^2$	$0.2865D$
0.50	$0.3927D^2$	$0.2500D$	1.00	$0.7845D^2$	$0.2500D$

【例 8-3】 已知圆形污水管道，直径 $D=600\text{mm}$，管壁粗糙系数 $n=0.014$，流量 $Q=0.2367\text{m}^3/\text{s}$，求最大设计充满度时的流速 v 和管底坡度 I。

解：管径 $D=600\text{mm}$ 的污水管最大设计充满度 $h/D=0.70$；由表 8.10 查得，过水断面上的水力要素为：$A=0.5872D^2=0.5872\times0.6^2=0.2114(\text{m}^2)$

$$R=0.2962D=0.2962\times0.6=0.1777(\text{m})$$

由 $Q=0.2548\text{m}^3/\text{s}$ 得

$$v=Q/A=0.2367/0.2114=1.12(\text{m/s})$$

$$C=\frac{1}{n}R^{\frac{1}{6}}=\frac{1}{0.014}0.1777^{\frac{1}{6}}=53.557$$

$$v=C\sqrt{RI}=53.557\times\sqrt{0.181\times I}=1.12$$

从而得：$I=0.0024$

所以在最大设计充满度时，流速为 1.12m/s，管底坡度为 0.0024，均满足流速和坡度的要求。

【例 8-4】 已知 $n=0.014$、$D=300\text{mm}$、$I=0.004$、$Q=30\text{L/s}$，求 v 和 h/D。

解：采用 $D=300\text{mm}$ 的水力计算图（参考附录）如图 8.5 所示。

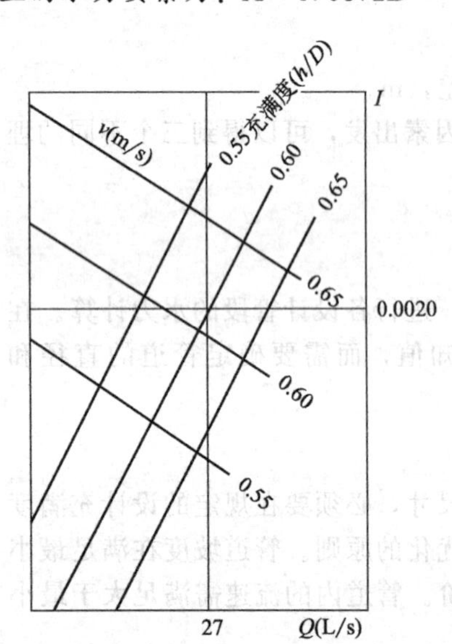

图 8.5 水力计算示意图

在这张图上有 4 组线条：竖线条表示流量，横线条表示水力坡度，由左向右下斜的斜线表示流速，从右向左上斜的斜线表示充满度。每条线上的数目代表相应的数值。

由从竖线条上找出 $Q=30\text{L/s}$ 的竖线，由横线条上找出 $I=0.004$ 的横线，两条线相交于一点。从这点作流速和充满度的平行线，得出 v 在 0.8m/s 与 0.85m/s 之间，h/D 在 0.5 与 0.55 之间，估计得 $v=0.82\text{m/s}$，$h/D=0.52$。

任务四 污水管道系统的设计与计算

【任务内容及要求】

污水管道系统设计首先要进行流域划分，然后布置污水管道，划分设计管段计算各管段设计流量并进行水力计算。水力计算是确定各水力参数坡度、流速、充满度、管径的计算，要掌握水力计算基本公式及计算方法，并对计算后的参数进行校核，以满足水力参数规定的要求。

污水管道系统设计的首要任务是进行平面布置，划分排水流域，确定排水区界；选择污水厂和出水口的位置；确定污水提升泵站的设置位置等。然后进行平面管道定线，划分计算管段、进行水量与水力计算、最后根据水力计算结果绘制施工图。

1. 划分排水流域进行系统的平面布置

划分排水流域后，遵循学习项目六所介绍的原则进行污水厂、管道及泵站的系统布置。划分排水流域就是明确各污水管道的收集范围，也就是污水管道服务区域的分工。划分时可以通过等高线、河流、城市和工业企业的竖向规划来划分。一般来说，在丘陵地区与地形起伏地区，按等高线划分排水区界；在地形平坦，无明显分水线地区，可根据面积大小划分排水流域；对地形平坦有河流或快速主干道路时可依据河流或主干道路划分排水流域（如图 8.6 所示）。该地区分成 4 个排水流域，Ⅰ、Ⅱ通过贯通的主干管流入该区的河北东侧的污水处理厂处理，Ⅲ、Ⅳ通过自己的主干管流入河南东侧的污水处理厂处理，处理后的尾水再排放到河流中。

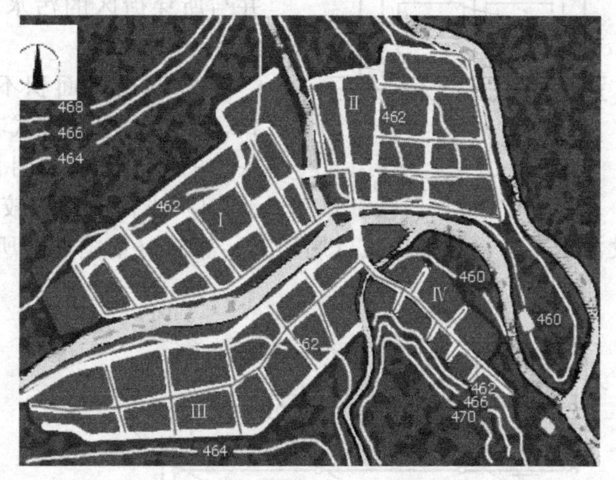

图 8.6　某区污水排水系统平面布置示意图

2. 污水管道的平面设置

污水管道平面布置即在地形图上确定污水管道的位置和走向，也称作污水管道系统的定线，一般按主干管、干管、支管的顺序进行。其方法是，在确定污水厂或出水口的位置之后，依次确定主干管、干管和支管的位置。定线时应遵循的原则是，尽可能在管线较短和埋深较小的情况下，让最大区域的污水能自流排出。污水管道系统的平面布置受诸多因素的影响。为了实现污水管道定线的原则，定线时必须很好地研究各种条件，因地制宜地进行定线，使管道的位置尽量利用各种有利因素。

(1) 污水管道平面布置方法

① 由城市污水厂或出水口的位置，充分利用地形先布置主干管。主干管一般布置在排水流域内较低的地带，沿主要道路敷设。

② 干管一般沿城镇道路布置，通常敷设在污水量较大、地下管线较少的一侧的人行道、绿化带或慢车道下。当道路宽度大于 40m 时，可在道路两侧布置污水干管，这样可减少污水管穿越道路，便于施工和养护管理。

③ 支管的布置取决于地形和建筑特征，并应便于用户接管排水。一般情况下小区卫生间和厨房均设于房子北面，所以生活污水出户管在北面，支管可以布置于建筑物的北面。

④ 管线布置要简捷，尽量减少大管径管道的长度。要避免在平坦地段布置流量小而长度大的管道，以减少管道埋深。

⑤ 污水管道应避免穿越河道、铁路、地下建筑物或其他障碍物，尽量减少与其他地下管线的交叉。

⑥ 污水管道应尽可能顺坡排水，使管道的敷设坡度与地面坡度接近，以减小管道的埋

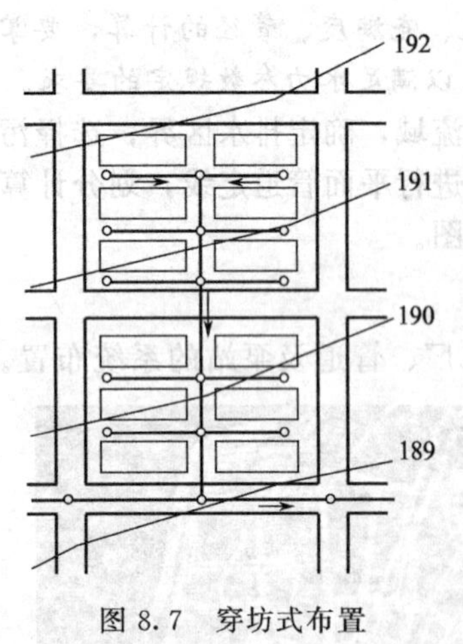

图 8.7　穿坊式布置

深。要尽可能不设或少设中途泵站，以节省工程造价和经营管理费用。

(2) 污水管道平面布置形式　污水干管的平面布置形式按干管与地形等高线的关系分为平行式和正交式两种，在项目六中已经学习了相关内容。污水支管的布置形式按地形与建筑物的影响分为穿坊式、低边式和围坊式三种。

① 街区内的污水管网组成一个系统后再穿过其他街区，并与所穿街区的污水管网相连，称为穿坊式布置（如图 8.7 所示）。

② 当街区面积不大，街区污水管网宜采用集中出水方式，支管采用低边式布置，即支管布置在排水街区位置较低一边的街道下（如图 8.8 所示）。

③ 当街区面积较大且平坦时，宜在街区的四周的街道敷设污水支管，称围坊式（周边式）布置（如图 8.9 所示）。

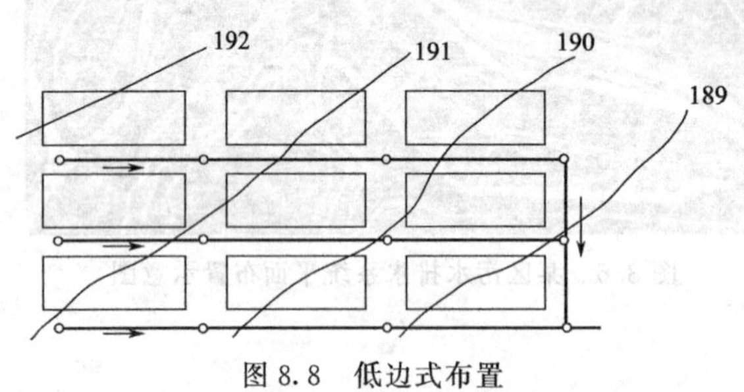

图 8.8　低边式布置

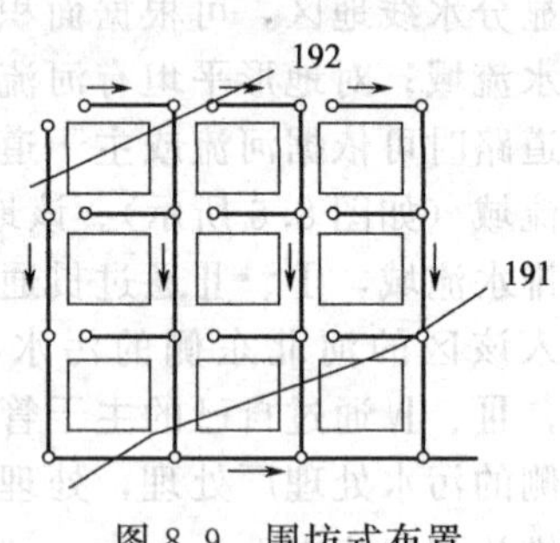

图 8.9　围坊式布置

3. 控制点的确定和泵站设置

(1) 控制点的确定　在污水排水区界内，对管道系统的埋深起控制作用的地点称为控制点。控制点的埋深影响着整个污水管道系统的埋深。整个系统控制点的位置可能是：

① 离出水口最远的一个管道的控制点；

② 深度较深的工厂污水排出口（即工厂污水管总出口与城市污水管道的连接点）；

③ 地形低洼区域内的污水管道的起点。

确定控制点的埋深应考虑两方面因素，一方面应根据城镇的竖向规划，保证排水区界内各点的污水都能够自主排出，并考虑发展，在埋深上适当留有余地；另一方面，不能因照顾个别控制点而增加整个管道系统的埋深。为此，通常采取加强管材强度，填土提高地面高程以保证最小覆土厚度、设置污水泵站提高管位等方法，以减小控制点管道的埋深，从而减小整个管道系统的埋深，降低整个系统的工程造价。

(2) 泵站的设置　在污水排水系统中，通常根据不同的需要，在不同位置设置相应的污水泵站。

① 中途泵站：当污水管道系统，随着管长的延续，埋深接近最大埋深时，需在管道系统中途位置设置泵站，用来提高下游管道的管位。

② 局部泵站：对于局部低洼地区，需将污水提升到地势较高地区的污管道中，或者是将高层建筑的地下室、地铁、地下过道等各种建筑产生的污水提升到附近的城市污水管道中时，在该地区设置局部泵站。

③ 终点泵站（总泵站）：当污水管道系统流到终点将进入污水处理厂的各处理构筑物处理时，为了将污水提升到污水处理构筑物内，在该终点处设置终点提升泵站。

泵站的具体设置位置要考虑泵站对环境的影响、站址处的地质条件、电源位置、施工条件（如周围的有无架空电缆、建筑等障碍物）等，还应征询规划、环保、电力、城建等部门的意见。

4. 设计管段与设计流量的确定

(1) 设计管段的确定　为了满足管道衔接需要和后期养护的需求，在管道相隔一定距离处设置了检查井。对于两个检查井之间，如果设计流量、管径和坡度相同的连续管段称为设计管段。根据管道平面布置图，凡有集中流量流入，有旁侧管接入的检查井均可作为设计管段的起止点。设计管段的起止点应该依次编号，然后即可计算每一设计管段的设计流量（如图 8.10 所示）。

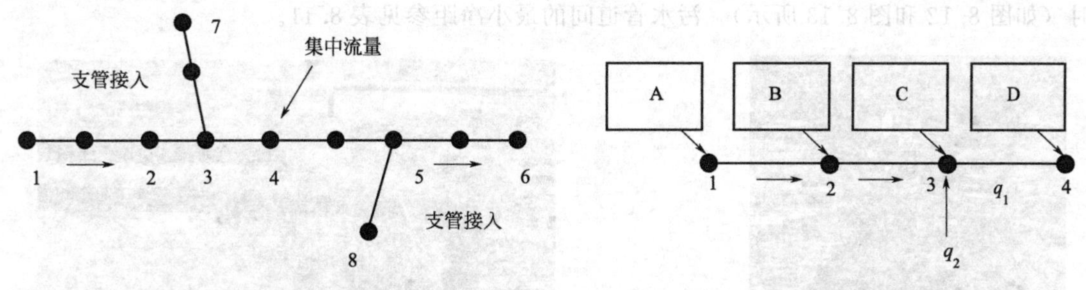

图 8.10　设计管段的编号　　　图 8.11　设计管段的设计流量

(2) 设计管段的设计流量　对任一设计管段的设计流量由本段设计流量加集中设计流量而得。本段设计流量通常指生活污水设计流量，而工厂的工业废水一般由工厂排放口集中排出，所以工业废水流量常作为集中流量计算。

① 本段设计流量 q_1　本设计管段服务区域的设计污水量通常假定本段流量是在起点集中进入设计管段的，它的大小为本管段服务面积上的全部污水量。

② 集中设计流量 q_2　集中流量是指从工业企业或其他大型公共建筑物流来的污水量。对某一设计管段而言，有集中流量进入时，将该值与本段流量相加即可。如图 8.11 所示，设计管段 3—4 的设计流量即为本段流量 q_1（该设计管段服务区域为 A、B、C、D 四个区域）与集中流量 q_2 相加。本段生活设计流量由平均生活流量乘以总变化系数得计算公式为：

$$q_1=(\sum F\times q_0)\times K_z \tag{8-18}$$

式中　q_1——设计管段的本段流量，L/s；

$\sum F$——该设计管段服务的总面积，公顷；

K_z——生活污水量总变化系数（计算出平均流量后查表 8.1 得）；

q_0——单位面积的本段平均流量，即比流量，L/(s・hm²)，可用下式求得。

$$q_0=\frac{nP}{86400} \tag{8-19}$$

式中　n——居住区生活污水定额，L/(人・d)；

P——人口密度，人/hm²。

5. 污水管道在街道上的位置

污水管道通常是重力流管道，它的埋设深度较大，且有很多的连接支管，若管线位置不当，则会造成施工和维护的困难。此外，城市道路下还有给水管、煤气管、热力管、雨水管、电力电缆、电讯电缆等管线和地铁、地下人行横道、工业用隧道等地下设施，所以确定污水管道的位置时，必须在各单项管线工程规划的基础上综合考虑，统筹安排，以利于施工和维护管理。

(1) 污水管道在街道上布置的一般要求　污水管道损坏时，不应影响附近的建筑物、构筑物的基础，不应污染生活饮用水源。敷设和检修时，不影响周边的管道。尽量布置在人行道、绿化带或慢车道下，尽量避开快车道。管线布置的次序一般是，从建筑规划线向道路中心线方向为：电力电缆、电信电缆、煤气管道、热力管道、给水管道、雨水管道、污水管道。在庭院内建筑线向外方向平行布置的次序应根据工程管线的性质和埋设深度确定其布置次序宜为电力电信污水排水燃气给水热力。管线交叉时的处理方式：给水管在污水管的上面，电力管线在给水管上面，煤气管线在给、污水管上面，热水管在给、污水管上面。

(2) 管线综合时，处理管线矛盾的原则　未建让已建，临时让永久，小管让大管，压力管让重力流管，可弯管让不可弯管。

(3) 污水管道与其他管道（构筑物）的距离　污水管道与其他管道平行敷设或垂直交叉时（如图8.12和图8.13所示），污水管道间的最小净距参见表8.11。

图8.12　管道平行敷设

图8.13　管道交叉敷设

表8.11　污水管道与其他管线（构筑物）的最小净距

名称		水平净距/m	垂直净距/m	名称	水平净距/m	垂直净距/m
建筑物		见注3			见注5	
给水管		见注4	见注4	乔木	1.5	
污水管		1.5	0.15	地上柱杆	1.5	
煤气管	低压	1.0	0.15	道路侧石边缘	见注6	
	中压	1.5		铁路	2.0	
				电车路轨	2.0	
	高压	2.0		架空管道基础	1.5	轨底1.2
	特高压	5.0		油管	1.5	1.0
热力沟		1.5	0.15	压缩空气管	1.5	0.25
电力电缆		1.0	0.5	氧气管	1.5	0.15
通讯电缆		1.0	直埋0.5	乙炔管		0.25
				电车电缆		0.25
			穿埋0.15	明渠渠底		0.50
				涵洞基础底		0.50
						0.15

注：1. 表列数字除注明外，水平净距均指外壁净距，垂直净距系指下面管道的外顶与上面管道基础底间净距。

2. 采取充分措施（如结构措施）后，表列数字可以减小。

3. 与建筑物水平净距，管道埋深浅于建筑物基础时，一般不小于2.5m（压力管不小于5.0m）；管道埋深深于建筑物基础时，按计算确定，但不小于3.0m。

4. 与给水管水平净距，给水管管径小于或等于200mm时，不小于1.5m；给水管管径大于200mm时，不小于3.0m。与生活给水管道交叉时，污水管道、合流管道在生活给水管道下面的垂直净距不应小于0.4m。当不能避免在生活给水管道上面穿越时，必须予以加固。加固长度不应小于生活给水管道的外径加4m。

5. 与乔木中心距离不小于1.5m；如遇见高大乔木时，则不小于2.0m。

6. 穿越铁路时应尽量垂直通过。沿单行铁路敷设时应距路堤坡脚或路堑坡顶不小于5m。

6. 污水管道衔接

(1) 重力流污水管道的衔接

① 地面坡度平缓时的衔接　地面坡度相对平缓时，污水重力流管道通常有管顶平接、水面平接和管底平接三种衔接方式，如图 8.14 所示。

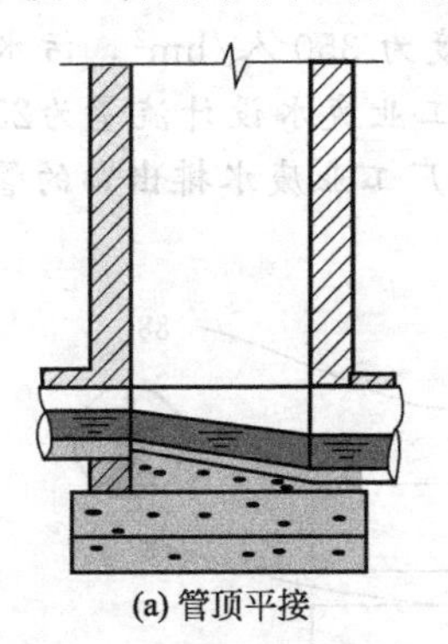

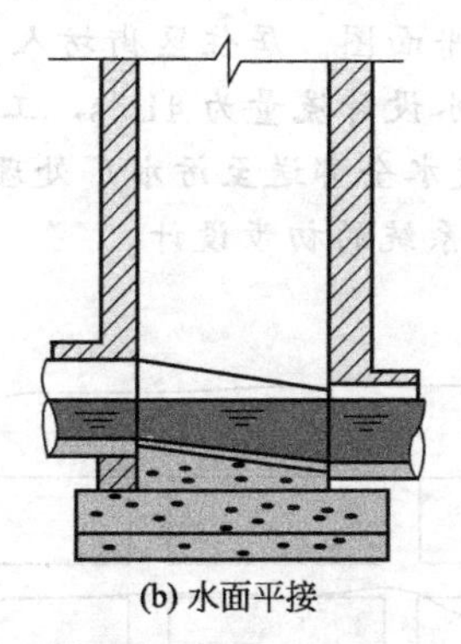

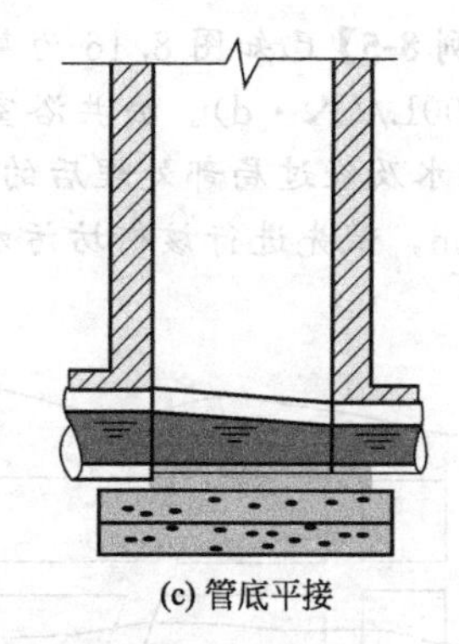

图 8.14　管道衔接示意图

管顶平接比较常用，是指在水力计算中使上游管段终端和下游管段起端的管内顶标高相同。一般用于上下游管径不同的污水管道的衔接。水面平接是指在水力计算中，使污水管道上游管段终端和下游管段起端在设计充满度条件下的水面相平，即上游管段终端与下游管段起端的水面标高相同。一般用于上下游管径相同的污水管道的衔接。管底平接是指上游管道管内底与下游管道管内底在同一标高，可用特殊地段的管道布置。无论采取何种衔接方式，均要保证不允许出现下游管段起点处的水面标高和管内底标高高于上游管段末端处的水面标高和管内底标高。

② 地面坡度较大时的衔接　在地面坡度太大的地区，为了减小管内水流速度，防止管壁遭受冲刷，管道坡度往往需要小于地面坡度。这就有可能使下游管段的覆土厚度无法满足最小限值的要求，甚至超出地面，在适当的位置处设置跌水井，管段之间采用跌水井衔接。比如在旁侧支管与干管的交汇处，若旁侧支管的管内底标高比干管的管内底标高大得太多，此时为保证干管有良好的水力条件，应在旁侧支管上先设跌水井，然后再与干管相接。而有的则需在干管上先设跌水井，使干管的埋深增大后，旁侧支管再接入。

地面坡度很大时，为了调整管内流速及保证最小覆土厚度，管道衔接可采用跌水连接。如图 8.15 所示。

(2) 重力流污水渠道的衔接　渠道与涵洞连接时，应符合以下要求。

① 渠道接入涵洞时，应考虑断面收缩、流速变化等因素造成明渠水面壅高的影响；涵洞两端应设挡土墙，并应设护坡和护底。

② 涵洞断面应按渠道水面达到设计超高时的泄水量计算，涵洞宜做成方形，如为圆形时，管底可适当低于渠底，其降低部分不计入过水断面。

③ 渠道和管道连接处应设挡土墙等衔接设施，渠道接入管道处应设置格栅。

④ 明渠转弯处，其中心线的弯曲半径不宜小于设计水面宽度的 2.5 倍。

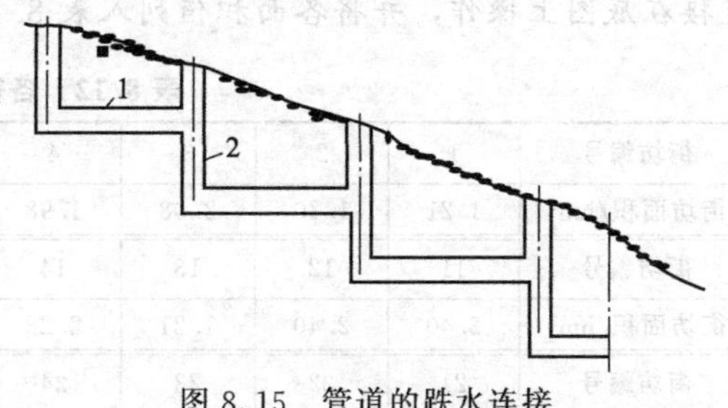

图 8.15　管道的跌水连接

1—管道；2—跌水井

(3) 压力流污水管道的衔接　当设计压力管时，应考虑水锤的影响，在管道的高点以及每隔一定距离处，应设排气装置；在管道的低处以及每隔一定距离处，应设排空装置；压力管接入自流灌渠时，应有消能设施。当采用承插式压力管道时，应根据管径、流速、转弯速度、试压标准和接口的摩擦力等因素，通过计算确定是否应在垂直或水平方向转弯处设置支墩。

7. 污水管道设计计算示例

【例 8-5】已知图 8.16 为某市区平面图。居住区街坊人口密度为 350 人/hm²，污水量标准为 100L/(人·d)。公共浴室的污水设计流量为 4L/s，工厂的工业废水设计流量为25L/s。生活污水及经过局部处理后的工业废水全部送至污水厂处理。工厂工业废水排出口的管底埋深为 2m，试先进行该街坊污水管道系统的初步设计。

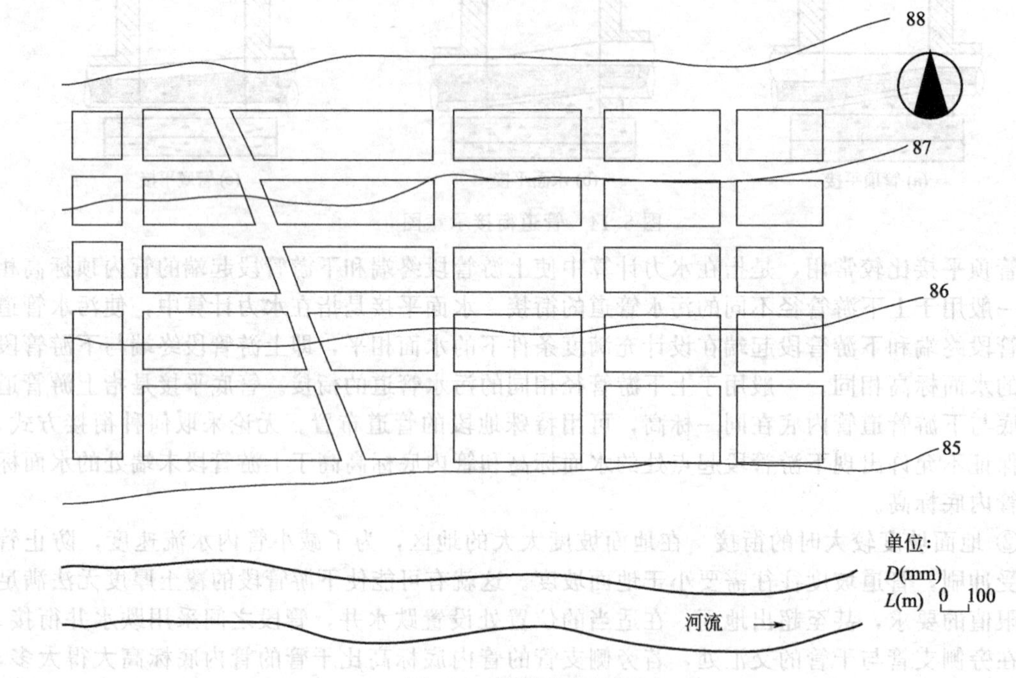

图 8.16 某市区平面图

设计方法和步骤如下。

(1) 在街坊平面图上布置污水管道 由平面图可知该区的边界为排水区界。在该排水区界内地势北高南低，坡度较小，无明显分水线，故可划分为一个排水流域。在该排水流域内小区支管布置在街坊地势较低的一侧；干管基本上与等高线垂直；主干管布置在小区南面靠近河岸的地势较低处，基本上与等高线平行。整个区域管道系统呈截流式布置。考虑干管收水的均匀性其具体布置如图 8.16 所示，并将各块区域编上号码。

(2) 街坊编号并计算其面积 对各地块区域按比例进行面积计算，在 CAD 绘图中可以直接在底图上操作，并将各面积值列入表 8.12 中，并用箭头标出各街坊污水排出的方向。

表 8.12 各街坊面积汇总表

街坊编号	1	2	3	4	5	6	7	8	9	10
街坊面积/hm²	1.21	1.70	2.08	1.98	2.20	2.20	1.43	2.21	1.96	2.04
街坊编号	11	12	13	14	15	16	17	18	19	20
街坊面积/hm²	2.40	2.40	1.21	2.28	1.45	1.70	2.00	1.80	1.66	1.23
街坊编号	21	22	23	24	25	26	27		28	
街坊面积/hm²	1.53	1.71	1.80	2.20	1.38	2.04	2.04		2.40	

(3) 划分设计管段，计算设计流量　根据设计管段的定义和划分方法，将各干管和主干管中有本段流量进入的点（一般定为各块区域两端）、有集中流量进入及有旁侧支管接入的点，作为设计管段的起止点并将该点的检查井编上号码，如图 8.17 所示。

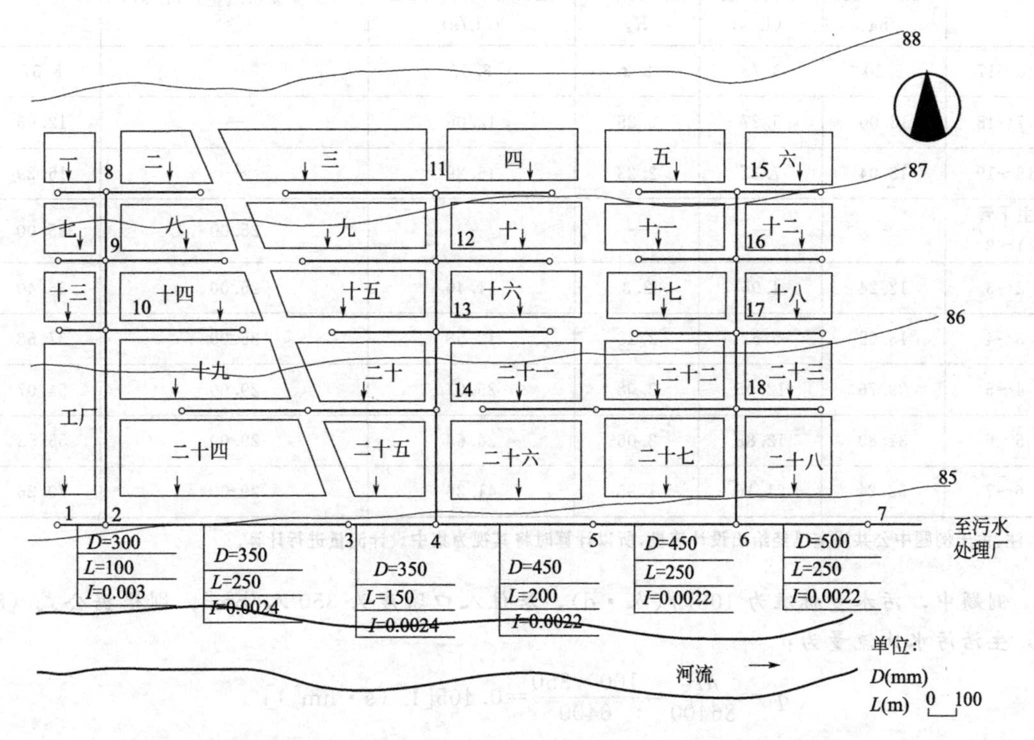

图 8.17　某市区污水管道平面布置图（初步设计）

各设计管段的设计流量应列表进行计算。在初步设计中，只计算干管和主干管的设计流量；在技术设计和施工图设计中，要计算所有管段的设计流量。本设计为初步设计，故只计算干管和主干管的设计流量，如表 8.13 所示。

表 8.13　污水干管和主干管设计流量计算表

管段编号	本段设计流量(生活污水设计流量)				集中设计流量（工业废水流量）/(L/s)	合计/(L/s)
	服务面积/ha	平均流量/(L/s)	总变化系数 K_z	生活污水设计流量/(L/s)		
污水干管 8～9	2.91	1.18	2.3	2.71		2.71
9～10	6.55	2.65	2.3	6.10	—	6.10
10～11	10.04	4.07	2.3	9.35	—	9.35
11～12	4.06	1.64	2.3	3.78	—	3.78
12～13	8.06	3.26	2.3	7.51	4.00	11.51
13～14	11.21	4.54	2.3	10.44	4.00	14.44
14～15	14.10	5.71	2.27	12.96	4.00	16.96
15～16	4.40	1.78	2.3	4.10	—	4.10

续表

管段编号	本段设计流量(生活污水设计流量)				集中设计流量(工业废水流量)/(L/s)	合计/(L/s)
	服务面积/ha	平均流量/(L/s)	总变化系数 K_z	生活污水设计流量/(L/s)		
16～17	9.20	3.73	2.3	8.57	—	8.57
17～18	13.00	5.27	2.29	12.06	—	12.06
18～19	18.04	7.31	2.23	16.29	—	16.29
主干管 1～2	—	—	—	—	25.00	25.00
2～3	12.24	4.96	2.3	11.40	25.00	36.40
3～4	13.62	5.52	2.28	12.58	25.00	37.58
4～5	29.76	12.05	2.08	25.07	29.00	54.07
5～6	31.80	12.88	2.06	26.53	29.00	55.53
6～7	52.24	21.16	1.95	41.26	29.00	70.26

注：由于例题中公共浴室已经给出设计流量，所以计算时将其视为集中设计流量进行计算。

例题中，污水量标准为100L/(人·d)，居住人口密度为350人/hm^2，则根据公式（8-19）生活污水比流量为：

$$q_0=\frac{nP}{86400}=\frac{100\times350}{6400}=0.405[L/(s\cdot hm^2)]$$

如表8.13所示，设计管段8～9为干管的起始端，其设计流量的计算方法为：本段流量加集中流量。根据公式（8-18）先计算8～9管段的服务面积，它服务地块一和地块二，面积和为2.91hm^2，按面积计算出平均流量，2.91乘以0.405得平均流量1.18L/s，查表8.1得总变化系数取2.3，则该管段的本段设计流量为2.71L/s，该管段没有集中设计流量出现，所以该管段的合计设计流量为2.71L/s。其余管段计算方法与上述方法类同。

(4) 主干管水力计算 各设计管段的设计流量确定后，即可从上游管段开始依次进行各设计管段的水力计算。本例为初步设计，先进行污水主干管的水力计算（在技术设计和施工图设计中所有管段都要进行水力计算），其计算结果见表8.14。

表8.14 污水主干管水力计算表（上）

管道编号	管长 L/m	设计流量 Q/(L/s)	管道直径 D/(mm)	坡度 I(‰)	流速 v/(m/s)	充满度(h/D)	水深 h/m	降落量 $I\times L$/m
1	2	3	4	5	6	7	8	9
1～2	100	25.00	300	3	0.70	0.51	0.153	0.300
2～3	250	36.40	350	2.4	0.70	0.53	0.186	0.60
3～4	150	37.58	350	2.4	0.70	0.54	0.189	0.36
4～5	200	54.07	450	2.2	0.75	0.46	0.207	0.44
5～6	250	55.53	450	2.2	0.75	0.47	0.212	0.55
6～7	250	70.26	500	2.2	0.8	0.46	0.230	0.55

表 8.14　污水主干管水力计算表（下）

管道编号	标高/m						埋设深度/m	
	地面		水面		管内底			
	上端	下端	上端	下端	上端	下端	上端	下端
1	10	11	12	13	14	15	16	17
1～2	85.20	85.10	83.353	83.053	83.200	82.900	2.00	2.20
2～3	85.10	85.05	83.036	82.436	82.850	82.250	2.25	2.80
3～4	85.05	85.00	82.439	82.079	82.250	81.890	2.80	3.11
4～5	85.00	84.90	81.997	81.557	81.790	81.350	3.21	3.55
5～6	84.90	84.80	81.562	81.012	81.350	80.800	3.55	4.00
6～7	84.80	84.70	80.980	80.430	80.750	80.200	4.05	4.50

注:管道衔接形式采用管顶平接。

水力计算步骤如下。

① 从管道平面布置图上量出每一设计管段的长度，填入表 8.14 中第 2 项。

② 将各设计管段的设计流量填入表中第 3 项。设计管段起止点检查井处的地面标高填入表中第 10、11 项。

③ 计算每一设计管段的地面坡度，作为确定管道坡度时的参考值。例如，1～2 管段的地面坡度为 (85.20－85.10)/100＝0.001。

④ 根据 1～2 管段的设计流量，参照地面坡度估算管径。设计流量 Q 为 25L/s，根据最小管径的规定：在街道下最小管径为 300mm，采用 D＝300mm 的管道，查水力计算图，当 Q＝25L/s 时，v＝0.70m/s，h/D＝0.51，I＝0.003，均符合控制参数的规定，故采用 300mm 的管径。将确定的管径、坡度、流速和充满度四个数据分别填入表中第 4 、5 、6、7 项。

⑤ 确定其他管段的管径 D、设计流量 v、设计充满度 h/D 和管道坡度 I。随着设计流量的增加，管径可能增大或保持不变，这样可以先根据流量选定管径。管径确定后，对应的水力计算图就确定了。水力计算图上已知流量，再确定另一参数就能查出其他两个参数。我们可以设流速不变或逐渐增加，确定流速后，即可查出充满度 h/D 和管道坡度 I。若充满度和管道坡度的值均符合水力参数的要求，则将结果填于表中。

⑥ 根据管径和充满度求管段的水深。如 1～2 管段的水深为 $h＝D×(h/D)＝0.3×0.51＝0.153$m，填入表中第 8 项。

⑦ 根据设计管段长度和管道坡度求管段降落量。如管段 1～2 的降落量为 $I×L＝100×0.003＝0.300$m，填入表中第 9 项。

⑧ 求设计管段上、下端的管内底标高和埋设深度。首先要确定管网系统的控制点。本例中离污水厂最远点的干管起点有 8、11、15 及工厂出水口 1 点，这些点都可能成为管道系统的控制点。8、11 、15 三点的埋深可用最小覆土厚度的限值决定，但因干管与等高线垂直布设，干管坡度可与地面坡度近似，因此，埋深不会增加太多，整个管网上又无个别低洼点，故 8、11、15 三点的埋深不能控制整个主干管的埋设深度。对主干管埋深起决定作用的是 1 点，它是整个管网系统的控制点。1 点是主干管的起始点，它的埋设深度受工厂排出口埋深的控制，先定为 2.00m，将该值填入表中第 16 项。管段 1～2 上端的管内底标高等于 1 点的地面标高减 1 点上端的埋深，为 85.200－2.00＝83.200(m)，填入表中第 14 项。同一管段下端的管内底标高＝上端管内底标高－降落量，所以管段 1～2 下端的管内底标高＝83.200－0.300＝82.900(m)，则管段下端埋深＝地面标高－管内底标高＝85.10－82.900＝

2.20(m)，分别填入表中第15、17项。管道衔接采用管顶平接，由于管段1～2与管段2～3管径相同，所以管段2～3上端的管内底标高同管段1～2下端的管内底标高，管段2～3下端的管内底标高和埋深求法与上述相同，所得值分别填入表中第14、15、16、17项。

⑨ 求设计管段上、下端水面标高。管段上下端水面标高等于对应点的管内底标高加水深。管段1～2中，上端的水面标高为83.200＋0.153＝83.353(m)，填入表中第12项；下端水面标高为82.900＋0.153＝83.053(m)，填入表中第13项。本例采用管顶平接，校核水面标高必须满足下游的水面标高始终低于上游水面标高。

(5) 绘制管道平面图与纵剖面图　污水管道主干管水力计算完成后，将所得的管径、坡度和管长标注在平面图上如图8.17所示，对应平面图绘制完成纵剖面图，如图8.18所示。

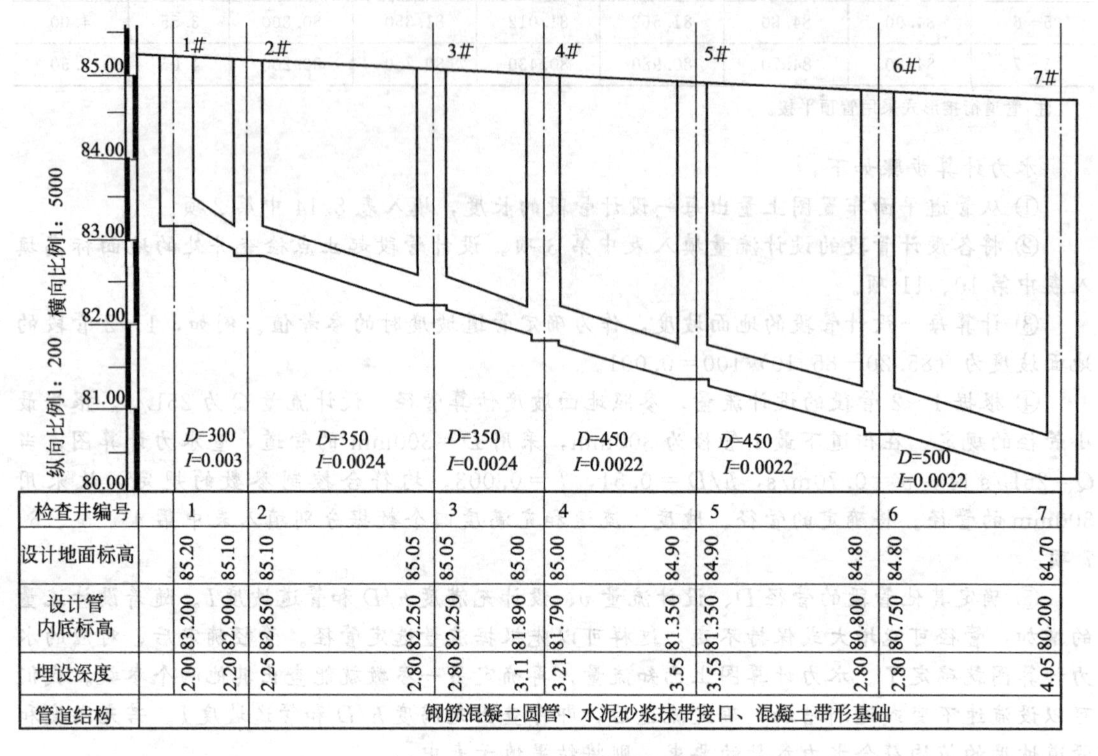

图8.18　污水主干管纵剖面图

(6) 在进行管道水力计算时，应注意下列问题。

① 必须进行深入细致地研究，合理地确定管道系统的控制点，必要时进行试算。

② 必须分析管道敷设坡度与管线经过地段的地面坡度之间的关系，尽量不要使敷设坡度大于地面坡度，以便不使管道的埋深过大，还要满足支管的接管要求。

③ 在水力计算自上游管段依次向下游管段进行。一般情况下，随着设计流量的逐段增加，设计流速也应不变或增加。只有当坡度大的管道接到坡度小的管道时，如下游管段的流速已大于1m/s（陶土管）或1.2m/s（混凝土、钢筋混凝土管），设计流速才允许减小。随着设计流量逐段增加，设计管径也应逐段增大；如设计流量变化不大，设计管径也不能减小；但当坡度小的管道接到坡度大的管道时，管径可以减小，但缩小的范围不得超过50～100mm，同时不得小于最小管径的要求。

④ 水流通过检查井时，常引起局部水头损失。为了尽量降低这项损失，检查井底部在直线管段上要严格采用直线，在管道转弯处要采用匀称的曲线。通常直线检查井可不考虑局部水头损失。

⑤ 在旁侧支管与干管的连接点上，要保证干管的已定埋深允许旁侧支管接入。同时，为避免旁侧支管和干管产生逆水和回水，旁侧支管中的设计流速不应大于干管中的设计流速。

⑥ 为保证水力计算结果的正确可靠，同时便于参照地面坡度确定管道坡度和检查管道间衔接的标高是否合适等，在水力计算的同时应尽量绘制管道的纵剖面草图，在草图上标出所需要的各个标高，校核计算结果正确性和管道衔接的合理性。

任务五 污水管道工程图的绘制

【任务内容及要求】

污水管道系统设计首先要进行流域划分，然后布置污水管道，划分设计管段计算各管段设计流量并进行水力计算。水力计算是确定各水力参数坡度、流速、充满度、管径的计算，要掌握水力计算基本公式及计算方法，并对计算后的参数进行校核，以满足水力参数规定的要求。

污水管道的平面图和纵剖面图，是污水管道设计的主要图纸。根据设计阶段的不同，图纸上表现的内容和深度也不相同。

一、管道平面图的绘制

(1) 初步设计阶段 该设计阶段的管道平面图就是管道的总体布置图。图上应有地形、地物、风玫瑰或指北针等，并标出干管和主干管的位置。设计的污水管道用粗（0.3mm）单实线表示，并区别于已有管线。在管线上画出设计管段起止点的检查井并编上号码，标出各设计管段的服务面积和可能设置的泵站或其他附属构筑物的位置，以及污水厂和出水口的位置。每一设计管段都应注明管段长度、设计管径和设计坡度。图纸的比例尺通常采用1∶5000～1∶10000。此外，图上应有管道的主要工程项目表、图例和必要的工程说明。

(2) 技术设计或施工图设计阶段 该设计阶段的管道平面图，要包括详细的资料。除反映初步设计的要求外，还要标明检查井的准确位置及与其他地下管线或构筑物交叉点的具体位置、高程；建筑小区污水干管或工厂废水排出管接入城市污水支管、干管或主干管的位置和标高；图例、工程项目表和施工说明。比例尺通常采用1∶1000～1∶5000，如图8.19所示。

二、管道纵剖面图的绘制

管道纵剖面图，反映管道沿线高程位置，它是和平面图相对应的，进一步从纵向反应管线及周围的接口或管道等内容。

(1) 初步设计阶段 初步设计阶段一般不绘制管道的纵剖面图，有特殊要求时可绘制。

(2) 技术设计或施工图设计阶段 此阶段需绘制管道的纵剖面图。图中应标出沿线旁侧支管接入处的位置、管径、标高；与其他地下管线、构筑物或障碍物交叉点的位置和高程；沿线地质钻孔位置和地质情况等。在剖面图下方用细实线画一个表格，表中注明检查井编号、管段长度、设计管径、设计坡度、地面标高、管内底标高、埋设深度、管道材料、接口形式、基础类型等。有时也将设计流量、设计流速和设计充满度等数据注明。采用的比例尺，一般横向比例与平面图一致；纵向比例为1∶50～1∶200，并与平面图的比例相适应，确保纵剖面图纵、横两个方向的比例相协调如图8.20所示。

(3) 施工图设计阶段 除绘制管道的平、纵剖面图外，还应绘制管道附属构筑物的详图和管道交叉点特殊处理的详图。

小 结

通过本项目的学习，将项目的主要内容概括如下。

污水管道系统设计时需考虑设计资料方面、自然条件及工程方面的因素，经过技术经济比较确定最优方案。

污水管道设计流量计算是通过计算平均流量再乘以总变化系数而得，泵站、污水厂设计流量为平均时流量。

污水设计流量得出后，能运用公式或查表得出各水力参数，各水力参数有最小值或最大值规定，得出的参数必须进行校核后确定。

污水管道前后衔接的高程可以通过坡降推算、检查井前后管道衔接的高程主要视管径的变化而确定。

污水管道的平面图主要描述管道的管径、长度及坡度，纵剖面图主要描述各检查井处管道的管内底高程、管道埋深、管道基础、管道与支管的衔接情况。

思 考 题

1. 什么是居住区生活污定额？其值应如何确定？

2. 什么是污水量的日变化、时变化、总变化系数？居住区生活污水量总变化系数为什么随污水平均日流量的增大而减小？其值应如何确定？

3. 城市污水设计总流量计算采用什么方法，生活污水总流量的计算是直接求和计算吗？

4. 污水管道水力计算中，对设计参数充满度、设计流速、最小管径和最小设计坡度是如何规定的？为什么这样规定？

5. 在进行污水管道的衔接时，不同污水管道的衔接的方法有哪些？

6. 什么是排水区界？如何划分排水区界？

7. 什么是污水管道系统的定线？定线的一般原则和方法是什么？

8. 污水管道的起点埋深如何确定，污水管道系统的控制点如何确定？

9. 什么是设计管段？设计管段如何划分？如何确定每一设计管段的设计流量？

10. 污水管道水力计算的方法和步骤是怎样的？计算时应注意哪些问题？

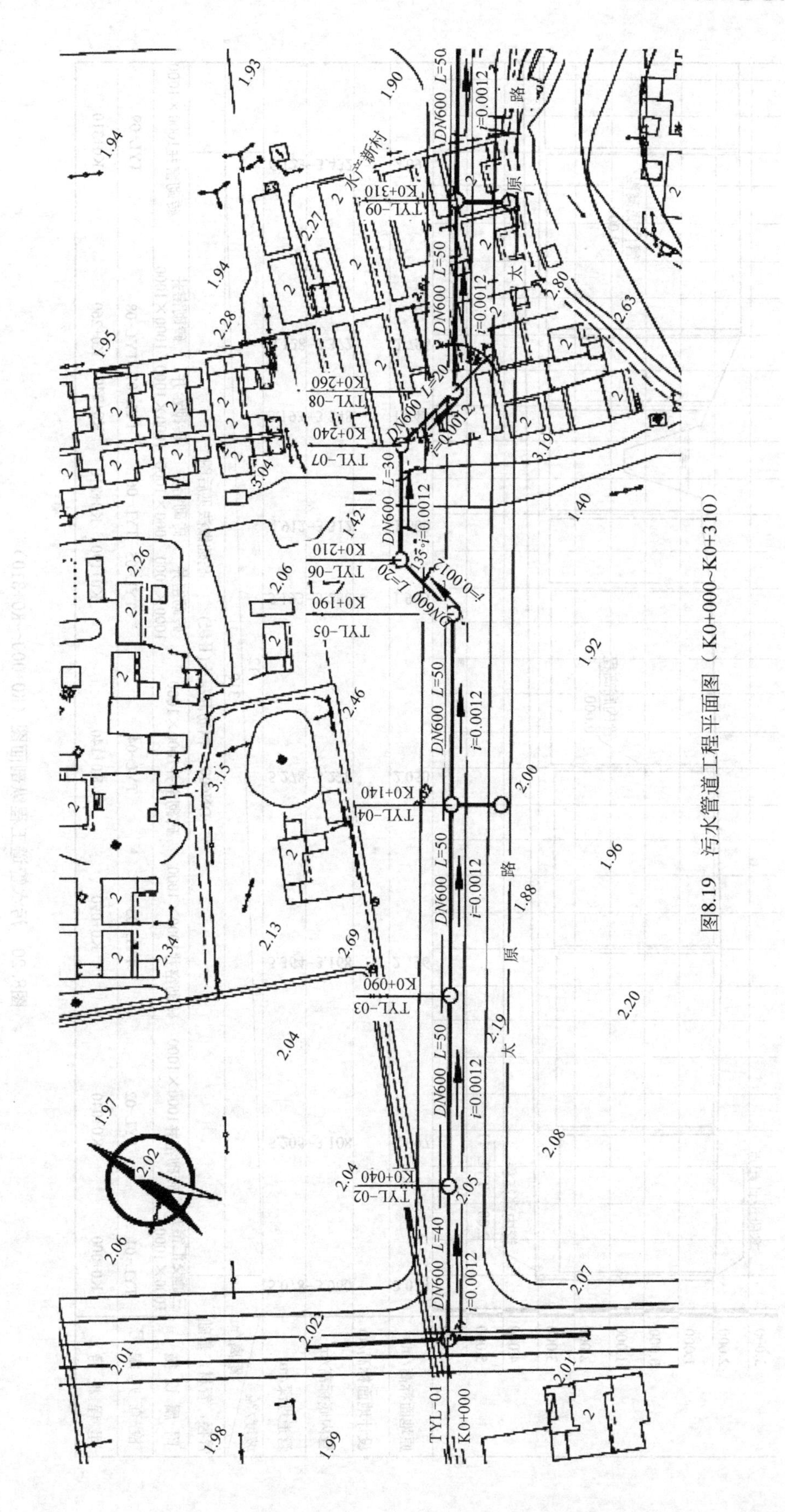

图8.19　污水管道工程平面图（K0+000~K0+310）

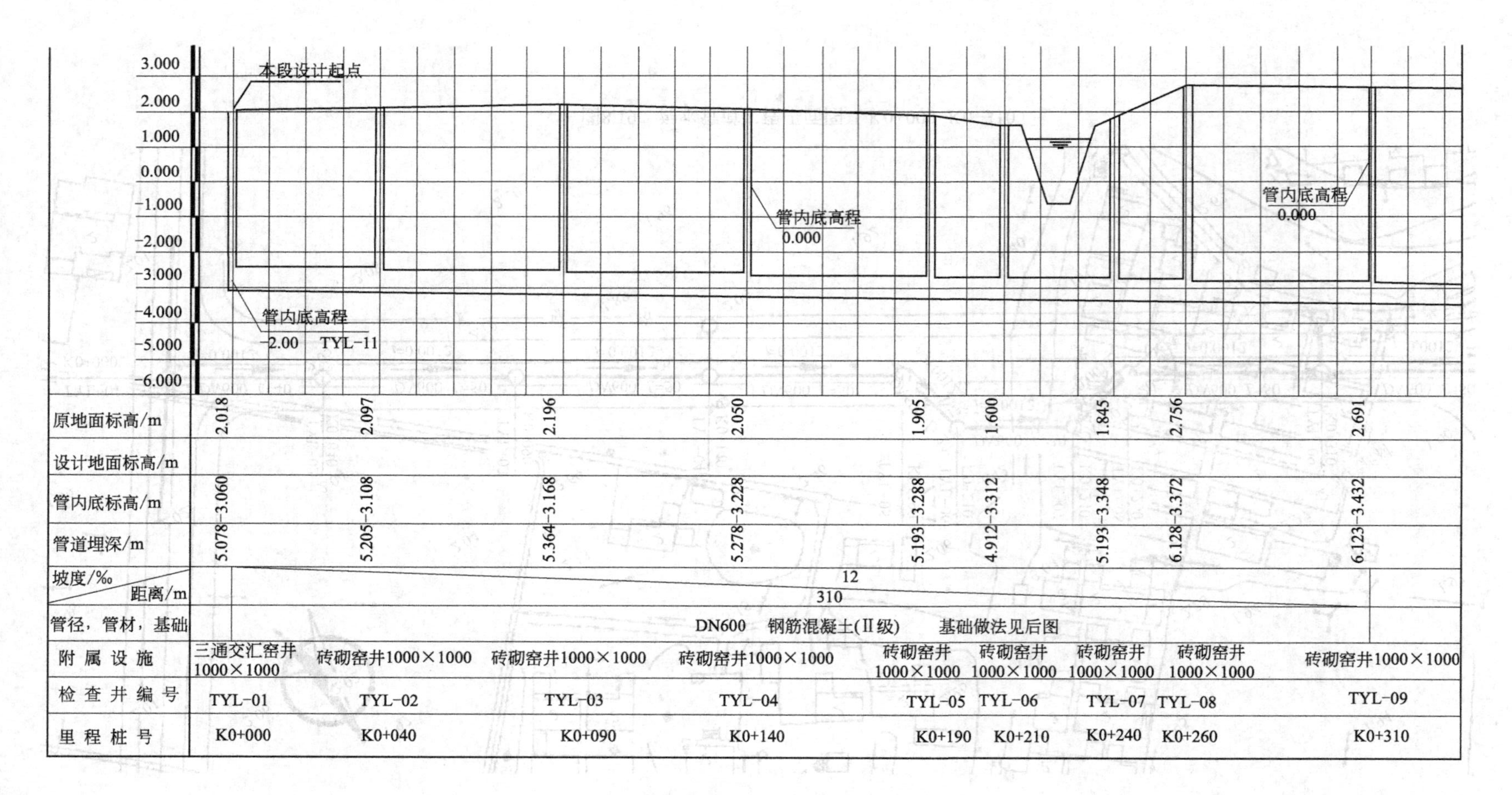

图8.20 污水管道工程纵剖面图（K0+000～K0+310）

学 中 做

1. 图 8.21 中管段 1—2 中生活污水设计流量为 15.84L/s，管段 2—3 中生活污水设计流量为 6.58L/s，求管段 3—4 中生活污水设计流量。

2. 在污水管道管顶平接的情况下，已知前一管段（*DN*600mm）的下端管内底标高为 1.9m，后一管段（*DN*700mm）的上端管内底标高是多少？

3. 在水面平接的情况下，已知前一管段（*DN*500mm）的下端水面标高为 1.5m，如果管道的充满度为 0.4，则后一管段（*DN*600mm）的上端管内底标高是多少？

4. 图 8.22 为某三点处的管道布置，1、2、3 处地面标高分别为 81.5m、81.0m、78.5m，若 1 处管道埋深为 2.45m，管道 1—2 的管径为 *DN*400mm，长度为 100m，管道坡度为 0.05，充满度为 0.51，流速为 1.1m/s，管段 2—3 的管径为 *DN*300mm，长度为 100m，管道坡度为 0.02，充满度为 0.50，流速为 2m/s，则 3 点处管道埋深为多少？（图中地面坡度 i_{1-2} 应为 0.005；i_{2-3} 应为 0.025）

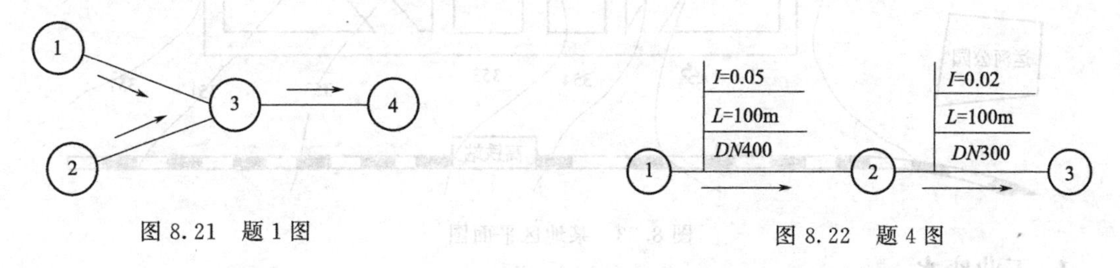

图 8.21 题 1 图　　　　图 8.22 题 4 图

工学结合训练

【训练一】调查实践

按照小组形式自行分组，观测校园内某一幢宿舍楼的污水排水设施，画出路面可见的污水排水设施，按照观测并判断，运用工程制图学习的知识，画出污水管道的连接图。

1. 任务要求：以小组工作的方式提交绘制成果。

2. 成绩考核：分两阶段进行。

第一阶段，在学习污水管道系统之初，各小组将绘制成果进行小组互评。

第二阶段，在系统学习污水管道系统设计及污水管道系统平面绘制和纵断面绘制之后，学生根据所学知识，自行调整绘制成果，由任课老师对调整后的绘制成果给予评定并举行前后绘制讨论与总结。

【训练二】案例计算

某中等城市一屠宰厂每天宰杀活牲畜 260t，废水量定额为 $10m^3/t$，工业废水的总变化系数为 1.8，三班制生产，每班 8h。最大班职工人数 800cap（cap 表示“每人”），其中在污染严重车间工作的职工占总人数的 40%，使用淋浴人数按该车间人数的 85%计；其余 60%的职工在一般车间工作，使用淋浴人数按 30%计。工厂居住区面积为 10ha（ha 表示“公顷”，$1ha=10^4m^2$），人口密度为 600cap/ha。各种污水由管道汇集输送到厂区污水处理站，经处理后排入城市污水管道，试计算该屠宰厂的污水设计总流量。

【训练三】污水管道工程设计

某地区污水收集率不高，为了保护该地区的环境，推进该区的经济、环境的可持续发展。需重现建设污水管道系统，对该地区污水进行收集、处理，以适应市政建设发展的需要。该地区人口密度为 $P=200$ 人/hm^2，综合生活污水量标准 $n=230$ L/(人·d)，各居住地块编号见平面图如图 8.23 所示，工业废水量见表 8.15，公共建筑设计流量见表 8.16，各居住地块的面积见表 8.17。请完成下列内容：进行污水管道平面布置图，划分设计管段，计算各管道设计流量并进行干管的水力计算，最后绘制污水管道平面图及主干管的纵剖面图。

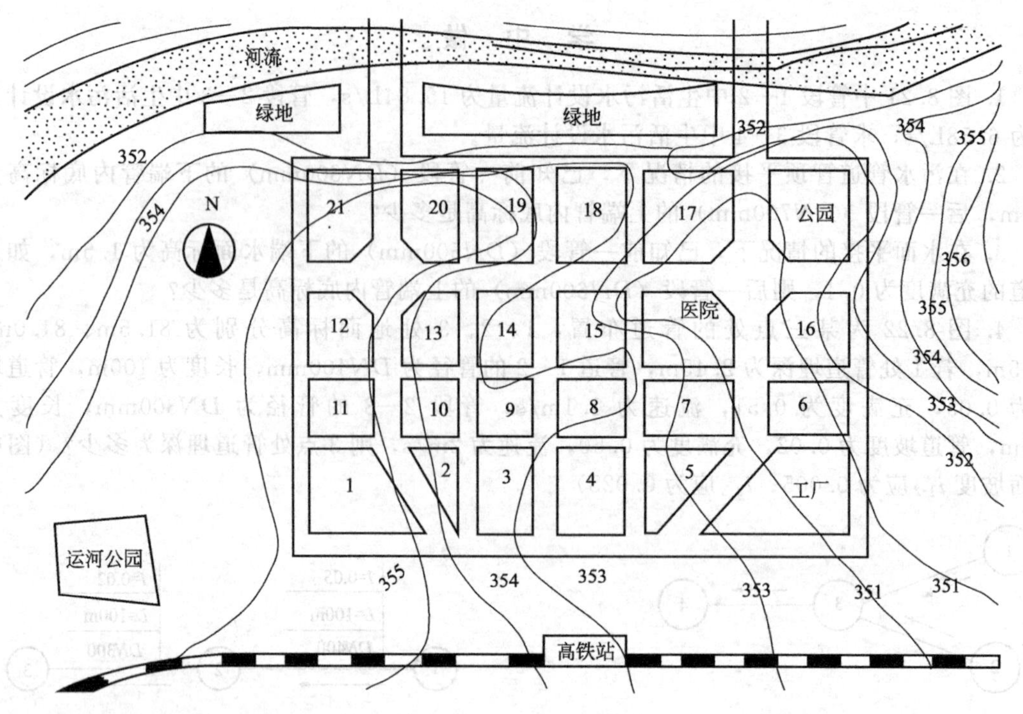

图 8.23　某地区平面图

1. 工业废水

城区主要工厂的工业废水量及职工人数见表 8.15。

表 8.15　主要工厂的工业废水量

工厂名称	最大班职工人数/人		淋浴人数/%		生产污水量/(m³/d)	总变化系数 K_z
	一般车间	热车间	一般车间	热车间		
钢厂	520	564	50	70	2400	1.5

2. 公共建筑

该地区的主要大型公共建筑主要有高铁站、公园、医院和运河公园，其集中流量见表 8.16。

表 8.16　公共建筑设计流量

公共建筑	设计流量/(m³/d)	公共建筑	设计流量/(m³/d)
高铁站	20	公园	10
医院	100	运河公园	10

3. 居住用地

各居住地块面积见表 8.17。

表 8.17　居住地块面积表

地块编号	1	2	3	4	5	6	7	8	9	10	11
地块面积/hm²	7.36	2.01	4.42	5.46	4.16	4.25	4.76	3.57	2.74	2.95	3.40
地块编号	12	13	14	15	16	17	18	19	20	21	—
地块面积/hm²	4.35	3.75	3.91	4.83	5.51	7.60	5.88	4.76	4.62	5.36	—

注：$1hm^2=10^4m^2$。

项目九　雨水管渠系统设计

项目导读

本项目在明确雨水管渠系统布置的基础上，理解雨水管渠流量计算的特殊原理，能够运用图解法的水力计算方法进行雨水管渠水力计算，能够合理划分集水流域并进行管道布置，通过正确的流量计算和水力计算确定各雨水管渠的管径、坡度、高程等，熟悉雨水管渠系统上的径流量调节、熟悉立交道路排水方案并了解排洪沟的相关设计。

知识目标

·掌握雨水管渠系统的布置原则
·熟悉降雨量分析的主要因素
·掌握雨水管渠的流量计算原理
·掌握雨水管渠的设计计算
·熟悉雨水的径流量调节原理和立交道路排水的解决方案

能力目标

·具备雨水管渠系统的布置能力
·具备正确计算雨水管渠流量的能力及水力计算能力
·具备雨水管渠初步设计计算能力
·具备一定的径流量调节知识及立交道路排水知识
·具备一定的排洪沟的设计计算知识

任务一　雨水管渠系统的布置

【任务内容及要求】

在确定排水体制后，雨水管渠系统的布置与污水管渠类似，要掌握雨水管渠系统的布置原则，因地制宜的布置雨水管渠。

降雨是一种自然现象，它在时间和空间上的分布不均匀，降雨强度随着时间和空间的变化而变化。中国地域辽阔，东南沿海年平均降雨约在1600mm，西北内陆约在200mm。降雨发生后，由于地表覆盖情况的不同，一部分渗入地下，一部分蒸发掉了，一部分积存在地面的低洼处。当洼地积满后，剩下的雨水则沿地面的自然坡度流动形成地表径流。据推算，长江以南全年降雨量在同一面积上和全年的生化污水总量相近，而由地表径流流入雨水管渠的雨水径流量仅约降雨量的一半。但大部分地区降雨集中在夏季，且多为大雨或暴雨，如不及时排除会带来财产损失，严重时造成人员伤亡。为保障城镇居民的生产和生活的安全、方便，必须合理地进行城镇雨水管渠系统的规划、设计和管理。

雨水管渠系统设计的基本要求是能通畅地及时地排走城市或工业企业汇水面积内的暴雨径流量。所以首先应深入现场进行调查研究，踏勘地形，了解排水走向，搜集相应地区的设计基础资料，确定排水体制后（通常选雨污分流），选择科学的排水方案，合理的布置雨水管渠系统。

一、雨水管渠系统平面布置原则

1. 充分利用地形，就近排入水体

雨水管渠应尽量按自然地形坡度布置，以最短的距离靠重力流将雨水排入附近的水体中。一般情况下，当地形坡度较大时，雨水干管宜布置在地形较低处或溪谷线上（如图 9.1 所示）；当地形平坦时，雨水干管宜布置在排水流域的中间，以便于支管的接入，尽量扩大重力流排除雨水的范围（如图 9.2 所示）。当管道将雨水排入池塘或河流时，由于出水口的构造较简单，造价低，且就近排放，管线较短，管径也较小，因此，雨水干管宜采用分散出水口式的管道布置形式，这在技术和经济上都是合理的。但当受纳水体的水位变化较大，管道出水口高出正常水位较多时，出水口的构造复杂些，造价高，此时宜采用集中出水口式的管道布置形式。当地形平坦或低洼地段地面平均标高低于河流的洪水位标高时，需将管道适当集中，在出水口前设雨水泵站，经提升后排入水体。此时，从整个管道系统上考虑，应尽可能使泵站的服务区域减少，减少提升雨水量，从而节省泵站的造价和运行费用。

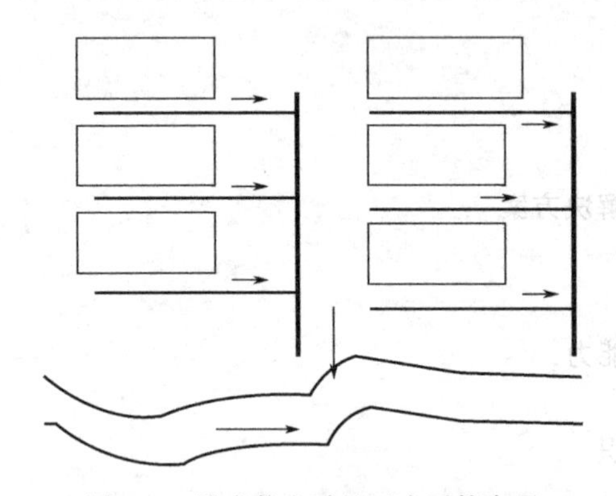

图 9.1　坡度较大时的雨水干管布置

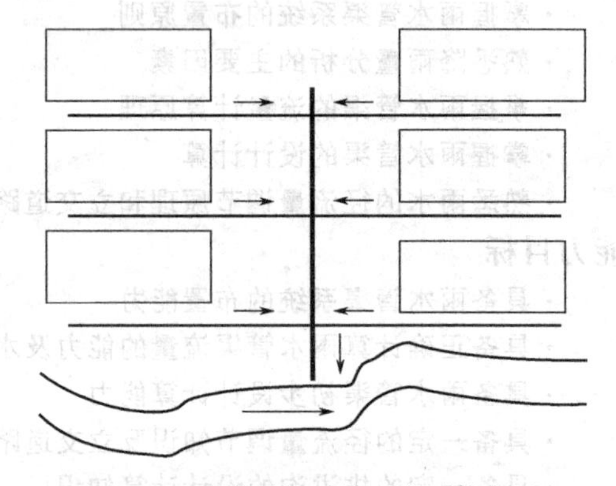

图 9.2　地形平坦时的雨水干管布置

2. 根据城市规划布置雨水管道

通常应根据建筑物的分布、道路布置和小区的地形、出水口位置等布置雨水管道，使汇水面积上的雨水绝大部分都以最短的距离由道路底侧的雨水口进入雨水管渠。雨水管渠应平行道路敷设，宜布置在人行道或绿化带下，为避免积水时影响交通或维修时破坏路面，不宜将雨水管道布置在机动车道下。当道路宽度大于 40m 时，可考虑在道路两侧分别设置雨水管道。雨水干管的平面和竖向布置应考虑与其他地下管线、建筑物和构筑物的距离，雨水管道与其他地下管线、建筑物和构筑物的最小净距参照表 8.11 确定。在有池塘、坑洼的地方，可考虑对雨水进行调蓄。

3. 合理设置雨水口

雨水口的布置应根据地形、地面覆盖情况和汇水面积的大小等确定。一般在道路交叉口的汇水点、低洼处应设置雨水口，及时收集地表径流，避免路面积水过深而影响行人安全，尽量不能使雨水漫过路口。直线道路上雨水口的间距和雨水口的构造见项目七。

4. 雨水管渠明设或暗敷应结合具体情况而定

在城市市区或工业企业内部，由于建筑密度高，交通量大，一般采用暗管排除雨水。在地形平坦地区和埋设深度或出水口深度受限制的地区，采用盖板渠排除雨水相对经济可靠。在城市郊区，建筑密度较低，交通量较小，可采用明渠排除雨水，以节省投资。但明渠容易淤积、堵塞，滋生蚊蝇，影响环境卫生，所以要注意日常维护管理。

此外，在路面上应尽可能利用道路边沟排除雨水，这样，每条道路下的雨水干管的长度可减少 100～150m，这可以降低整个雨水管渠的造价，节约工程投资。

5. 设置排洪沟排除设计地区以外的雨洪水

对于傍山建设的城市、工业企业区和居住区，除在其内部设置雨水管道外，尚应考虑在设计区域周围或超过设计区域设置防止暴雨期洪水泛滥的导流设施——排洪沟，将洪水引入周围水体，以保证设计区域的安全。

二、雨水管渠系统的布置方法

雨水管渠系统布置时，与污水管道系统一样，先确定排水区界，划分排水流域。然后在各个排水流域内，根据布置原则进行雨水管道的定线。定线时由受纳水体确定出水口位置和数量，然后再依次布置主干管和支管，力求让该流域内的雨水在埋深最小，路径最短的情况下尽快排出。

任务二　雨量分析的主要因素

【任务内容及要求】

雨水管渠设计与降雨的主要因素密切相关，学习雨量分析的主要要素，理解降雨的各主要因素及其选取对于雨水管渠流量的计算是至关重要的。

雨水管渠设计的重要依据是表示暴雨特征的降雨历时、暴雨强度与降雨重现期之间的相互关系。暴雨公式的正确确定需要收集降雨资料，进行雨量分析，寻找暴雨的规律与特征。雨量分析的主要因素有：降雨量、降雨历时、暴雨强度、降雨面积、降雨重现期等。

1. 降雨量

(1) 降雨量的表示　降雨量指单位时间内降落到一点或一定面积上降雨深度或体积，其计量单位为 mm/min，(L/hm^2)/min。研究降雨时很少以一场雨为对象，而以年降雨量、月降雨量、日降雨量进行统计：

年平均降雨量：指多年观测的各年降雨量的平均值，计量单位用 mm/a；

月平均降雨量：指多年观测的各月降雨量的平均值，计量单位用 mm/月；

最大日降雨量：指多年观测的各年中降雨量最大的一日的降雨量，计量单位用 mm/d。

(2) 降雨量的记录与分析　可以通过雨量记录仪（如图 9.3 所示），记录每场雨的累积降雨量（mm）和降雨时间（min）之间的对应关系，以降雨时间为横坐标和以累计降雨量为纵坐标绘制的曲线称为降雨量累积曲线（如图 9.4 所示）。降雨量累积曲线上某一点的斜率即为该时间的降雨瞬时强度。将降雨量在该时间段内的增量除以该时间段长度，可以得到该段降雨历时的平均降雨强度。

2. 降雨历时

降雨历时是指一次连续降雨所经历的时间，可以指全部降雨时间，也可以指其中个别的连续时段。

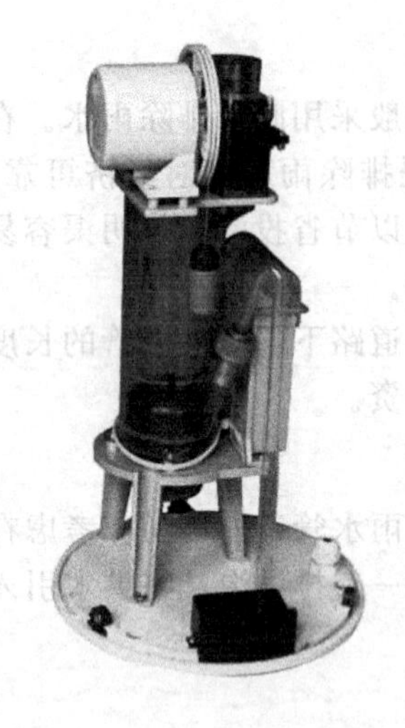

图 9.3 翻斗雨量记录仪

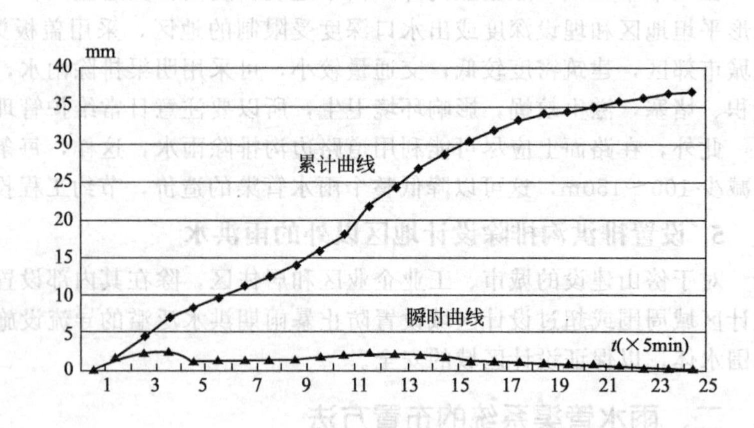

图 9.4 降雨累积曲线

3. 暴雨强度

暴雨强度是指某一连续降雨时段内的平均降雨量，用符号 i 表示，常用单位为mm/min。可以用式（9-1）表示：

$$i=\frac{H}{t} \tag{9-1}$$

在工程上，暴雨强度亦常用单位时间内单位面积上的降雨量 q 表示，单位用L/(s·hm²)。

由于1mm/min=1(L/m²)/min=10000(L/min)/hm²，可得 i 和 q 之间的换算关系为：

$$q=\frac{10000}{60}i=167i \tag{9-2}$$

式中 q——降雨强度，L/(s·hm²)；

i——降雨强度，mm/min。

暴雨强度是描述暴雨特征的重要指标，是推求城市暴雨强度公式和雨水设计流量的关键因素。暴雨强度是随降雨历时变化的，降雨历时长的暴雨强度小于降雨历时短的暴雨强度。为求得降雨量最大的那个时段内的降雨量，在城市暴雨强度公式推求中，经常采用的降雨历时为5min、10min、15min、20min、30min、45min、60min、90min、120min 等 9 个历时数值，特大城市可以用到180min。

各地根据自记雨量资料进行分析整理，用统计方法（参见《室外排水设计规范》附录A）推求出了暴雨强度公式。它是描述暴雨强度、降雨历时、重现期三者之间关系的数学表达式。

《室外排水设计规范》(GB 50014—2006)（2011 年版）中规定，我国采用的暴雨强度公式的形式为：

$$q=\frac{167A_1(1+c\lg p)}{(t+b)^n} \tag{9-3}$$

式中 q——设计暴雨强度，L/(s·hm²)；

p——设计重现期，a；

t——降雨历时，min；

A_1，c，b，n——地方参数，根据统计方法确定。

当 $b=0$ 时，

$$q=\frac{167A_1(1+c\lg p)}{t^n} \tag{9-4}$$

当 $n=1$ 时，

$$q=\frac{167A_1(1+c\lg p)}{t+b} \tag{9-5}$$

4. 暴雨强度频率和重现期

对应于特定降雨历时的暴雨强度的出现次数服从一定的统计规律，可以通过长期的观测数据计算某个特定的降雨历时的暴雨强度出现的经验频率，暴雨强度频率 p_n 的表示方法是等于或超过某特定暴雨强度值出现的次数 m 与观测资料总项数 n 之比，即：

$$p_n=\frac{m}{n}\times 100\% \tag{9-6}$$

暴雨强度重现期是指在多次的观测中，暴雨强度大于等于某个设定值重复出现的平均间隔年数，单位为年（a）。

重现期与经验频率之间的关系为：

$$p=\frac{1}{p_n} \tag{9-7}$$

5. 降雨面积与汇水面积

降雨面积是指每一场降雨所笼罩的地面面积。汇水面积是指雨水管渠所汇集和排除雨水的地面面积，用 F 表示，常以公顷（hm^2）或平方公里（km^2）为单位。

任务三　雨水管渠设计流量的确定

【任务内容及要求】

雨水管渠流量计算同污水管渠流量计算的原理是不同的，通过介入极限强度法，理解雨水管渠流量的计算时的不同暴雨强度，正确掌握任一设计管段的面积叠加法的流量计算。

雨水管渠系统设计与污水管道系统设计一样，先要计算雨水的设计流量。城市和工业企业区排除雨水的管渠属于小汇水面积上的排水构筑物，其雨水设计流量可按照下式计算：

$$Q=\psi qF \tag{9-8}$$

式中　Q——雨水设计流量，L/s；

ψ——径流系数，径流量和降雨量的比值，其值小于 1；

F——汇水面积，hm^2；

q——设计暴雨强度，$L/(s\cdot hm^2)$。

该公式是根据一定的假设条件：①暴雨强度在汇水面积上的分布是均匀的；②单位时间径流面积的增长为常数；③汇水面积内地面坡度均匀；④地面不透水，$\psi=1$。由雨水径流成因加以推导而得出的，通常称为推理公式。公式中各参数的确定都较为复杂，以下逐一进行介绍。

一、径流系数的确定

雨水降落到地面以后，形成地表径流的那部分雨水量叫径流量。径流量与降雨量的比值称为径流系数，其值常小于 1，用符号 ψ 表示，即：

$$\psi=\frac{径流量}{降雨量} \tag{9-9}$$

影响径流系数 ψ 的因素很多，如汇水面积上地面覆盖情况、建筑物的密度与分布地形、地貌、地面坡度、降雨强度、降雨历时等。其中主要的影响因素是汇水面积上的地面覆盖情况和降雨强度的大小。目前，在设计计算中通常根据地面覆盖情况按经验来定。表 9.1 为《室外排水设计规范》(GB 50014—2006)(2011 年版) 中有关径流系数的取值。

表 9.1 径流系数 ψ 值

地面种类	径流系数 ψ 值	地面种类	径流系数 ψ 值
各种屋面、混凝土和沥青路面	0.85～0.95	干砌砖石和碎石路面	0.35～0.40
大块铺砌路面和沥青表面处理的碎石路面	0.55～0.65	非铺砌土路面	0.25～0.35
级配碎石路面	0.40～0.50	公园和绿地	0.10～0.20

通常汇水面积是由各种性质的地面覆盖组成的，随着它们占有的面积比例变化，ψ 值也有所不同。在整块汇水面积上的径流系数可以按其组成的各单一地面面积用加权平均法计算而得，所得的径流系数为平均径流系数 ψ_{av}。

$$\psi_{av}=\frac{\sum(F_i\psi_i)}{F} \tag{9-10}$$

式中 ψ_{av}——汇水面积上的平均径流系数；

F_i——汇水面积上各类地面的面积，hm^2；

ψ_i——相应于各类地面的径流系数；

F——全部汇水面积，hm^2。可采用区域综合径流系数。

在设计中国内部分城市可采用的综合径流系数，综合径流系数 ψ 值见表 9.2。

表 9.2 国内部分城市采用的综合径流系数值

城市	综合径流系数 ψ	城市	综合径流系数 ψ
上海	一般 0.50~0.60，最大 0.80，新建小区 0.40～0.44，某工业区 0.40～0.50	北京	建筑极稠密的中心区 0.70，建筑密集的商业、居住区 0.60，城郊一般规划区 0.55
无锡	一般 0.50，中心区 0.70～0.75	西安	城区 0.54，郊区 0.43～0.47
常州	0.55～0.60	齐齐哈尔	0.30～0.50
南京	0.50～0.70	佳木斯	0.30～0.45
杭州	小区 0.60	哈尔滨	0.35～0.45
宁波	0.50	吉林	0.45
长沙	0.60～0.90	营口	郊区 0.38，市区 0.45
重庆	一般 0.70，最大 0.85	白城	郊区 0.35，市区 0.38
沙市	0.60	四平	0.39
成都	0.60	通辽	0.38
广州	0.50～0.90	湛江	0.40
济南	0.60	唐山	0.50
天津	0.30～0.90	保定	0.50～0.70
兰州	0.60	昆明	0.60
贵阳	0.75	西宁	半建成区 0.30，基本建成区 0.50

一般城市市区的综合径流系数采用 $\psi=0.5～0.8$，城市郊区的径流系数采用 $\psi=0.4～0.6$。随着城市规模的不断扩大，不透水的面积也迅速增加。设计时，应从实际情况考虑，综合径流系数可取较大值。《室外排水设计规范》(GB 50014—2006)(2011 年版) 推荐的综

合径流系数取值见表 9.3。

表 9.3 综合径流系数值

区域情况	ψ值	区域情况	ψ值
城市建筑密集区	0.60～0.70	城市建筑稀疏区	0.20～0.45
城市建筑较密集区	0.45～0.60		

二、设计暴雨强度的确定

暴雨强度 q 随降雨历时 t 而变化，t 越大，与之相应的暴雨强度就越小；反之，暴雨强度就越大。在计算设计管段的设计流量时，怎样确定设计降雨历时呢？先分析一下雨水排水流域上的汇流过程。

如图 9.5 所示，从流域上最远一点的雨水流至出口断面的时间称为流域的集流时间或集水时间 τ_0，当流域最边缘线上的雨水达到集流点 A 时，在 A 点汇集的流量其汇水面积扩大到整个流域，即全部流域面积参与径流，此时在 A 点产生最大流量。当全流域参与径流时，A 点产生的最大流量来自 τ_0 时段内的降雨量。假定降雨历时为 t 则：

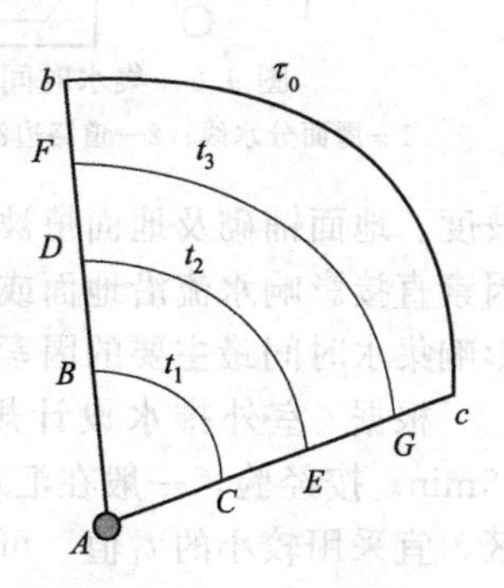

图 9.5 汇流示意图

$t<\tau_0$ 时，只有一部分面积参与径流。与 $t=\tau_0$ 时相比较，此时暴雨强度大于 $t=\tau_0$ 时的暴雨强度，但汇水面积小。根据公式计算得来的雨水径流量小于 $t=\tau_0$ 时的径流量。

$t>\tau_0$ 时，全部流域面积参与径流。与 $t=\tau_0$ 时相比较，此时汇水面积没有增加，而暴雨强度小于 $t=\tau_0$ 时的暴雨强度。根据公式计算得来的雨水径流量小于 $t=\tau_0$ 时的径流量。

在雨水管道的设计中，采用的降雨历时 t＝汇水面积最远点的雨水流到集流点的集流时间 τ_0，此时暴雨强度、汇水面积都是相应的极限值，根据公式确定的流量应是最大值。这便是雨水管道设计的极限强度理论。极限强度理论承认：

① 暴雨强度随降雨历时的延长而减小的规律性；

② 汇水面积随降雨历时的延长而增长的规律性；

③ 汇水面积随降雨历时的延长而增长的速度比暴雨强度随降雨历时的延长而减小的速度更快。

极限强度理论包括两部分内容：

① 当汇水面积上最远点的雨水流至集流点时，全面积产生汇流，雨水管道的设计流量最大。

② 当降雨历时等于汇水面积上最远点的雨水流到集流点的集流时间时，雨水管道需排除的雨水量最大。

1. 设计重现期 p 的确定

一般情况下，低洼地段采用的设计重现期应大于高地；干管采用的设计重现期应大于支管；工业区采用的设计重现期应大于居住区。市区采用的设计重现期应大于郊区。

设计重现期 p 的最小值不宜低于 0.33a，一般地区选用 0.5～3a，对于重要干道或短期积水可能造成严重损失的地区，一般选用 3～5a，并应与道路设计相协调。特别重要的地区，可根据实际情况采用较高的设计重现期。在同一设计地区，可采用同一重现期或不同重现期。

2. 设计降雨历时的确定

对于雨水管道某一设计断面来说，集水时间 t 是由地面雨水集水时间 t_1 和管内雨水流行时间 t_2 两部分组成（如图 9.6 所示）。所以，设计降雨历时可用下式表达：

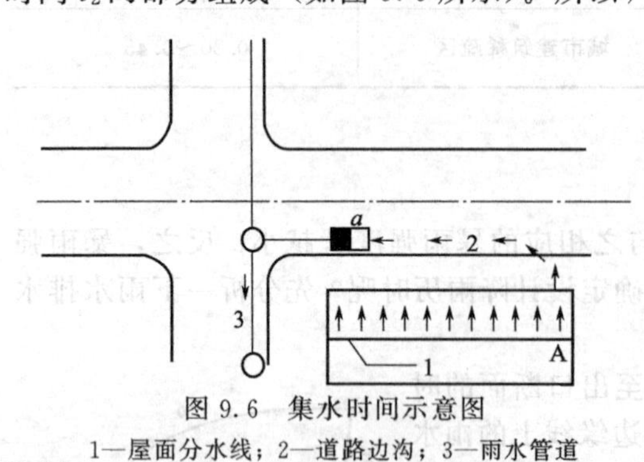

图 9.6 集水时间示意图

1—屋面分水线；2—道路边沟；3—雨水管道

$$t=t_1+mt_2 \tag{9-11}$$

式中 t——设计降雨历时，min；

t_1——地面雨水集水时间，min；

t_2——设计管段管内雨水流行时间，min；

m——折减系数，暗管 $m=2$，明渠 $m=1.2$，陡坡地区暗管采用 1.2～2。

(1) 地面雨水集水时间 t_1 的确定 地面雨水集水时间 t_1 是指雨水从汇水面积上最远点 A 到第 1 个雨水口 a 的地面雨水流行时间。

地面雨水集水时间 t_1 的大小，主要受地形坡度、地面铺砌及地面植被情况、水流路程的长短、道路的纵坡和宽度等因素的影响，这些因素直接影响水流沿地面或边沟的流行速度。其中，水流路程的长短和地面坡度的大小，是影响集水时间最主要的因素。

根据《室外排水设计规范》（GB 50014—2006）（2011 年版）中规定：一般采用 5～15min。按经验，一般在汇水面积较小，地形较陡，建筑密度较大，雨水口分布较密的地区，宜采用较小的 t_1 值，可取 $t_1=5$～8min，而在汇水面积较大，地形较平坦，建筑密度较小，雨水口分布较疏的地区，宜采用较大值，可取 $t_1=10$～15min。起点检查井上游地面雨水流行距离以不超过 120～150m 为宜。

在设计时，应结合设计地区的具体条件，恰当地选定 t_1 值。若 t_1 选用过大，将会造成排水不畅，致使管道上游地面经常积水；若 t_1 选用过小，又将增大雨水管渠的断面尺寸，从而增加工程造价。表 9.4 列出了国内一些城市采用的 t_1 值，设计时可作参考。

表 9.4 国内一些城市采用的 t_1 值

城市	t_1/min	城市	t_1/min
北京	5～15	西宁	15
上海	5～15，工业区 25	广州	15～20
无锡	23	天津	10～15
常州	10～15	武汉	10
南京	10～15	长沙	10
杭州	5～10	成都	10
宁波	5～15	贵阳	12
重庆	5	西安	<100m，5；<200m，8；<300m，10；<400m，13
哈尔滨	10	太原	10
吉林	10	唐山	15
营口	10～30	保定	10
白城	20～40	昆明	12
兰州	10		

(2) 管内雨水流行时间 t_2 的确定 管内雨水流行时间 t_2 是指雨水第一个雨水管段断面流到设计管段断面的时间。它与雨水在管内流经的距离及管内雨水的流行速度有关，可用下式计算：

$$t_2=\sum\frac{L}{60v} \tag{9-12}$$

式中　t_2——管内雨水流行时间，min；

L——各设计管段的长度，m；

v——各设计管段满流时的流速，m/s；

60——单位换算系数。

(3) 折减系数 m 值的确定　雨水管道按满流进行设计，但计算雨水设计流量公式的极限强度法原理指出，当降雨历时等于集水时间时，设计断面的雨水流量才达到最大值。因此，雨水管渠中的水流并非一开始就达到设计状态，而是随着降雨历时的增长才逐渐形成满流的，其流速也是逐渐增大到设计流速的。这样，按满流时的设计流速计算所得的管渠内雨水流行时间，小于实际的雨水流行时间。通过对雨水管渠的观测资料进行分析发现，大多数雨水管渠中雨水流行时间比按最大流量计算的流行时间长20%左右。因此用大于1的系数乘以用满流时的流速算出的 t_2 来计算集水时间 t，这一系数称苏林系数。

雨水管渠内各管段的设计流量是按照相应于该管段的集水时间的设计暴雨强度来计算的，所以在一般情况下，各管段的最大流量不大可能在同一时间内发生，如图9.7所示，管段 $A\sim B$ 的最大流量发生在 $t=t_1$ 时，其管径按满流设计为 $D_{A\text{-}B}$，而管段 $B\sim C$ 的最大流量则发生在 $t=t_1+t_{A\text{-}B}$ 时，其管径按满流设计为 $D_{B\text{-}C}$。当 $D_{A\text{-}B}$ 出现最大流量时，此时的 $D_{B\text{-}C}$ 只是部分充满；当管道 $B\sim C$ 内达最大流量时，其上游管道 $A\sim B$ 的最大流量已经流过。由于暴雨强度 q 一般随历时增长而减少，此时（即当 $t=t_1+t_{A\text{-}B}$ 时）管道 $A\sim B$ 的流量显然会降低，所以沿 $A\sim B$ 长度内的管道断面就出现了没有充满水的孔隙面积，在管段 $A\sim B$ 内形成了一定的富裕空间，即在管道内形成了所谓“孔隙容量”。可以设想，上游管道存在的此孔隙容量，会使一部分雨水回流暂时贮存在此空间内，而起调蓄管段内最大流量的作用。这种水流回水造成的滞留状态，使管道内实际流速低于设计流速，也就是使管内的实际水流时间 t_2 增大，据相关实测资料，该增大系数为1.7左右。

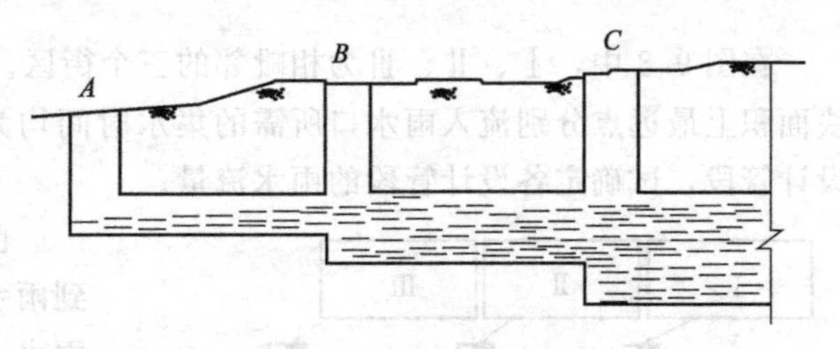

图9.7　雨水管道的孔隙容量

这样用大于1的系数乘以用满流时的流速算出的 t_2 来计算集水时间 t 是合理的，尽管这一系数增大了管内流行时间，但通过增长管道中流行时间，达到适当折减设计流量，进而缩小管道断面尺寸，以降低工程造价的目的，所以这一系数称为折减系数 m。为使计算简便，《室外排水设计规范》中规定：暗管采用 $m=2.0$。对于明渠，为防止雨水外溢的可能，应采用 $m=1.2$。在陡坡地区，不能利用空隙容量，暗管采用 $m=1.2\sim2.0$。

综上所述，当设计重现期、设计降雨历时、折减系数确定后，计算雨水管渠的设计流量所用的设计暴雨强度公式及流量公式可写成：

$$q=\frac{167A_1(1+c\lg p)}{(t_1+mt_2+b)^n} \tag{9-13}$$

$$Q=\frac{167A_1(1+c\lg p)}{(t_1+mt_2+b)^n}\psi F \tag{9-14}$$

式中　q——设计暴雨强度，L/(s·hm²)；

Q——雨水设计流量，L/s；

ψ——径流系数，其值小于1；

F——汇水面积，hm²；

p——设计重现期，a；

t_1——地面集水时间，min；

t_2——管渠内雨水流行时间，min；

m——折减系数；

A_1、c、b、n——地方参数。

三、汇水面积的确定

确定汇水面积 F 时，应结合雨水管道布置情况和地形坡度划定每个设计管段的汇水面积。地形平坦时，按就近排入附近雨水管道的原则划分；地形坡度较大时，应按地面雨水径流的水流方向划分。然后对每块面积进行编号并计算面积值。汇水面积与污水管道汇水面积不同，除街区的面积外，还要计入道路、绿地的面积。

四、设计管段的划分和设计流量的确定

在图 9.8 中，Ⅰ、Ⅱ、Ⅲ为相毗邻的三个街区。设汇水面积 $F_Ⅰ=F_Ⅱ=F_Ⅲ$，雨水从各块面积上最远点分别流入雨水口所需的集水时间均为 τ(min)。1～2、2～3、3～4，分别为设计管段，试确定各设计管段的雨水流量。

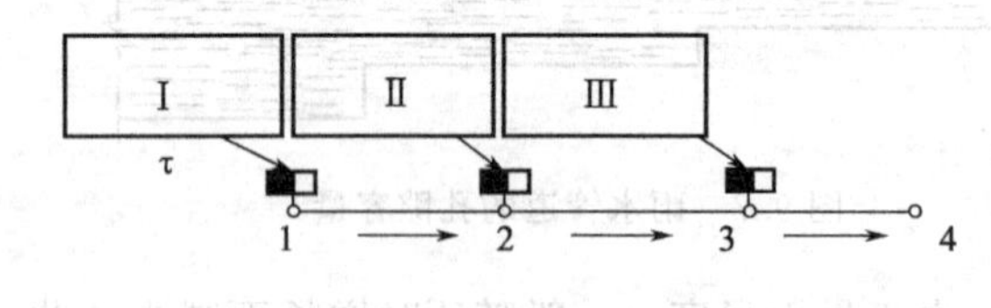

图 9-8 设计管段汇流示意图

由图 9.8 可知，雨水沿着道路的边沟流到雨水口经检查井流入雨水管道。Ⅰ街区的雨水（包括路面上雨水），在 1 号检查井集中，流入管段 1～2。Ⅱ街区的雨水在 2 号检查井集中，并同Ⅰ街区流来的雨水汇合后流入管段 2～3。Ⅲ街区的雨水在 3 号检查井集中，同Ⅰ街区和Ⅱ街区流来的雨水汇合后流入管段 3～4。

已知管段 1～2 的汇水面积为 $F_Ⅰ$，检查井 1 为管段 1～2 的集流点。由于汇水面积上各点离集流点 1 的距离不同，所以在同一时间内降落到 $F_Ⅰ$ 面积上各点的雨水，不可能同时到达集流点 1，同时到达集流点 1 的雨水则是不同时间降落到地面上的雨水。

集流点同时能汇集多大面积上的雨水量和降雨历时的长短有关。汇水面积是随着降雨历时 t 的增长而增加，当降雨历时等于集流水时间时，汇水面积上的雨水全部流到集流水点，则集流点产生最大雨水量。

为便于求得各设计管段相应雨水设计流量，作几点假设：(a) 汇水面积随降雨历时的增加而均匀增加；(b) 降雨历时大于或等于汇水面积最远点的雨水流到设计断面的集流时间 ($t\geqslant\tau$)；(c) 地面坡度的变化是均匀的，径流系数 ψ 为定值，且 $\psi=1.0$。

1. 管段 1～2 的雨水设计流量的计算

管段 1～2 是收集 $F_Ⅰ$ (hm^2) 上的雨水，设最远点的雨水流到 1 断面的时间为 τ，只有当降雨历时 $t=\tau$ 时，$F_Ⅰ$ 全部面积的雨水均已流到 1 断面，此时管段 1～2 内流量达到最大值。若降雨仍然继续下去，即 $t>\tau$ 时，由于汇水面积已不能再增加，而根据暴雨强度公式，暴雨强度随着降雨时间的增加而降低，由此计算得到的设计流量比 $t=\tau$ 时小，因此，管段 1～2的设计流量为：

$$Q_{1\sim2}=F_Ⅰ q_1 \quad (L/s)$$

式中 q_1——管段 1～2 的设计暴雨强度，即相应于降雨历时 $t=\tau$ 时的暴雨强度，$L/(s\cdot hm^2)$。

2. 管段2～3的雨水设计流量的计算

当$t=\tau$时，全部$F_{\text{Ⅱ}}$和部分$F_{\text{Ⅰ}}$面积上的雨水流到2断面，此时管段2～3的雨水流量不是最大。只有当$t=\tau+t_{1\text{-}2}$时，$F_{\text{Ⅰ}}$和$F_{\text{Ⅱ}}$全部面积上的雨水均流到2断面，此时管段2～3雨水流量达到最大值。再考虑到管道的空隙容量，则设计管段2～3的雨水设计流量为：

$$Q_{2\sim3}=(F_{\text{Ⅰ}}+F_{\text{Ⅱ}})q_2 \quad (\text{L/s})$$

式中　q_2——管段2～3的设计暴雨强度，即相应于$t=\tau+mt_{1\text{-}2}$的暴雨强度，$\text{L/(s}\cdot\text{hm}^2)$；

m——折减系数；

$t_{1\text{-}2}$——雨水在管段1～2的管内流行时间，min。

3. 管段3～4的雨水设计流量的计算

同理可求得管段3～4的雨水设计流量分别为：

$$Q_{3\sim4}=(F_{\text{Ⅰ}}+F_{\text{Ⅱ}}+F_{\text{Ⅲ}})q_3 \quad (\text{L/s})$$

式中　q_3——分别为管段3～4的设计暴雨强度，即相应于$t=\tau+m(t_{1\text{-}2}+t_{2\text{-}3})$的暴雨强度，$\text{L/(s}\cdot\text{hm}^2)$；

$t_{2\text{-}3}$——分别为管道2～3的管内雨水流行时间，min。

由上可知，各设计管段的雨水设计流量等于该管段所承担的全部汇水面积和设计暴雨强度的乘积。各设计管段的设计暴雨强度是相应于该管段设计断面的集水时间的暴雨强度，因为各设计管段的集水时间不同，所以各管段的设计暴雨强度不相同的。在雨水管道设计中，应根据设计管段，计算对应的汇水面积及对应的设计暴雨强度。

任务四　雨水管渠水力计算

【任务内容及要求】

雨水管渠的设计管段在计算出流量后，同污水管道一样也需要进行水力计算，雨水水力计算按满管流进行，得出的各参数同样要满足规范规定的基本要求，通过学习掌握水力计算图求解水力参数的方法，为雨水管渠系统设计的管径选取及埋深等服务。

一、雨水管渠水力参数

在雨水管渠的设计中，为保证雨水管渠正常工作，避免在管渠内产生淤积、冲刷等现象，对雨水管渠水力计算的基本数据作了如下的技术规定。

(1) 设计充满度　雨水中主要含有泥砂等无机物质，不同于城市污水的性质，加之暴雨径流量大，而相应较高设计重现期的暴雨强度的降雨历时一般不会很长，故管道设计充满度按满流考虑，即$h/D=1$。明渠则应有等于或大于0.20m的超高，街道边沟应有等于或大于0.03m的超高。

(2) 设计流速　为避免雨水中所挟带的泥砂等无机物质在管渠内沉淀下来而堵塞管道，《室外排水设计规规范》(GB 50014—2006)（2011年版）中规定：满流时管道内最小流速为0.75m/s；明渠内最小流速为0.4m/s。为防止管渠壁受到冲刷而损坏，影响及时排水，该规范还同时规定：金属管道最大流速为10m/s；非金属管道最大流速为5m/s；明渠的最大流速按表9.5采用。因此，管渠的设计流速应在最小流速与最大流速范围内。

表 9.5 明渠最大设计流速

明渠类别	最大设计流速/(m/s)	明渠类别	最大设计流速/(m/s)
粗砂或低塑性粉质黏土	0.8	草皮护面	1.6
粉质黏土	1.0	干砌石块	2.0
黏土	1.2	浆砌石块或浆砌砖	3.0
石灰岩或中砂岩	4.0	混凝土	4.0

注：1. 上表适用于明渠水深 $h=0.4\sim1.0\text{m}$ 范围内。

2. 当 h 在 $0.4\sim1.0\text{m}$ 范围以外时，表列流速应乘以下列系数：

$H<0.4\text{m}$，系数 0.85；$1.0\text{m}<h<2.0\text{m}$，系数 1.25；$h\geqslant2.0\text{m}$，系数 1.40。

(3) 最小管径和最小设计坡度 雨水管道的最小管径为 300mm，相应的最小坡度为 0.003，雨水口连接管最小管径为 200mm，最小坡度为 0.01。

(4) 最小埋深与最大埋深 具体规定同污水管道。

二、雨水管渠水力计算

雨水管道水力计算仍按均匀流考虑，其水力计算公式与污水管道相同。但与污水管道非满流不同，雨水管渠按满流计算，即：$h/D=1$。

在工程设计中，通常是在选定管材后，n 值即为已知数，雨水管道通常选用混凝土或钢筋混凝土管，其管壁粗糙系数 n 一般采用 0.013。设计流量 Q 是经过计算后求得的已知数。因此只剩下 3 个未知数 D、v 及 I。在实际应用中，可参考地面坡度假定管底坡度，并根据设计流量值，从水力计算图或水力计算表中求得 D 及 v 值，并进行，若不符合水力参数的要求继续更换放大或缩小 D，使所求得的 D、v、I 值符合水力计算基本参数的规定。

【例 9-1】 已知：钢筋混凝土圆管，充满度 $h/D=1$，粗糙度 $n=0.013$，设计流量 $Q=200\text{L/s}$，设计地面坡度 $I=0.004$，试确定该管段的管径 D、流速 v 和管底坡度 I。

解：(1) 采用圆管满流，$n=0.013$ 钢筋混凝土管水力计算图，见图 9.9。

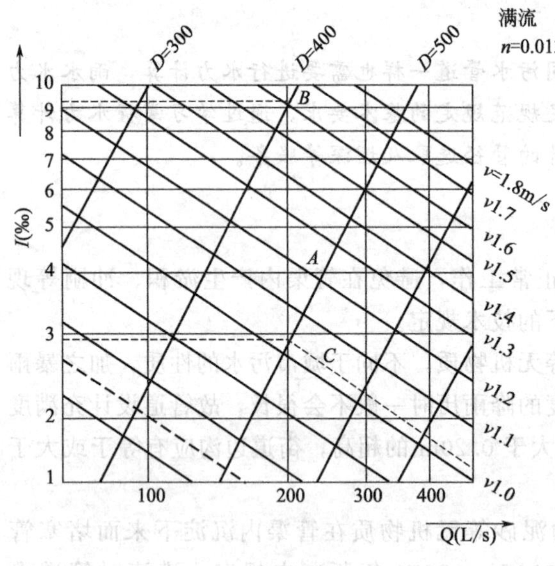

图 9.9 水力计算图

(2) 在横坐标上找出 $Q=200\text{L/s}$ 点，向上作垂线，与坡度 $I=0.004$ 相交于点 A，在 A 点可得到 $v=1.17\text{m/s}$，其值符合规定。而 D 值介于 400～500mm 之间。

(3) 当采用 $D=400\text{mm}$ 时，则 $Q=200\text{L/s}$ 的垂线与 $D=400$ 斜线相交于点 B，从图中得到 $v=1.60\text{m/s}$，符合规定，而 $I=0.0092$ 与地面坡度 $I=0.004$ 相差很大，势必增大管道埋深，不宜采用。

(4) 如果采用 $D=500\text{mm}$ 时，则 $Q=200\text{L/s}$ 的垂线与 $D=500$ 斜线相交于点 C，从图中得出 $v=1.02\text{m/s}$，$I=0.0028$，符合最小坡度要求，与地面坡度也比较接近，所以不会增大管道埋深，所以选择管径为 $D=500\text{mm}$，$v=1.02\text{m/s}$，$I=0.0028$。

三、雨水管渠断面设计

雨水管道常采用圆形断面，但当断面尺寸较大时，宜采用矩形、马蹄形或其他形式。圆形断面一般为各种预制的圆形管道，其他形式的断面一般现场浇制或砌筑。雨水明渠一般常用梯形断面，底宽不宜小于0.3m。无铺砌的明渠边坡，应根据不同的地质条件按表9.6采用；用砖石或混凝土块铺砌的明渠可采用1∶0.75～1∶1的边坡。

表9.6 明渠边坡

地 质	边 坡	地 质	边 坡
粉砂	1∶3～1∶3.5	粉质黏土或黏土砾或卵石	1∶1.25～1∶1.5
松散的细砂、中砂、粗砂	1∶2～1∶2.5	半岩性土	1∶0.5～1∶1.0
密实的细砂、中砂、粗砂或黏质粉土	1∶1.5～1∶2.0	风化岩石	1∶0.25～1∶0.5
		岩石	1∶0.1～1∶0.25

任务五 雨水管渠系统设计

【任务内容及要求】

雨水管道系统设计同样要进行流域划分，在平面图上布置雨水管道，划分设计管段计算各管段设计流量，再进行水力计算。水力计算可以通过水力计算图来求解各参数。学习过程中，理解雨水管道的流量计算，明确雨水与污水管道水力计算的差别与联系。

一、雨水管渠设计方法和步骤

雨水管渠的设计通常按以下步骤进行。

1. 收集并整理

收集和整理设计地区各种原始资料（如地形图、城市或各分区总体规划、水文、地质、暴雨等资料）作为基本的设计数据。

2. 划分排水流域，进行雨水管道定线

根据城市总体规划图或地区总平面图，按实际地形划分排水流域。当地形平坦无明显分水线的地区，可按公路、铁路、河流或城市的主要道路并结合城市的总体规划，进行排水流域的划分。在每个排水流域内，应根据雨水管渠系统的布置特点和布置原则进行雨水管渠布置。可充分利用道路边沟的排水能力，在雨水干管起端100m左右可视具体情况不设雨水暗管。雨水支管一般设在较低侧的道路下。

3. 划分设计管段

可根据道路的具体位置，在雨水管道转弯处，管径或坡度改变处，有支管或两条以上管道交汇处以及一定距离的直线管段的检查井处，可以作为设计管段的编号位置。设计管段编号一般从上游往下游顺序进行编。

4. 划分并计算各设计管段的汇水面积

各设计管段的汇水面积的划分需要结合地形坡度、汇水面积的大小以及雨水管道布置等情况而定。地形平坦时，可按就近原则将雨水管道附近面积划为汇水面积；地形坡度较大时，应按地面雨水径流方向进行划分。汇水面积除各建筑外，还包括道路、绿地等，将各汇水面积进行编号，并计算其面积值。

5. 确定径流系数

根据排水流域内各类地面的面积数或所占比例，利用加权平均法计算出该排水流域的平均径流系数，也可根据规划的地区类别，采用区域综合径流系数。

6. 确定设计重现期 p 及地面集水时间 t_1

设计时，应结合该地区的地形特点、工程建设性质和气象条件选择设计重现期 p，各排水流域雨水管道的设计重现期可选用同一值，也可选用不同值。

根据设计地区建筑密度情况、地形坡度和地面覆盖种类、街坊内是否设置雨水暗管等情况，确定雨水管道的地面集水时间 t_1。

7. 确定管道的埋深与衔接

根据管道埋设深度的要求，必须保证管顶的最小覆土厚度，在车行道下时一般不低于0.7m。此外，应结合当地埋管经验确定。当在冰冻层内埋设雨水管道时，如有防止冰冻膨胀破坏管道的措施，可将管道敷设在冰冻线以上，但管道的基础应设在冰冻线以下。雨水管道的衔接，宜采用管顶平接。

8. 确定单位面积径流量 q_0

q_0 是暴雨强度与径流量系数的乘积，称为单位面积径流量，即：

$$q_0=\psi q=\frac{167A_1(1+c\lg p)}{(t+b)^n}=\psi\frac{167A_1(1+c\lg p)}{(t_1+mt_2+b)^n}\quad [\mathrm{L/(s\cdot hm^2)}]$$

对于具体的工程设计来说，公式中的 p、t_1、ψ、m、A_1、b、c、n 均为已知数，因此，只要求出各管段的管内雨水流行时间 t_2，就可求出相应于该管段的 q_0 值。

9. 管渠材料的选择

雨水管道管径小于或等于400mm，采用混凝土管，管径大于400mm，采用钢筋混凝土管。

10. 设计流量的计算

根据流域具体情况，选定设计流量的计算方法，从上游向下游依次进行计算各设计管段的设计流量，并列表将值填入表中。

11. 进行雨水管渠水力计算，确定雨水管道的坡度、管径和埋深

计算并确定出各设计管段的管径、坡度、流速、管底标高和管道埋深。

12. 绘制雨水管道平面图及纵剖面图

绘制方法及具体要求与污水管道基本相同。

二、雨水管渠设计举例

【例9-2】图9.10为某市一小区的平面布置图，该小区采用暗管排除雨水。该市采用的暴雨强度公式为 $q=\frac{167A_1(1+c\lg p)}{(t+b)^n}=\frac{450(1+1.38\lg p)}{t^{0.65}}$ [L/(s·hm²)]，重现期采用1a，各街坊的汇水面积均为1.35hm²，其中各类地面面积见表9.7。管道起点处的地面集水时间 t_1 为8min，管道起点埋深为1.50m，河流20年一遇的洪水位标高为181.50m，要求布置雨水管道并进行干管的水力计算。

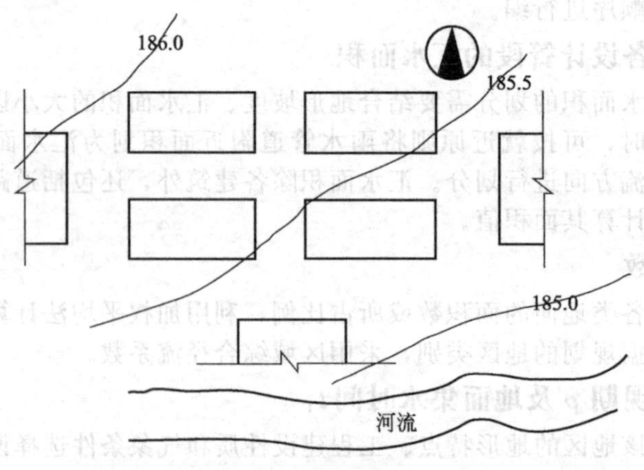

图9.10 小区平面图

表 9.7　小区各类地面面积

地面种类	面积 F_i/hm²	对应的径流系数 ψ_i	地面种类	面积 F_i/hm²	对应的径流系数 ψ_i
屋面	3.00	0.90	草地	0.80	0.15
沥青路面	1.80	0.90	土路面	0.60	0.30

(1) 划分排水流域并进行管道定线

该小区地形平坦，汇水面积较小，无明显分水线，故以道路中心线为排水流域的分界线，划分为一个排水流域。在该排水流域内，根据建筑的雨水管出水口位置，管道布置如图9.11所示。

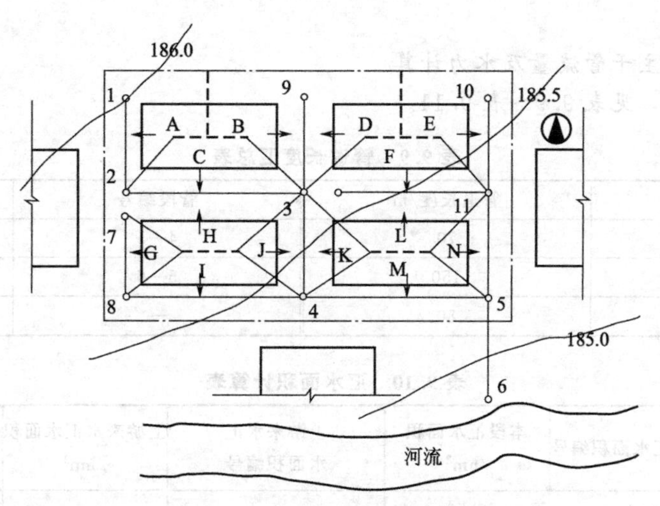

图 9.11　雨水管道布置图

(2) 划分设计管段并确定管段的汇水面积

把两个检查井间流量不变且预计管径和坡度也不变的管段定为设计管段，并从上游往下游依次给设计管段两端的检查井编号。按照汇水面积划分的方法，确定出各设计管段的汇水面积，并将每块面积编号，各地块面积见表9.8。

表 9.8　各地块面积

地块编号	面积/hm²	地块编号	面积/hm²	地块编号	面积/hm²
A	0.50	F	0.50	K	0.20
B	0.50	G	0.20	L	0.60
C	0.50	H	0.60	M	0.60
D	0.50	I	0.60	N	0.20
E	0.50	J	0.20	合计	6.20

(3) 确定各排水流域的平均径流系数

本例中排水流域内建筑分布情况差异不大时，可采用统一的平均径流系数值。

由式（9-10）及表9.7可以算出该地区的平均径流系数，如下所示：

$$\psi_{av}=\frac{\sum(F_i\psi_i)}{F}=\frac{3.00\times0.9+1.80\times0.9+0.80\times0.15+0.60\times0.30}{3.00+1.80+0.80+0.60}=0.745$$

(4) 确定设计重现期 p、地面集水时间 t_1 及管道起点的埋深

按照设计重现期的确定原则和规定，结合设计地区汇水面积的性质选定设计重现期。各排水流域的设计重现期可相同，也可不同，对于重要建筑重现期可以选大些。地面集水时间采用经验值。根据设计地区的冰冻深度和外部荷载、管材强度等条件，确定管道起点的最小埋深。本例设计重现期 $p=1\text{a}$，地面集水时间 $t_1=8\text{min}$，管道起点埋深为 1.50m。

(5) 求单位面积径流量 q_0

取折减系数 $m=2$，则：

$$q_0=\psi\frac{167A_1(1+c\lg p)}{(t+b)^n}=0.745\times\frac{450(1+1.38\lg 1)}{t^{0.65}}=\frac{335.25}{(8+2t_2)^{0.65}}$$

[L/(s·hm²)]

(6) 列表进行主干管流量及水力计算

将已知值汇总，见表 9.9～表 9.11。

表 9.9 管道长度汇总表

管段编号	管道长度/m	管段编号	管道长度/m
1—2	70	4—5	150
2—3	150	5—6	120
3—4	80	—	—

表 9.10 汇水面积计算表

设计管段编号	本段汇水面积编号	本段汇水面积/hm²	上游来水汇水面积编号	上游来水汇水面积/hm²	总汇水面积/hm²
1—2	A	0.50	—	—	0.5
2—3	C、H	1.10	A	0.50	1.60
3—4	J、K	0.40	A、B、C、D、H	2.60	3.00
4—5	M	0.60	A、B、C、D、G、H、I、J、K	3.80	4.40
5—6	—	—	全部面积	6.20	6.20

表 9.11 地面标高汇总表

检查井编号	地面标高/m	检查井编号	地面标高/m
1	186.00	4	185.39
2	185.85	5	185.23
3	185.54	6	184.80

表 9.12 雨水干管水力计算表（上）

管段编号	管长 L/m	汇水面积/hm²	管内流行时间/min $t_2=\sum\frac{L}{60v}$	管内流行时间/min $\frac{L}{60v}$	单位面积径流量 q_0 /[L/(s·hm²)]	设计流量 Q /(L/s)	管径 D /mm	坡度 I /‰	流速 v /(m/s)	对应管道输水能力 Q'/(L/s)
1	2	3	4	5	6	7	8	9	10	11
1—2	70	0.50	0	1.56	86.77	43.39	300	3.00	0.75	54
2—3	150	1.60	1.56	3.33	70.05	112.08	500	1.60	0.75	148
3—4	80	3.00	4.89	1.67	51.63	154.89	500	1.80	0.80	160
4—5	150	4.40	6.56	3.13	46.17	203.13	600	1.40	0.80	230
5—6	120	6.20	9.69	—	39.00	241.78	600	2.00	0.96	270

表 9.12 雨水干管水力计算表（下）

管段编号	坡降 IL/m	设计地面标高		设计管内底标高		埋深/m	
		上端	下端	上端	下端	上端	下端
1	12	13	14	15	16	17	18
1—2	0.210	186.000	185.850	184.500	184.290	1.500	1.560
2—3	0.240	185.850	185.540	184.090	183.850	1.760	1.690
3—4	0.144	185.540	185.390	183.850	183.706	1.690	1.684
4—5	0.210	185.390	185.230	183.606	183.396	1.784	1.834
5—6	0.240	185.230	184.800	183.396	183.156	1.834	1.644

水力计算说明：

① 表 9.12 中第 1 列为设计管段，从上游往下游将主干管一次编号写出。第 2、3、13、14 列由表 9.9、表 9.10、表 9.11 得出，其余各项需进行计算。

② 计算中假定各设计管段的设计流量从管段的起点流入。即各设计管段的设计降雨历时为该雨水到该管段的起点（上一管段终点）断面的时间。也就是说在计算各设计管段的暴雨强度时，用的 t_2 值是按上游各管段的管内雨水流行时间之和 $t_2=\sum\frac{L}{60v}$。如管段 1—2，是起始段，$t_2=0$，将此值填入表 9.12 第 4 列。

③ 根据确定的设计参数，求单位面积径流量 q_0。

$$q_0=\psi\frac{167A_1(1+c\lg p)}{(t+b)^n}=0.745\times\frac{450(1+1.38\lg 1)}{t^{0.65}}=\frac{335.25}{(8+2t_2)^{0.65}}[\mathrm{L/(s\cdot hm^2)}]$$

q_0 为管内雨水流行时间的 t_2 的函数，求出 t_2 即可求出该设计管段的单位面积径流量。如管段 1—2 的 $t_2=0$ 代入上式得 $q_0=86.77[\mathrm{L/(s\cdot hm^2)}]$，将此值填入表中第 6 列。

④ 用各设计管段的单位面积径流量乘以该管段的总汇水面积得设计流量。如管段 1—2 的设计流量 $Q=86.77\times0.50=43.39(\mathrm{L/s})$，将此值填入表中第 7 列。

⑤ 求得设计流量后，进行水力计算。查水力计算图，其中 Q、D、v、I 可以适当调整，使计算结果既符合水力参数的规定，要节约工程造价。例如管段 1—2 的地面坡度 $I=(186.00-185.85)/70=0.0021$，查水力计算图得 $D=300\mathrm{mm}$，$v=0.60\mathrm{m/s}$，不满足最小流速的规定，调整取 $I=0.003$ 时，$v=0.75\mathrm{L/s}$，此时管径 300mm 对应的流量为 54L/s，这是调整后的流量。所以将调整后的管径 300mm、$v=0.75\mathrm{L/s}$、$I=0.003$，流量 54 L/s 分别填入 8、9、10、11 列中。其余管段参照此方法类推。

⑥ 根据设计管段的设计流速求本管段的管内雨水流行时间 t_2。例如管段 1—2 管内雨水流行时间 $t_2=L_{1\text{-}2}/v_{1\text{-}2}=70/(0.75\times60)=1.56(\mathrm{min})$，将此值填入表中第 5 列，以便于求累计管内流行时间。

⑦ 管段长度乘以管段坡度得该管段的降落量即坡降。如管段 1—2 的降落量 $=IL=0.003\times70=0.21\mathrm{m}$，将此值填入第 12 列。

⑧ 本列起点埋深为 1.50m，将此值填入表第 17 列。由起点地面标高－该点管道埋深＝该点管内底标高得：186.000－1.50＝184.500m，填入第 15 列。由上端管内底标高－坡降＝下端管内标高得：184.500－0.21＝184.290m，填入第 16 列。由下端地面标高－下端管内底标高＝下端管埋深得：185.85－184.29＝1.56m，填入表中第 18 列。雨水管道在管径变化处采用管顶平接，其余管段计算方法与此相同。经计算排出管的管内底标高为 183.156m，高于 20 年一遇洪水位标高 181.50m，洪水期雨水可以自流排出。

⑨ 在划分各设计管段的汇水面积时，应尽可能使各设计管段的汇水面积均匀增加，否

则会出现下游管段的设计流量小于上游管段设计流量的情况。这是因为下游管段的集水时间大于上游管段的集水时间，故下游管段的设计暴雨强度小于上游管段的设计暴雨强度，而总汇水面积增加很小的缘故。若出现此种情况，应取上游管段的设计流量作为下游管段的设计流量。

⑩ 本例中只计算了干管的水力计算，在设计中还需要进行支管的水力计算。在支管与干管相接的检查井处，必然会有两个 t_2 值和两个管底标高值。在计算下一个管段时，应采用较大的 t_2 值和高程较小的管内底标高值。

(7) 雨水干管的平面图和纵剖面图的绘制

雨水管道的平面图与纵剖面图的绘制方法和要求同污水管道，这里不再叙述。

任务六　雨水径流量调节和立交道路排水

【任务内容及要求】

雨水径流量调节能够削减洪峰流量，缓解下游雨水管渠的径流压力，在整个雨水管渠系统上起到很好的调节作用，通过学习熟悉其工作原理及相关应用。立交道路在缓解城市交通压力起着重要的作用，立交道路的排水顺畅与否影响其作用的正常发挥，通过学习要熟悉立交道路排水的特点及方案选择。

一、雨水径流量的调节

随着城市市政行业的不断发展，城市内不透水地面的面积不断增加，使得雨水径流量增大。而利用管道本身的空隙容量调节最大流量是有限的。如果一味放大雨水管径，虽然可以排出暴雨期的雨水，但是增大整个雨水管网的工程投资。所以考虑在雨水管渠系统上设置调节池，把雨水径流的高峰流量暂存其内，待高峰流量下降至设计流量后，再将贮存在调节池内的水慢慢排出。由于调节池暂时蓄存了高峰时的径流量，削减了洪峰流量，所以它可以极大地降低下游雨水干管的尺寸，如果调节池后设有泵站，同样也可减小泵站的装机容量。因此，设置雨水调节池有着实际的工程意义。

1. 调节池常用的布置形式

一般常用的调节池有溢流堰式和底流槽式两种。

(1) 溢流堰式调节池　它一般设在干管一侧，有进水管和出水管。进水管较高，其管顶一般与池内最高水位相平；出水管较低，其管底一般与池内最低水位相平（如图 9.12 所示）。Q_1 为调节池上游雨水干管中流量，Q_2 为不进入调节池的超越流量，Q_3 为调节池下游雨水管的流量，Q_4 为调节池进水流量，Q_5 为调节池出水流量。

当 $Q_1 \leqslant Q_2$ 时，雨水流量不进入调节池而直接排入下游干管。当 $Q_1 > Q_2$ 时，将有 $Q_4 =$

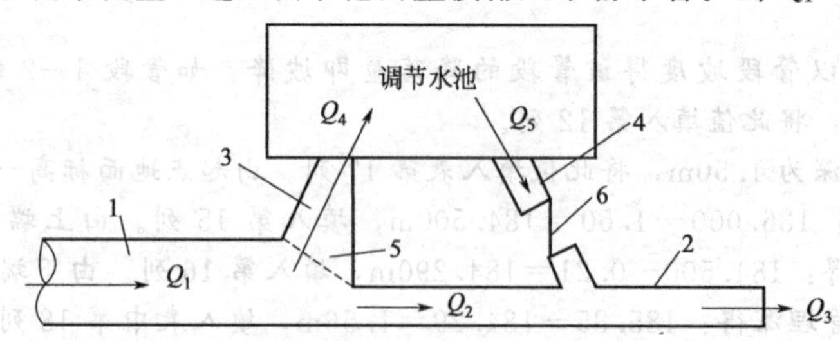

图 9.12　溢流堰式调节池布置

1—上游雨水管；2—下游雨水管；3—进水管；
4—出水管；5—溢流堰；6—止回阀

（Q_1-Q_2）的流量通过溢流堰进入调节池，调节池开始工作。随着Q_1的增加，Q_4也不断增加，调节池中水位逐渐升高，当调节池达到最低出水水位时，调节池开始出水，出水流量为Q_5。起初$Q_4>Q_5$调节池水位不断上升，当$Q_4=Q_5$时，调节池水位不再上升达到最大，调节池不再进水，此时Q_5达到最大。然后随着Q_1的减少，Q_4也不断减少，进水量$Q_4<$出水量Q_5，调节池水量不断排走直至排空。

为了不使雨水在小流量时由调节池出水管倒流入调节池内，一般将其出水管设置较大的坡度，或在出水管上装设止回阀。

为了减少调节池下游雨水干管的流量，希望调节池出水流量Q_5尽可能地减小，即Q_5远小于Q_4。这样，可使管道工程造价大大降低。但出水流量Q_5不能太小，通常调节池出水管的管径根据调节池的允许排空时间来决定，雨停后的放空时间一般不得超过24h，最小管径取150mm。

(2) 底流槽式调节池　底流槽式调节池如图9.13所示，图中Q_1为调节池上游雨水干管中流量，Q_3为调节池下游雨水干管的流量。雨水从池上游干管进入调节池后，当$Q_1>Q_3$时，池内逐渐被高峰时多余的水量（Q_1-Q_3）所充满，池内水位逐渐上升，直到Q_1不断减少至小于等于Q_3时，雨水经设在池底部的渐缩断面流槽全部流入下游干管排走。池内流槽深度等于池下游干管的直径。

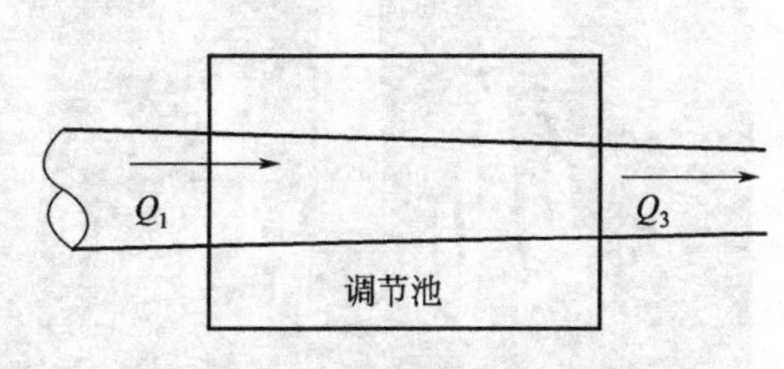

图9.13　底流槽式调节池

2. 调节池容积计算

调节池内最高水位与最低水位之间的容积为有效调节容积。关于它的计算方法，国内外均有不少研究，但尚未圆满解决。目前，工程上常用近似计算法。即

$$v=(1-\alpha^{1.5})Q_{\max}\tau_0 \tag{9-15}$$

式中　v——调节池有效容积，m^3；

$Q_{\max}$——调节池上游干管的设计流量，m^3/s；

τ_0——相应于$Q_{\max}$时的设计降雨历时，s；

α——下游干管设计流量的降低程度，对于溢流堰式调节池取$(Q_2+Q_5)/Q_{\max}$；对于底流槽式调节池取$Q_3/Q_{\max}$。

3. 调节池下游干管设计流量的计算

由于调节池存在蓄存、削减洪峰的作用，因此计算调节池下游雨水干管的设计流量时，其汇水面积只计算调节池下游的汇水面积，与调节池上游汇水面积无关。

调节池下游干管的雨水设计流量可按式（9-13）计算：

$$Q=\alpha Q_{\max}+Q' \tag{9-16}$$

式中 $Q_{\max}$——调节池上游干管的设计流量，m^3/s；

Q'——调节池下游干管汇水面积上的雨水设计流量，按下游干管汇水面积的集水时间计算，与上游干管汇水面积无关，m^3/s；

α——下游干管设计流量的减小系数，对于溢流堰式调节池取（Q_2+Q_5）$/Q_{\max}$；对于底流槽式调节池取$Q_3/Q_{\max}$。

4. 大型调蓄池

大型调蓄池一般占地面积大，可建造于城市广场、绿地、停车场等公共区域的下方，主

要作用是把雨水径流的高峰流量暂存其内，待最大流量下降后再从调蓄池中将雨水慢慢地排出。如果说地面的防洪已经做得很健全了，而大型调蓄池又在城市地下建立了一道防汛站。国外像日本，由于地缘关系，它的地下泄洪调蓄设施见图 9.14，是由 59 根高 18m、重 500t 的大柱子撑起的长 177m、宽 78m 的巨大蓄水池——“调压水槽”，最后通过 4 台大功率的抽水泵，排入日本一级大河流江户川，最终汇入东京湾。法国巴黎也有 6000 多个地下蓄水池。我国也已经在上海等城市建了地下大型调蓄池，如图 9.15 所示 2009 年投入运行的新昌平调蓄池，池容 15000 立方米，如图 9.16、图 9.17 香港的大坑东调蓄池（建在足球场下面），池容 10 万立方米。

图 9.14　日本地下泄洪调蓄设施

图 9.15　新昌平调蓄池内景

图 9.16　大坑东调蓄池外部假想图

图 9.17　大坑东调蓄池内景

5. 雨水渗透设施

雨水降落到地面后，为了迅速收集雨水，防止地面积水，可以建立调蓄池把雨水管道来水暂时储存，我们也可以在地面设置雨水渗透设施，减少地表径流，渗透收集来的水还可以综合利用。雨水贮留渗透的场所一般为公园、绿地、庭院、停车场、建筑物屋顶（见图 9.18）、运动场和道路等。采用的渗透设施有渗透池、渗透管（见图 9.20）、渗透井、透水性铺盖、透水性路面（见图 9.19）、绿地等。

除了人工建造的调蓄池，也可以在各种人工或自然水体、池塘、湿地或低洼地基础上，进行生态护坡等实现雨水的多功能调蓄，然后加以净化后用于小区杂用水、环境景观用水和冷却循环用水等，不仅可以节约水资源，还可以改善城市水环境和生态环境。国家游泳中心“水立方”不仅利用雨水自洁，还专门设计了雨水回收系统，一年回收的雨水量一万吨左右，

图 9.18　屋顶绿地

图 9.19　透水性路面

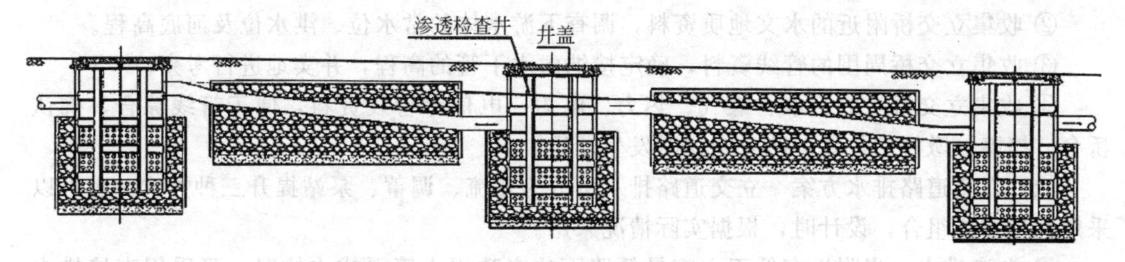

图 9.20　渗透管沟断面示意图

相当于一百户居民一年的用水量。今后城市雨水排水的发展方向已经是生态排水，即降雨径流量的“零增长”和降雨径流污染“减量化”。所以对于雨水我们要因地制宜地实行防涝与利用相结合；实现污染控制、回用及景观的协同发展。

二、立交道路排水

随着经济的不断发展，城市交通问题也困扰着大家的出行。为缓解城市道路的车流压力，全国各地先后建成了各种立交工程近百座。而与之而来的立交道路排水也成了立交道路运行安全可靠的关键问题。2012 年“7.21”的北京大雨，在玉泉营桥座下凹式铁路桥的下方，积水一度涨到了 3m 多高的桥底板，好几辆车被淹。10 多个潜水泵一起开工，抽了一天才抽干桥区积水。过去暴雨积水的一次次问题，使得立交桥的排水设计得到更多关注，也对现有的排水设计提出了挑战。

1. 立交道路排水的作用和特点

立交道路排水的主要任务是确保立交范围内的大气降水产生的地面径流能够及时通畅地排走，对个别雪量大的地区，应进行融雪流量的校核。另外当地下水位高于或接近设计路基时，还需要排除地下水。由于立交均在 2～3 层之间，所以桥上、桥下、匝道、地下行人通道等各处标高相差很大，且纵横交错，容易造成雨水的汇集和排水不畅，若高处的雨水不能及时排出，就会直接影响到低处雨水的排除。所以立交道路排水与一般道路排水相比更具特殊性和复杂性，排水设计标准高于一般道路，根据各地经验，暴雨强度的设计重现期一般采用 1～5a。

2. 立交道路排水应遵循的原则

(1) 采用分散排除原则，迅速排除雨水，即“高水高排、低水低排”。

(2) 尽量采用自流排水的原则。自流排水，经济、安全，不需要专门的管理人员和特殊的工程设施。

(3) 尽量缩小泵站规模，节省投资的原则。对于条件有限，无法自排时，可采用泵站提升方式，但汇水范围尽可能小，以减小泵站规模，节省工程造价及后期运行费用，同时便于维护和管理。

3. 立交道路排水方案

选择立交道路排水方案时，必须熟悉工程的各项资料、结合该工程的特点，选择技术合理、经济可靠的设计方案。

(1) 资料的收集

① 熟悉立交道路图纸，找出道路最高点、最低点的位置及纵横坡，注意最低点的高程是否有利于水自流排出。

② 收集立交桥附近的水文地质资料，调查下游水体的常水位、洪水位及河底高程。

③ 收集立交桥周围的管线资料，确定接纳雨水干管的高程，并实地进行考察。

④ 收集立交桥上的给水、煤气、热力、电力、电信等管线资料，便于管线综合，确认桥台、挡墙，墩柱的位置，防止定线时发生矛盾。

(2) 立交道路排水方案　立交道路排水可分为自流、调蓄、泵站提升三种方式，也可以采用几种方式组合，设计时，根据实际情况采用。

① 自流排水　当附近有低于立交最低路面的市政雨水管渠或水体时，可采用直接排水方式，即自流排水。要充分利用道路的纵坡、横坡在一定间距上合理设置雨水口，尽可能让雨水自流排出。

② 调蓄排水　当立交道路排水不能及时排走，可以考虑设置调蓄池，一方面调节立交区域雨水径流量，另一方面还能降低下游雨水管渠系统的运行压力。2013 年一年北京完成 20 座下凹式立交桥调蓄池建设，解决了北京许多立交桥一遇暴雨就积水的“旧患”，可见其作用的明显。对于由盲沟（渗渠或穿孔管）汇集来的地下水没有排出条件时，也可以汇入到调蓄池内。对于土地利用高、地下水位高，景观要求高的立交桥，也可以考虑在桥下建设蓄渗池。它是一种在表面可以种植绿化植物，从上到下由透水层、蓄水层和渗透层组成的生态调蓄装置（如图 9.21 所示）。蓄渗池一方面可以暂时收存雨水，还起到初步处理雨水和涵养地下水的作用。

③ 泵站提升排水　当立交道路最低路面高程低于受纳水体高程时（如图 9.22 所示），通常就需要修建雨水提升泵站，排除立交路面范围内的积水。根据国内运行相关经验，下穿式立交雨水系统泵站宜采用潜水泵，自动运行时可按设计秒流量确定泵站流量，人工控制时

图 9.21　蓄渗池

图 9.22　下穿式立交道路

可按最大小时确定泵站流量。水泵数量应不少于2台，以保证有1台备用泵。泵站集水池有效容积一般按《室外排水设计规范》和设计手册中规定的不应小于最大一台泵5min的出水流量计算。

任务七　排洪沟设计

【任务内容及要求】

城镇防洪中需要设计排洪沟来保护城市安全，洪水洪峰流量计算有多种方法，学习并了解排洪沟的设计要点及流量计算。

洪水不是人类的朋友，一旦来袭，可能会造成人员伤亡和财产的破坏。对于一些山区地区，容易发生山体滑坡等，洪水往往形成泥石流。洪水夹杂着石头、泥砂来势汹汹，会对山下的城市或工厂造成极大的破坏。所以在可能出现洪水泛滥的地区，必须认真做好城市的防洪规划。根据城市的具体条件，合理选用防洪标准，科学进行排洪沟的设计。

一、设计防洪标准

进行防洪工程设计时，需根据排洪沟的性质、范围以及重要性等因素，选定某一频率作为计算洪峰流量的标准，称为防洪设计标准。实际工程中，一般用重现期确定设计标准的高低，重现期越高，则洪峰流量越高，对应的防洪规模也越大。

根据我国现有山洪防治标准及工程运行情况，山洪防治标准见表9.13。

表9.13　山洪防治标准

工程等级	保护对象	防洪标准	
		频率/%	重现期/a
二	大型工业企业	1～2	50～100
三	中小型工业企业	2～5	20～50
四	小型企业生活区	5～10	10～20

根据我国城市防洪工程的特点和防洪工程运行的实践，城市防洪标准见表9.14。我国水利水电、铁路、公路等部门，根据所承担的工程性质不同和重要性也各自制定了部门的防洪标准（参见各部门的防洪标准）。

表9.14　城市防洪标准

工程类别	保护对象			防洪标准	
	城市等级	人口(万人)	重要性	频率/%	重现期/a
一	大城市重要城市	>50	重要的政治、经济、国防中心及交通枢纽，特别重要的大型工业企业	<1	>100
二	中等城市	20～50	比较重要的政治、经济中心，大型工业企业，重要中型工业企业	1～2	50～100
三	小城市	<20	一般性小城市、中小型工业企业	2～5	20～50

二、洪峰流量计算

排洪沟属于小汇水面积上的排水构筑物，它的设计洪峰流量的确定，目前在我国各地区一般有三种方法。

1. 洪水调查法

主要采用形态调查法，即深入现场，勘查洪水位的痕迹，推求它发生的频率，选择和测量河槽断面，按公式 $v=\frac{1}{n}R^{\frac{2}{3}}I^{\frac{1}{2}}$ 计算流速，然后按公式 $Q=\omega v$ 计算出调查的洪峰流量。

式中 n 为河床的粗糙系数；R 为水力半径；I 为水面比降，可用河底平均比降代替。最后通过流量变差系数和模比系数法，将调查得到的某一频率的流量换算成设计频率的洪峰流量。

2. 推理公式法

我国水科院水文研究所提出的推理公式已得到了广泛应用，其公式如下：

$$Q=0.278\times\frac{\varphi S}{\tau^{n}}F \tag{9-17}$$

式中 Q——设计洪峰流量，m^3/s；
φ——洪峰径流系数；
S——暴雨雨力，即与设计重现期相应的最大一小时降雨量，mm/h；
τ——流域的集流时间，h；
n——暴雨强度衰减指数；
F——流域面积，km^2。

当流域面积为 40～50km^2时，此公式的适合度较高。

3. 经验公式法

该法使用方便，计算简单，但地区性很强。相邻地区采用时，必须注意各地区的条件是否一致，否则不宜套用。地区性经验公式参阅各省（区）水文手册。下面介绍应用最普遍的以流域面积 F 为参数的经验公式：

$$Q=KF^{n} \tag{9-18}$$

式中 Q——设计洪峰流量，m^3/s；
F——流域面积，km^2；
K，n——随地区及洪水频率而变化的系数和指数。

上述各公式中的各项参数的确定，可擦参见水文教材或参阅有关文献。对于以上三种方法，应特别重视洪水调查法，在此法的基础上，再结合其他方法进行。

三、排洪沟设计要点

排洪沟的设计涉及面广，影响因素复杂，因此应深入现场，根据城市或工厂总体规划布置、山区自然流域划分范围、山坡地形及地貌条件、原有天然排洪沟情况、洪水走向、洪水冲刷情况、当地工程地质及水文地质条件、当地气象条件等各种因素综合考虑，合理布置排洪沟。排洪沟包括明渠、暗渠等形式。

1. 排洪沟布置应与城市或厂区总体规划密切配合、统一考虑

在选择厂址及总图设计中，应根据总图的规划，合理布置排洪沟，避免把建筑物设在山洪口上和洪水主流道上。

排洪沟应尽量设在靠山坡一侧，不应穿绕建筑群，避免穿越铁路、公路，减少交叉构筑物，以免水流不通畅，造成小水淤、大水冲。此外，排洪沟过于曲折还会造成桥涵多，增加投资和交通不便。

2. 尽可能利用原有山洪沟，必要时可作适当调整

原有山洪沟是洪水若干年来冲刷形成的，其形状、底板都比较稳定，因此应尽量利用原有的天然沟道作排洪沟。当原有沟道不满足设计要求而必须加以整修时，应注意不宜大改大动，尽量不改变原有沟道的水力条件，要因势利导，使洪水畅通排泄。

3. 尽量利用自然地形坡度

排洪沟走向应沿大部分地面水流的垂直方向，尽量充分利用地形坡度，让山洪尽快排入受纳水体。一般情况下不设中途泵站，多条截流沟汇合连接时注意弧线连接，平缓汇合。

4. 排洪沟采用明渠或暗渠应视具体条件确定

排洪沟最好采用明渠，但当其穿过市区或厂区时，由于建筑密度较高，交通量大，可采用暗渠。

5. 排洪沟平面布置的基本要求

(1) 进口段　为使洪水能顺利地进入排洪沟，应根据地形、地质及水力条件合理选择进口段的形式。常用的进口段形式有：①排洪沟直接插入山洪沟，接点高程为原山洪沟的高程，适用于排洪沟与山洪沟夹角小的情况和高速排洪沟。②以侧流堰形式作为进口，将截流坝的顶面做成侧流堰渠与排洪沟直接相接，适用于排洪沟与山洪沟夹角较大且进口高程高于原山洪沟沟底高程的情况。

通常在进口段上游一定范围内进行必要的整修，以使衔接良好，水流通畅，具有较好的水流条件。为防止洪水冲刷，进口段应选择在地形和地质条件良好的地段。

(2) 出口段　排洪沟出口段布置应不致冲刷排放地点（河流、山谷等）的岸坡，因此应选择在地质条件良好的地段，并采取护砌措施。

此外，出口段宜设渐变段，逐渐增大宽度，以减少单宽流量，降低流速；或采用消能、加固等措施。出口标高宜在相应的排洪设计重现期的河流洪水位以上，但一般应在河流常水位以上。

(3) 连接段

① 当排洪沟受地形限制无法布置成直线走向时，应保证转弯处有良好的水流条件，不应使弯道处受到冲刷。

平面转弯处的弯曲半径一般不应小于5～10倍的设计水面宽度。由于弯道处水流因离心作用而产生的外侧与内侧的水位差，故设计时外侧沟堤应高于内侧沟堤，即弯道处外侧沟堤标高除考虑沟内水深和安全超高外，尚应增加水位差 h 值的1/2。h 按下式计算：

$$h=\frac{v^2B}{Rg} \tag{9-19}$$

式中　h——弯道处外侧与内侧的水位差，m；

v——排洪沟水流平均速度，m/s；

B——弯道宽度，m；

R——弯道半径，m；

g——重力加速度，m/s^2。

同时应加强弯道处的护砌。排洪沟的安全超高一般采用0.3～0.5m。

② 排洪沟的宽度发生变化时，应设渐变段。渐变段的长度为5～10倍两段沟底宽度之差。

③ 排洪沟穿越道路时应设桥涵。涵洞的断面尺寸应按计算确定，并考虑养护方便。进口处是否设置格栅应慎重考虑。在含砂量较大的地区，为避免堵塞，最好采用单孔小桥。

6. 排洪沟纵坡的确定

排洪沟的纵坡应根据地形、地质、护砌、原有排洪沟坡度以及冲淤情况等条件确定，一般不小于1%。设计纵坡时，要使沟内水流速度均匀增加，以防止沟内产生淤积。当纵坡很大时，应考虑设置跌水或陡槽，但不得设在转弯处。一次跌水高度通常为0.2～1.5m，陡槽的纵坡一般为20%～60%，陡槽终端应设有消能设备。

7. 排洪沟的断面形式、材料及其选择

排洪沟的断面形式常为矩形或梯形断面，材料及加固形式应根据沟内最大流速、地形及地质条件、当地材料供应情况确定。排洪沟一般常用片石、块石铺砌，不宜采用土明沟。

8. 排洪沟最大流速的确定

为了防止山洪冲刷，应按流速的大小选用沟底、沟壁的铺砌加固形式。表 9.15 为不同铺砌的排洪沟的最大设计流速的规定。

表 9.15 常用铺砌的排洪沟的最大设计流速

序号	铺砌及防护类型	水流平均深度/m			
		0.4	1.0	2.0	3.0
		平均流速/(m/s)			
1	单层铺石(石块尺寸 15cm)	2.5	3.0	3.5	3.8
2	单层铺石(石块尺寸 20cm)	2.9	3.5	4.0	4.3
3	双层铺石(石块尺寸 15cm)	3.1	3.7	4.3	4.6
4	双层铺石(石块尺寸 20cm)	3.6	4.3	5.0	5.4
5	水泥砂浆砌软弱沉积岩块石砌体,石材强度等级不低于 MU10	2.9	3.5	4.0	4.4
6	水泥砂浆中等强度沉积岩块石砌体	5.8	7.0	8.1	8.7
7	水泥砂浆砌,石材强度等级不低于 MU15	7.1	8.5	9.8	11.0

四、排洪沟的计算公式

排洪沟的水力计算仍按均匀流公式：按公式 $v=\frac{1}{n}R^{\frac{2}{3}}I^{\frac{1}{2}}$ 计算流速，按公式 $Q=\frac{1}{n}\omega R^{\frac{2}{3}}I^{\frac{1}{2}}$ 计算流量。式中 n 表示沟壁粗糙系数取值见表 9.16。

表 9.16 粗糙系数 n 值

序号	渠道表面性质	粗糙系数 n	序号	渠道表面性质	粗糙系数 n
1	细砾石(d=10～30mm)渠道	0.022	9	粗糙的浆砌碎石渠	0.02
2	细砾石(d=20～60mm)渠道	0.026	10	表面较光的夯打混凝土	0.0155～0.0165
3	粗砾石(d=50～150mm)渠道	0.030	11	表面干净的旧混凝土	0.0165
4	中等粗糙的凿岩渠	0.033～0.04	12	粗糙的混凝土衬砌	0.018
5	细致爆开的凿岩渠	0.04～0.05	13	表面不整齐的混凝土	0.02
6	粗糙的极不规则的凿岩渠	0.05～0.065	14	坚实光滑的土渠	0.017
7	细致浆砌碎石渠	0.013	15	掺有少量黏土或石砾的砂土渠	0.02
8	一般浆砌碎石渠	0.017	16	砂砾底砌石坡的渠道	0.02～0.022

公式中过水断面 ω 和湿周 χ 的求法为：

梯形断面：

$$\omega=Bh+mh^2 \tag{9-20}$$

$$\chi=B+2h\sqrt{1+m^2} \tag{9-21}$$

矩形断面：

$$\omega=Bh \tag{9-22}$$

$$\chi=B+2h \tag{9-23}$$

式中　ω——过水断面；

χ——湿周；

h——水深，m；

B——底宽，m；

m——沟侧边坡水平宽度与深度之比。

由上述公式可以解决下列问题：

1. 已知设计流量、渠底坡度计算渠道所需的断面面积；

2. 已知设计流量或流速、渠道断面面积及粗糙系数，求解渠道底坡；

3. 已知渠道断面、渠壁粗糙系数及渠道坡度，复核渠道输水能力。

小　结

通过本项目的学习，将项目的主要内容概括如下。

雨水管渠设计管段的流量计算同污水管道管段设计流量不同，它是径流系数、汇水面积、对应暴雨强度的乘积，其中的决定因素是暴雨强度。

雨水管渠的设计流量得出后，通过查表或公式可进行水力计算，同污水管道水力计算一样，需进行结果校核。

雨水径流量调节的可以消减洪峰流量，对管网系统起到调节作用，立交道路排水要求迅速及时的排走路面的积水，在立交道路低洼处可能需设置提升泵站排除。

洪峰流量有洪水调查法、推理公式法、经验法，排洪沟设计要点有八点，排洪沟的设计即需要确定排洪沟的长、宽、深及坡度。

思　考　题

1. 暴雨强度公式是哪几个表示暴雨特征的因素之间关系的数学表达式？我国常用的暴雨强度公式的形式如何？

2. 计算雨水管渠的设计流量时，关键的是要计算哪个参数？如何确定该参数？

3. 试叙述地面集水时间的含义，它与哪些因素有关？

4. 折减系数的含义是什么？在雨水管渠计算中为何要考虑折减系数？

5. 雨水管渠计算时为何不按非满流进行计算？

6. 雨水管渠流量计算时会出现下游设计流量小于上游设计流量吗？为什么？

7. 雨水径流量调节有哪些方法，径流量调节有何意义？

8. 排洪沟有何作用，如何确定其设计标准？

学　中　做

1. 某雨水管道的设计流量 Q 为 200L/s，粗糙系数为 $n=0.013$，地面坡度 $I=0.004$，求设计管段可采用的管径、管底坡度及流速？

2. 某雨水沟，采用梯形断面，上口宽 5m，下口宽 2m，深 1.5m，安全超高为 0.2m，沟纵向坡度为 0.003，粗糙系数 $n=0.02$，求沟内水流速度为多少？

3. 某大型工业企业位于山脚下，已经建成一条矩形断面的排洪沟，沟宽 4m，深为 3.2m，超高 0.2m，沟底纵坡 0.0015，沟壁粗糙系数为 0.017，假设该排洪沟汇水面积内不同重现期的山洪流量如表 9.17 所示，计算并确定设计排洪沟时所采用的排洪沟的设计防洪标准。

表 9.17　不同重现期的山洪流量

防洪标准重现期/a	山洪流量/(m^3/s)	防洪标准重现期/a	山洪流量/(m^3/s)
20	21.2	50	30.5
40	25.8		

工学结合训练

【训练一】查阅数据计算

北京某小区面积共 $28hm^2$，其中屋面面积占该区总面积的30%，沥青道路面积占总面积的16%，级配碎石路面面积占12%，非铺砌土路面面积占2%，绿地面积占40%。试计算该小区的平均径流系数。当采用的设计重现期分别为5a、2a、1a时，试计算设计降雨历时 $t=20min$ 时的雨水设计流量各是多少？

【训练二】案例计算

雨水管道平面布置如下图9.23所示，图中设计管段的本段汇水面积标注在图中，假定设计流量均从管段起点进入。已知重现期 $p=1a$ 时暴雨强度公式 $i=\frac{25}{(t+10)^{0.65}}$ (mm/min)，径流系数 $\psi=0.5$，地面集水时间 $t_1=10min$，折减系数 $m=2$。管段 $L_{1\text{-}2}=130m$，管内流速 $v_{1\text{-}2}=1.0m/s$，管段 $L_{3\text{-}2}=140m$，管内流速 $v_{3\text{-}2}=1.2m/s$；管段 $L_{2\text{-}4}=120m$，管内流速 $v_{2\text{-}4}=1.5m/s$，管段2—4设计流量 $Q_{2\text{-}4}$ 是多少？

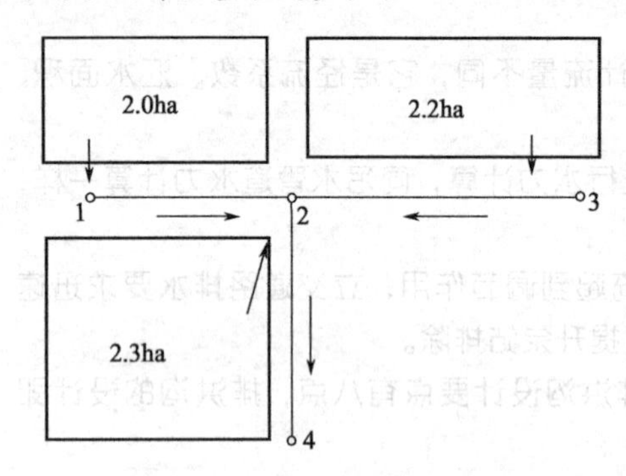

图 9.23　雨水管道平面布置图

【训练三】工程案例

某城镇设计天然梯形断面的排水沟，总长度1000m，沟底纵坡 $I=0.0045$，沟底宽2m，沟顶宽6.5m，沟深1.5m，有效水深1.3m，超高为0.2m，设计重现期 $p=50a$ 时洪峰流量 $Q=16.5m^3/s$，在此工程案例中根据表9.16，该渠道可采用哪种表面材料既能满足流量设计要求，又要经济合理？

项目十　合流制管渠系统

项目导读

本项目在区分分流制和合流制管渠系统的基础上，熟悉合流制的条件和布置特点，合流制管渠系统收集了生活污水、工业废水和雨水，其流量计算兼有污水计算和雨水计算的特点，而合流制管渠系统上设有截流井，混合污水通过截流井后，流量计算又有了自身的特点，截流井前后的流量计算是不同的。把握合流管渠流量和水力计算及合流制改分流制的途径。

知识目标

- 熟悉合流制管渠系统的适用条件及布置特点
- 熟悉合流制管渠系统的相关计算
- 熟悉旧合流制系统的改造

能力目标

- 具备合理布置合流制管渠系统的能力
- 具备合流制管渠系统的流量计算能力
- 具备一定的合流制系统改分流制系统的能力

任务一　合流制管渠系统

【任务内容及要求】

合流制管渠系统与分流制管渠系统有着明显的差别，通过学习在掌握合流制管渠系统工作情况的基础上，熟悉其特点及适用条件，并能够进行合流制管渠系统的布置。

一、合流制管渠系统的工作情况、特点与适用条件

合流制管渠系统是利用同一管渠排除生活污水、工业废水及雨水的排水方式。常用的有截流式合流制管渠系统，所谓截流式是在靠河边的截流管上设置截流井（如图 10.1 所示）。晴天时，截流管以非满流将生活污水和工业废水送往污水厂处理；雨天的时候，随着降雨量的增加，截流管以满流的形式将生活污水、工业废水送往污水厂处理；当降雨量再度增加超过截流管道容纳能力时，超过的流量就从截流井开始溢流，直至雨水径流量减少或停止，溢流减少或停止。

1. 截流式合流制排水系统的工作情况与特点

截流式合流制排水系统，是在同一管渠内输送多种混合污水，集中到污水处理厂处理，从

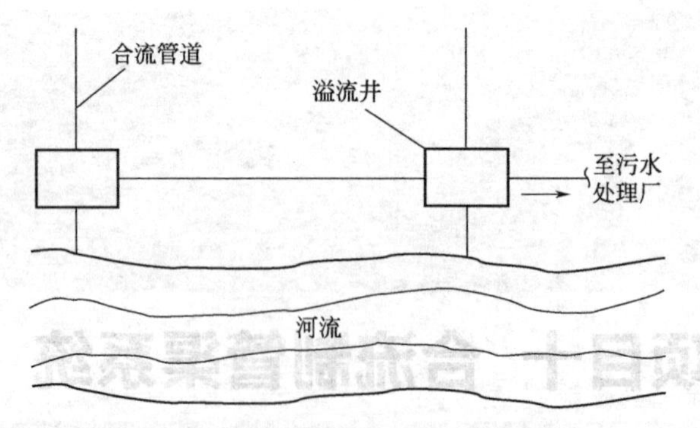

图 10.1　截流式合流制管渠系统示意图

而消除了晴天时城市污水及初期雨水对水体的污染，在一定程度上满足环境保护方面的要求。另外还具有管线单一，管渠的总长度小等优点。因此在节省投资、管道施工等方面较为有利。

截流式合流制排水系统的缺点是：在暴雨期间，会有部分混合污水通过溢流井排入水体，将对水体造成污染，另外，由于截流式合流制排水管渠的过水断面大，晴天时流量小，流速低，容易在管底形成淤积，雨天时，雨水又将沉积在管底的大量污物冲刷起来，随着溢流井的溢流，同混合污水一起进入水体，造成更严重的污染。

另外，由于合流制管渠系统除了输送污水还包含部分雨水，所以其截流管、提升泵站以及污水处理厂的设计规模都比分流制排水系统大，截流管的埋深也比单设污水管渠的埋深大。

2. 截流式合流制排水系统的使用条件

在上述条件中，第一条是非常重要的。因此，在采用合流制管渠系统时，首先应满足环境保护的要求，即保证水体所受的污染程度在允许的范围内，只有在这种情况下才可根据当地城市建设及地形条件合理地选用合流制管渠系统。

在下列情形下可考虑采用截流式合流制排水系统：

(1) 排水区域内有一处或多处有充沛的水体，并且流量和流速较大，一定量的混合污水溢流入水体后，污染负荷在水体的水环境容量范围之内；

(2) 街区、街道的建设比较完善，必须采用暗管排除雨水时，而街道的横断面又较窄，管渠的设置位置受到限制时，可考虑选用合流制；

(3) 地面有一定的坡度倾向水体，当水体高水位时，也不会没及岸边，污水在中途不需要泵站提升；

(4) 降雨量小、水污染防治要求较高时，可采用合流制将雨、污水一并处理。

显然，对于某个地区或城市来说，上述条件不一定能够同时满足，但其中第一条是非常重要的。可根据具体情况，在满足环境保护的前提下，酌情选用合流制排水系统。若水体流量、流速都较小，距离排水区域较远，城市污水中的有害物质溢流到水体的浓度将超过水体允许卫生标准等情况时，则不宜采用。

二、截流式合流制排水系统布置

采用截流式合流制排水管渠系统时，其布置特点及要求如下。

(1) 排水管渠的布置应使排水面积上生活污水、工业废水和雨水都能合理地排入管渠，并以最短的距离坡向水体。

(2) 在排水区域内，如果雨水可以沿道路的边沟排泄，这时可只设污水管道，只有当雨水不宜沿地面径流时，才布置合流管渠，截流干管尽可能沿河岸平行敷设，在适当的位置设置截流井，使超过截流干管输水能力的那部分混合污水能顺利排入就近水体。

(3) 在截流干管上，必须合理地确定溢流井的位置及数目，以便尽可能减少对水体的污染，减小截流干管的断面尺寸和缩短排放渠道的长度。溢流井的数目宜少，其位置应尽可能设置在水体的下游，能减少溢流水对水体造成的污染。从经济上讲，缩小截流干管的尺寸，则溢流井的数目相对增多，这样可使混合污水尽早溢入水体，降低截流干管下游的设计流量。但是，溢流井数目过多会增加溢流井和排放渠道的造价，特别是在溢流井离水体较远、施工条件困难时更甚。当水体最高水位高于溢流井的溢流堰口标高时，需在排放渠道上设置防潮门、闸门或排涝泵站，为降低这部分造价和便于管理，溢流井应适当集中，数量不宜过多。

(4) 在汛期，因受纳水体的水位增高，河流中的水可能会从溢流井向城镇内部倒灌时，除了设备防潮门，还应考虑设置排水泵站。在容易发生汛情的地区布置合流制管渠时，宜将溢流井适当集中，有利于排水泵站的集中抽升，降低工程造价，提高排涝效率。

(5) 为了彻底解决溢流混合污水对水体的污染问题，又能充分利用截流干管的输水能力及污水处理厂的处理能力，可考虑在溢流井后设置调蓄池（见图 10.2），在暴雨时，可利用调蓄池调蓄混合污水，待雨后将贮存的混合污水再送往污水处理厂处理。据初步研究，它们能够削减初期雨水溢流量，减少初期雨水溢流污染物，提高合流系统的截流倍数，对整个截流和处理系统来说起到一定的延时效应。

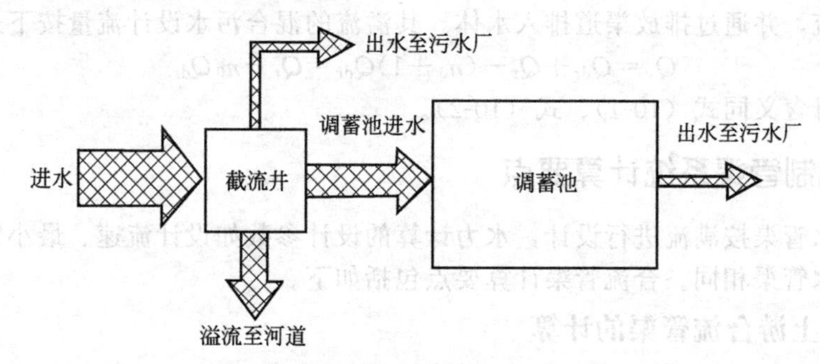

图 10.2 截流式合流制管渠中的调蓄池

任务二 合流制管渠系统的计算

【任务内容及要求】

合流制管渠系统的流量计算有着自身的特点，通过学习掌握合流管渠系统的流量计算公式，区分截流井前后合流管渠流量计算的不同之处，综合利用前面所学的水力计算知识，进行合流管渠系统的设计计算。

一、合流制管渠的设计流量

1. 完全合流制排水管渠设计流量的确定

第一个截流井上游管渠的设计流量计算：

$$Q=Q_s+Q_i+Q_r=Q_{dr}+Q_r \tag{10-1}$$

式中 Q——完全合流制管渠的设计流量，L/s；

Q_s——生活污水设计流量，L/s；

Q_i——工业废水设计流量，L/s；

Q_{dr}——旱流流量（指晴天时的城市污水量，即 Q_s+Q_i），L/s；

Q_r——雨水设计流量，L/s。

上式中综合生活污水流量和工业废水流量均以平均日流量计，其中工业废水用最大班平均流量计。式中 $Q_s+Q_i=Q_{dr}$ 为旱流流量，亦称晴天的设计流量，在合流管渠根据上式计算出管径、设计坡度时，需用此流量进行校核，检查是否满足最小流速的要求。

2. 截流井下游合流管渠的设计流量

合流制排水管渠在截流干管上设置了截流井后，对截流干管的水流情况影响很大。不从截流井泻出的雨水量，通常按旱流流量 Q_{dr} 的指定倍数计算，该指定倍数称为截流倍数 n_0，如果流到截流井的雨水流量超过 n_0Q_{dr}，超过的流量从截流井溢出排入水体。

所以，截流井下游管渠的设计流量为：

$$Q'=(n_0+1)Q_{dr}+Q'_{dr}+Q'_r \quad (10\text{-}2)$$

式中 Q'——截流井后管渠的设计流量，L/s；

n_0——截流倍数；

Q'_{dr}——截流井后汇水面积的旱流流量，L/s；

Q'_r——截流井后汇水面积的雨水设计流量，L/s。

3. 从溢流井溢出的混合污水设计流量的确定

当溢流井上游合流污水的流量超过溢流井下游管段的截流能力时，将有一部分混合污水经溢流井处溢流，并通过排放渠道排入水体。其溢流的混合污水设计流量按下式计算：

$$Q_y=Q_{dr}+Q_r-(n_0+1)Q_{dr}=Q_r-n_0Q_{dr} \quad (10\text{-}3)$$

式中各字母含义同式（10-1）、式（10-2）。

二、合流制管渠系统计算要点

合流制排水管渠按满流进行设计，水力计算的设计参数如设计流速、最小管径、最小坡度等基本与雨水管渠相同。合流管渠计算要点包括如下。

1. 截流井上游合流管渠的计算

截流井上游合流管渠的计算与雨水管渠的计算基本相同，但合流管渠的设计流量除了雨水，还包括生活污水和工业废水。考虑到合流管渠中混合废水从检查井中溢入街道的可能性不大，但合流管渠溢流时流出的混合污水比雨水管渠单独泛滥时溢出的雨水所造成的危害要大，为了防止或减少合流管渠溢流，合流管渠的设计重现期和允许的积水程度，从要求上来讲要相对严格些。合流管渠雨水流量计算时的设计重现期通常要比分流制中雨水管渠的设计重现期要高，有人认为要高出10%～25% 。

2. 截流干管和截流井的计算

(1) 截流倍数 n_0 对于截流干管和截流井的计算，主要是要合理地确定所采用的截流倍数 n_0（见表10.1），根据 n_0 值按式（10-2）决定截流干管的设计流量以及通过截流井泄入水体的混合污水设计流量，然后就可以进行截流干管和截流井的水力计算。通常截流倍数 n_0 应根据旱流污水的水质和水量以及总变化系数、水体的卫生要求、水文、气象条件等因素确定。工程实践证明，截流倍数 n_0 值采用2.6～4.5时比较经济合理。

表10.1 不同排放条件下的 n_0 值

排放条件	n_0
在居住区内排入大河流	1～2
在居住区内排入小河流	3～5
在区域泵站和总泵站前及排水总管的端部，根据居住区内水体的不同特性	0.5～2
在处理构筑物前根据不同的处理方法与不同构筑物的组成	0.5～1
工厂区	1～3

《室外排水设计规范》（GB 50014—2006）规定，截流倍数一般采用1～5。在同一排水系统中可采用同一截流倍数或不同截流倍数。合流制排水系统宜采取削减雨天排放污染负荷的措施，包括：

① 合流管渠的雨水设计重现期可适当高于同一情况下的雨水管道设计重现期；

② 提高截流倍数，增加截流初期雨水量；

③ 有条件地区可增设雨水调蓄池或初期雨水处理措施。

经多年工程实践，我国多数城市一般采用截流倍数 $n_0=3$。而美国、日本及西欧等国家多采用 $n_0=3\sim5$。

(2) 截流井水力计算　根据计算出的设计流量，还能确定不同形式的截流井构造（见图10.3～图10.5）。

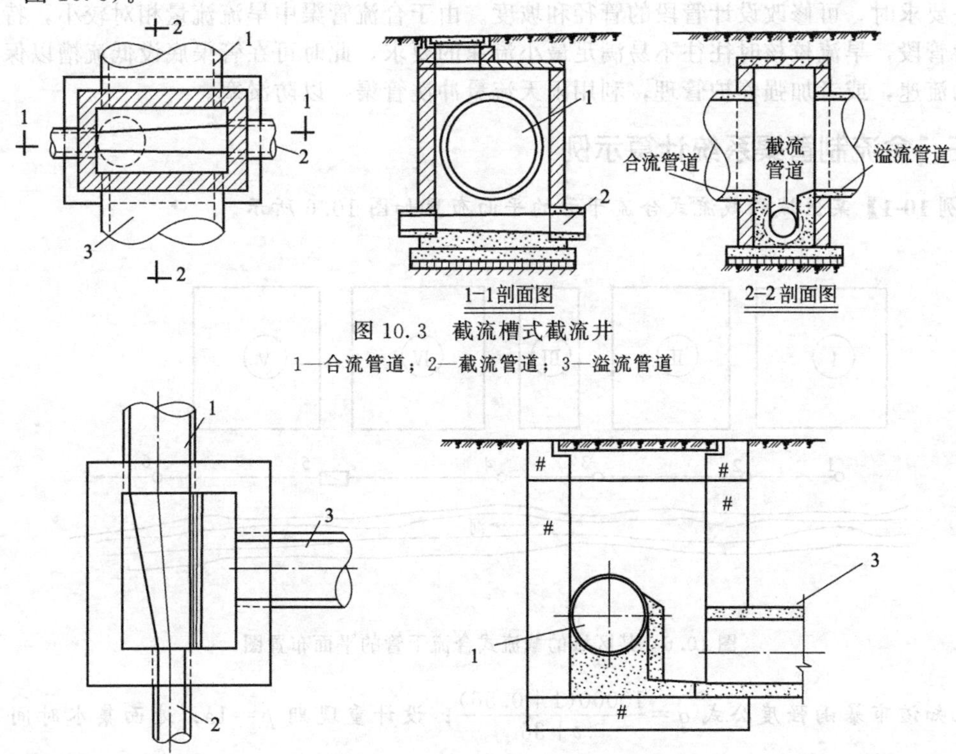

图10.3　截流槽式截流井

1—合流管道；2—截流管道；3—溢流管道

图10.4　溢流堰式截流井

1—合流管道；2—截流干管；3—排出管道

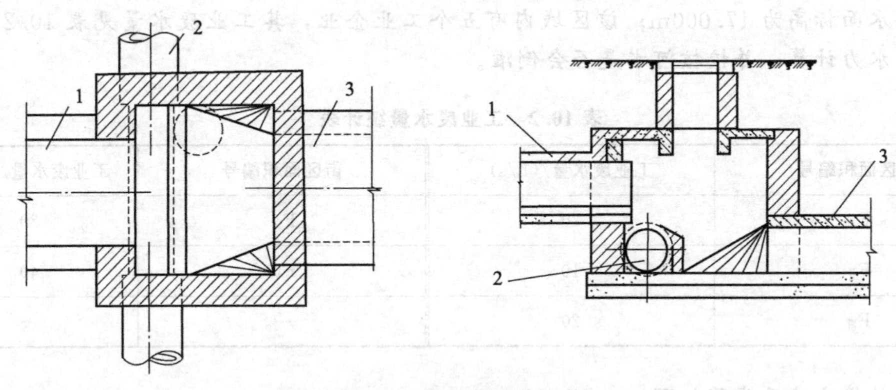

图10.5　跳跃堰式截流井

1—合流管道；2—截流干管；3—排出管道

其中溢流堰式截流井中，溢流堰设在截流干管的侧面，当溢流堰的堰顶与截流干管中心平行时，可采用下列公式计算：

$$Q=M\sqrt[3]{l^{2.5}\times h^{5.0}} \tag{10-4}$$

式中 Q——溢流堰溢出流量，m^3/s；

M——溢流堰流量系数，薄壁堰一般可采用2.2；

l——堰长度，m；

h——溢流堰末端堰顶以上水层高度，m。

3. 晴天旱流情况校核

关于晴天旱流情况的校核，应使旱流时的流速能满足污水管渠最小流速的要求。当不满足这一要求时，可修改设计管段的管径和坡度。由于合流管渠中旱流流量相对较小，特别是在上游管段，旱流校核时往往不易满足最小流速的要求，此时可在管渠底设低流槽以保证旱流时的流速，或者加强养护管理，利用雨天流量冲洗管渠，以防淤塞。

三、合流制管渠系统计算示例

【例10-1】 某区域的截流式合流干管的平面布置如图10.6所示。

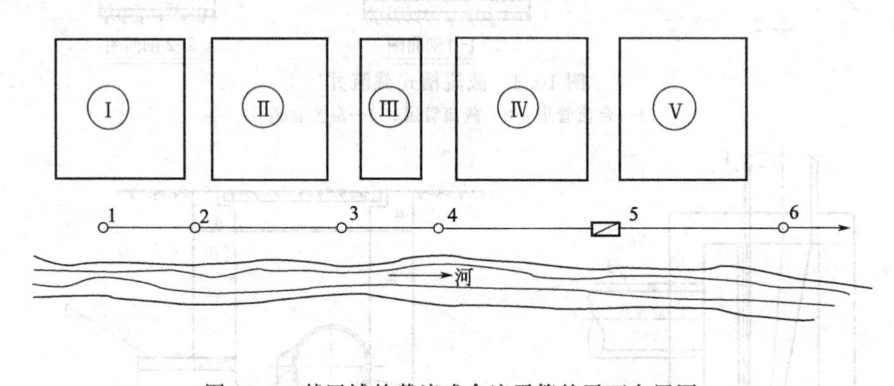

图10.6 某区域的截流式合流干管的平面布置图

已知该市暴雨强度公式 $q=\dfrac{10000(1+0.56)}{t+36}$；设计重现期 $p=1a$；地面集水时间 $t_1=10min$；平均径流系数 $\psi=0.45$；设计地区人口密度 $\rho=250$ 人/hm^2；生活污水量定额 $n=120L/(人\cdot d)$；总变化系数 $K_z=1.0$；截流倍数 $n_0=3$；管道起点埋深为1.70m；出口处河流的平均水面标高为17.000m；该区域内有五个工业企业，其工业废水量见表10.2。试进行管渠的水力计算，并校核河水是否会倒灌。

表10.2 工业废水量统计表

街区面积编号	工业废水量/(L/s)	街区面积编号	工业废水量/(L/s)
$F_Ⅰ$	20	$F_Ⅳ$	30
$F_Ⅱ$	10	$F_Ⅴ$	40
$F_Ⅲ$	20	—	—

解： 计算方法及步骤如下。

(1) 划分并计算各设计管段及汇水面积，见表10.3。

表 10.3 设计管段长度、汇水面积计算表

管段编号	管长/m	汇水面积/hm^2			
		面积编号	本段面积	转输面积	总汇水面积
1～2	100	F_1	1.20	0	1.20
2～3	120	F_2	1.80	1.20	3.00
3～4	60	F_3	0.80	3.00	3.80
4～5	130	F_4	2.10	3.80	5.90
5～6	150	F_5	2.00	0	2.00

(2) 根据地形图读出各检查井处的设计地面标高见表 10.4。

表 10.4 检查井处的设计地面标高

检查井编号	地面标高/m	检查井编号	地面标高/m
1	20.000	4	19.550
2	20.000	5	19.500
3	19.700	6	19.500

(3) 计算生活污水比流量 q_s

$$q_s=\frac{n\rho}{86400}=\frac{120\times 250}{86400}=0.347[\mathrm{L/(s\cdot hm^2)}]$$

则生活污水平均流量为：

$$\overline{Q}=q_s\times F=0.347\times F(\mathrm{L/s})$$

(4) 确定单位面积径流量 q_0 并计算雨水设计流量

单位面积流量为：

$$q_0=\psi q=0.45\times\frac{10000\times(1+0.561\mathrm{g}p)}{t+36}=0.45\times\frac{10000\times(1+0.561\mathrm{g}1)}{10+2t_2+36}=\frac{4500}{46+2t_2}(\mathrm{L/s\cdot hm^2})$$

则雨水设计流量为：

$$Q_r=\frac{4500}{46+2t_2}\times F(\mathrm{L/s})$$

(5) 根据上述结果，列表计算各设计管段的设计流量

因为 1～2 管段为起始管段，所以 $t_2=0$ 则设计管段 1～2 的设计流量为：

$Q_{1\text{-}2}=Q_s+Q_i+Q_r=0.347\times 1.2+20+4500/(46+2\times 0)\times 1.2=137.81(\mathrm{L/s})$

将此结果列入表 10.5 中第 12 项。

(6) 根据设计管段设计流量，当粗糙系数 $n=0.013$ 时，查满流水力计算表，确定出设计管段的管径、坡度、流速及管内底标高和埋设深度。其计算结果分别列入表 10.5 中第 13、14、15、16、20、21 和 23 项。

(7) 进行旱流流量校核

计算结果见表 10.5 中第 24～26 项。

下面将其部分计算说明如下。

① 表中第 17 项设计管道输水能力是指设计管径在设计坡度条件下的最大输水能力，此值应接近或略大于第 12 项的设计总流量。

② 1～2 管段因旱流流量太小，未进行旱流校核，应加强养护管理或采取适当措施防止淤塞。

③ 由于在5节点处设置了溢流井，因此5～6管段可看作截流干管，它的截流能力为：

$$(n_0+1)Q_{dr}=(3+1)\times 82.05=328.2(L/s)$$

将此值列入表中第11项。

④ 5～6管段的本段旱流流量和雨水设计流量均按起始管段进行计算。

(8) 溢流井的计算

经溢流井溢流的混合污水量为：

541.55－328.2＝213.35(L/s)＝0.2133(m³/s)

选用溢流堰式溢流井，溢流堰顶线与截流干管的中心线平行，则：

$$Q=M^3\sqrt{l^{2.5}h^{5.0}}$$

因薄壁堰$M=2.2$，设堰长l＝1.5m，则：

$$Q=2.2^3\sqrt{1.5^{2.5}h^{5.0}}$$

解得$h=0.170$m，即溢流堰末端堰顶以上水层高度为0.170m。该水面高度为溢流井下游管段（截流干管）起点的管顶标高。该管顶标高为17.413＋0.8＝18.213(m)。

溢流堰末端堰顶标高为18.213－0.170＝18.043(m)。此值高于河流平均水面标高17.000m，故河水不会倒灌。

表10.5 截流式合流干管计算表（上）

管段编号	管长/m	汇水面积/hm²			管内流行间/min		设计流量/(L/s)					设计管径/mm	设计坡度/‰	管道坡降 $I\times L$/m
		本段	转输	总计	累计$\sum t_2$	本段t_2	雨水	生活污水	工业废水	截流井转输水量	总计			
1	2	3	4	5	6	7	8	9	10	11	12	13	14	15
1～2	100	1.2	0	1.20	0	2.22	117.39	0.42	20	—	137.81	500	1.5	0.150
2～3	120	1.8	1.2	3.00	2.22	2.56	267.64	1.04	30	—	298.69	700	1.1	0.132
3～4	60	0.8	3.0	3.80	4.78	1.11	307.78	1.32	50	—	359.09	700	1.4	0.084
4～5	130	2.1	3.8	5.90	5.89	2.01	461.55	2.05	80	—	541.55	800	1.7	0.221
5～6	150	2.0	0	2.00	0	2.27	195.65	0.69	40	328.2	564.55	800	1.8	0.270

表10.5 截流式合流干管计算表（下）

管段编号	设计流速/(m/s)	设计管道输水能力 Q/(L/s)	地面标高/m		管内底标高/m		埋深/m		旱流校核			备注
			起点	终点	起点	终点	起点	终点	旱流流量	充满度	流速/(m/s)	
1	16	17	18	19	20	21	22	23	24	25	26	27
1～2	0.75	150	20.000	20.000	18.300	18.150	1.700	1.850	20.42			加强维护管理
2～3	0.78	300	20.000	19.700	17.950	17.818	2.050	1.882	31.04			
3～4	0.90	375	19.700	19.550	17.818	17.734	1.882	1.816	51.32			
4～5	1.08	550	19.550	19.500	17.634	17.413	1.916	2.087	82.05	0.27	0.75	
5～6	1.10	575	19.500	19.500	17.413	17.143	2.087	2.357	122.74	0.33	0.85	设截流井

任务三　合流制管渠系统的改造

【任务内容及要求】

合流制管渠对水体会造成一定的污染，目前我国很多城市正在或已经实施了对原有合流制改造成分流制，合流制改分流制可以根据不同的条件，采取不同的方案。

我国多数城市的旧城区都采用直排式合流制排水管渠系统，对污水不加任何处理就直接排放。随着城市的发展和生活水平的提高，用水量增加，通过合流管渠直接排入水体的污水量也迅速增加，这就势必对水体造成严重的污染，如巢湖、淮河等水系都受到了不同程度的污染。为保护水体，很多城市对已建的旧合流制排水管渠系统进行改造。

目前，对城市旧合流制排水管渠系统的改造通常可以采取以下几种途径。

(1) 彻底改合流制为分流制　将合流制改为分流制可以完全杜绝混合污水对水体的污染，因而是最彻底的改造方法。通常，在具有下列条件时，可考虑将合流制改造为分流制：

① 住房内部有完善的卫生设备，便于将生活污水与雨水分流；

② 工厂内部可污废分流，便于将符合要求的生产污水接入城市污水管道系统，将生产废水接入城市雨水管渠系统，或在厂区内部回收利用；

③ 城市街道的横断面有足够的空间，能够设置由合流制改分流制增加的管道，而不对城市的交通造成过大的影响。

一般地说，住房内部的卫生设备目前已日趋完善，将生活污水与雨水分流可以做到，很多城市已经实施了对小区雨水管渠的分流制改造；工厂内部污废分流，一些规划合理，工艺不是很复杂的厂区可以做到；而一些老街横断面的大小，则往往由于年代久远，地下设施较多，使街道拓宽难度大，给改造工作带来极大困难。

(2) 保留部分合流制，改成截流式合流制　考虑到将合流制改为分流制投资大，施工困难，短期内难以做到，目前常将直排式合流制改造成截流式合流制排水管渠系统。溢流时混合污水中不仅含有旱流污水，而且还挟带有晴天沉积在管底的污物，对受纳水体造成局部或整体污染。虽然这种管渠并没有杜绝污水对水体的污染，在经济紧张、改造困难的城市可以采用此政策，减轻对水体的污染。

(3) 在截流式合流制的基础上，设置合流污水调蓄构筑物　一些城市，周围水体少，环境容量有限，自净能力较差，不允许合流污水直接排入。此时，可在截流干管适当位置设置合流污水调蓄构筑物，将超过截流干管转输能力及污水厂处理能力的合流污水引入调蓄构筑物暂时储存，待暴雨过后再通过污水泵提升至截流干管，送入污水处理厂，基本上保证水体不受或少受污染。

由于雨水量的不容易确定性，合理确定合流污水调蓄构筑物容积存在较大难度，一般调蓄构筑物容积大，需较大的占地空间；调蓄的合流污水送到污水处理厂，增加了污水处理厂的负荷及运行费用，也给日常运行、维护、管理带来不便。

(4) 对溢流的混合污水作适当处理　由于截流式合流制排水管渠溢流的混合污水直接排入水体仍会造成污染，其污染程度随着城市和工业的进一步发展而日益严重。为了保护水体，可对溢流的混合污水作适当的处理，减轻或杜绝溢流混合污水对水体的污染，常用的处理措施有：细筛滤、沉淀或加氯消毒后再排入水体；也可增设蓄水池或地下人工水库，将溢流的混合污水贮存起来，待暴雨过后再将其抽送入截流干管进入污水厂处理后排放。

(5) 控制溢流的混合污水量　为减少溢流的混合污水对水体的污染，在土壤有足够渗透性且地下水位较低（至少低于排水管底标高）的地区，可采用提高地表持水能力和地表渗透能力的措施来减少暴雨径流量，从而降低溢流的混合污水量。如前一章提到的采用透水性路面或没有细料的沥青混合料路面，也可采用地表蓄水池、屋面蓄水或将表面的蓄水引入干井或渗透沟，都可以起到消减高峰径流量的作用。

城市旧合流制排水管渠系统的改造是一项比较复杂的工作。对我国来说，这不仅是因为城市排水管渠系统在随城市发展而进行修建的过程中，管渠的材料和技术条件等先后都有差别，给城市旧排水管渠系统的改造增加了不少困难。因此，城市旧合流制排水管渠系统的改造必须根据当地的具体情况，与城市规划相结合，在确保水体免受污染的前提下，充分发挥原有管渠系统的作用，使改造方案既有利于保护环境，又经济合理、切实可行。

在没有完全改造的城市，可能存在合流制与分流制并存的情况。在这种情况下，必须慎重处理两种管渠系统的连接方式问题。当合流制管渠系统中雨天的混合污水能全部在污水厂进行处理时，两种管渠系统的连接方式就比较灵活。当合流制管渠系统中雨天的混合污水不能全部进入污水厂处理，而必须在处理构筑物前溢流部分混合污水时，就必须采用如图 10.7 所示的两种方式连接。它们是合流管渠中的混合污水先溢流，然后再与分流制的污水管道系统连接，两种管渠系统一经汇流后，汇流的全部污水都进入污水厂，经过处理后再排放。

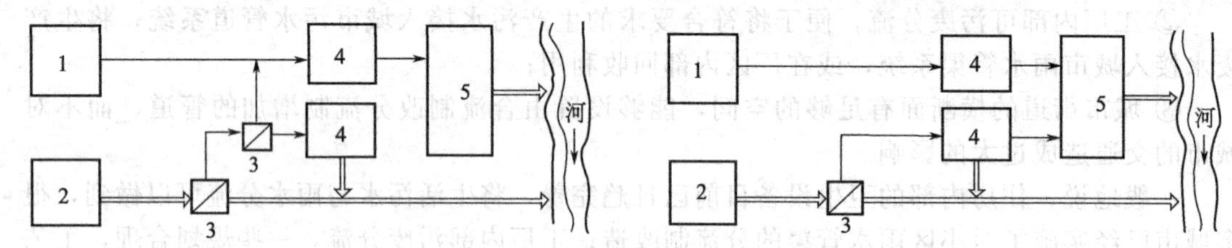

图 10.7 合流制与分流制管渠排水系统的连接方式

1—分流区域；2—合流区域；3—溢流井；4—初次沉淀池；5—曝气池与二次沉淀

小 结

通过本项目的学习，将项目的主要内容概括如下。

合流制管渠系统有自身的特点它相对分流制而言管线单一、便于施工，对于有足够的水体容量时可以考虑选择合流制管渠，在系统布置时应就近排入水体，防止水体严重污染，通过设置调蓄构筑物可以削减初期雨水溢流量，减少初期雨水溢流污染物，有效提高合流系统的截流倍数。

合流制管渠系统计算兼有污水管道计算和雨水管道计算的方法又含有截流井的特性，截流井后的流量由两部分组成，分别为通过截流井的上游流量和本段的旱季流量、雨水设计流量。

合流制管渠改造可以通过考虑设置点的各项因素，采用彻底改合流制为分流制，保留部分合流制，改成截流式合流制，在截流式合流制的基础上，设置合流污水调蓄构筑物，对溢流的混合污水作适当处理等途径。

思 考 题

1. 试比较分流制与合流制的各有何优缺点？

2. 合流制排水管渠系统的使用条件和布置特点各是什么？

3. 合流制排水管渠的雨水设计重现期为什么应比同一条件下的雨水管渠的设计重现期提高些？

4. 合流制管渠中的截流倍数 n_0 有何意义？其数值如何确定？

5. 城市旧合流制排水管渠系统的改造途径有哪些？说说你对合流制改分流制的看法。

工学结合训练

【任务一】案例计算

某城镇一般地区设有一条合流管渠，如图10.8所示，图中2、3、4为截流井，已知计算条件见表10.6，求合流管渠2—3管段的设计流量Q和3—4管段设计流量Q。

表10.6　基础数据

合流管渠	生活污水/(L/s)		工业废水/(L/s)		雨水设计流量/(L/s)	截流倍数n_0
	平均流量	最大时流量	最大班平均流量	最大时流量		
1—2	12	25	20	38	550	2
2—3	20	28	25	40	500	2.5
3—4	25	35	30	45	450	2

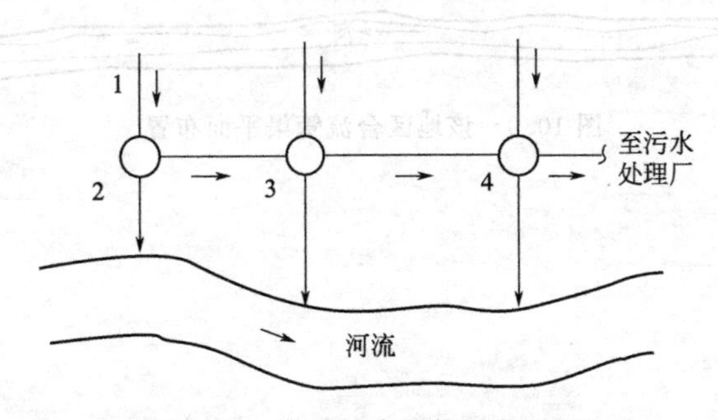

图10.8　某城镇合流管渠布置图

【任务二】设计计算

某市一工业区拟采用合流制排水管渠系统，其平面布置如图10.9所示。各设计管段的管长、汇水面积和工业废水量如表10.7所示，各检查井处的地面标高如表10.8所示。

表10.7　各设计管段的管长、汇水面积和工业废水量

管段编号	管长/m	汇水面积/hm^2		本段工业废水量
		面积编号	本段面积	
1—2	100	Ⅰ	1.20	20
2—3	150	Ⅱ	2.10	12
3—4	60	Ⅲ	0.80	10
4—5	120	Ⅳ	2.40	40
5—6	150	Ⅴ	2.50	20

表10.8　各检查井处的地面标高

检查井编号	地面标高/m	检查井编号	地面标高/m
1	25.320	4	25.600
2	25.100	5	25.400
3	25.810	6	25.500

其他原始数据如下：

(1) 该地区暴雨强度公式为：

$$q=\frac{167(1+45\lg p)}{t_1+2\times t_2+10}\ [\mathrm{L/(s\cdot hm^2)}]$$

设计重现期采用 1a，地面集水时间 $t_1=10\mathrm{min}$，该排水流域的平均径流系数 $\psi=0.45$。

(2) 设计人口密度为 300 人/$\mathrm{hm^2}$，生活污水量标准为 120L/(人·d)。

(3) 截流干管的截流倍数 $n_0=3$。

(4) 管道起点埋深为 1.75m。

(5) 河流平均水位标高为 18.000m。

试进行管段 1—6 管段的水力计算。

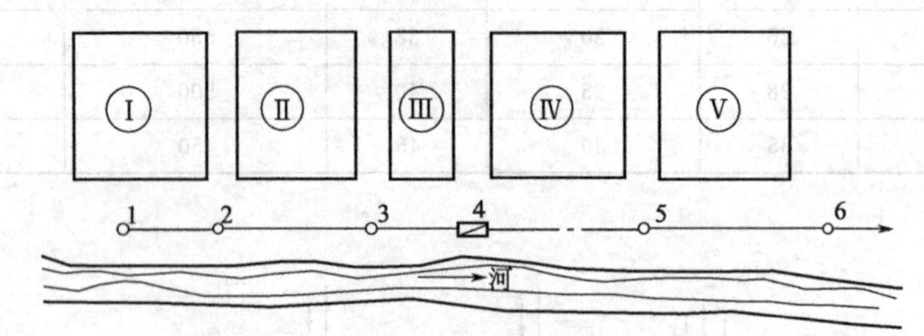

图 10.9　该地区合流管渠平面布置

项目十一 给排水管道工程施工

项目导读

本项目按照管道施工的施工步骤，介绍了给排水管道工程施工的相应知识，给排水管道在埋地敷设时，通常有开槽施工和不开槽施工两种方法，通过学习熟悉开槽施工的各工艺环节的相关知识，熟悉几种常见的不开槽施工工艺，通过学习管道隐蔽工程验收的相关知识，掌握管道强度试验和严密性试验的方法。

知识目标

· 熟悉管道施工前的准备工作
· 熟悉市政给排水管道的开槽施工
· 熟悉市政给排水管道的不开槽施工

能力目标

· 具备施工交底与测量放线的能力
· 具备市政给排水开槽施工的能力
· 具备一定的市政给排水管道不开槽施工的知识

任务一 管道施工准备工作

【任务内容及要求】

管道施工前需要做许多准备工作。管道运送到施工现场，验收合格后才能签收，并进行正确装卸与合理堆放。学习施工交底的内容，并熟悉测量和放线的知识。

一、管道运输与进场

1. 管道的运输

管道在运输过程中，为保证管道不受损坏，应有防止滚动和相互碰撞的措施。非金属管材可将管道放在有凹槽或两侧钉有木楔的垫木上，管道上下层之间应有垫木、草袋或麻袋隔开。管道装好后应用缆绳或铁丝绑牢，金属管材与缆绳或铁丝绑扎的接触处，应有麻袋或草袋等作软衬，以免管道防腐层受到损伤。铸铁直管装车运输时，伸出车体外部分不应超过管子长度的 1/4。

非金属管材应尽量避免在坚硬有棱角或碎石上滚动，短距离搬运时可用草袋或木板等托运。金属管材短距离滚运时，同样要注意地面上的尖硬物质，避免防腐层的破坏。总之，要使附加操作尽可能少，特别注意集中或冲击荷载，防止给管道端部的造成损害。

2. 管道进场

工程所用的管道材、管道附件、构（配）件和主要原材料等产品进入施工现场时，必须进行进场验收，验收合格后允许进场并妥善保管。验收时应检查每批产品的订购合同、管道规格、质量合格证书、性能检验报告、使用说明书、生产合格证、进口产品的商检报告及证件等，并按国家有关标准进行复验，验收合格后方可使用。

管道装卸时可用吊车，捆绑管道可用绳索兜底平吊或套捆立吊，平吊采用较多，见图11.1(a)、(b)，不得将吊绳穿过管腔吊运。管道兜底平吊时，吊绳与管道的夹角不宜过小，一般宜大于45°，装卸管道时严禁管道互相碰撞和自由滚落，更不得向地面抛掷。

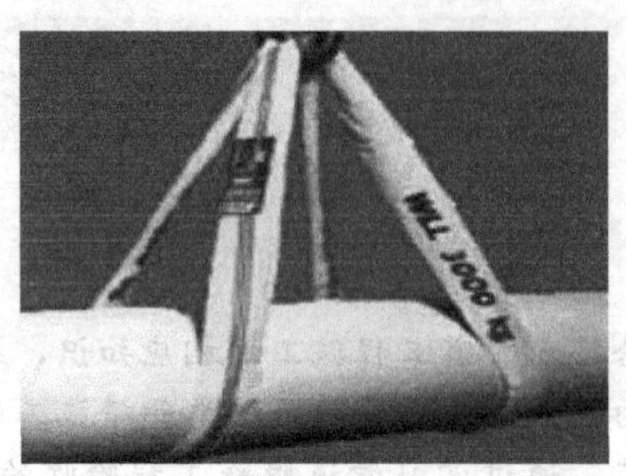

(a) 兜底平吊之一

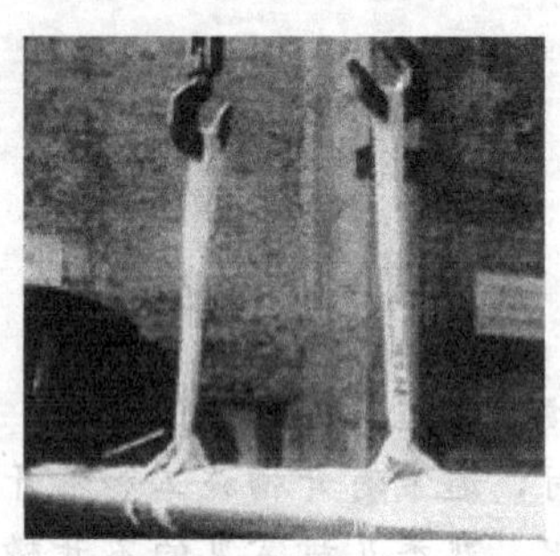

(b) 兜底平吊之二

图 11.1　兜底平吊

管道堆放的场地要平整，不同类别的和不同规格的管道要分开堆放，垛与垛之间留有通道，管径较小时，管道可以纵横交错堆放。每层管道的承插口相间平放，但应注意堆放时将管道用木块垫好，以免管道滚动。

二、施工交底及测量放线

1. 工程交底

施工时承建单位要认真研习承包合同、施工图纸和其他施工文件，理解设计意图和要求，并进行现场核查相关情况，重点检查环境保护、建筑设施、公用管线、交通配合、施工排水等情况，考虑必要的技术措施、要求及安全施工条件，在图纸会审时听取设计单位的设计要点及施工建议，对可能存在问题的地方讨论相关解决方案，最终形成会议纪要。

2. 测量与放线

管道施工测量是利用钢卷尺（皮尺）、水准仪、经纬仪，使给排水管道的实际平面位置、标高和尺寸等符合图纸设计要求。施工测量后，进行管道放线，以确定给排水管道沟槽开挖位置、形状和深度。

(1) 一般管道施工测量可分两个步骤　第一步是进行一次场地的基线桩及辅助基线桩、水准基点桩的测量，对水准基点标高进行复测，并在复测工作中进行补桩和护桩工作。

第二步按设计图纸坐标进行测量，对给排水管道的中心桩及各部位进行施工放样，同时做好护桩。

(2) 管道放线　依据施工图给定的中线位置，确定两个中心钉的位置，拉线后在离开沟槽开挖范围设立中心控制桩，并且进行相应的保护。依据管道管径大小，开挖深度、现场情况确定沟槽开挖宽度，从中心向两侧分别量出沟槽开挖宽度的二分之一，每侧两点，分别连线撒上白灰。给水管道每隔20m设中心桩，排水管道每隔10m设中心桩。给排水管道在阀门井、检查井、管径变换处也均要设中心桩。

任务二　市政给排水管道开槽施工

【任务内容及要求】

市政给排水管道开槽施工需要先进行沟槽开挖，然后将管道下入沟槽，稳定管道后进行管道安装，管道安装结束后先进行隐蔽工程验收，再进行竣工验收。通过学习，熟悉各工艺环节的相关知识，掌握管道的水压试验和闭水试验。

1. 沟槽开挖

施工放线后，可按照撒的白灰线进行沟槽开挖。沟槽开挖可采用人工开挖或机械开挖，应根据沟槽的断面形式、地下管线的复杂程度、土质坚硬程度、工作量和施工场地的大小以及机械配备、劳动力等条件确定。

沟槽开挖前应了解土质、地下水等情况。查清地下埋设的管道、电缆或有毒气体的位置、深度、走向，并要加设标记，设置护栏。工程实施前施工人员必须向操作工人详细交底。其内容包括：地下设施情况、危险性、安全措施、操作方法和施工过程中的安全注意事项等。

在现场通道附近挖土时，要设护栏及警示标志，夜间应设红色警示灯。沟槽边上 0.8m 以内不准堆料或停放车辆设备。

挖土时要从上而下顺序作业，严禁掏洞挖土。机械挖运、土方时应有专人指挥。

开挖沟槽要按照土质情况进行放坡或支护。挖槽深度超过 1.5m 不加支撑时，应按市政工程安全操作规程的土方放坡规定，确定放坡坡度。需要支设支撑的地方，可验算支撑的能力并按相应规定进行支设和拆除。

在开挖沟槽过程中，沟槽底部应保证平整，并清除所有松散或凸起的石块，再在其上铺设砂垫层或支模浇筑砼垫层。若遇松软土质、淤泥等不良地基时，根据具体情况并取得业主和设计单位同意后，采用碎石垫层、灰土垫层等进行换填土或其他措施处理后再设砂垫层或支模浇筑砼垫层。开挖过程中遇到地下管线复杂及地基土质较差时，可采用直槽密支撑的开挖方式，分段施工，并做好土方调配。经土方平衡后多余土方外运，其余土方内转、回填的原则。

沟槽成型后，需进行严格的验槽，即要有足够的操作宽度，也要保证地基的承载力要求，杜绝超挖。验槽后填制好相应的记录。经监理工程师验收合格后，方可进行下道工序的施工。开挖时应做好排水措施，防止槽底受水浸泡。

2. 沟槽支撑

支撑是防止沟槽土壁坍塌的一种临时性挡土结构，由木材或钢材等做成。支撑的荷载是来自原土和地面荷载所产生的测土压力，加设支撑时沟槽可挖成直槽，减少挖方量和施工占地面积，板桩支撑深入槽底，通过延长地下水渗水途径，还能起到一定的阻水作用。总的来说，设置沟槽支撑可以为施工创造安全的施工环境，但是支撑支设增加了材料的消耗，给后序施工操作带来不便，一定程度上可能会影响施工工期，所以是否要设置沟槽支撑，应根据土质、地下水情况、沟槽宽度、沟槽深度、地面荷载、开挖方法等情况确定。

(1) 支撑的种类　沟槽支撑的形式有横撑、竖撑和板桩支撑，开挖大基坑时还可采用锚钉式支撑等几种。

横撑由撑板、立柱和撑杠组成见图 11.2(a)，又分为疏撑和密撑两种。疏撑是撑板间有间距，而密撑则是各撑板间密接铺设。根据土压力和土的密实程度选用横撑的形式，有时可在沟槽的上部设疏撑，下部设密撑。竖撑由撑板、横梁和撑杠组成，如图 11.2(b) 所示。

用于沟槽土质较差，地下水较多或有流砂的情况。竖撑的特点是撑板可先于沟槽挖土而插入土中，回填以后再拔出，因此，竖撑便于支设和拆除，操作安全。

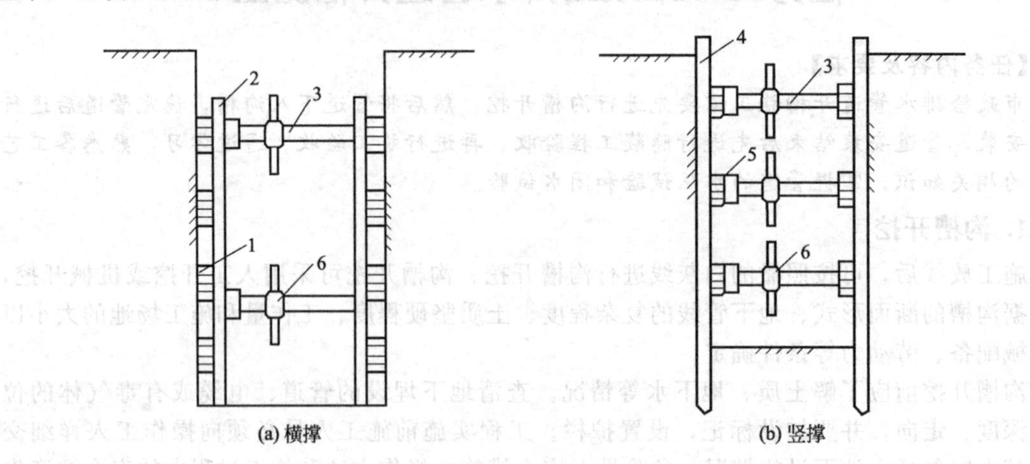

图 11.2 撑板支撑

1—水平撑板；2—立柱；3,6—工具式撑杠；4—竖直撑板；5—横梁

板桩撑一般有钢板桩（如图 11.3 所示）和木板桩两种。它是在沟槽土方开挖前就将桩板垂直打入槽底以下一定深度。其优点是：土方开挖及后续工序不受影响，施工条件良好。板桩撑适用于沟槽开挖深度较大、地下水丰富、有流砂现象或砂性饱和土层及采用一般支撑不能奏效的情况。

(a) 钢板桩断面

(b) 钢板桩支设

图 11.3 钢板桩

(2) 支撑的支设与拆除　沟槽挖到一定深度或到地下水位以上时，开始设置支撑。支设程序一般为：首先支设紧贴槽壁撑板，再安设立柱（或横梁）和撑杠，注意横平竖直，支设牢固。然后逐层开挖逐层支设。

施工过程中尽量减少倒撑，经常检查槽壁和支撑情况，尤其在流砂地段或雨季时，如支撑各部件有弯曲、倾斜、松动时，应立即加固、拆换受损部件。如发现槽壁有塌方预兆时，应增设支撑。

沟槽内工作全部完成后，才能进行支撑拆除。拆撑与沟槽回填同时进行，拆撑时注意由下而上进行，钢板桩可用吊链慢慢拔出，边拆（拔）边回填土，并注意地下水的排除。

3. 施工排水

施工排水分为明沟排水法和人工降低地下水位法。

明沟排水适用于岩石层、大块碎石类土和渗水量不大的黏性土壤；人工降低地下水位法，一般采用井点降水，适用于降水深度大或软土地区，尤其是可能发生流砂的地段。

(1) 明沟排水　明沟排水法是在管沟或基坑开挖时，在沟（坑）底设置集水井（坑），在沟（坑）底周围或中央开挖排水沟，使水流入集水井中，然后用水泵抽走，抽水工作应持续到整个地段管线下沟、回填工序结束后才能停止（见图 11.4）。

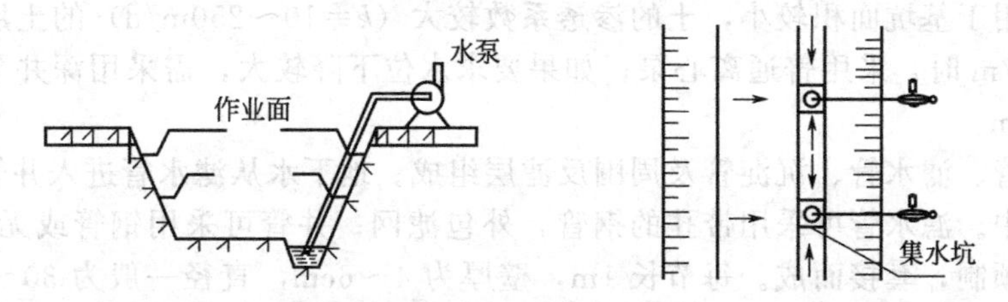

图 11.4　明沟排水示意图

(2) 人工降低地下水位　在经常性排水中，采用明排法，由于多次降低排水沟和集水井高程，变换水泵站位置，影响开挖工作正常进行，此外在细砂、粉砂及砂壤土地基开挖中，因渗透压力过大而引起流砂、滑坡和地基隆起等事故，对开挖工作产生不利影响。采用人工降低地下水位措施可以克服上述缺点。人工降低地下水位，就是在基坑周围钻井，地下水渗入井中，随即被抽走，使地下水位降至基坑底部以下，整个开挖部分土壤呈干燥状态，开挖条件大为改善。

常用的井点法和管井法。

当土壤的渗透系数 $k<1\text{m/d}$ 时，用管井法排水，井内水会很快被抽干，水泵经常中断运行，既不经济，抽水效果又差，这种情况下，采用井点法较为合适。井点法适宜于渗透系数为 0.1～50m/d 的土壤。井点的类型有轻型井点、喷射井点和电渗井点三种，比较常用的是轻型井点。

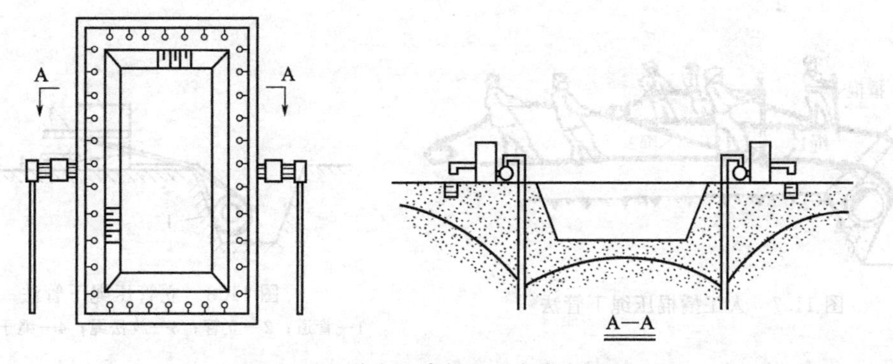

图 11.5　井点法降低地下水位布置图

轻型井点由井管、集水管、普通离心泵、真空泵和集水箱等设备组成的排水系统，如图 11.5 所示。轻型井点的井管直径为 38～50mm，采用无缝钢管，管的间距为 0.8～1.6m，最大可达 3.0m。地下水从井管底部的滤水管内借真空泵和水泵的抽吸作用流入管内，沿井管上升汇入集水管，再流入集水箱，由水泵抽出。

轻型井点系统开始工作时，先开动真空泵排出系统内的空气，待集水箱内水面上升到一定高度时，再启动水泵抽水。如果系统内真空不够，仍需真空泵配合工作。井点排水时，地下水位下降的深度取决于集水箱内的真空值和水头损失。一般集水箱的真空值为 400～500mmHg 柱（1mmHg=133.322Pa）。

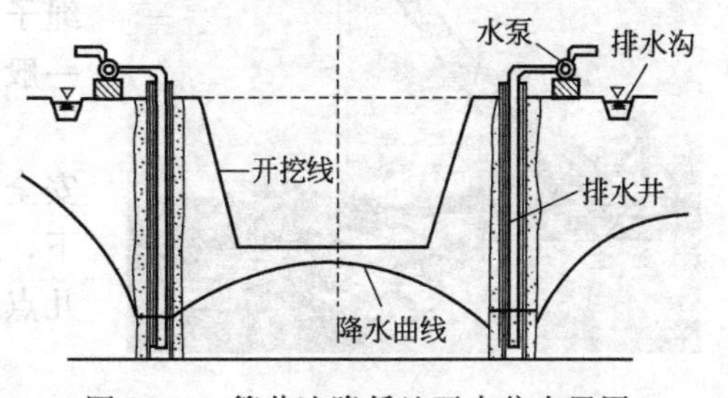

图 11.6　管井法降低地下水位布置图

管井法就是在基坑周围或上下游两侧按一

定间距布置若干单独工作的井管，地下水在重力作用下流入井内，各井管布置一台抽水设备，使水面降至坑底以下，如图 11.6 所示。

管井法适用于基坑面积较小，土的渗透系数较大（$k=10\sim250\text{m/d}$）的土层。当要求水位下降不超过 7m 时，采用普通离心泵；如果要求水位下降较大，需采用深井泵，每级泵降低水位 20～30m。

管井由井管、滤水管、沉淀管及周围反滤层组成。地下水从滤水管进入井管，水中泥沙沉淀在沉淀管中。滤水管可采用带孔的钢管，外包滤网；井管可采用钢管或无砂混凝土管，后者采用分节预制，套接而成。每节长 1m，壁厚为 4～6cm，直径一般为 30～40cm。管井间距应满足在群井共同抽水时，地下水位最高点低于坑底，一般取 15～25m。

4. 下管

沟槽和管道基础已经验收合格后进行下管，下管前应先进行管材及管件的检验与修补，质量要符合设计要求，确保不合格或已经损坏的管材及管件不下入沟槽。

下管的方法要根据管材种类、管节的重量和长度、现场条件及机械设备等情况来确定，一般分为人工下管和机械下管两类。无论采用哪种下管方法，一般采用沟槽分散下管，以减少管道在沟槽内的运输。

(1) 人工下管 适用于管径小、重量轻，施工现场狭窄、不便于机械操作，工程量较小，而且机械供应有困难的情况。常用的人工下管法有压绳下管法、塔架下管法和溜管下管法。

压绳下管法是人工下管法中最常用的一种方法，适用于中、小型管子，方法灵活，可作为分散下管法。压绳下管法包括人工撬棍压绳下管法和立管压绳下管法两种见图 11.7、图 11.8。

图 11.7 人工撬棍压绳下管法

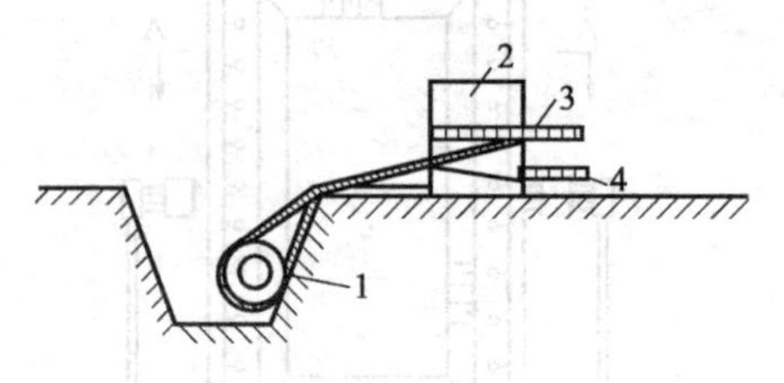

图 11.8 立管压绳下管法

1—管道；2—立管；3—放松绳；4—绳子固定端

塔架下管法利用装在塔架下的吊链进行下管，其方法是先将管子滚至架下横跨沟槽的横梁上，然后将它吊起，撤掉横梁后，将管子下到槽底。塔架的种类有三脚塔架、四角塔架及高凳等。此法适用于较大管径的集中下管。

立管溜管法是将两块木板组成的三角木槽斜放在沟槽内，管子的一端用带有铁钩的大绳钩住管子，绳子的另一端由人工控制将管子沿着木槽溜入槽内。一般适用于管径小于 300mm 以下的混凝土管。

(2) 机械下管 机械下管（见图 11.9）速度快、安全，劳动强度低、效率高，所以在条件允许的情况下，尽可能采取机械下管。机械下管应该注意以下几点。

① 机械下管时，起重机距沟边至少有 1m 间隔，避免沟壁坍塌。

图 11.9 机械下管

② 吊车不得在架空输电线路下作业，在架空线路附近作业时，其安全距离应符合规定。

③ 起吊过程中，操作人员应配戴安全帽和防护手套（起重、驾驶员除外）；在起吊作业区内，任何人不得在吊钩或被吊起的重物下面通过或站立；起吊时，应有专人指挥，指挥人员必须熟悉机械吊装的有关安全操作规程和指挥信号，驾驶员必须听从信号进行操作；每次起吊时应先缓缓试吊，待管子稍稍离开支撑面后，停止起吊，对捆绑情况、钢丝绳、吊车支撑脚等进行仔细检查，当确认无异常情况时，方可继续起吊；只有当管子基本就位时，操作人员才可上车扶管摆正、固定。在起吊作业区内，任何人不得在吊钩或被吊起的重物下面通过或站立。

④ 绑（套）管子应找好重心，平吊轻放。不得忽快忽慢和突然制动。

⑤ 起吊及搬运管材、配件时，对于法兰盘面、非金属管材承插口工作面，金属管防腐层等。均应采取保护损坏。吊装闸阀等配件，不得将钢丝绳捆绑在操作轮及螺栓孔上。

⑥ 管节下入沟槽时，不得与槽壁支撑及槽下管道相互碰撞；槽内运管不扰动天然地基措施。

5. 市政给水管道施工

(1) 球墨铸铁管的安装　施工前，对管材、管件、橡胶圈等做一次外观检查，发现有问题的均不能使用。

管道安装一般采用滑入式“T”形接口，只要将插口插入承口就位即可。施工实践证明：这种接口具有可靠的密封性、良好的抗震性和耐腐蚀性，操作简单，安装技术易掌握，改善了劳动条件，质量可靠，接口完成后即可通水，是一种比较好的接口形式。

安装程序为清理承口插口——清理胶圈——上胶圈—下管——安装机具设备——在插口外表和胶圈上刷润滑剂——顶推管子使之插入承口——检查。

① 安装要点

(a) 清理管口：将承口内的所有杂物予以清除，并擦洗干净，因为任何附着物都有可能造成接口漏水。

(b) 清理胶圈、上胶圈：将胶圈上的粘着物清擦干净，把胶圈弯为“梅花形”或“8”字形装入承口槽内（见图 11.10），并用手沿整个胶圈按压一遍，或用橡皮锤砸实，确保胶圈各个部分不翘不扭，均匀一致地卡在槽内。

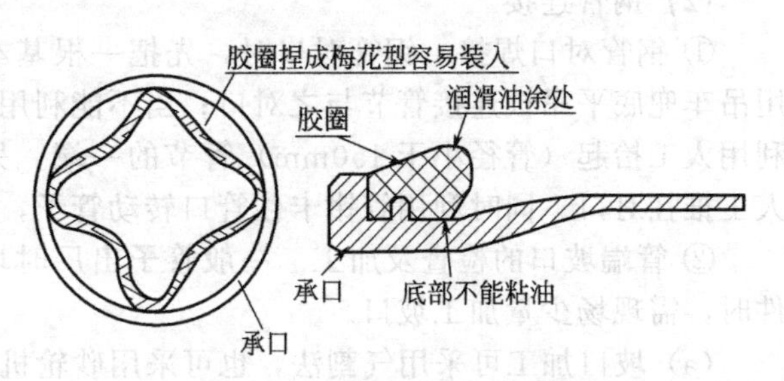

图 11.10　清理上胶圈及涂润滑油

(c) 在插口外表面和胶圈上涂刷润滑剂（见图 11.10）将润滑剂均匀地涂刷在承口安装好的胶圈内表面、在插口外表面涂刷润滑剂时要将插口线以外的插口部位全部刷匀，坡口尤为重要。

(d) 管件的安装：由于管件自身重量较轻，在安装时采用单根钢丝绳时，容易使管件方向偏转，导致橡胶圈被挤，不能安装到位。因此，可采用双倒链平行用力的方法使管件平行安装，胶圈不致被挤，可安装到位；也可采用加长管件的办法，用单根钢丝进行安装。

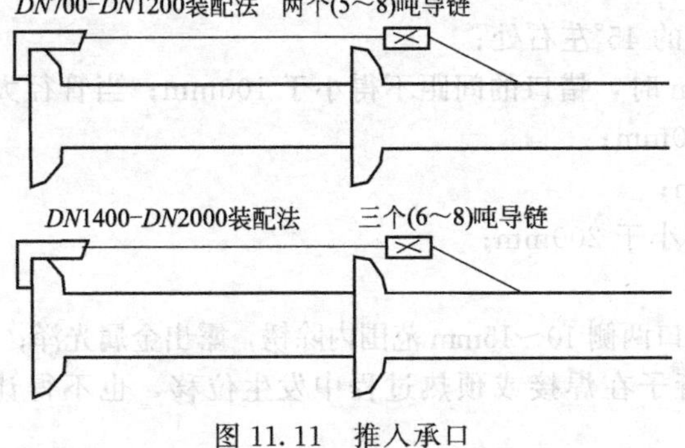

图 11.11　推入承口

(e) 安装机具设备：将准备好的机具设

备安装到位，安装时注意不要将已清理的管子部位再次污染。

(f) 顶推管子使之插入承口（见图 11.11）：在安装时，为了将插口插入承口内较为省力、顺利。首先将插口放入承口内且插口压到承口的胶圈上，接好钢丝绳和倒链，拉紧倒链；与此同时，让人在管道承口端用力左右摇晃管子，直到插口插入承口全部到位（以插口线为标志，第一道插口线进入承口内，第二道插口线几近到底），承口与插口之间应留 2mm 左右的间隙。并保证承口四周外沿至胶圈的距离一致。

(g) 检查：检查承口插口的位置是否符合要求（用钢板尺伸入承插口间隙中检查胶圈位置是否正确到位）。

② 安装应注意的几个问题

(a) 胶圈应在承口槽内放正，并用手压实。

(b) 当管子需截短后再安装时，插口端应加工成坡口形状。在弯曲段利用管道接口的借转角安装时，应先将管子沿直线安装，然后再转至要求的角度。在安装过程中须在弧的外侧用小木块将已铺好的管身撑稳，以免位移。

(c) 安装过程中，定管、动管轴心线要在一条直线上，否则容易将胶圈顶出，影响安装。

(d) 管道安装要平，管子之间应成直线，有倾斜时，应从低处向高处铺设，将承口向着高的方向。

(e) 将连接管道的接口对准承口，保持插入管段的平直，用单根钢丝绳一次插入至标线，若插入阻力过大，切勿强行插入，以防橡胶圈扭曲。

(f) 管道安装和铺设工程中断时，应用其盖堵将管口封闭，防止土砂等杂物流入管道内。

(g) 试压前应在每根管子的中间部位适当的覆土。

(2) 钢管连接

① 钢管对口焊接　钢管对口时，先把一根基本管节或已安装好的管段固定好，然后利用吊车兜底平吊被连接管节与之对口；当不能利用吊车时，也可利用三角架和手拉葫芦，或利用人工抬起（管径小于 150mm）管节的一端，另一端用一根木杠或撬棍插于管内，辅以人工推扛对口。同时利用管钳卡住管口转动管子，以尽量减小错口并使间隙均匀。

② 管端坡口的检查及加工　一般管子出厂时均有合格的坡口，若需现场截断或加工管件时，需现场少量加工坡口。

(a) 坡口加工可采用气割法，也可采用砂轮机等机械加工法。

(b) 坡口的角度、钝边、对口间隙应符合下表要求，不得在对口间隙夹焊帮条或用加热法缩小间隙施焊。

③ 对口的质量要求　对口时应使内壁齐平，可采用长 300mm 的直尺在接口内壁或外壁周围顺序帖靠，错口的允许偏差应为 0.2 倍管壁厚，且不大于 2mm；对口时两管节纵、环向焊缝的位置应符合下列要求：

(a) 纵向焊缝应放在管道中心垂线上半圆的 45°左右处；

(b) 纵向焊缝应错开，当管径小于 600mm 时，错口的间距不得小于 100mm；当管径大于或等于 600mm 时，错口的间距不得小于 300mm；

(c) 环向焊缝距支架净距不应小于 100mm；

(d) 直管管段两相邻环向焊缝的间距不应小于 200mm；

(e) 管道任何位置不得有十字形焊缝；

(f) 用气割吹烤并用钢丝刷对管口边缘和焊口两侧 10～15mm 范围内除锈，露出金属光泽；

(g) 管子对口后，应将管节垫牢，避免管子在焊接或预热过程中发生位移，也不得让管子处于外力作用下施焊。

④ 管子对口符合要求并垫稳后，应及时点焊定位

(a) 点焊位置一般分上下左右4处，最少不少于3处，管径大于300mm时，不同的管径点焊长度与间距应符合表11.1的规定。

表11.1　点焊长度与间距

管径/mm	点焊长度/mm	环向点焊点/处
350～500	50～60	5
600～700	60～70	6
≥800	80～100	点焊间距不宜大于400mm

(b) 点焊焊条应采用与接口焊接相同的焊条。

(c) 点焊时应对称施焊，其厚度应与第一层焊接厚度一致。

(d) 钢管的纵向焊缝及螺旋焊缝处不得点焊。

定位点焊后，检查与调直，若发现焊肉有裂纹等缺陷，应及时处理。

管道焊接工艺确定：管道焊接工艺有电焊、气焊两种。重要的管道常用电焊施焊，气焊多用于直径小于150mm以下的非重要性管道。

⑤ 管道电焊连接

(a) 管节焊接采用的焊条，其化学成分、机械强度应与母材相同且匹配，兼顾工作条件和工艺性，并有完整的材质证明及出厂合格证，焊条干燥。常用钢管为普通给水管道，其材质为普通碳素钢（Q235），因此可选用相应E43系列的结构钢焊条，如T422型焊条。对于非普通碳素钢管材，焊条的选用由工程技术人员确定；焊条直径选用参见表11.2。

表11.2　焊条直径选用表

管壁厚度/mm	≤1.5	2	3	4～5	6～12	≥13
焊条直径/mm	1.5	2	3.2	3.2～4	4～5	5～6

(b) 焊接环境：焊接场所尽可能保持在0℃以上，以保证焊接质量和提高劳动效率；刮风、下雨、降雪、暴晒天气露天作业时，或相对湿度大于90%时，应采取遮挡等保护措施；冬季施焊前应先清除管道上的冰、雪、霜等，并使焊缝附近的水分擦干或烤干；当环境气温低于0℃时，施焊管段的两头应采取防风措施，防止冷风贯穿加速焊口冷却，以免应力集中产生裂缝隙；并应使焊口缓缓降温；当环境温度过低时应进行预热处理，并应符合表11.3的规定。

表11.3　管子焊接的环境温度和预热要求

钢　号	允许焊接最低温度	可不预热环境温度	预热要求		
			预热环境温度	预热达到温度	预热宽度/mm
含碳量≤0.2%的碳钢管	-30℃	>-20℃	≤-20℃	100～150℃	焊口每侧不小于40
0.2%<含碳量<0.3%	-20℃	>-10℃	≤-10℃	100～150℃	
16Mn		>0℃	≤0℃	100～200℃	

(c) 尽量采用多层焊法以改善接头质量。管子对接接头焊接层数、焊条直径及焊接电流需符合相关规定，管径大于800mm时，应采用双面焊。

6. 市政排水管道施工

(1) UPVC管连接与安装　外径小于160mm的UPVC管一般采用黏合剂连接，外径大于160mm的UPVC管一般采用胶圈连接。UPVC管与钢管或铸铁管之间的连接可采用法兰连接。

① 安装前沟槽底部处理　有不易清除的块石等坚硬物体或地基为岩石、半岩石或砾石时，应铲除至设计标高下0.15～0.20m，然后铺上砂土整平夯实。

② 管道黏合剂连接

(a) 管道在铺设过程中，可适当弯曲，但曲率半径不得大于管径的300倍。UPVC管道铺设时，承口一般朝来水方向。

(b) 清理干净承口、插口端工作面，不得有土或其他杂物。

(c) 黏合剂连接的管道在施工过程中，若需切断，要根据现场尺寸，用软笔在管道四周画线，用电细齿锯（含细齿电锯）沿线切下，保证切割面与管道中心线垂直。

(d) 切下的管道插口端，须进行倒角，可采用电刨，中号板锉或专用倒角器进行倒角。加工成的坡口长度一般不小于3mm。坡口厚度一般为管壁厚度的1/3～1/2，坡口完成后应将残屑清除干净。

(e) 管材或管件在粘接前，应用棉纱或干布将承口内侧和插口外侧擦干净，使被粘接面保持清洁，无尘砂和水迹，若表面粘有油污时，需用棉纱醮丙酮等清洁剂擦净。

(f) 粘接前应将两管试插一次，使进入深度及配合情况符合要求，并在插入端表面划插出深度的标记，管端插入承口深度应不小于表11.4的数据。

表11.4　粘接管端插入承口深度表　mm

管径	20	25	32	40	50	63	75	90	114	125	140	160
插入深度	20	25	35	38	50	65	70	90	100	110	120	140

(g) 用毛刷将黏合剂迅速涂刷在插口外侧及承口内侧结合面上，先涂承口后涂插口，宜轴向涂刷，涂刷均匀适量。

(h) 承插口涂刷黏合剂后，应立即找正方向将管道插入承口，挤压，必要时可采用木锤打进，使管端深入深度到所划标记处，并保证承插接口位置正确。为防止接口脱滑，插入力必须保持表11.5的时间后方可放松。

表11.5　粘接插入力保持时间表

管 径/mm	63以下	63～160	160～400
保持时间/s	30	60	90

(i) 承插接口连接完毕后，应及时将挤出的黏合剂擦拭干净，粘接后，不得立即对接合部强行加载，静置固化时间如表11.6所示。

表11.6　粘接静置固化时间表　min

管径/mm	管材表面温度		
	40～70℃	18～45℃	5～18℃
63以下	12	20	30
63～110	30	45	60
110～160	45	60	90
160～400	60	90	120

(2) 混凝土排水管道连接与安装

① 安装前的处理 混凝土排水管道安装前应先进行管道的质量的检查，因为混凝土管道进入施工现场验收后，在场内运输时可能会因为碰撞而发生损坏，检查混凝土管道质量，对可以修补的管道进行修补。

混凝土排水管质量检查时应检查管道内外壁是否光洁平整，无蜂窝、塌落、露筋、空鼓。混凝土管不允许有裂缝。骨表面龟裂和矿浆层的干缩裂缝（宽度不超过 0.05mm）不在此限。合缝处不得漏浆。

有下列情况的管子允许修补：

内表面塌落面积不超过 1/20，并没有露出环向筋；外表面凹深不超过 5mm，黏皮深度不超过壁厚 1/5，其最大值不超过 10mm，黏皮、蜂窝、麻面的总面积不超过外表面积的 1/20，且每块面积不超过 $100cm^2$。合缝处漏浆深度不超过管厚度的 1/3，长度不超过管长的 1/3。端面碰伤纵向深度不超过 100mm，环向长度值不超过表 11.7 的值。

表 11.7 环向碰伤长度表

公称内径/mm	300～500	600～900	1000～1500	1650～2400
碰伤长度限值/mm	50～60	65～80	85～105	110～120

② 混凝土排水管安装 排水管的铺设方法，主要是根据不同的管道接口，灵活地处理平基、稳管、管座和接口的关系，合理安排施工顺序，选择施工方法。常用的施工方法有平基法、“四合一”法、垫块法。

平基法排水管道的施工中，先浇注平基混凝土，等混凝土达到一定强度后再下管、稳管、浇注管座及抹带接口。该法适用于雨季施工或地基不良的地带，尤以雨水管道用得较多。

垫块法是按照管道中心和高程，先安好垫块和混凝土管，然后再浇注混凝土基础和接口的安管方法。此法可避免平基与管座分开浇注的缺点，是污水管道常用的施工方法。

“四合一”法排水管道施工中，把平基、稳管、管座、抹带四道工序合在一起连续进行的做法。这种方法速度快、质量好，但要求操作技术熟练，适用于管径为 500mm 以下的管道安装。

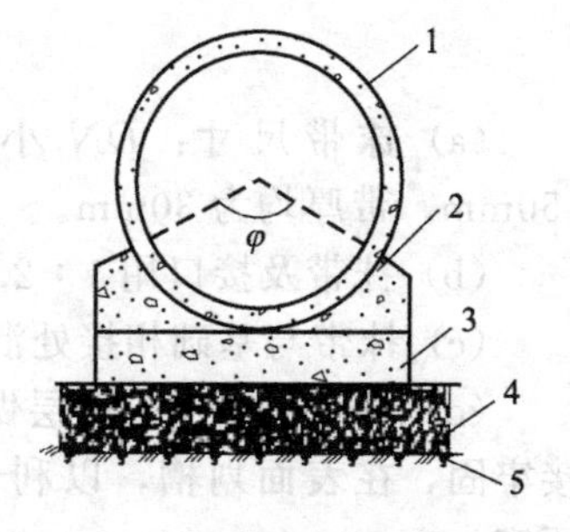

图 11.12 管道基础断面
1—管道；2—管座；3—基础；4—垫层；5—地基

a. 基础 排水管道的基础和一般构筑物基础不同。管体受到浮力、土压力、自重等作用，在基础中保持平衡。因此，管道基础的形式取决于外部荷载的情况、覆土的厚度、土壤的性质及管道本身的情况。排水管道的基础包括地基、基础和管座三部分，如图 11.12 所示。排水管道基础可按表 11.8 选择。

表 11.8 排水管道基础表

基础种类	适用范围	做法
弧形素土基础	①槽底无地下水，原土土质能保证挖成弧形 ②管径一般为 150～600mm ③管顶覆土 0.7～2.0m ④不在车行道次要管及临时管	①一般用 90°弧形，当 DN 大于 800mm，可采用 60°弧形基础；②稳管前用粗砂填好，使管壁与弧形槽相结合；③还土时采用中松侧实，侧部夯实时密度须达 95%
灰土基础	①槽底无地下水 ②土壤较松软 ③管径为 150～700mm ④适用于水泥砂浆抹带接口，套环及承插口	①将管底土壤换成灰土基础厚度 15cm ②弧形中心角 60° ③灰土配合比 3∶7 ④还土时中松侧实，侧部夯实 95%

续表

基础种类	适用范围	做法
矿垫基础	①坚硬岩石或多石地区 ②管顶覆土 0.7～2.0m	①矿垫层厚度采用 10～15cm；②采用中砂；③还土时中松侧实
砼基础	①槽底在施工中未被扰动的老土 ②管径为 150～2000mm ③管道埋深 0.8～6.0m ④适用于套环、承插及抹带接口	①无地下水时，在老土上直接浇混凝土基础；②有地下水时铺一层 10～15cm 的卵石再浇混凝土基础
枕基	①干燥土壤 ②*DN* 大于等于 600mm 的承插接头 ③*DN* 大于小于 900mm 抹带接头	①在管道接口下做 C8 的混凝土，枕状垫块 ②常与素土基础或砂垫层基础同用

b. 接口　地基土质较好的雨水管，或地下水位以上的污水支线管，管材为企口或平口管时，采用水泥砂浆抹带接口；地基土质较好的，具有带形基础的雨水管和一般污水管，可采用钢丝网水泥砂浆抹带接口。

水泥砂浆抹带接口见图 11.13。

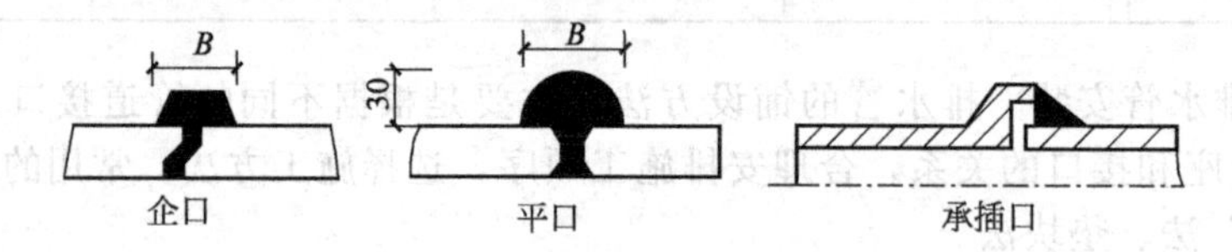

图 11.13　水泥砂浆抹带接口

(a) 抹带尺寸：*DN* 小于等于 1000mm，带宽 120mm，*DN* 大于 1000mm 时带宽 150mm，带厚均为 30mm。

(b) 抹带及接口用 1∶2.5 水泥砂浆，水泥应为 425＃水泥，砂子含泥量小于等于 3%。

(c) 抹带与基础相接处混凝土，及管口与管外壁抹带处，应凿毛，并冲洗干净。

(d) 抹带矿浆应分两层做完，第一层矿浆的厚度约为抹带厚度的 1/3，并压实使管壁粘接牢固，在表面划槽，以利于第二层结合，用弧形抹子捋压成形，初凝时再用抹子赶光压实。

(e) 抹带完成后，应立即用平软材料覆盖，洒水养护 3～4 次。

(f) 管径大于 700mm 的管道勾捻管缝时，人在管内选用水泥矿浆内缝填平，然后反复捻压密实。灰浆不得高出管内壁。管径小于 700mm 管道，应配合浇管座，用麻袋球或其他工具在管内来回拖动，将流入管内的灰浆拉平。

钢丝网水泥砂浆抹带接口见图 11.14。

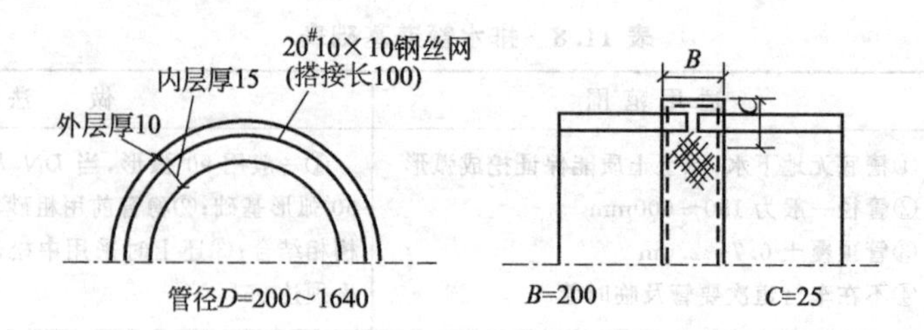

图 11.14　钢丝网水泥砂浆抹带接口

(a) 抹带尺寸：带宽 200mm，带厚 25mm，钢丝网宽度 180mm。

(b) 抹带前先刷一道水泥浆，然后安装弧形边模。

(c) 第一层矿浆厚约15mm，抹完后待有浆皮出现，将管座内的钢丝网兜起，紧贴底层矿浆，上面搭接部位用绑丝扎牢，钢丝头扎入网内，使网面平整。

(d) 第一层矿浆初凝后抹第二层矿浆，初凝后赶光压实。

(e) 抹带完成后养护接口。

平基法施工要点如下。

(a) 平基混凝土应在验槽合格后及时浇筑，终凝前不得泡水，并应进行养护。

(b) 平基混凝土的高程应严格控制，不得高于设计高程，低于设计高程不超过10mm。

(c) 平基混凝土强度达到5MPa以上时，方可直接下管。

(d) 安管的对口间隙，*DN*大于等于700mm时为10mm，*DN*小于700mm时可不留间隙。

(e) 浇筑管座混凝土前，平基应凿毛干净，平基与管子相接触的三角部分，应用同强度等级混凝土中的软灰填捣密实。

(f) 浇筑管座混凝土时，应两侧同时进行，以防管子挤偏。

“四合一”施工法适用于小口径的抹带接口管道施工，施工要点如下。

(a) 模板应安装牢固。模板内部可用支杆临时支撑，外侧铁钎支牢。

(b) 平基混凝土应振捣密实，混凝土面作成弧形，并高出平基面2～4cm，混凝土的坍落度一般采用2～4cm。稳管前，在管口部位应铺适量的抹带砂浆，以增加接口的严密性。

(c) 稳管：找正管子的中心，对好管子的高程，将管子从模板上移至混凝土面，轻轻柔动至设计高程（一般可高出设计高程1～2cm），如果管子下沉过多，可将管子撬起，在下部填补矿浆或混凝土。

(d) 若平基混凝土与管座混凝土一次支模，稳好管后，直接将管座的两肩抹平。对于分两次支撑时，稳管后，搭管座模板，浇两侧管座混凝土补座接口砂浆，捣实，抹平管座两肩，同时用麻袋球或其他工具在管内来回拖动，拉平砂浆。

(e) 管座混凝土浇筑完毕后进行抹带，使带和管座连成一体，抹带与稳管应相隔3节管子，防止稳管时破坏接口。抹带完成捻内缝。

垫块法施工要点如下。

(a) 垫块混凝土强度等级与混凝土基础相同，垫块长度为管径的0.7倍，高等于平基厚度，宽大于或等于高。

(b) 垫土应放平稳，并测量高程使之符合设计要求。

(c) 管子的对口间隙，*DN*大于700mm以上者约10mm。

(d) 管子位置固定后，一定要用石子将管子卡住，并及时作接口和浇筑混凝土基础。

(e) 管底部混凝土要注意捣密实，防止形成管子漏水的通道。

(f) 如钢丝网水泥砂浆抹带接口，应在插入部分另加适当抹带矿浆，认真捣实，并保持钢丝网位置正确。

7. 管道隐蔽工程检验

管道敷设安装完后，在土方回填之前，要经过建设单位、质量检查单位和施工单位的质量检查，工程质量合格后，才能进行土方回填，然后交付使用。

质量检查工作可以由质量检查部门会同监理单位、施工单位等一起进行。检查的内容包括外观检查、断面检查、强度和严密性检查。外观检查主要是对基础、管材、接口和附属构筑物的外观质量进行检查，看其完好性和正确性，并检查混凝土的浇注质量和附属构筑物的砌筑质量；断面检查是对管道的断面尺寸、敷设高程、中心和坡度等进行检查，看其是否符合设计要求；强度检验主要检查管道的耐压能力，严密性检查是检查管道的密闭性。

(1) 给水管道试压　给水管道试压：当管道工作压力大于或等于 0.1MPa 时，须进行管道压力试验，压力试验内容包括强度试验和严密性试验。

a. 试验前提

(a) 管道安装检查合格，埋地敷设管道管顶以上回填土厚度不少于 0.5m，管接口处暂不回填，以便检查和修理。

(b) 管道的支墩、锚固设施已按设计要求作好，并达到设计强度；没有支墩和锚固设施的管道，应采取临时加固措施，尤其是管道的拐角处，应用钢桩等设施加以固定。

(c) 试验管段沿线附近有可供试验用的清洁水源，试压用水的排放措施可行。

(d) 管路中的伸缩器已采取加固措施，防止在压力推动下松脱。一般可用加长螺栓对拉，或用卡板夹牢。

(e) 管道水压试验的分段长度不得大于 1.0km。

(f) 试验装置：试压装置主要包括管道进水管、进水阀、加压泵、压力表、放水阀、排气阀、堵板和后背等（见图 11.15）。试验管段不得采用闸阀做堵板，不得含有消火栓、安全阀、水锤消除器、自动排气阀等附件，在管道的这些附件处应设堵板。

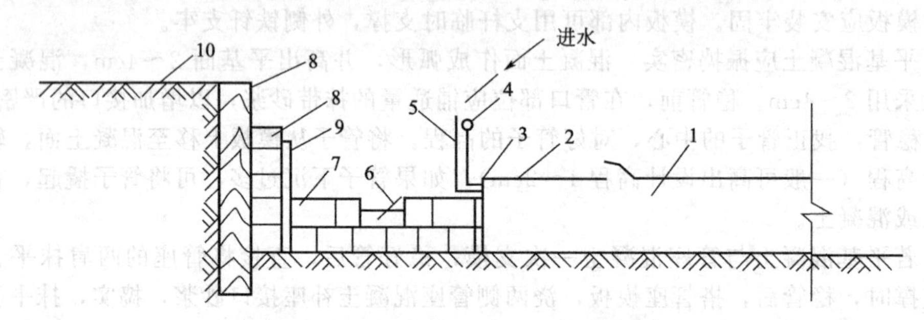

图 11.15　压力管道强度试验的后背设置图

1—试验管道；2—短管乙；3—法兰盖堵；4—压力表；5—进水管；
6—千斤顶；7—顶铁；8—方木；9—铁板；10—后座墙

(g) 试验压力的确定：各管段的水压试验压力按表 11.9 确定。

表 11.9　压力管道强度试验压力值

管材种类	工作压力/MPa	试验压力/MPa
普通铸铁管及球墨铸铁管	$P<0.5$	$2P$
	$P\geqslant0.5$	$P+0.5$
钢管	P	$P+0.5$ 且不小于 0.9
预应力钢筋混凝土管与自应力钢筋混凝土管	$P<0.6$	$1.5P$
	$P\geqslant0.6$	$P+0.3$
给水硬聚氯乙烯管	P	强度试验 $1.5P$；严密性试验 $0.5P$
现浇或预制钢筋混凝土管渠	$P\geqslant0.1$	$1.5P$
水下管道	P	$2P$

(h) 管道冲水浸泡：当上述准备工作全部就绪后，即可向试压管道内充水，此时应打开排气阀排气，当充水至排出的水流中不带气泡，水流连续，速度均匀，即可关闭排气阀门，停止充水。水充满后为使管道内壁及接口材料充分吸水，宜在不大于工作压力条件下充分浸泡后再进行试压，浸泡时间应符合下表 11.10 规定。

表 11.10　水压试验管段的浸泡时间

管　材	衬　里	管径/mm	浸 泡 时 间
铸铁管、球墨铸铁管、钢管	无水泥砂浆衬里	—	不少于 24h
	有水泥砂浆衬里	—	不少于 48h
预应力、自应力混凝土管及现浇钢筋混凝土管渠	—	≤1000	不少于 48h
	—	>1000	不少于 72h

b. 强度试验　管道浸泡符合要求后，进行管道水压试验（见图 11.16），试压分两步进行，第一步是升压，第二步按强度试验要求进行检查。

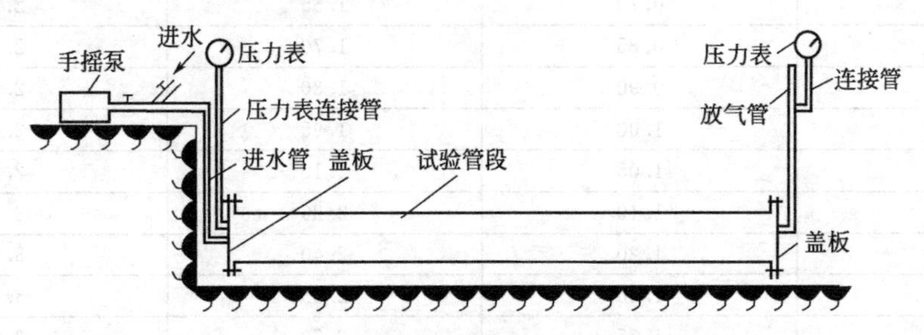

图 11.16　管道强度试压布置示意图

(a) 升压：管道升压时，管道内的气体应排净，升压过程中，当发现弹簧压力计表针摆动，不稳且升压较缓时，应重新打开排气阀排气后再升压。升压时应分级升压，每次升压以 0.2MPa 为宜，每升一级应检查后背、支墩、管身及接口，当无异常现象时，再继续升压。

(b) 强度试验：水压升至试验压力后，保持恒压 10min，压力降不大于 0.05MPa，且经对接口、管身检查无破损及漏水现象，将试验压力降至工作压力，恒压 2h，进行外观检查，无漏水现象认为管道试验强度合格。

c. 严密性试验　严密性试验有放水法和注水法两种方法。

(a) 放水法：首先通过分级升压将水压升至试验压力，关闭进水节门，记录降压 0.1MPa 所需的时间 T_1；再次打开进水节门，将压力再次升至试验压力，关闭进水节门，打开旁通管的放水节门往量水箱中放水，记录降压 0.1MPa 的时间 T_2，并测量在 T_2 时间内从放水节门放出的水量 W；最后按下式计算实测渗水量，并填写试验记录表：

$$q=W/[(T_1-T_2)L] \tag{11-1}$$

式中　q——实测渗水量，L/(min·m)；

W——T_2 时间内放出的水量，L；

T_1——从试验压力降压 0.1MPa 所经历的时间，min；

T_2——放水时，从试验压力降压 0.1MPa 所经历的时间，min；

L——试验管段的长度，m。

(b) 注水法：当水压升至试验压力后开始计时，每当压力下降，及时向管道内补水，但压降不得大于 0.03MPa，使管道试验压力始终保持恒定，延续时间不少于 2h，共计量恒压时间内补入试验管段的水量。并按下式计算渗水量：

$$q=W/(TL) \tag{11-2}$$

式中　q——实测渗水量，L/(min·m)；

W——恒压时间内补入管道的水量，L；

T——从开始计时到保持恒压结束的时间，min；

L——试验管段的长度，m。

管道严密性试验标准：试验时管道不得有漏水现象，且实测渗水量小于表11.11规定的允许渗水量。

表 11.11 压力管道严密性试验允许渗水量

管道内径/mm	允许渗水量/[L/(min·km)]		
	钢管	铸铁管、球墨铸铁管	预(自)应力混凝土管
100	0.28	0.70	1.40
125	0.35	0.90	1.56
150	0.42	1.05	1.72
200	0.56	1.40	1.98
250	0.70	1.55	2.22
300	0.85	1.70	2.42
350	0.90	1.80	2.62
400	1.00	1.95	2.80
450	1.05	2.10	2.96
500	1.10	2.20	3.14
600	1.20	2.40	3.44
700	1.30	2.55	3.70
800	1.35	2.70	3.96
900	1.45	2.90	4.20
1000	1.50	3.00	4.42
1100	1.55	3.10	4.60
1200	1.65	3.30	4.70
1300	1.70	—	4.90
1400	1.75	—	5.00

(2) 排水管道闭水试验　无压管道的严密性试验：排水管道及工作压力小于0.1MPa的给水管道回填土前应用闭水法进行严密性试验。

a. 闭水试验前提

(a) 管道及检查井外观质量已检查合格。

(b) 管道未还土且沟槽内无积水。

(c) 全部预留孔洞及管道两端应封堵不得漏水。

(d) 试压分段：试压管段应按井距分隔，长度不应大于1km，带检查井试验。

(e) 试验水头：试验水头应符合相关规定：当试验管段上游设计水头不超过管顶内壁时，试验水头应以试验段上游管顶内壁加2m计；当试验段上游设计水头超过管顶内壁时，试验水头应以上游设计水头加2m计；当计算出的试验水头小于10m，但已超过上游检查井井口时，试验水头应以上游检查井井口高度为准。

b. 试验步骤

(a) 将试验段管道两端的管口封堵，管堵如用砖砌，必须养护3～4d达到一定强度后，再向闭水段的检查井内注水。

(b) 试验管段灌满水后浸泡时间不少于24h，使管道充分浸透。

(c) 当试验水头达到规定水头开始计时，观察管道的渗水量，直至观测结束时，应不断向试验管段补水，保持试验水头恒定。渗水量的观测时间不得小于30min。

(d) 按下式计算实测渗水量：

$$q=W/(TL) \tag{11-3}$$

式中　q——实测渗水量，L/(min·m)；

W——补水量，L；

T——实测渗水量观测时间，min；

L——试验管段长度，m。

(e) 闭水试验标准：管道严密性试验时，应进行外观检查，不得有漏水现象，且实测渗水量符合表 11.12 的规定时，管道严密性试验为合格。

表 11.12　无压力管道严密性试验允许渗水量

管道内径/mm	允许渗水量/[m^3/(24h·km)]	管道内径/mm	允许渗水量/[m^3/(24h·km)]
200	17.60	1200	43.30
300	21.62	1300	45.00
400	25.00	1400	46.70
500	27.95	1500	48.40
600	30.60	1600	50.00
700	33.00	1700	51.50
800	35.35	1800	53.00
900	37.50	1900	54.48
1000	39.52	2000	55.90
1100	41.45		

注：管材为混凝土、钢筋混凝土管，陶管及管渠。

异形截面管道的允许渗水量可按周长折算为圆形管道计；在水源缺乏的地区，当管道内径大于 700mm 时，可按井段数量抽检 1/3。

8. 给水管道冲洗与消毒

给水管道水压试验合格后，竣工验收前应冲洗消毒，使管道出水符合《生活饮用水卫生标准》(GB 5749—2006)，经验收合格后才能交付使用。

(1) 管道冲洗　冲洗方法：自高向低冲洗。独立的管道系统可用水泵向管道内压水冲洗，也可将已建压力水管道内的水通过阀门和管道直接引至本管段，再开闸冲洗；当管道系统中有高位水池时，也可先将高位水池灌满，然后让水池水重力冲洗管道。用自来水冲洗管道时，应避开用水高峰；冲洗水流速不宜小于 1.0m/s。管道冲洗应连续进行，直至出水口处浊度、色度与入水口处的冲洗水浊度、色度相同为止。

(2) 管道消毒　冲洗完毕后，再在冲洗水中加入足够的漂白剂，并充分搅拌，使冲洗水中氯离子浓度不低于 20mg/L，然后用这些消毒水将管道灌满，浸泡 24h 后，再次进行冲洗，冲洗结束后将管道出水取样送水质化验部门检测，水质检测结果合格，给水管道可投入使用。

9. 沟槽回填

给排水管道施工完，经验收合格后应及时进行沟槽回填，以保证管道的正常位置，避免沟槽坍塌，尽可能早的恢复地面交通。

沟槽回填包括还土、摊平、夯实、检查等工作。

(1) 还土　沟槽还土前，应清除槽内的积水和有机杂物，检查基础、接口等强度是否满足要求，以防还土而受损伤。沟槽还土一般用沟槽原土，但土中不应含有粒径大于 30mm 的砖块或坚硬的土块，粒径较小的石子含量也不应超过 10%。回填土质应保证回填密实，不能采用淤泥土、液化状粉砂、细砂、黏土、有机土等回填。当原土属于此类土时，应进行换土。回填土含水量较高时应晾晒，或加白灰掺拌使其达到最佳含水量；含水量较低时则应洒水。回填土具有最佳含水量，才能保证回填土压实达到最大密实度。

(2) 摊平 每还土一层，都要采用人工将土摊平，每一层都要接近水平。每层土的虚铺厚度应按采用的压实工具和要求的压实度由工程师确定。对一般压实工具，铺土厚度可按表11.13选用。

表 11.13 回填土每层虚铺厚度

压实工具	虚铺厚度/cm
木夯、铁夯	≤20
蛙式夯机、火力夯	20～25
压路机	20～30
振动压路机	≤40

(3) 夯实 回填土夯实通常采用人工夯实和机械夯实两种方法。回填土的一部分重量是由管道承受的，若提高管道两侧和管顶的回填土密实度，则可以减少管顶垂直土压力。但管顶以上回填土的密实度太大，在夯实过程中可能使管道破坏。因此，沟槽回填土对不同的部位应有不同的密实度要求，以达到既保护管道安全又满足上部承受动、静荷载的要求。各部位回填土的密实度见表11.14。

表 11.14 刚性管道沟槽回填土密实度

<table>
<tr><th rowspan="2">序号</th><th rowspan="2" colspan="4">项　　目</th><th colspan="2">最低密实度/%</th><th colspan="2">检查数量</th><th rowspan="2">检查方法</th></tr>
<tr><th>重型击实标准</th><th>轻型击实标准</th><th>范围</th><th>点数</th></tr>
<tr><td>1</td><td colspan="4">石灰土类垫层</td><td>93</td><td>95</td><td>100m</td><td rowspan="16">每层每侧一组（每组3点）</td><td rowspan="16">用环刀法检查或采用现行国家标准《土工试验方法标准》(GB/T 50123)中其他方法</td></tr>
<tr><td rowspan="4">2</td><td rowspan="4">沟槽在路基范围外</td><td rowspan="2">胸腔部分</td><td colspan="2">管侧</td><td>87</td><td>90</td><td rowspan="15">两井之间或1000m²</td></tr>
<tr><td colspan="2">管顶以上500mm</td><td colspan="2">87±2(轻型)</td></tr>
<tr><td colspan="3">其余部分</td><td colspan="2">≥90(轻型)或按设计要求</td></tr>
<tr><td colspan="3">农田或绿地范围表层500mm范围内</td><td colspan="2">不宜压实，预留沉降量，表面整平</td></tr>
<tr><td rowspan="11">3</td><td rowspan="11">沟槽在路基范围内</td><td rowspan="2">胸腔部分</td><td colspan="2">管侧</td><td>87</td><td>90</td></tr>
<tr><td colspan="2">管顶以上250mm</td><td colspan="2">87±2(轻型)</td></tr>
<tr><td rowspan="9">由路槽底算起的深度范围/mm</td><td rowspan="3">≤800</td><td>快速路及主干路</td><td>95</td><td>98</td></tr>
<tr><td>次干路</td><td>93</td><td>95</td></tr>
<tr><td>支路</td><td>90</td><td>92</td></tr>
<tr><td rowspan="3">800～1500</td><td>快速路及主干路</td><td>93</td><td>95</td></tr>
<tr><td>次干路</td><td>90</td><td>92</td></tr>
<tr><td>支路</td><td>87</td><td>90</td></tr>
<tr><td rowspan="3">>1500</td><td>快速路及主干路</td><td>87</td><td>90</td></tr>
<tr><td>次干路</td><td>87</td><td>90</td></tr>
<tr><td>支路</td><td>87</td><td>90</td></tr>
</table>

注：① 表中重型击实标准的压实度和轻型击实标准的密实度，分别以相应的标准击实试验法求得的最大干密度为100%。
② 加入柔性管道沟槽回填土压实度见相关参考资料。

为了达到沟槽各部位回填土密实度的要求，管顶500mm以内部分还土的夯实应采用木夯进行人工夯实，夯击力不应过大，防止损坏管壁与接口。管顶500mm以外部分还土的夯实应采用蛙式夯、内燃打夯机、履带式打夯机和压路机等的机械夯实方式进行压实。

(4) 检查 每层回填完毕，应及时通知质检员取样测试其密实度，检验合格后方可进行下一层的回填工作。

任务三　市政给排水管道不开槽施工

【任务内容及要求】

当管道敷设在一些特殊地段或管道开槽施工有困难时，可以采用管道的不开槽施工。管道不开槽施工有多种方法，通过以下学习熟悉顶管施工的原理及施工工艺，盾构施工的原理及施工工艺以及其他不开槽施工的相应知识。

当给排水管道穿越铁路、公路、河流、建筑物等障碍物、现场条件复杂、交叉工种多、管道覆土较深、在城市干道上交通量大等不适宜采用开槽法施工时，常采用不开槽法施工。与开槽施工相比不开槽施工有很多优点。不开槽施工占地面积少，施工面在地下，不影响交通；穿越障碍物时，能够缩短工期，减少投入；它能够利用天然土地基，节省管道的混凝土基础。

一、顶管施工

顶管施工是当前一种常用的管道不开槽施工技术，顶管施工技术被认为最早应用于罗马时代，在二战中兴起于美国、二战后在欧洲的英国、德国和日本迅速发展。在 20 世纪的 60～70 年代，顶管施工技术在美国、欧洲、日本得到了较大的改进，奠定了现代顶管施工技术的基础。我国于 20 世纪 50 年代，在北京和上海用顶管施工法穿越铁路和堤坝，到现在顶管施工技术在我国的应用也已经比较成熟。

1. 顶管施工简介

顶管施工采用液压千斤顶或具有顶进、牵引功能的设备，以顶管工作井作承压壁，将管子按设计高程、方位、坡度逐根顶入土层直至到达目的地（如图 11.17 所示）。目前常用的有人工开放式顶进工法包括：手掘式，挤压式；泥水平衡封闭式顶进工法包括：网格水冲式，刀盘掘进式，岩盘破碎式；土压平衡封闭式顶进工法包括：大刀盘式，多刀盘式。

2. 顶管施工准备

(1) 熟悉现场相关情况　施工前应进行现场调查研究，对建设单位提供的有关管道沿线的水文地质、建筑物及地下管线等情况进行核实，对现场设备布置和运输情况进行考察。

图 11.17　顶管施工

(2) 编制施工方案　顶管施工前应进行施工方案编制，主要包括工作坑位置和尺寸的确定，顶管后背的结构和验算，顶力的计算及顶进设备的选择，施工测量、纠偏的方法，曲线顶进及垂直顶升的技术控制及措施，地表及构筑物的变形与形变监测和控制措施，安全技术措施，质量保证措施等。

3. 工作坑施工

在顶管施工中可以在顶管的起点、中点和终点设置工作坑，以便进行管道的顶进、转向或接收。工作坑可以采用沉井、地下连续墙或钢板桩施工，如采用开挖施工时，应遵循“开槽支撑、先撑后挖、分层开挖、严禁超挖”的原则。

(1) 工作坑的尺寸确定　工作坑应有足够的空间，以保证顶管工作正常进行。工作坑各部位的尺寸可按如下方法考虑。工作坑的底宽 W 和深度 H 如图 11.18 所示。工作坑的宽度按下式确定：

$$W=D+2(B+b) \tag{11-4}$$

式中 W——工作坑底面宽度，m；

D——被顶进管道的外径，m；

B——管道两侧操作宽度，m，一般每侧为1.2～1.6m；

b——撑板与立柱厚度之和，m，一般采用0.2m。

工作坑的深度按下式计算：

$$H=h_1+D+C+h_2+h_3 \tag{11-5}$$

式中 H——工作坑开挖深度，m；

h_1——管道覆土厚度，m；

D——管道外径，m；

C——管外壁与基础面之间的空隙，一般为0.01～0.03m；

h_2——基础厚度，m；

h_3——垫层厚度，m。

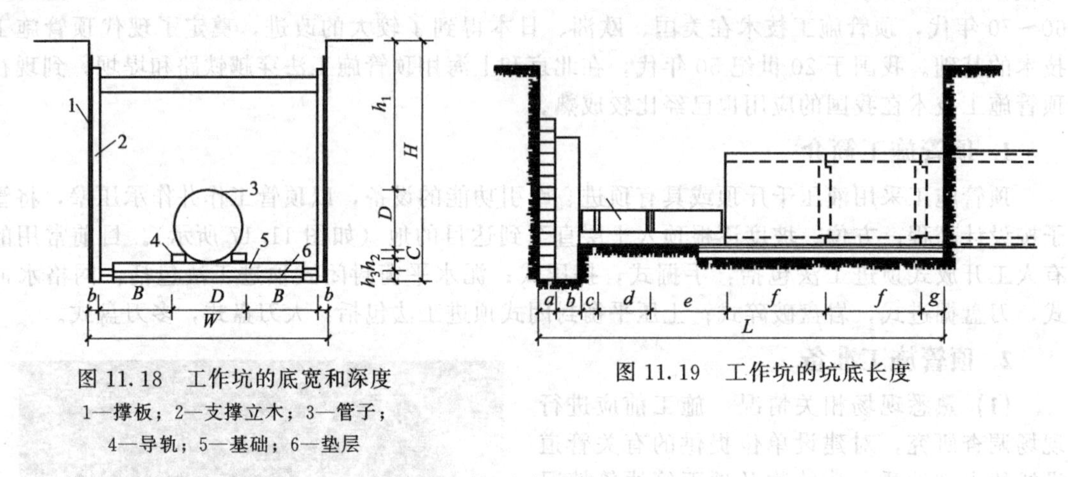

图 11.18 工作坑的底宽和深度

1—撑板；2—支撑立木；3—管子；4—导轨；5—基础；6—垫层

图 11.19 工作坑的坑底长度

工作坑的坑底长度如图 11.19 所示，按下式计算：

$$L=a+b+c+d+e+2f+g \tag{11-6}$$

式中 L——工作坑坑底长度，m；

a——后背宽度，m；

b——立铁宽度，m；

c——横铁宽度，m；

d——千斤顶长度，m；

e——顶铁长度，m；

f——单节管长，m；

g——已顶进的管节留在导轨上的最小长度，混凝土管取0.3m，钢管取0.6m。

(2) 工作坑的布置 工作坑位置由地形、管线设计、地面障碍物等因素确定，对排水管道可选择在检查井处，与被穿越的障碍物应有一定的安全距离且距水源和电源较近处；便于排水、出土和运输，有一定的暂存和堆放空间。

(3) 导轨与基础 导轨的作用是引导管道按设计的中心线和坡度顶进。为了保证管道按设计要求埋设，导轨的安装必须符合设计要求。导轨有木导轨和钢导轨，钢导轨分重型和轻型两种。大管道一般采用重型导轨。

如图 11.20 所示，两导轨的净距按下式确定：

$$A=2\sqrt{(D+2t)(h-c)-(h-c)^2} \tag{11-7}$$

式中　A——两导轨净距，m；

D——管道内径，m；

t——管道壁厚，m；

h——钢导轨高度，m；

c——管道外壁与基础面的空隙，一般为0.01～0.03m。

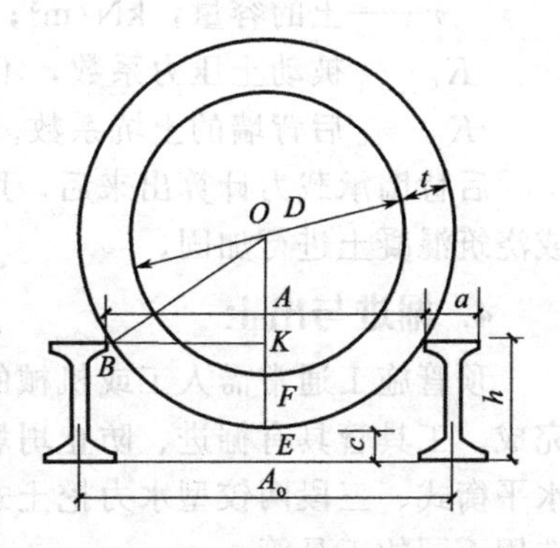

图 11.20　导轨间距计算图

导轨安装时要求两轨道平行，各点的轨距相等。导轨安装好后应按设计检查轨面高程、坡度及方向。检查高程时在第 n 条轨道的前后各选 6～8 点，测量高程，允许误差在 0～3mm 之间。稳定首节管道后，测量其负荷后的高程及轨距，两轨内距在±2mm，如有误差及时校正。导轨的安装图如图 11.21 所示。

为了防止工作坑地基沉降，导致管道顶进位置误差过大，应在坑底修筑基础或加固地基。基础的形式取决于坑底土质、管节重量和地下水位等因素。一般有以下三种形式：土槽木枕基础，它适用于土质较好，又无地下水的工作坑；卵石木枕基础，适用于粉砂地基并有少量地下水时的工作坑，为了防止施工过程中扰动地基，可铺设厚为 100～200mm 的卵石或级配砂石，在其上安装木轨枕，敷设导轨；混凝土木枕基础，适用于工作坑土质松软、有地下水、管径大的情况。

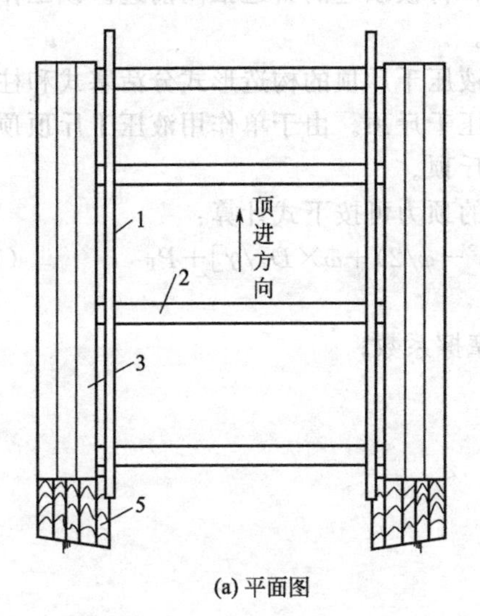

(a) 平面图

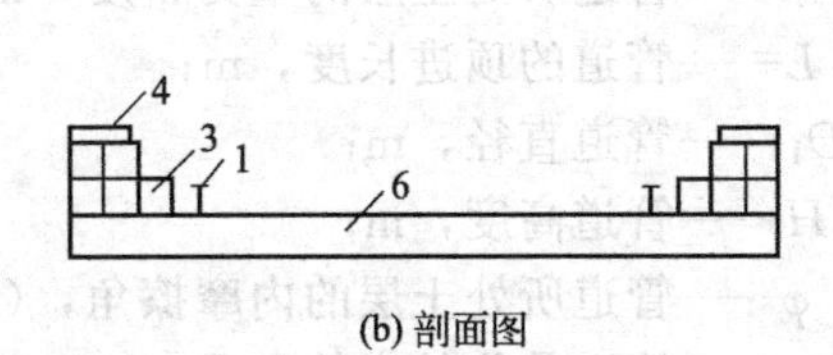

(b) 剖面图

图 11.21　轻便钢导轨安装图

1—钢轨导轨；2—方木轨枕；3—护木；4—铺板；5—平板；6—混凝土基础

(4) 后背　在千斤顶顶进过程中，后背是千斤顶的支撑结构，承受着管道顶进时的全部水平力，并将顶力均匀的分布在后座墙上，所以应具有足够的稳定性。为了保证顶进质量和施工安全，应进行后座墙的承载力计算：

$$R=K_{r}BH(h+H/2)r\times K_{p} \tag{11-8}$$

式中　R——后背墙承载能力，kN；

B——后背墙的宽度，m；

H——后背墙的高度，m；

h——后背墙至地面高度，m；

r——土的容量，kN/m^3；

K_r——被动土压力系数，不打钢板桩取 0.85，打钢板桩取 $0.9+5h/H$；

K_p——后背墙的土坑系数。

后背墙承载力计算出来后，用来判断后背是否需要加固，通常可以在后背上加设钢板桩或浇筑混凝土进行加固。

4. 掘进与出土

顶管施工通常需人工或机械的方式，将土挖出，这一过程称为掘进，此项工作由工具管完成。工具管具有掘进、防止坍塌、出泥和导向等作用。顶管工具管有手掘式、挤压式、泥水平衡式、三段两铰型水力挖土式和多刀盘土压平衡式等。不同的土质条件、管道管径可以选用不同的工具管。

挖土掘进是控制管节顶进方向和高程、减少偏差的重要作业，是保证顶管质量及管上构筑物安全的关键管前挖土的长度：在一般顶管地段，土质良好，可超过管端 30～50cm，并随挖随顶。

对于土压平衡顶管机，管内运土采用自制土斗车。龙门吊垂直运输。顶管出土需在现场临时堆放，稍加晾晒，即可运至永久堆放处。

5. 顶进系统及顶进

顶进是利用千斤顶出镐，在后背不动的情况下，将被顶进的管道推向前进。该工作由顶进系统完成，包括千斤顶、高压油泵、顶铁等设备。

(1) 千斤顶 千斤顶是掘进顶管的主要设备，液压千斤顶的构造形式分活塞式和柱塞式两种，其作用方式有单作用液压千斤顶和双作用液压千斤顶。由于单作用液压千斤顶顶管使用中回镐不便，所以一般采用双作用活塞式液压千斤顶。

千斤顶在选择时，必须先进行顶力计算，顶管的顶力可按下式计算：

$$P=f\gamma LD_1[2H+(2H+D_1)\tan^2(45°-\varphi/2)+\omega\times D_1/\gamma]+P_F \quad (11\text{-}9)$$

式中 P——计算总顶力，kN；

f——顶进时，管道表面与周围土层之间的摩擦系数；

γ——管道所处土层的重力密度，kN/m^3；

L——管道的顶进长度，m；

D_1——管道直径，m；

H——管道高度，m；

φ——管道所处土层的内摩擦角，(°)；

ω——管道单位长度的自重，kN/m；

P_F——顶进时工具管受的阻力，kN。

顶管一般采用顶力为 2000～4000kN 的千斤顶，行程有 0.25、0.5、0.8、1.2、2.1 (m) 等。

(2) 高压油泵 电动机带动油泵工作，把工作油加压到工作压力，由管路输送，经分配器和控制阀进入千斤顶。电能经高压油泵转换为机械能，千斤顶又把压力能转换为机械能，对负载做功——顶入管道。机械能输出后，工作油以一个大气压状态回到油箱，进行下一次顶进。

(3) 顶铁 顶铁是传递顶力的设备。要求它能承受顶进压力而不变形，并且便于搬动。顶铁由各种型钢拼接而成。根据安放位置和传力作用的不同，可分为横铁、顺铁、立铁、弧铁和圆铁。

(4) 其他设备　工作坑上设活动式工作平台，在工作平台上架设起重架，上装电动葫芦或其他起重设备，其起重量应大于管道重量。

(5) 顶进　顶进前先进行顶进设备的调试，调试成功后，需将管道下放入工作坑。下管前检查起重设备：起重设备经常检查、试吊，确认安全、可靠才可以进行下管。下管时工作坑内严禁站人。第一节管子下到导轨上，测量管子中心及前端与后端的管底高度，确认安装合格后进行顶进施工。

顶进开始时，应缓慢进行，待各接触部位密合后，再按正常施工速度顶进。先安装好顶铁，启动油泵，千斤顶进油，活塞伸出一个工作行程，将管子推向一定距离，停止油泵，打开控制阀，千斤顶回油，活塞回缩。添加顶铁，重复上述操作，直至需要安装下一节管子为止。卸下顶铁，将管道连接好以后，重新装好顶铁，重复上述操作即可以继续顶进。

顶进中发现油路压力突然增高，应停止顶进，检查原因并经处理后方可继续顶进，回镐时，油路压力不得过大，速度不得过快。挖出的土要及时外运，及时顶进，使顶力限制在较小的范围内。

6. 顶管接口

顶管施工中，一节管道顶完，再将另一节管道下入工作坑，继续顶进。继续顶进前，相邻两管间要连接好，以提高管段的整体性和减少误差。顶管施工一般采用钢筋混凝土管和钢管，前者的连接分临时性和永久性两种。顶进过程中，一般采用钢内胀圈临时连接，内胀圈与管壁间楔入木楔。该法安装方便，但刚性较差。为了提高刚性，可用肋板加固。在两管的接口处加衬垫，一般是垫麻辫或3～4层油毡，企口管垫于外榫处，平口管应偏于管缝外侧放置，使顶紧后的管内缝有10～20mm的深度，便于顶进完成后填缝，并防止管端压裂。钢管的连接同管道开槽施工的方法。

7. 纠偏

在顶进过程中坚持“勤顶、勤纠”或“勤顶、勤挖、勤测、勤纠”的原则。应在顶进中纠偏；应采用小角度逐渐纠偏；纠偏角度保持在$10'$～$20'$，不大于$1°$。

纠偏办法如下。

(1) 挖土校正法　校正误差范围一般不要大于10～20mm。多用于黏土或地下水以上的沙土中。

(2) 强制校正法　偏差大于20mm时，可用圆木或方木顶在管子偏离中心一侧管壁上，另一端装在垫有钢板或木板的管前土壤上，支架稳固后，利用千斤顶给管子施力，使管子得到校正。

(3) 衬垫校正法　对淤泥、流沙地段的管子，因其地基承载力弱，常出现管子低头现象，这时在管底或管之一侧加木楔，将木楔作成光面或包一层铁皮，稍有些斜坡，使之慢慢恢复原状。

8. 注浆减少阻力

管道外壁与土体摩擦产生阻力，为了避免管道在长距离顶进过程中阻力过大，在管道外壁与土体之间注入触变泥浆，形成泥浆套，减少管壁与土壁之间的摩擦阻力。触变泥浆除起润滑作用外，静置一定的时间泥浆固结，产生强度，如图11.22所示触变泥浆管道布置。

图11.22　触变泥浆管道布置

拌制触变泥浆需要调浆设备：搅浆机及储罐；灌浆设备：注浆泵、输浆管；主要材料：膨润土、碱（碳酸钠）和水。触变泥浆按以下方法拌和：

(1) 将定量的水放入搅拌罐内，并取其中一部分水溶化碱；

(2) 在搅拌过程中，将定量的膨润土徐徐加入搅拌罐内，搅拌均匀；

(3) 将溶化的碱水倒入搅拌罐内，碱水必须在膨润土上搅拌均匀后加入再搅拌均匀，放置12h后即可使用。

注浆需随顶随注，注浆压力一般控制在0.2MPa，以保证注浆饱满，确实起到润滑减阻作用。

9. 穿墙

打开穿墙管闷板，将工具管顶入接受井，并安装好穿墙止水称为穿墙。穿墙应根据不同的土质，制定不同的穿墙方案。穿墙时，要特别注意防止塌方和工具管下跌。

二、盾构施工

盾构法是暗挖隧道的专用机械在地面以下建造隧道的一种施工方法，后来随着技术的发展逐渐开始用于地下给排水管道的修建。

盾构施工的原理是先在隧道的一端建造竖井或基坑，以供盾构安装就位。盾构从竖井或基坑的墙壁预留孔处出发，在地层中沿着设计轴线，向另一竖井或基坑的设计预留孔洞推进。盾构推进中所受到的地层阻力，通过盾构千斤顶传至盾构尾部已拼装的预制衬砌、再传到竖井或基坑的后靠壁上。

盾构施工法具有如下优点：

(1) 盾构可以自身向前顶进，所以管道施工长度不受顶进距离的限制；

(2) 施工时有盾构设备的掩护，施工工人在地下操作时比较安全；

(3) 盾构的断面形状可以由盾构决定，而且在地下所形成的路径可以是曲线走向；

(4) 施工时在地下操作，不扰民、噪声小，对交通影响小；

(5) 施工时如果严格控制正面超挖，加强衬砌背面孔隙的填充，可以有效控制地面沉降。

1. 盾构的组成

盾构的基本构造由开挖系统、推进系统和衬砌系统三部分组成。

(1) 开挖系统　盾构的断面形状可以是圆形、矩形等，从工作面开始可分为切削环、支承环和盾尾三部分，主要由钢板（单层厚板或多层薄板）连成整体。

① 切削环　位于盾构前端，它的前端做成刃口，以减少切土时对土层的扰动，还需掩护开挖作业，保持工作面的稳定，把开挖下来的土砂向后方运输。它的长度主要取决于盾构正面支承、开挖的方法。切削环中对土压平衡式包含有刀盘、搅拌器和螺旋输送机；水力机械式包含安置有水枪、吸口和搅拌器。

② 支承环　位于切削环之后，处于盾构中间部位，承担地层对盾构的土压力、千斤顶的顶力以及刃口、盾尾、砌块拼装时传来的施工荷载。它的结构是紧接于切口环，刚性圆形，外沿布置有千斤顶，中间布置拼装机及部分液压设备、动力设备、操纵控制台。

③ 盾尾　它主要是掩护衬砌时的管片安装工作，并且防止水、土及注浆材料从盾尾间隙进入盾构。盾尾末端设有密封装置，常用的是多道、可更换的盾尾密封装置，道数一般取2～3道，如图11.23所示；密封材料需满足一定的弹性、耐磨、防撕裂等要求。

(2) 推进系统　推荐系统是盾构的核心部分，依靠千斤顶将盾构向前推动。千斤顶采用油压系统控制，由高压油泵、操作阀件等设备构成。

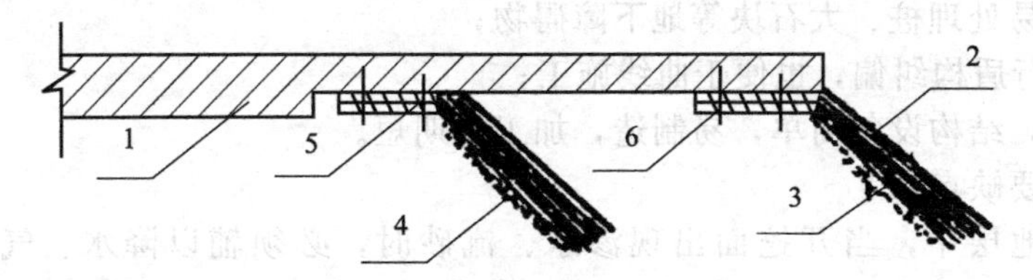

图 11.23　盾尾密封示意图

1—盾壳；2—弹簧钢板；3—钢丝束；4—密封油脂；5—压板；6—螺栓

(3) 衬砌系统　盾构顶进后应及时进行衬砌工作，衬砌块作为盾构千斤顶的后背，承受顶力，在施工时作为支撑结构，施工结束后作为永久性承载结构。

2. 盾构基本参数

(1) 盾构直径　盾构直径是指盾壳的外径，根据隧道限界和结构尺寸要求，在确定衬砌外径之后，可按施工要求或经验确定盾构直径。

$$D=d+2(x+\delta) \tag{11-10}$$

式中　D——盾构外直径，mm；

d——隧道外径，mm；

x——盾尾空隙，一般取 20～30mm；

δ——盾尾钢板厚度，mm，$\delta=0.02+0.01(D-4)$。

(2) 盾构灵敏度和长度　灵敏度：盾壳总长 L 与外径 D 之比。经验数据：

小型盾构（$D=2\sim3$m）$(L/D)=1.50$；

中型盾构（$D=3\sim6$m）$(L/D)=1.00$；

大型盾构（$D>6$m）$(L/D)=0.75$。

长度 L：

$$L=L_W+L_0+L_t \tag{11-11}$$

① 切口环长度 L_W　机械化盾构仅考虑能容纳开挖机具即可。在手掘式盾构中要考虑到人工开挖的方便，L_W 可以较长些。

② 支承环长度 L_0　取决于千斤顶、刀盘的轴承和驱动装置、排土装置等所需的空间。千斤顶的长度：衬砌环宽度+(200～300)mm。

③ 盾尾长度 L_t　盾尾长度取决于管片的形状和宽度。

(3) 盾构的推力　盾构的总推力：

$$F=F_1+F_2+F_3+F_4+F_5+F_6 \tag{11-12}$$

式中　F_1——盾构外壁周边与土体之间的摩擦力或黏结力，kN；

F_2——推进中切口插入土壤的贯入阻力，kN；

F_3——工作面正面阻力，kN；

F_4——管片与盾尾之间的摩擦力，kN；

F_5——变向阻力（曲线施工/纠偏等因素的阻力），kN；

F_6——后方台车的牵引阻力，kN。

(4) 盾构的分类及其适用范围　盾构按结构特点和开挖方法可分为四大类：手掘式、挤压式、半机械式、机械式。

① 手掘式盾构　施工时根据不同的地质条件，开挖面可全部敞开由人工开挖；也可根据开挖面土体的稳定性适当分层开挖，随挖土随支撑。

该类型的主要优点：

(a) 可以观测地层变化情况，及时采用应付措施；

(b) 比较容易处理桩、大石块等地下障碍物；

(c) 容易进行盾构纠偏，也便于曲线施工；

(d) 造价低，结构设备简单，易制造，加工周期短。

该类型的主要缺点：

(a) 在含水地层中，当开挖面出现渗水、流砂时，必须辅以降水、气压等地层加固措施；

(b) 工作面若发生塌方时，易引起工程安全事故；

(c) 劳动强度大、效率低、进度慢。

但该类型施工方法简单易行，在地质条件良好的工程中仍广泛应用。

② 挤压式盾构　挤压式盾构分为全挤压式或局部挤压式两种。全挤压盾构向前推进时，胸板全部封闭，不需出土，但要引起相当大的地表变形。局部挤压盾构需打开部门胸板，将需要排出的土体从出土孔挤入盾构内，然后装车外运。该类型的特点：开挖面用胸板封起来，把土体挡在胸板外，比较安全、可靠，没有塌方的危险；不用人工挖土，劳动强度小，效率高。适用：松软可塑的黏性土层，适用范围较狭窄。

③ 半机械式盾构　半机械式盾构可减轻工人劳动强度，其余与手掘式相似。在手掘式盾构正面装上机械来代替人工开挖。

④ 机械式盾构　它是一种采用紧贴着开挖面的旋转刀盘进行全断面开挖的盾构。它具有可连续不断地挖掘土层的功能。机械式盾构的优点：能改善作业环境，加快施工速度、缩短工期，但造价高。在黏性土层施工时，切削下来的土易黏附在转盘内，压密后会造成出土困难，一般适用于地质变化少的砂性土层。它的结构主要在手掘式盾构的切口部分装上一个大刀盘，型式有开胸式和闭胸式两种，闭胸式有局部气压式、泥水式、土压平衡式。

3. 盾构施工

(1) 施工准备工作　盾构施工前根据设计提供图纸和有关资料，对施工现场进行详细勘察，对地上、地下障碍物；地形、土质等进行全面了解，正确编制盾构施工方案指导施工。

盾构施工准备还包括测量定线、衬块预制、盾构机械组装与调试、降低地下水位、工作井开挖与加固等。

(2) 盾构顶进　当盾构已进入土中以后，在开始工作坑后背与盾构衬砌环，各设置一个木环大小尺寸与衬砌环相等，木环与木环之间可以用圆木支撑。作为开顶段的盾构千斤顶的支撑结构。通常衬砌环长度达到 30～50m 以后，衬砌环起后背作用，可以拆除工作坑内圆木支撑。

上述顶进结束后，盾构本身千斤顶，将切削环的刃口切入土中，在切削环掩护下进行掘土，挖下的土运出去，将预制好的砌块运进来，待盾构千斤顶回镐后，孔隙部分用衬砌块拼装，拼装好的衬砌环又作为千斤顶的后背继续往前顶进，如此重复上述操作，盾构可以不断向前顶进。

(3) 衬砌和灌浆　衬砌后可以用水泥砂浆灌入砌块外壁与土壁间留有的孔隙，防止渗水。通常每隔 3～5 个衬砌环有一灌注孔环，环上设有 4～10 个灌注孔。填灌时可采用水泥砂浆、细石混凝土、水泥净浆等。灌浆作业应在盾尾开始，灌入顺序为自下而上，左右对称进行，以防止砌块环周的孔隙宽度不均匀。浆料灌入量为计算孔隙量的 130%～150%。灌浆时应防止料浆漏入盾构内，应在盾尾与砌块外皮间做好止水。

三、水平定向钻

定向钻进的基本原理：按预先设定的地下铺管轨迹钻一个小口径先导孔，随后在先导孔出口端的钻杆头部安装扩孔器回拉扩孔，当扩孔至尺寸要求后，在扩孔器的后端连接旋转接头、拉管头和管线，回拉铺设地下管线。

1. 水平定向钻进铺管主要组成部分

(1) 导向系统　用于在钻进过程中对钻头进行定位，以确定钻头的倾斜角度和钻进方向。由发射器、接收器、控制台、遥控显示器、电源等组成。包含有软件系统的导航部分，不仅能绘制施工图，还能对工程进行评价、分析、实时记录设备运行数据、打印施工资料等。目前雷达导航的非开挖高端技术在国内已有采用，计算机导航技术已被普遍使用。

(2) 钻机主机　由发动机、液压系统、机载泥浆泵、动力钳、钻杆及其装卸系统等执行机构组成。它用于提供钻进、回旋的动力以及对钻进的控制。目前，国产的非开挖机在钻头100r/min的转速下，扭矩已达5～20kN·m。

(3) 钻具　由钻头、回扩钻头、钻杆等组成。不同的施工需要和不同的地质要选用不同的钻头。非开挖工程使用的钻杆与地质勘探的钻杆有所区别，需要很大的弹性、韧性和抗扭强度、耐磨损。钻具在航道钻通以后，还要对通道回扩和牵引管线，使管线便于穿过。

(4) 泥浆搅拌系统　它可增加钻头的润滑作用，降低钻进阻力和钻头的工作温度，提高管壁的强度等。泥浆还减小钻头磨损、软化地层、易于钻进以及利用泥浆的流动性和黏结力使钻孔产生的岩粒、砂粒处于悬浮状态，以利于护壁和清孔，由泥浆罐和高压输送泵及高压连接管构成。

2. 水平定向钻进铺管的施工顺序

该方法施工顺序为地质勘探、规划和设计钻孔轨迹、配制钻液、钻先导孔、回拉扩孔、回拉铺管、管端处理。

(1) 地层勘察、地下建（构筑物）及地下管线探测　地层勘察主要了解有关地层和地下水的情况，为选择钻进方法和配制钻液提供依据。其内容包括：土层的标准分类、孔隙度、含水性、透水性以及地下水位、基岩深度和含卵砾石情况等。可采用查资料、开挖和钻探、物探等方法获取。

地下管线探测主要了解有关地下已有管线和其他埋设物的位置，为管线设计和设计钻进轨迹提供依据。一般采用综合物探法，按其定位原理分为：电磁法、直流电法、磁法、地震波法和红外辐射法等，并结合钻探、静力触探、土工实验等技术。

(2) 钻进轨迹的规划与设计　导向孔轨迹设计是否合理对管线施工能否成功至关重要。钻孔轨迹的设计主要是根据工程要求、地层条件、地形特征、地下障碍物的具体位置、钻杆的入出土角度、钻杆允许的曲率半径、钻头的变向能力、导向监控能力和被铺设管线的性能等，给出最佳钻孔路线。

(3) 配制钻液　钻液具有冷却钻头（冷却和保护其内部传感器）、润滑钻具，更重要的是可以悬浮和携带钻屑，使混合后的钻屑成为流动的泥浆顺利地排出孔外，既为回拖管线提供足够的环形空间，又可减少回拖管线的重量和阻力。残留在孔中的泥浆可以起到护壁的作用。

在不同的地质条件下，需要不同成分的钻液。钻液由水、膨润土和聚合物组成。水是钻液的主要成分，膨润土和聚合物通常称为钻液添加剂。钻液的品质越好与钻屑混合越适当。当遇到不同地层时，及时调整钻液的性能以适应钻孔要求。

(4) 钻导向孔　利用造斜或稳斜原理，在地面导航仪引导下，按预先设计的铺管线路，由钻机驱动带锲形钻头的钻杆，从A点到B点（见图11.24）钻一个与设计轨迹尽量吻合的导向孔（平面误差100mm）。

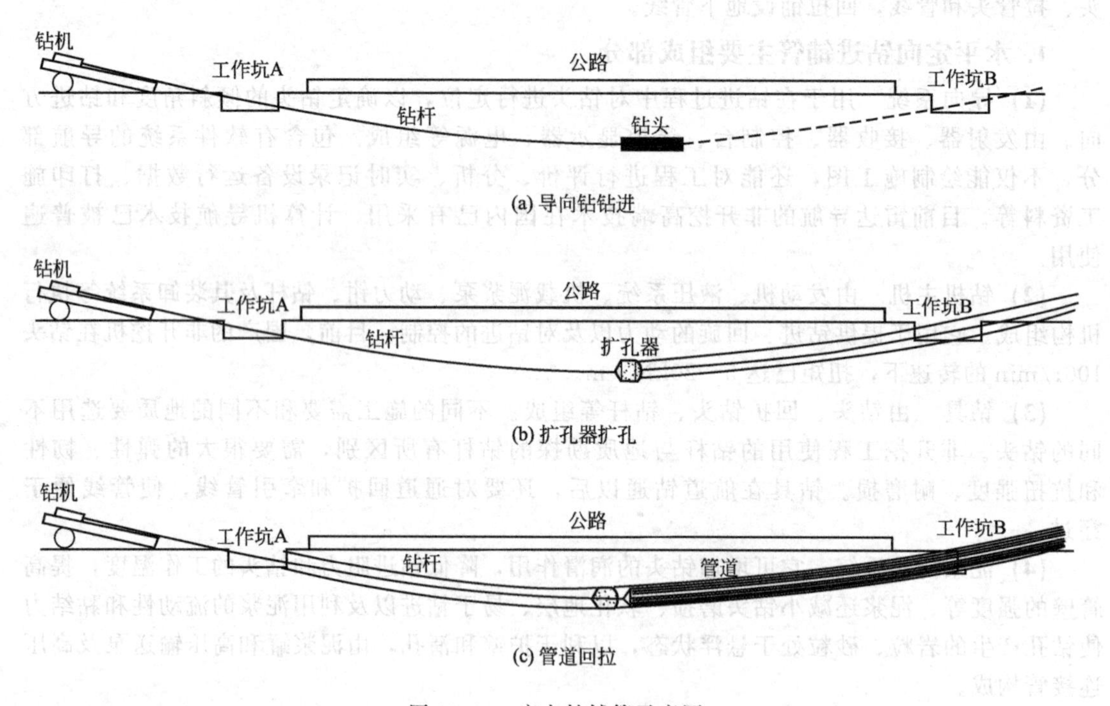

图 11.24 定向钻铺管示意图

钻导向孔的关键技术是钻机、钻具的选择和钻进过程的监测和控制。要根据不同的地质条件以及工程的具体情况，选择合适的钻机、钻具和钻进方法来完成导向孔的钻进。

监测与控制：在钻进导向孔时能否按设计轨迹钻进，钻头的准确定位及变向控制非常重要。钻进过程中对钻头的监测方法主要通过随钻测量技术获取孔底钻头的有关信息。孔底信号传送的方法主要有：电缆法和电磁波法。电磁波法的测量范围较小，一般在300m以内水平发射距离，测量深度在15m左右。电磁波法测量的原理为：在导向钻头中安装发射器，通过地面接收器，测得钻头的深度、鸭嘴板的面向角、钻孔顶角、钻头温度和电池状况等参数，将测得参数与钻孔轨迹进行对比，以便及时纠正。地面接收器具有显示与发射功能，将接收到的孔底信息无线传送至钻机的接收器并显示，以便操作手能控制钻机按正确的轨迹钻进。目前，电磁波法在中小型钻机上应用较多，缺点是必须随钻跟踪监控。电缆法在长距离穿越中，特别是地形复杂的工程中应用较多。优点是抗干扰能力强，不要随钻跟踪；但其操作复杂，选用的信号线必须强度高（不易拉断）、耐磨、绝缘性能好。

(5) 回拉扩孔 导向孔钻成孔后，卸下钻头，换上适当尺寸和符合地质状况的特殊类型的回扩钻头，使之能够在拉回钻杆的同时，又可将钻孔扩大到所需尺寸。一般采用逐级扩孔；预埋管径以内采用排土法扩孔，以外采用挤压法成孔，以保证铺管后地面不至于沉降，不留隐患。在回扩过程中和钻进过程一样，自始至终泥浆搅拌系统要向钻头和回扩钻头提供足够的泥浆。

扩孔器类型有桶式、飞旋式、刮刀式等：穿越淤泥黏土等松软地层时，选择桶式扩孔器较适宜，扩孔器通过旋转，将淤泥挤压到孔壁四周，起到很好的固孔作用；当地层较硬时，选择飞旋或刮刀式扩孔器成孔较好。一般要求选择的最大扩孔器尺寸按下表考虑。或按铺设管径的1.2～1.5倍，这样能够保持泥浆流动畅通，保证管线能安全、顺利的拖入孔中，扩孔口径选择见表11.15。

表 11.15 扩孔口径选择

铺设产品口径	扩 孔 口 径
＜200mm	管线直径＋100mm
200～600mm	管线直径的 1.5 倍
＞600mm	管线直径＋300mm

(6) 铺管 扩孔完毕，在拖管坑一端的钻杆上，再装扩孔器与管前端通万向接、特制拖头等连接牢固，启动导向钻机回拉钻杆进行拖管，将预埋管线拖入孔内，完成铺管工作。在拖管的同时加入专用防润土进行泥浆护壁。在条件许可的情况下，可将全部管线一次性连接。

(7) 管端处理 当拖管结束后，采用挖掘机将扩孔器及管前端挖出，拆除扩孔器及万向接，处理造斜段，施工检查井，恢复路面，清场。

(8) 施工注意事项

① 定向钻进施工前应掌握施工位置的地质状况，选择适当结构的钻头。

② 仔细清查钻进轨迹中的地下管线情况，掌握地下管线的埋深、管线类型和管线材料，根据实际情况编制施工方案。

③ 导向孔施工前应对导向仪进行标定或复检，以保证探头精度。

④ 导向孔每 3m 测一次深度，如发现偏差应及时调整，以确保导向孔偏差在设计范围内。

⑤ 拖拉管线前应作好安全辅助工作，特别是拖拉非金属管线时，避免损伤管材。

⑥ 管线拖拉完毕后，应按管道规定进行隐蔽工程验收，验收合格后进入后序工作。

四、气动矛法

1. 工作原理

气动矛类似于一只卧放的风镐，在压缩空气的驱动下，推动活塞不断打击气动矛的头部，将土挤向四周；同时气动矛不断向前行进，形成先导孔，成孔后，管道便可直接被拖入，也可以通过扩孔法将钻孔扩大，以便铺设大于孔道直径的管道。

2. 气动矛构造

不同厂家生产的气动矛的构造有所不同，主要是在气阀的换气方式，一般气动矛前端有一个阶梯状由小到大的头部，受到活塞的冲击后向前推进。活塞后部有一个配气阀和排气孔。气动矛依靠连接在其尾部的软管来供应压缩空气，推动整个气动矛向前移动。

气动矛的外径一般为 45～180mm，活塞冲击频率为 200～570 次/分，压缩空气的压力为 0.6～0.7MPa。

3. 气动矛施工要点

气动矛施工是不排出土的，因此需要较厚的覆土层，一般为管径的 10 倍，不出土施工时，成孔后会缩孔，因此需要敷设成品管的管径应比气动矛的外径小 10%～15%，具体尺寸还需根据土质而定。

气动矛施工长度与管径有关，小的管径通常不超过 15mm，较大直径的一般在 30～150mm 之间，因为施工长度与矛的冲击力、地质条件有关，如果条件对施工有利，施工长度还可增加。根据不同土壤结构，定向气动矛的最小弯曲半径为 27～30m。

4. 适用范围

气动矛可以用于较短距离，较小直径的通讯电缆、动力电缆、煤气管线及上下水管的施工。管径范围为150mm及以下，管材可以是PVC、PE和钢管。适用于一般可压缩的土层，如淤泥、淤泥质黏土、软黏土、粉质黏土、黏质粉土、非密室的砂土等。在砂层和淤泥中施工，要求在气动矛之后直接拖入套管或成品管，用于保护孔壁并提供排气通道。

五、夯管法

1. 概述

夯管法施工是指用夯管锤（低频、大冲击功的气动冲击器）将待铺设的钢管沿设计路线直接夯入地层，实现非开挖穿越铺管。施工时，夯管锤的冲击力直接作用于钢管的后端，并通过钢管将冲击力传递到前端的管鞋上切削土体，克服土层与管体之间的摩擦力使钢管不断进入土层。随着钢管的前进，被切削的土芯进入钢管内。待钢管全部夯入后，通过压气、高压水射流或螺旋钻杆等方法将泥土排出。

由于夯管过程中钢管要承受较大的冲击力，因此一般使用无缝钢管，而且壁厚要满足一定的要求。钢管直径较大时，为减少钢管与土层之间的摩擦力，可在管顶部表面焊一注水钢管，随着钢管夯入而不断注入水或泥浆，以润滑钢管的内外表面。

夯管法施工的优点是：夯管锤施工时不妨碍交通；对路面不会造成任何破坏；施工费用比传统的施工方法要低得多；施工速度快，一般情况下可达到7～12m/h，最快可达20m/h；不污染环境；设备简单、投资少，施工成本低。

夯管法的主要缺点：纠偏系统不完善，在钢管被夯进地层1.5～2m后，几乎不能再改变穿越方向；清除管内泥土较困难，清管设备不配套不完善。

2. 夯管法施工的适用范围

(1) 管径为200～1000mm。

(2) 管线长度为10～70m。

(3) 钢材为钢套管。

(4) 适用于不含大卵砾石、基岩层的各种地层，包括含水地层，小于管径的卵石地层，黏土层、粉质黏土、粉土、黄土、耕植土、杂填土、砂土层以及强风化的泥岩、黏土岩等。

3. 工作原理

夯管过程中，夯管锤产生的巨大冲击力直接作用于钢管的后端，通过钢管传递到最前端钢管的管鞋上，克服管鞋的贯入阻力和管壁（内、外壁）与土之间摩擦阻力，将钢管夯入地层。随着钢管的夯入，被切削的土芯进入钢管内，待钢管抵达目标坑后，将钢管内的泥土柱用压气或高压水排出，钢管则留在孔内。有时为了减少管内壁与土的摩擦阻力，在施工过程中夯入一节钢管后，间断地将管内的土排出。

4. 夯管机的技术性能

夯管机的冲击力一般情况下可达到5×10^6N，更高时可达8×10^6N，夯击力沿钢管的轴线方向。在钢管夯进1m之后，其方向就基本确定，因此夯击钢管之前必须对钢管的方向进行反复校正以保证穿越钢管的准确性。

夯管机在工作过程中不会产生巨大的竖向振动，其振动主要是沿钢管的轴线方向，因此对周围地层不会造成挤压破坏。在夯击过程中钢管对周围土体的挤压变形量沿钢管的切线方向不超过4cm，其破坏力影响半径不超过1.0m。

5. 施工工艺

夯管法的主要施工流程为：施工准备→修筑施工便道→场地平整→测量放线→工作坑的开挖→设备进场摆放→导轨的安装定位→管鞋的制作→设备的连接→夯进作业→管口的处

理→管口焊接及防腐→继续夯进作业→清除管内泥土→主管穿越→设备撤离→管沟回填。

小 结

通过本项目的学习，将项目的主要内容概括如下。

管道施工前需做好相应的施工交底及测量放线等准备工作。

管道开槽施工时要掌握地下水的排除、包括明沟法和人工降低地下水法，沟槽支撑的支设及拆除应针对不同支撑种类进行，并注意其注意事项，不同材质的管道，其连接工艺是不同的，管道安装完成后需做相应的验收工作，如闭水和水压试验。

管道的非开挖铺管技术有多种，理解各种施工工艺的原理及施工工艺流程，熟悉工作坑的开挖、布置及主要的施工机具。

思 考 题

1. 管道工程施工时，需做哪些准备工作？

2. 机械开挖沟槽时，有哪些需要注意的地方？

3. 管道开槽施工时，遇到地下时必须将地下水降低到一定高度，人工降低地下水的方法有哪些？

4. 承插式铸铁管的连接工艺是怎样的？

5. 钢管的连接工艺是怎样的？

6. 什么是“平基法”施工，它的操作要求有哪些？

7. 什么是“垫块法”施工，它的操作要求有哪些？

8. 什么是“四合一”法施工，它的操作要求有哪些？

9. 简述市政给水管道水压试验的操作步骤是怎样的？

10. 简述市政排水管道闭水试验的方法？

11. 市政给水管道试压合格后如何进行管道的冲洗及消毒工作？

12. 沟槽回填包括哪些工艺环节，回填时应该注意些什么？

13. 管道不开槽施工的优点是什么，目前不开槽施工方法有哪几种？

14. 掘进顶管法施工时，工作坑应如何确定？

15. 盾构法施工法的施工原理是怎样的？

16. 定向钻施工法包含哪些工艺流程？适用于哪种地质？

17. 气动矛的施工原理是怎样的？适用于哪种条件的土质？

18. 采用夯管法施工时，有哪些特点？它适用于哪些条件？

工学结合训练

【任务一】案例分析

某企业拟新建一厂房，该工业厂房的建设场地为荒废的农田。其中给排水管道施工图的设计要求规定，管道基础范围内的耕植用土应彻底清除，管道基底标高应位于原状土的 2.2m 深处。某施工单位中标该工程，施工单位在进行沟槽开挖的过程中发现，相当一部分基坑的开挖深度虽已经达到了设计标高（深 2.2m 处），但仍未见原状土。问题：

(1) 施工单位遇到上述情况应如何处理？

(2) 施工单位编制的施工方案应在何时，由谁负责向哪些人员进行施工交底？施工交底的内容包括哪些？交底结束要让被交底人员做哪个工作？

【任务二】案例分析

某排水小区工程主要管道为 *DN*1600mm、*DN*2400mm 的钢管，总长 1300m，还包括一座

12.5m³/s流量的泵站。主要管道有6m从一条已建公路下采用混凝土套管穿过，混凝土套管采用手掘式顶管法施工。有一处从一条已建钢筋混凝土矩形管渠上通过，钢管管底与管渠外顶面间距0.7m。在施工过程中采取以下措施：(1) 混凝土套管顶进过程中，发现土质不稳定，为了减少阻力，工长命令在管四周超挖了20mm；(2) 排水管道在从已建钢筋混凝土圆形管渠上通过处采用混凝土方法支撑排水管道；(3) 除公路下6m处混凝土套管内的钢管外，其余钢管在回填土时，为了防止变形，钢管内采用十字状支撑，支撑间距不大于3.5m，同时要求横向直径比竖向直径略大一些；(4) 手掘式顶管时出现偏差30mm，采用挖土校正法。即在管子偏向一侧少挖土，而在另一侧多超挖些，强制管子在前进时向另一侧偏移。问题：

(1) 简述手掘式顶管时工作坑的位置设置和支撑的原则？

(2) 施工企业在施工过程中采取的措施是否正确？

(3) 手掘式顶管施工时，地下水位应降到什么高度？

(4) 手掘式顶管施工的程序是什么？

项目十二 给水管网系统运行管理及养护

项目导读

本项目通过介绍给水管网系统的运行管理及维护知识，让学生明确供水调度的任务、给水管网运行管理的内容；现代的城市给水管网漏水率居高，通过学习不同的检漏技术，能够在不同的场合运用相应的检漏技术进行管网检漏；给水管网的水质由于多方面原因，容易受到二次污染，在明确污染原因的基础上，注意各项防护措施，并了解各种给水管网养护更新的知识。

知识目标

· 熟悉供水调度的任务与目的

· 熟悉给水管网运行管理内容

· 熟悉给水管网的检漏方法

· 熟悉给水管网的水质维护方法

· 了解给水管网的养护更新

能力目标

· 具备初步的供水调度能力

· 具备初步给水管网运行管理能力

· 具备一定的给水管网漏水检测能力

· 具备一定的给水管网水质维护能力

· 具备一定的给水管网养护更新能力

任务一 城镇给水管网的优化调度与管理

【任务内容及要求】

由于各用水单位用水的不均匀性，城镇供水管网的运行是十分复杂的，为了合理分配水资源，优化给水管网系统的运行，必须建立给水管网的供水调度系统；并对供水系统进行合理管理，针对管网进行流量、压力监测以供分析与事故预测，通过学习熟悉供水调度和供水管理的相关内容。

一、城镇给水管网系统的运行调度

城镇供水系统一般由取水设施、净水厂、供水泵站和输配水管网等构成。每个城镇的供水厂可能有一个或多个，每个供水厂供水泵站的台数有多台，各用户的用水情况是复杂多变的。如何有效利用资源，根据不同用水点的水量、水质、水压等情况，进行合理调度，是管网调度需解决的问题。

1. 城镇供水调度的目标与任务

给水管网运行调度的目的是将符合水量、水质、水压要求的水保质、保量的送达用户，并保证给水系统安全、可靠，经济的运行。它由供水调度管理部门负责。调度管理部门也称调度中心，除了负责日常运行管理，还要在管网事故时，采取相应措施。

(1) 多水源的调度　通常一个城市由不止一个的给水厂进行供水，如果各个水厂只根据本厂水压的大小启闭水泵，就不能有效发挥它在整个给水系统中的作用。而通过管网的集中调度，按照管网控制点的水压确定各水厂泵站运行的台数。这样，既能保证管网各用户所需的水压，又可以避免某些泵站多台泵连续运行，造成的管网水压过高而浪费能量。

(2) 事故时的处理　给水管网在运行时，会出现管道损坏、阀门失控，需进行检修，或某个区域发生大的火灾等事故，此时为了减少断水范围，需要对水泵、阀门等进行控制；或为保证火灾区域的水压，需通过调度控制及时改变部分区域的水压，甚至必要时启动备用设备。

(3) 水质控制　供水管网水质控制是供水调度的一项新内容，受到了越来越多的关注。城镇供水水质必须符合现行《生活饮用水卫生标准》(GB 5749) 的规定。2001 年我国颁布的《生活饮用水水质卫生规范》对水厂出水和管网水质提出了更加严格的要求。出厂水如果长时间在管网中流动或停滞，余氯可能会被消耗，水质会变坏，管道破损或其他情形也会使水质发生突发性污染。此时供水管网的水质控制就是通过监测管网中的水的物理、化学性质，控制水的流行速度和流行时间，合理调度管网系统，隔离事故区域，启动应急措施等。

2. 城市供水调度的现状及发展方向

目前我国许多中小城镇依据区域水压分布，进行人工经验调度，增加或减少水泵开启的台数，使管网中各区域水的压力保持在设定的服务压力范围，以节约电能消耗。

随着现代科学技术的进步，人工经验调度已不能满足现代化管理的要求。一些城镇开展供水管网地理信息系统建设，矢量化供水管网基础资料、将管网系统属性资料和空间数据库进行统一设计，开展由计算机辅助的优化调度，实现了供水系统优化调度、管网水质分析与诊断、减少供水系统自来水漏失及供水成本。

应用计算机软件进行管网水力及水质动态实时模拟和管网运行科学调度，通过制定经济的离线和在线运行调度方案，统一调度各泵站的水泵运行，保障管网系统水量和水压的优化分布，优化供水能耗和供水成本，降低管网中爆管事故的发生概率，提高供水安全性和企业服务水平，实现城市供水科技现代化。这一阶段的目标就是要实现整个供水系统在保证满足供水需求的前提条件之下，系统运行成本最低，实现自动化无人化优化操作，称之为高度的信息化与自动化阶段。

目前，在国外的一些工业和科技发达的国家，供水系统的运行调度和管理实现了供水系统闭环、优化自动化控制过程。我国和世界供水先进国家还有较大的差距，所以我国城镇供水调度的发展方向是，进行给水管网建模，建立管网地理信息系统 (GIS)、自控设备安装调试系统、监测遥控系统、决策支持系统等。实现调度与控制的优化、自动化和智能化；实现与水厂过程控制系统、供水企业管理系统的一体化进程。

3. 城镇供水调度系统

现代城镇供水调度系统应用自动检测、现代通信、计算机网络和自动控制等信息技术，对影响供水系统运行的设备、参数进行实时监测、分析，辅助供水调度人员调度决策，并实施科学调度控制的自动化信息管理。城镇供水调度系统可以由以下几部分组成。

(1) 数据采集与通讯网络系统　由水压、流量、水质等参数的检测设备，及传感器、变送器、数据传输设备与通讯网络设备，一起进行数据采集、处理、集中显示、记录、打印等工作。

为了使压力监测点能较全面地反映出供水管网内的压力分布和因需水量变化等外部扰动引起的压力变动，并能及时、准确地掌握城市供水的状态，要在供水管网上设置适当数量的测压点。有条件的单位可以在城市中不同供水区域代表点增加测量流量、浊度、余氯，以便反映管网中的水质与供水量。通过长期的数据监测，了解供水区域需水量随时间、季节等不同的变化，为供水系统进行经济合理的调度提供必要的依据，如图 12.1 所示。

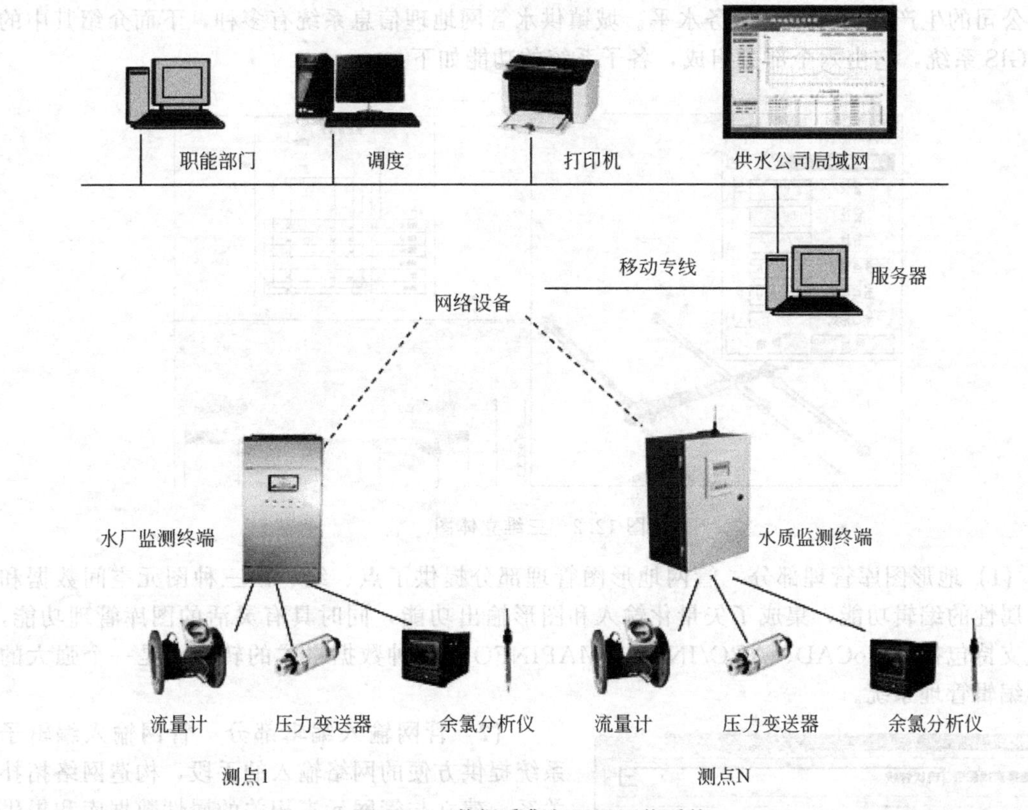

图 12.1　数据采集与通讯网络系统

(2) 数据库系统　它是调度系统的数据中心，具有规范的数据格式和完善的数据管理功能。一般包括：地理信息系统（GIS）、管网模型数据、实施状态数据、调度决策数据、管理数据。GIS 是存放和处理管网系统所在地区的地形、建筑、地下管线等的图形数据；管网模型数据，存放和处理管网图、管网构造和水力属性数据；实时状态数据，包括从水厂过程控制系统获得的水厂运行状态数据（如各检测点的压力、流量、水质等数据）；调度决策数据包括决策标准数据、决策依据数据、计算中间数据（如用水量预测数据）、决策指令数据等；管理数据，它是通过与供水企业管理系统接口获得的用水抄表、收费管网维护、故障处理、生产核算成本等数据。

(3) 调度决策系统　它是整个系统的指挥中心，又分为生产调度决策系统和事故处理系统。生产调度决策系统具有系统仿真、状态预测、优化等功能；事故处理系统具有事件预警、侦测、报警、损失预估及最小化、状态恢复等功能，包括爆管事故处理和火灾事故处理等基本模块。

(4) 调度执行系统　它是由各种执行设备或智能控制设备组成，可以分为开关执行系统和调节执行系统。前者控制设备的开关、启停等，如控制阀门的开闭、水泵机组的启停、消毒设备的运停等；后者控制阀门的开度、电机转速、消毒剂投量等，有开环调节和闭环调节两种形式。通常供水泵站控制系统是整个执行系统的核心，也是水厂过程控制系统的组成部分。

4. 城镇供水管网地理信息系统

城镇供水管网地理信息系统是建立在以动态和静态的供排水管网电子地图为基准，对管线及各种设施进行属性查询、定位、分析、统计；对各类统计结果进行输出；管网发生事故后，能在短时间内提供关阀方案、用户停水通知单，发生新情况后能迅速调整方案；实现了供排水管网图文一体化的现代化管理，提供了管网数据动态更新机制，准确高效，提高了自来水公司的生产效率和社会服务水平。城镇供水管网地理信息系统有多种，下面介绍其中的MapGIS系统，它由六个部分组成，各子系统的功能如下。

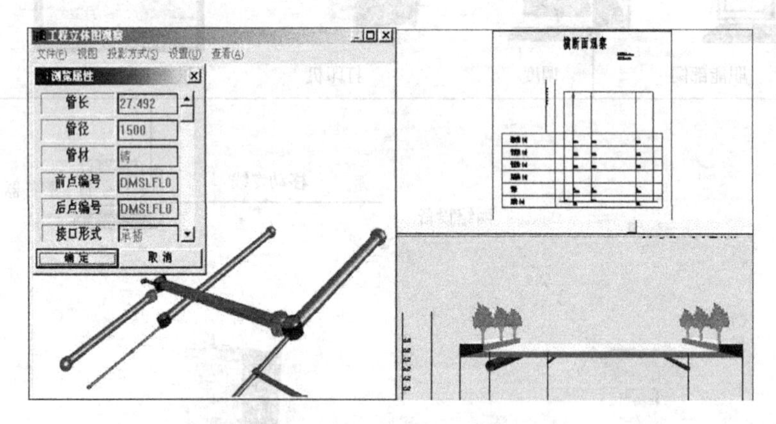

图 12.2　三维立体图

(1) 地形图库管理部分　管网地形图管理部分提供了点、线、区三种图元空间数据和图形属性的编辑功能，集成了矢量化输入和图形输出功能，同时具有灵活的图库管理功能，并且支持包括AutoCAD、ARC/INFO、MAPINFO等多种数据格式的转换，是一个强大的图形编辑管理系统。

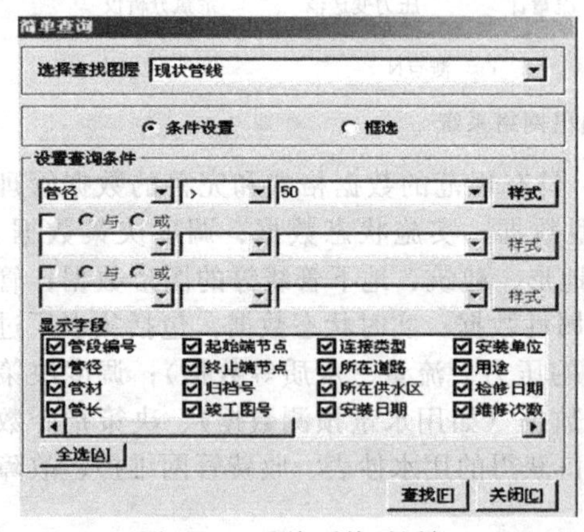

图 12.3　查询系统对话框

(2) 管网输入编辑部分　管网输入编辑子系统提供方便的网络输入的手段，构造网络拓扑关系，建立与管网元素相关的属性数据库和提供供水管网的图形属性编辑工具。

(3) 管网管理部分　管网管理部分是通过一些有效的方法快速对目前的管网信息进行全面的分析，可生成直观的三维立体图（见图12.2）和统计结果图，从而能够指导管理人员高效率的进行管理和抉择，另外通过各种查询工具（见图12.3）、量算工具、定位工具等方便地得到想要的资料和信息，并及时更新新建或改造的管网信息。

(4) 管网维护部分　管网维护部分可实现与综合管网或其他专业管网信息系统间的数据交换，管理管道、阀门、消火栓、水表等管件的维修记录。按照供水管理条例，对超过维修次数的管线或管点发出警告，提示更换。

(5) 事故处理部分　主要处理漏水、停水和爆管等事故。这类事故不妥善处理可能会造成更大的损失，所以事故发生后及时制定事故处理方案。如漏水、爆管事故发生后，系统能自动搜索出需关阀门与停水用户等，并且能自动生成抢修单，制定出合理的处理方案，以便及时排除故障，减少损失；当火灾事故发生时，也可进行消火栓检索，生成可用消火栓列表通过网络系统传送给消防部门。

(6) 运行调度部分　运行调度部分对根据测压点的实时压力数据实施节点平差，绘制等水压线；根据管网平差模型进行水力计算，分析各节点的流量、压力，根据测压点的压力突变进行爆管预警；并且找到最优的水源调度方案，以报表的形式输出，供调度参考。

二、城镇给水管网系统的管理

1. 资料管理

城市给水管网技术档案是在管网规划、设计、施工、运转、维修和改造等技术活动中形成的各种资料。它由设计、竣工和管网现状三部分内容组成，资料来源应覆盖全范围，包括：道路等配套管道建设，管线改动，户表改造，用户接水和排水情况。资料管理的日常工作包括建档、整理、鉴定、保管、统计、利用六个环节。

管网资料管理时应按如下要求执行。

(1) 对任一涉及管网建设、改造、新增的工程，建立严格的竣工资料管理制度，形成相应图档资料，对有条件的，可以形成同步的地理信息资料。

(2) 对报废部分管网应及时对管线资料进行修改及更新，并保存好报废管线资料。重视管网现状图的整理。要完全掌握管网的现状，标明管材材质、直径、位置、安装日期和主要用水户支管的直径、位置。在建立符合现状的技术档案的同时，还要建立节点及用户进水管情况卡片，并附详图。资料专职人员负责及时对用户卡片进行校对修改，记录事故情况并进行分析记录。

2. 阀门管理

阀门对于管网内流量、流向、局部管段水压的调度起到控制作用。阀门调节是管网故障中唯一可以对故障状态进行控制的手段，因此务必高度重视阀门管理工作，能够针对阀门的故障分析原因并及时处理。在城市供水系统中常用的有以下几种：闸阀、蝶阀、截止阀、止回阀、减压阀等。阀门管理包括如下。

(1) 建立有效的制度，实行阀门卡管理，并做到卡、实物、图三者相符。每年对图、物、卡检查一次。工作人员要在图、卡上标明阀门所在位置、控制范围、启闭转数、启闭所用工具等内容。

(2) 建立阀门动态检查制度，实行动态检查，阀门启闭完好率应为100%。阀门动态检查应落实到人，责任到人。阀门启闭应由专人负责，启闭操作应在夜间操作，以免影响用户用水。要经常检查排气阀的运行状况，以免产生负压和水锤。

(3) 有条件的水务公司，应积极运用供水管网地理信息系统（GIS）做好阀门管理工作。

阀门井是阀门操作的场所，对阀门井也要进行相应的管理。阀门井在地下长期处于封闭状态，空气不得流通，造成氧气不足，为避免发生窒息和中毒事故，维修人员下井前应打开井盖通风半小时以上，并注意保持阀门井的清洁与完好。

3. 水压和流量监测

管网水压和流量的测定是加强管网管理的具体实施，实时了解管网的压力和流量的变化有利于给水系统的调度工作，也能推测管道的结垢程度，有效指导管网的养护检修工作，同时对防止管道爆管能起到一定的预警作用。

目前，进行给水管网在线测压点布设的方法主要有以下 3 种：经验法、聚类分析法和灵敏度分析法。如何确定测压点需结合城市整个供水管网现状及将来运行情况，认真分析目前管网中存在的在线或离线的测压点位置、类型和可用性的基础上，尽可能充分利用现有资源、避免重复建设。

(1) 测压点布置原则

①在管网水力分界线上应有布设；②在管网水力最不利点、控制点处应测压点；③对大用户应设水压监测点；④对主要用水区域、大管段交叉处，管网中低压区等处，能反映管网关键运行工况的地方应设监测点；⑤在供水规划扩建区域应考虑预留监测点。

图 12.4　压力传感器

(2) 供水管网压力监测步骤　管道的压力监测可采用压力传感器（如图 12.4 所示）按以下步骤进行：①根据一定的水力计算结果并结合经验在给水管网总图上初选测压点位置；②现场勘查，具体分析所选拟建测压点位置建设的可行性，并且根据现场勘查情况可对初设测压点位置进行适当的调整以提高整个方案的可行性；③在建设过程中采用分步建设的方法，先对必要性强，位置重要的测压点进行建设。待微观模型建立后，通过模拟计算结果对管网工况进行分析，在管网压力敏感区增设在线测压点及对先前设置的测压点位置进行适当调整。

(3) 在线测压点技术方案的实施过程中须注意问题　①测压点的布置应采用理论与实践经验相结合的方式，为尽量保证布置的每一个点最优，应充分借鉴供水公司技术人员的丰富经验；②布置测压点时，先在图上找出测压点布设的大体位置，然后通过有计划地进行现场实勘工作，确定合理位置，确保方案的可实施性；③测压点最终详细位置确定之后，应交由各有关部门进行设备的安装，在安装测压设备时不能随意更改安装位置；④在建设过程中可考虑采用分步建设的方法，先对必要性强，位置重要的点进行建设。待微观模型建立后，通过水力计算结果对管网工况进行分析，在管网压力敏感区增设在线测压点。

(4) 流量测定时测流孔的布设原则　管道的流量监测是监测管道的水流流向、流速和流量。测流孔布设时应遵循下列原则：

①测流孔设在直线管段上，距离分支管、弯管、阀门应有一定的间距，保证孔前后有足够长的直线管段。有些城市规定测流孔前后直线管段长度为 30～50 倍的管径。②对环状网上的每个管段都应设测流孔，测流孔数量可以根据配水干管的情况而定。当干管上无分流时可只设一个测流孔；当干管上有分流时，可在管道两端设测流孔并根据分流情况在中间加设测流孔。③按照管材、口径的不同，测流孔的开设方法也不同。对铸铁管、水泥压力管，可安装管鞍、旋塞，无需停水即可开孔；对中、小口径的铸铁管也可不停水开孔；钢管可用焊接短管后安装旋塞的方式开孔。④测流孔的地点应选择在交通疏散、便于操作的地段，并设置在阀门井内（如图 12.5 所示）。

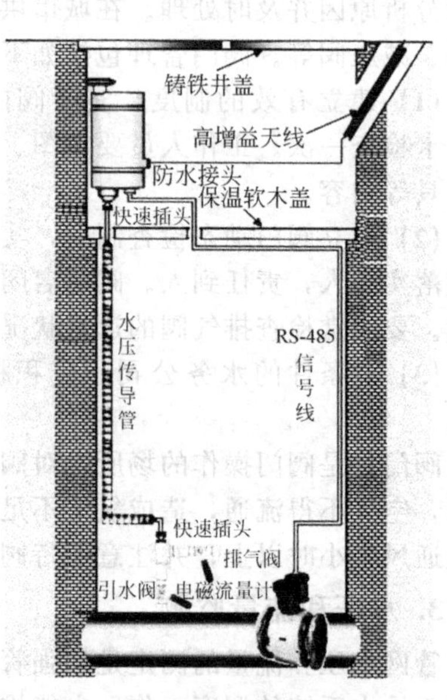

图 12.5　流量计安装示意

(5) 流量测定　管道流量监测可以选用毕托管

流量计、超声波流量计，插入式流量计和电磁流量计等。新型的流量计如电磁流量计，可将流量、流速和流向等数据传到控制室。不同的流量计由于工作原理不同，布设和安装要求也不相同。用毕托管测定流量时，可将管道管径分成上下等距离的十个测点和一个圆心测点，测定各点的流速，取其平均值乘以管道断面面积即可得管道流量。电磁流量计安装时要注意避免气体的累积和测量管内的残渣存积。安装方向可以是垂直或水平。垂直安装适用于自排空管道，可不加空管检测电极。水平安装时测量电极平面必须水平，这样可以防止由于夹带的气泡而产生的电极短时间绝缘。如果振动非常剧烈，应将传感器和变送器分开安装。

任务二　给水管网的维护工作

【任务内容及要求】

给水管网维护工作主要是管网的维护与水质的维护，给水管网检漏有多种方法，学习各种检漏仪器的工作原理及应用，给水管网漏水有多种原因，熟悉各种漏水的维修方法，通过学习给水管网的水质污染的原因，熟悉其各种水质防护措施；对给水管网陈旧需更新时，要了解各种更新方法。

一、给水管网检漏与水质维护

1. 给水管网检漏的必要性

根据中国城市建设统计年鉴，我国给水管网年平均漏损率大，且许多省市漏损率均超过基本漏损率12%。据中国水协1998年统计，我国城市自来水公司的平均漏失率为12%～13%（漏失率=漏水量/供水量×100%），如果按比漏水量［按年漏水量/(365×24×管长)］，即为单位管长单位时间的漏水量，单位［$(m^3/h)/km$］进行统计，具体数字见表12.1。

表12.1　单位比漏水量统计表

国家	德国	匈牙利	马来西亚	中国	英国	意大利	新加坡	日本
比漏水量	0.4	0.2	1.2	2.85	0.8	2.5	0.3	1.0

由上表可以看出我国的漏水量远大于经济发达国家，目前我国众多城市自来水的漏损率较高，给我国经济造成极大的损失，给水资源的合理利用造成了巨大的浪费。许多城市的给水管网随着时间的推移，旧的管网逐步开始老化，却要面临现有用水的考验；一些施工质量把关不严的工程问题也渐渐暴露。地下管道漏水的规律往往是由暗漏到明漏，有时暗漏的水流入河道、下水道或电缆沟后始终成不了明漏，因此做好检漏工作对当今自来水公司的企业效益和对节约用水，提高整个国家的社会效益和经济效益都有着重大意义。

2. 给水管网检漏的方法

(1) 音听检漏法　音听检漏法分为阀栓听音和地面听音两种，前者用于查找漏水的线索和范围，称漏点预定位；后者用于确定漏水点位置，称漏点精确定位。

① 阀栓听音法　它是利用听漏棒或电子放大听漏仪在管道暴露点（如消火栓、阀门及暴露的管道等）听由漏水点产生的漏水声，从而测定漏水管道的大致距离，缩小检漏范围。金属管道漏水声频率一般在300～2500Hz之间，而非金属管道漏水声频率在100～700Hz之间。听测点距漏水点位置越近，听测到的漏水声越大；反之，越小。

② 地面听音法　当通过预定位方法确定漏水管段的大致位置后，可用电子放大听

漏仪在地面听测地下管道的漏水点，并进行精确定位。听测时可沿着漏水管道走向以一定间距逐点听测比较，当地面拾音器靠近漏水点时，听测到的漏水声越强，在漏水点上方达到最大。

(2) 听漏仪的发展状况 从德国 SEBA 听漏仪的发展看，是从原来的模拟信号处理发展到现代数字信号处理。由于采用数字信号处理，使得抗环境噪声干扰能力增强。数字频率分析、数字滤波、瞬时值和最小值记录及区分漏水与短时用水地连续监测等功能，只有数字化的仪器才能实现，如德国 SEBA 的 HL 400 和 HL 4000 检漏仪。

(3) 分区检漏法 在管道听测漏水声时，一般说来，漏点大产生的漏水声比漏点小产生的漏水声要大一些，但漏点大到一定程度漏水声反而小了，因此，我们不能认为听到的漏水声大，其漏水量就大，有时实际情况正好相反。通常每个管网中都存在着多处小的漏水点和几处大的漏水点，分区检漏法使漏水点按漏水量大小分类成为可能，并因此能做到控制大的漏水点并首先被排除掉，同时提高检漏速度，减少损失。操作时一般利用用户检修、基本不用水时将该区域停止用水；然后将与该区域相连的所有管道全部关闭，在其中一个干管的旁边接一旁通管（一般直径 15～20mm），并装上阀门和水表；再打开旁通管道阀门，观察水表是否转动，并记录时间和通过水表的水量；观看有无漏水，如有漏水记录漏水量大小，可用于漏水点分类，并用同样的方法缩小检漏区的范围，并结合音听检漏法，加快查找漏水地点。

(4) 相关检漏法 相关检漏法是当前最先进最有效的一种检漏方法，特别适用于环境干扰噪声大、管道埋设太深或不适宜用地面听漏法的区域，用相关仪可快速准确地测出地下管道漏水点的精确位置。

一套完整的相关仪主要是由一台相关仪主机（无线电接收机和微处理器等组成）、二台无线电发射机（带前置放大器）和两个高灵敏度振动传感器组成。其工作原理如图 12.6 所示：当管道漏水时，在漏口处会产生漏水声波，并沿管道向 A、B 两个传感器传播，传感器记录接收到声波的时间，漏水点的位置 $L\mathrm{x}$ 就可按式（12-1）计算出来。

$$L\mathrm{x}=(L-V\times\Delta T)/2 \tag{12-1}$$

式中 L——两个传感器之间的管道长度，m；

$L\mathrm{x}$——漏水点距离 A 传感器的距离，m；

V——声波在该管道的传播速度（取决于管材、管径和管道中的介质），m/ms；

ΔT——相关仪主机测出的由漏点产生的漏水声波传播到不同传感器的时间差，ms。

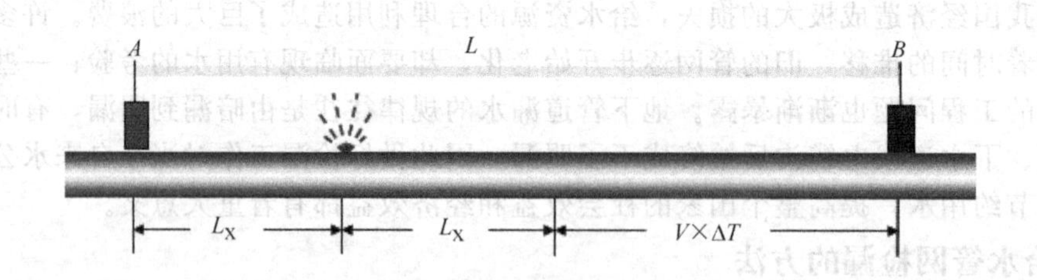

图 12.6 相关仪工作原理图

(5) 漏水声自动监测法 随着检漏技术的发展和城市节水事业的迫切需要，一些新的检漏技术也开始了应用。泄漏噪声自动记录仪（如德国 SEBA 的 GPL 99）是由多台数据记录仪和一台控制器组成的整体化声波接收系统。当装有专用软件的计算机对数据记录仪进行编程后，只要将记录仪放在管网的不同位置，如消火栓、阀门及其他管道暴露点等，按预设时间可自动开启，随时监测并记录管道各处的噪声信号，并把接收的信号经数字化后自动存入记录仪中，传送到专用软件的计算机上进行处理，能快速探测装有记录仪的管网区域内是否存在漏水。人耳通常能听到30dB以上的漏水声，而泄漏噪声自动记录仪可探测到10dB以上的漏水声。

使用泄漏噪声自动记录仪检漏，可以让检漏有规律，有助于发现漏水早期迹象；它可以自动开始和停止工作，不用人来听测，一方面降低了劳动强度和费用，另一方面把检漏工作由在线操作变为离线操作；且该仪器操作简便，可用计算机进行文件汇编，方便用户操作。

3. 管网检漏的管理

(1) 检漏仪器的选配　结合当地经济条件及城市供水的节约要求，配备适宜的检漏设备；经济条件较好的城市，提倡在借鉴国外先进的技术的基础上，提出一些先进的检漏仪器和检漏方法，以带动周围其他城市检漏工作的开展。

(2) 检漏工作人员管理　很多检漏工作是在人们休息的时候进行的，所以要充分调动检漏工作人员的积极性，加强检漏工作人员的素质培养，注重检漏仪器的操作及方法的锻炼，定期对检漏工作人员进行培训，以提高对新仪器的适应性。

(3) 检漏资料　检漏工作应做好详细的记录，填写报表并编写检漏报告，检漏工作中形成的文字、影像、数据等纸质和电子资料记入给水管网维护工作中，应妥善保管。

4. 管网漏水时管道的维修与抢修

(1) 管道维修　管道维修根据管道的口径和漏水程度，可分为小维修、大维修；小维修是指管径在 $DN50$ 以下的管道维修及水表井内的维修；大维修是指 $DN75$ 以上管道的维修。对于一些需维修的管道处于冰冻状态时，需先把管道水嘴卸下，同时把表井内水门打开往管内浇灌开水，只要管壁间的冻融化，在一端水压的作用下，挤出冰柱，然后可以进行管道的维修工作。不同材质的管道维修可按以下方法进行。

① 预应力钢筋混凝土管的维修　通常采取补麻、补灰止住水。如果承口开裂，可考虑使用承口用两合揣袖修复。若管身断裂，可以用两合揣袖［如图 12.7(a) 所示］把管身折断处包起来，再填打接口。如果纵向产生裂纹，一般的补救方法是把裂纹再剔大些，用环氧树脂打底，再用环氧树脂水泥腻子补平。这种方法适用于裂纹不太长的情况，如裂纹较长就得换管。通常换管是用一根铸铁管或钢管，更换下破损的混凝土管，铁管与原混凝土管用转换配件连接。

② 钢管的维修　钢管一般用于大口径给水管道，接口多为焊接。对于局部穿孔的管壁，若漏眼较小，可以垫1～2层胶皮后，用卡箍［如图 12.7(b) 所示］修复即可；若焊缝开裂，一般先用垫子把焊缝漏水量捻少，再用卡箍或者焊补一块钢板止水修复。对于腐蚀严重的管或者断裂的管道需要更换新管时，一般采用两个柔口外加一段短节修复。

③ 铸铁管的维修　视不同的漏水部位和漏水原因，选择不同的方法进行修补。填料被

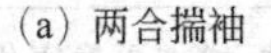

(a) 两合揣袖

(b) 卡箍

图 12.7　给水管道维修附件

局部冲走发生漏水时，对灰口填料而言，一般将接口流出的填料剔除重新填打，如果漏眼较小，也可直接填口；若漏眼较大，在补完填口后还需要用卡盘固定，以保证质量。管子由不均匀沉降或水平受力不均匀及受到侧向的挤压时，而导致大口掰裂漏水，常用两合揣袖，它可以将大头包在里面，两端依靠挤压橡胶皮产生密封作用而止水。若管身出现环向裂缝时，用两合揣袖把漏眼包在里面，两端填打柔性材料或橡胶圈，用紧螺栓挤压橡胶皮止水。若出现纵向裂纹，要在裂纹两端钻孔，止住裂缝的发展，再用两合揣袖或者柔性接口处理。当管身纵向裂纹较大或者管身断裂要换管时，多用柔性填口处理加一段短节修复。当需要更换较长的铸铁管时，新管与新管之间采用承插连接或打口连接，新管与旧管的两端可用柔性接口。

④ PE管的维修　若管道管身破坏时，切除直管段被破坏部分，可采用电熔套筒或热熔对接方式进行维修；若管件破坏时，直接更换电熔套筒；若接口漏水，应切除扩口及其连接的直管段部分，采用电熔套筒或热熔对接方式进行维修，胶圈漏水需更换胶圈。

⑤ 钢塑复合管的维修　钢塑复合管的维修也分管件和管身漏水两种方式，其维修方式与镀锌钢管大致相同。

⑥ 阀门常见故障及维修、防治　在维修工作开始前，阀门管理单位应根据现场情况，快速制定关阀方案，原则是停水范围尽量小，尽量少影响用户，因隔天抢修或阀门关闭不严等原因造成工作坑被水浸泡时，还要考虑开挖的茶坑的安全保护措施，防止塌方现象的发生。管道阀门常见故障大体可分为四类：阀体受损破裂；传动装置故障；阀门启闭不良；阀门漏水，具体表现及维修措施见表12.2和表12.3。

表12.2　闸阀常见故障及措施

常见故障	表现现象	维修措施
阀体(阀件)破裂	阀体裂纹、法兰盘断裂、阀杆断裂、压盖爆裂	更换同型号阀件;更换阀门;加装伸缩器
传动故障	阀杆卡阻、操作不灵活、阀门无法正常操作	润滑传动部位,借助扳手,并轻轻敲打,可消除卡死、顶死现象;停水维修或更换阀门
阀门启闭不良	阀门开不启、或关不死、阀门无法正常操作	注入煤油,并配合手轮操作,润滑传动部位;反复开闭阀门和用水力冲击异物;停水维修,更换阀件;更换阀门
漏水	阀杆芯漏水;压盖漏水;阀兰胶垫漏水	轻微可将阀杆密封面抛光除锈;关闭阀门、启用上密封、更换填料;更换新螺栓、重新调整紧固螺栓位置

表12.3　蝶阀常见故障及措施

常见故障	表现现象	维修措施
阀体(阀件)破裂	阀体裂纹、传动箱体爆裂	调节限位螺钉;更换传动箱体(同型号);更换阀门
传动故障	手轮空转;传动卡阻	打开传动箱体,对传动件进行清洁、更换定位润滑养护;调节定位螺钉;更换同型号传动箱体;更换阀门
阀门启闭不良	手轮能操作,阀板打不开或关不了;手轮无法操作;阀门启闭指示到位后仍有水声,阀板未处于全开或全关闭状态	参照"传动故障"部分,对传动件进行更换、维修、清洁;调节限位螺钉、使齿、蜗轮、蜗杆传动与阀板同步;停水状态下维修;更换阀门
漏水	传动箱体漏水;阀轴漏水;法兰连接胶垫漏水	更换部分传动件;增加更换密件介质;更换连接螺栓调整阀门位置、加装伸缩器

(2) 管道抢修　抢修是指管身爆裂、严重跑水的情况下，在维修基础上对速度、时间要求更高的管道维修，甚至需要带水、带压的状态下进行，给抢修工作带来了一定的难度。近年来，一些厂家开发出在漏水较小状况下使用的快速抢修管件：哈夫节[如图12.8(a)所示]。该配件能够在不停水状态下，安装于漏水处，安装完毕即可送水，如图12.8(b)、(c)所示。认为在哈夫大头上留有两孔，孔径DN50mm，在漏水较大时可在两孔处加阀，泄水，排气，安装完毕后即可关阀、送水。现在厂家生产的哈夫节和哈夫大头以定型产品居多，尺寸是根据球墨铸铁管和铸铁管外径制作的，对于混凝土管和塑料管仍要采用钢板卡进行抢修，有人提出可在钢板卡安装完毕后，排气孔和泄水孔打开，填打麻丝阻水，然后做石棉水泥灰口，灰口槽内留有2～3cm不做灰，最后用快速堵漏剂UPI封口，常温下一般需5～10min，待UPI凝固后，关闭泄水阀和排气阀即可。

供水管网快速抢修方法涉及到很多方面的因素，做好管网抢修工作首先要做好供水管网管理工作，充分掌握抢修各个环节的信息，在工作中不断总结经验，改变工作思路，从而最大限度地实现安全、优质、高效供水。以上是对供水管网快速抢修方法的一些探讨和设想，随着科技的发展，新材料和新工艺的出现，不停水抢修将不再是无法解决的难题，供水将更有保障。

(a) 哈夫节

(b) 施工前

(c) 施工后

图12.8　哈夫节抢修

5. 水质管理

经过给水厂处理后的水，水质满足生活饮用水卫生标准，这些符合要求的水通过配水管网供给用户，在此过程中，符合要求的水往往在一个复杂庞大的管网系统中流动，由于多方面的原因它们又会受到污染，使水质发生变化，污染的原因大致有以下几方面。

(1) 出厂水水质的影响及防治　出厂水的水质稳定性差是造成管网水水质二次污染的主要原因。水质的不稳定性分为化学不稳定性和生物不稳定性。

水的化学不稳定性主要是指水在管网系统中将产生沉淀、结垢或腐蚀等。当水中铁、锰严重超标时，铁、锰会逐渐沉积在管壁上；当水中暂时硬度较高时，钙、镁离子产生的沉淀物在管道内形成水垢，而水垢可以成为细菌、微生物繁殖孳生的场所，它们在上面可以形成生物膜。上述沉积、结垢、腐蚀等可增加水的色度、浊度，甚至出现"黄水"、"黑水"。

水质存在生物不稳定性的主要原因是水中存在细菌等微生物和微生物所需要的营养物，微生物利用水中的有机物作为营养基质，生长繁殖而引起水中的微生物指标超过规定。消毒剂氯气在使管道产生腐蚀的同时，由于水源的污染，出厂水消毒过程中以及余氯与水中残留的有机物质反应，都会产生有毒害作用的副产物，也属于二次污染，给人们的身体健康造成潜在的危害。

为了控制管网水质恶化现象，供水企业通过改进制水工艺、加强工艺管理，控制好出厂水的pH值及加氯量以提高水的化学稳定性，有实践表明：pH值调至7～8.5，可以提高水的化学稳定性。此外，pH值超过一定值对抑制管网微生物滋生也有一定的作用。并降低出厂水浊度及水中有机物含量，以提高出厂水的生物稳定性，因为浊度在一定程度和范围内是水质多项指标的综合反映，浊度高说明胶体颗粒吸附有机物及附着的细菌等微生物较多，浊度高的水会削弱消毒剂对微生物的灭杀作用。

(2) 管网材质对水质的影响及防治　管材本身、管道接口材料、管壁涂层等可以分解出一些化学物质，这些物质还可能与水中的其他物质反应产生新的物质。它们对水质的污染和对人体健康的影响不可忽视。石棉水泥管中，石棉含有不同的金属含量，石棉水泥管中水泥基质的破裂，可能导致石棉纤维向水中渗透；沥青衬里可能导致水中苯类、挥发性酚类和放射性等指标增大。防锈漆的附着力极差，一般3～6个月就脱落，尤其是不抗水力冲刷；而且，防锈漆的主要成分是二氧化铅，易造成水中铅含量增加；水泥沙浆衬里是我国常见的给水管道内衬涂料，它可以有效防止管网内壁腐蚀，并防止“红水”现象发生，但如果衬里受到水中酸性物质侵蚀导致腐蚀，会发生脱钙现象，污染水质；一些塑料管材本身或者聚合物及基质树脂分子也可能被分子链破裂、氧化及取代反应等因素所改变，与水接触后可能发生溶解反应，使化学物质从塑料中浸出，污染水质。

传统的镀锌钢管锈蚀、结垢严重，应该逐步淘汰和禁止使用，积极推广使用新型给水管材。目前新型给水管材有塑料管（如UPVC管、PE管）、耐腐蚀金属管（如铜管、不锈钢管）、复合管（如铝塑复合管、衬里钢管）等几类。其中塑料管耐腐蚀、不结垢，能长期保持良好的卫生性能和输水性能，但强度较低。在加强新型无污染内防腐材料的开发和应用的同时，还应有计划地对现有的材质差、年代长、事故率高的旧管网进行更新改造。

(3) 管网形式对水质造成的影响及防治　管网中水的停留时间越长，水体就越可能发生二次污染。管网中水停留时间与管网结构、管径、用水量有关。用户用水量越小，管径大流速越低，水在管网中停留时间越长。局部管道没有形成环状，呈枝状的管道末梢及消火栓等地方的水停留时间较长甚至是死水。建议在容易形成死水的管网地段，增加水更新措施或增加消毒处理手段。

(4) 二次供水对水质的影响及防治　通过调查分析，二次供水造成用户水质污染的原因主要有以下几个方面。

① 水在水箱、水池中停留时间过长造成二次污染。根据有关监测部门监测结果表明：自来水在水箱中贮存24h后，余氯迅速下降甚至为零，特别是在水温较高的夏天更为严重。当水温低于10℃时，滞留时间超过48h时；当水温在15℃时，滞留时间超过36h；当水温大于20℃时，滞留时间超过24h时，细菌、总大肠菌群指标明显增加，这无疑给水质造成了较大的二次污染。

② 水池的构造形式不合理。水池的进水管、出水管设置在水池的同侧，水流在水池中形成短路，部分水便会形成死水；溢流管、水池池口等设置不合理，无卫生防护措施。水池池壁粗糙，容易滋生微生物，或者内衬涂料有的溶出污染物等造成水质污染。

③ 二次供水的管网敷设不合理或有交叉混接现象等造成水质二次污染。从城市给水管网直接抽水进行叠压的二次供水，系统设备选择不合理或者没有采取有效的防倒流措施等，不但会对二次供水用户的水质造成污染，还会污染整个供水管网中的水，这也是二次供水系统中污染常见的现象。

④ 管理不善造成水质的二次污染。有的供水人员卫生知识缺乏，没有经过专门的培训，清洗人员不进行健康体检就上岗工作。一些单位卫生管理制度不完善，没有必要的水质净化消毒设施和水质检查仪器、设备，没有合理的卫生监督制度。

针对上述问题，要严格把握设计关和施工关，做好二次供水污染的防范改进蓄水池（箱）的工艺结构，采用防污染的卫生材质，防锈垢、防止微生物滋生，必要时采用二次消毒措施，定期对水池、水箱进行规范的清洗和消毒。对叠压二次供水，可采用新型无吸程、无负压管网叠压二次供水设备减少污染机会。

(5) 不规范的外部操作对水质的影响及防治　新建管网不进行冲洗消毒就实行供水，会造成水质污染；不规范进行管道安装和维修，也会让污染物质混入管网，污染水质；抢修时，快速启闭阀门使管内的沉淀物冲刷起来等均造成二次污染。

所以要对新建管网严格进行消毒、冲洗、送检；平时加强管网运行信息管理和管网检漏工作，合理调度，降低管网爆管事故率，减少二次污染；采用不停水抢修技术避免水质的二次污染；定期进行管网冲洗，消除管网中沉淀。供水企业通过采取上述措施，在遏制城市给水管网二次污染方面取得了明显的效果。然而，随着经济发展，中水回用、热水供应、地热能空调等各类供水管网也随之不断发展，各系统之间、城市公共供水管网与用户内部系统之间的直接或间接混接不可避免，由于用户多源供水、压力变化、停水检修等原因造成回流污染的情况频繁发生，回流污染的案例占给水管网二次污染总案例的比重相当大，目前供水企业对回流污染的认识和预防方面的重视程度还不够，急需提高和加强。

(6) 回流污染及防治　所谓回流就是城市供水管网的供出的支管中的水倒流回城市供水干管中产生的污染。造成回流的原因通常有虹吸和背压两种。当用户有多水源供水，有不同压力或波动的情况；用户有其他非生活用水管道、设施与生活用水管道相连接或安装不合理；在该使用倒流防止器的地方，采用了止回阀代替；用户有自备水直接与城市供水管网相接时，如果没有采取防止回流的有效隔断措施，就会造成回流污染。

防止回流污染常采取隔断措施，隔断措施分为空气隔断、机械隔断两类。空气隔断如用户二次供水设置的水箱、水池，用户用水器具出水口要高出器具内最高水位一定安全距离等；机械隔断包括止回阀、倒流防止器等。空气隔断是防止回流污染最有效的措施，但是安装管理不方便且易造成二次污染。止回阀主要作用是实现单向流动，不是防止回流污染有效的装置，而倒流防止器可以有效阻止回流发生，严格按照规范要求合理设置正确施工，可以防止回流的发生。

随着人们的生活水平提高，大家对饮水安全的意识也逐渐提升。要确保饮水安全，在做好水源保护、提高出厂水质、采用新材料新技术、改造管网、加强管理的同时，要不断分析当前供水安全中的薄弱环节，采取必要、合理、有效的防范措施，确保饮用水水质安全。

二、城镇给水管网系统的养护更新

1. 管道防腐

给水管道外部腐蚀，容易出现管道漏水，内部严重的腐蚀、结垢，在流速偏低或滞留水的管网末端，一旦管内水流改变流向或流速突然加快时会引起管道内水浑浊、发黄，同时还增加水中余氯消耗，降低管道的输水能力。管道腐蚀的机理大致有化学腐蚀、电化学腐蚀和微生物腐蚀三种。

化学腐蚀是由于金属和四周介质直接相互作用而发生的化学反应。金属管中的铁与二氧化碳形成的碳酸发生反应形成碳酸氢亚铁，继续氧化又生成氢氧化铁。

电化学腐蚀产生腐蚀电池作用使金属溶解损失。以钢管为例，阳极过程中，铁以离子形式进入水中，同时将电子留在金属中；水中 H 和氧吸收电子被还原而产生吸氧或析氢腐蚀。在管壁生成氢氧化亚铁，进一步产生氢氧化铁，附着于管壁面。

微生物腐蚀主要由于给水系统中存在铁细菌、硫酸盐氧化（还原）菌、黏液异养菌群、硝酸盐氧化（还原）菌等微生物，其中最常见的是铁细菌和硫酸盐氧化（还原）菌和黏液异养菌群。铁细菌是一种特殊的营养菌类，它依靠铁盐的氧化，以及在有机物含量极少的清洁水中，利用细菌本身生存过程中所产生的能量而生存。由于铁细菌在生存期间能排出超过其本身体积几百倍的氢氧化铁，可以使水管严重堵塞；另外，铁细菌又常在管内壁附着生长形成结瘤，由于氧浓差形成浓差局部腐蚀。硫酸盐氧化（还原）菌一种腐蚀性很强的厌氧细菌，它的存在在降低水质的同时会加快管道的腐蚀结垢速度。

管道防腐通常做法如下。

(1) 管道外防腐 在管材选择上，可以选用非金属管如预应力或自应力钢筋混凝土管、聚乙烯管、玻璃钢夹砂管等新型管材。金属管材的防腐根据腐蚀机理可以分为化学防腐、电化学防腐。

① 化学防腐 化学防腐主要采用涂覆法。涂覆前先应对管道基体表面进行处理，清除基体表面的水分、油污、尘垢、污染物、铁锈和氧化皮等，然后根据不同材质的管材可以涂覆石油沥青防腐蚀层，环氧煤沥青防腐蚀层、塑料胶粘带防腐蚀层等，钢管和铸铁管通常采用热涂沥青的方法。

② 电化学防腐 阴极保护是保护水管的外壁免受土壤侵蚀的方法。根据腐蚀电池原理，两个电极中只有阳极金属发生腐蚀，所以可以使用阴极保护法和排流法，其中阴极保护法又分牺牲阳极法和外加电流法。

牺牲阳极法可使用 Al、Mg、Zn 等，隔一定距离用导线连接到管线（阴极）上，在土壤中形成电路，结果是阳极腐蚀，管线得到保护，如图 12.9(a) 所示。外加电流法是在管线附近的废铁和直流电源的阳极连接，电源的阴极接到管线上，防腐电流通过埋设在地下电极，流入金属管道，起到防腐作用，在土壤电阻率高（约 2500Ω · cm）或金属管外露时使用较宜，如图 12.9(b) 所示。

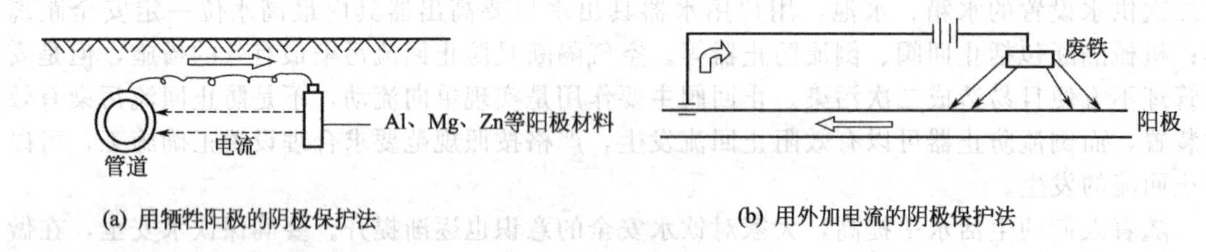

(a) 用牺牲阳极的阴极保护法　　(b) 用外加电流的阴极保护法

图 12.9 阴极保护法

排流法是当金属管道遭受来自杂散电流的电化学腐蚀时，埋设管道发生腐蚀处是阳极电位，在该处与电源（如钢轨或变电站的负极）之间用低电阻导线也称为排流线连接起来，使杂散电流不经过土壤直接流回负极防止腐蚀发生的方法。

(2) 管道内防腐

① 管道内衬法 旧管道刮管除锈后的管道衬里可使旧管道恢复原有输水能力，延长管道的使用寿命，这项工作是非常必要的。但刮管以后如不进行涂衬的管道，通水后很容易又发生腐蚀。

a. 水泥砂浆衬里 水泥砂浆衬里靠自身的结合力和管壁支托，结构牢靠，其粗糙系数比金属管小，对管壁能起到物理性保障外和化学防腐的作用。涂层厚度为 3～5mm，水泥砂浆用 M50 硅酸盐水泥或矿渣水泥和石英砂，按水泥：砂：水＝1：1：(0.37～0.4) 的比例搅和而成。

b. 环氧树脂涂衬 由于环氧树脂具有耐磨性、柔软性、紧密性，使用环氧树脂和硬化剂混合后的反应型树脂，可以形成快速、强劲、耐久的涂膜。环氧树脂的喷涂方法一次喷涂的厚度为 0.5～1mm，便可满足防腐要求。使用速硬性环氧树脂涂衬后，经过 2h 的养护、清洗排水后便可使管道投入运行。

② 内衬软管法 它是用内衬软管法来解决旧管道防腐的方法，有滑衬法、反转衬法、“袜法”等。这些方法都能形成“管中管”，以达到防腐的形式，且防腐效果较好，适用于长

距离无支管输水。后期管道修复中也可利用不开挖技术对管道进行翻新，一般采用具有环氧树脂衬里的管材，在保证管道使用寿命的前提下改善水质。

管道防腐工作做得不好，管道内沉积和锈蚀的日益严重，不仅降低了供水能力，还导致管道内水质恶化，利用上述方法可以改善供水水质，延长管道的使用寿命，有着较大的经济效益和社会效益。

除了加强管道的防腐外，日常的维护管理工作也比较重要。经常进行管道的检漏及维修工作，对老宅区的管网实现全面检查并应及时更新，运行的管道管内也要定期进行清理、除垢。

2. 管道清垢

由于水中的铁、钙、镁等可生成沉淀积存在管壁上，引起结垢和腐蚀，严重时引起管道堵塞，所以要进行管道清洗。管道清洗的方式有水清洗、机械清洗和化学清洗三种方式。

(1) 水清洗

① 高压射流法　它是使用的喷头直径很小的喷头，喷射出高压水，将管壁内的结垢打碎、脱落、冲离，喷射出水流的除垢效果距离喷头越近越好。该方法适用于中、小型管道清洗。

② 空气脉冲法　该方法利用气水混合物不断变换压力使管道内壁附着物脱落，该方法操作简单，成本不高，适用于城市供水管道清洗。

(2) 机械清洗　管内壁形成的结垢有些比较坚硬，采用水力清洗不能奏效，这是可以采用机械清洗的方法。

① 刮管法　小口径管可用钢丝刷刮除，它是由切削环、刮管环和钢丝刷组成，用钢丝绳在管内使其来回拖动，先由切削环在水管内壁结垢上刻划深痕，然后刮管环把管垢刮下，最后用钢丝刷刷净。口径在 500～1200mm 的管道可用锤击式电动刮管机。它是用电动机带动链轮旋转，用链轮上的榔头锤击管壁来达到清除管道内壁结垢的一种机器，它通过地面自动控制台操纵，能在地下管道内自动行走，进行刮管。

② 弹性冲管器法　它是利用充气的专用工具来刮掉管道内壁附着物，通过配有不同形式的清管器，可针对软硬不同的锈蚀、结垢选用，既可除掉管道内的锈蚀结垢物，也能对新管道通水前进行清除。弹性冲管器法适用于 *DN*100 以上的各种口径管道除垢工作，管径不改变时，可以通过任何角度的弯管和除蝶阀外的阀门，进行长距离清管。

(3) 化学清洗　该方法通常将一定浓度的盐酸或硫酸溶液放进水管内，浸泡 14～18h 以去除碳酸盐和铁锈等积垢，再用清水冲洗干净，直到出水不含溶解的沉淀物和酸为止。由于酸溶液也会侵蚀管壁，所以加酸时应同时加入缓蚀剂，以保护管壁少受酸的侵蚀。

上述管道清洗方法也可以结合使用，以达到更好的效果。管道清洗结束后，应该按前面介绍的涂覆和内衬的方法进行管道内壁防腐的处理，以保护水质，延长管道使用寿命。

3. 管道更新

目前国内供水管道更新修复技术的方法，为了适应交通和施工的方便的需要，多采用非开挖修复技术，主要有以下两种。

(1) 管道内衬高密度聚乙烯管（HDPE）的修复技术　管道内衬高密度聚乙烯管的修复技术是将外径略大于待修复旧管道内径的 HDPE 衬管，通过机械变形后，使其截面产生变形后将其送入旧管道内，再依靠 HDPE 衬管自身记忆特性或借助压力和温度使 HDPE 衬管管径回弹膨胀，回复到原来的形状和尺寸，从而与旧管道形成紧密的配合，在旧的管道内壁形成牢固的管中管。该修复技术的主要优点有：①施工速度快，过流面积损失很小，可使用大曲率半径的弯管；②可进行长远距离修复一次施工可达 1 公里左右。主要缺点有：①分支管处的连接处需开挖进行；②旧管线的结构性破坏会导致施工困难。

(2) 管道内水泥砂浆衬里的修复技术 该修复技术是一种线修复技术，它利用喷涂法或挤涂法依次在旧管道内涂覆改良性水泥砂浆，经自然养护后形成衬里复合管。这种管道修复技术的主要优点：①抗腐蚀性强，能够提高管壁周围的pH值防止产生锈蚀，对自身裂缝可以在水化作用下自愈，所以使用寿命长、耐久，管道水泥砂浆衬里可使用30～50a；②施工简便，对管道内表面清理要求比较低，价格也比较低。主要缺点是：①水泥需养护时间长，一般不少于24h；②表面粗糙，摩阻系数大，增加水流阻力同时容易黏附生物膜。

管道修复更新方法有多种，在具体实施时，应根据管材结合现场环境及经济技术条件合理采用的同时，还要注意降低因管道更新时管网中水的二次污染发生的可能性。

小　结

通过本项目的学习，将项目的主要内容概括如下。

市政供水优化调度与管理为城镇供水的供水安全与可靠性提供了保障，通过实时监测及计算机系统分析能预测管网的发生故障的可能性，对维护检修，关阀操作也提供了科学决策，极大地推动了城镇供水的科学发展。

市政供水调度系统主要由数据采集与通讯网络系统、数据库系统、调度决策系统、调度执行系统四部分组成，为科学供水决策提供了强有力的保障。

市政供水系统的管网管理工作主要是给水管网检漏与水质维护和管网的维护工作。管网检漏的方法主要有音听检漏法，分区检漏法，相关检漏法，漏水声自动监测法；水质维护主要是防止水在输送到用户过程中再次发生污染，采取相应的措施。管网维护工作主要包括管道清洗及管道更新。

思 考 题

1. 城市供水调度的目的和意义是什么？
2. 城市供水调度系统的组成及各组成部分的作用是什么？
3. 城市供水管网的检漏的方法有哪些，各种方法的原理是怎样的？
4. 城市给水水质污染的原因有哪些，应采用哪些方式进行防治？
5. 管道防腐的方式有哪些，具体如何操作？
6. 管道的清洗方法有哪几种，如何实施？
7. 给水管道修复的技术有哪些，各种方法具体是如何实施的？

工学结合训练

【任务一】资料调查

1. 任务内容：通过学习城市供水调度系统，查找有关城市供水调度系统的资料，针对一种供水调度系统，找出其工程实例，即哪个自来水公司采用该种供水调度系统。通过描述该系统的组成方式和各组成的作用，也可以通过咨询自来水公司的相关技术人员，总结该系统的优点及需要改进的地方。

2. 任务要求：以小组工作的方式提交调查报告。

3. 成绩考核：由任课老师对调查报告进行打分，给予评定并计入平时成绩。

【任务二】案例分析

某城市市中心某天突然发生爆管事故，水直喷出地面十多米高，路面大面积积水，严重影响过往行人和车辆的通行，请结合上述案例回答下面问题？

1. 请查找资料并结合所学知识，分析给水管道发生爆管事故的原因哪些？
2. 如果你是自来水公司抢修热线的工作人员，接到热线电话后应及时做好哪些工作？
3. 针对不同材质的管道，目前常用的抢修方法有哪些？如何实施？

项目十三 排水管网的管理与维护

项目导读

本项目主要介绍了排水管网管理与维护，许多内容与现代化的排水管网管理与维护紧密结合，通过本项目的学习旨在让学生熟悉排水管网的现代化管理技术和监测手段，熟悉排水管网日常维护的内容，排水管道的非开挖修复技术发展迅速，注重学习各修复技术的特点。

知识目标

· 熟悉排水管网运行管理的现代化管理及监测手段
· 熟悉排水管道状况评估过程及方法
· 熟悉各类管网的维护工作
· 了解排水管道的非开挖修复技术

能力目标

· 具备一定的排水管网现代化监测能力
· 具备一定的排水管道状况评估能力
· 具备初步的管网维护能力

任务一 排水管网的运行管理

【任务内容及要求】

排水管网系统复杂、规模庞大，以往凭经验式的或被动式的管理模式已不适应现代市政行业发展的需要，随着技术的不断进步，现代化的管理手段的排水管网运行领域得到了应用和发展，通过学习熟悉各类现代化技术及其作用。

市政排水管网是城市市政基础设施的重要组成部分，它承担着收集，输送污废水，及时排除雨水的重要任务，对维系城市正常运转起着关键性的作用。近年来，随着人们环保意识的不断增强，对城镇排水提出了新的要求，市政排水管网的规模也得到了较大的发展。目前城镇的市政排水管网系统已是一个结构复杂、规模庞大、随机性强的巨型系统，而如此巨大的排水管网系统能否运行良好，充分发挥它的使用功能，很大程度上取决于管网的管理与维护。

一、排水管网现代化管理

1. 排水管网管理现状

(1) 排水管网系统重建设、轻维护的情况普遍存在，许多城镇管网维护技术落后，不能适应现代化排水管网管理的要求。

(2) 没有形成全面完整、科学有效的管网信息系统。有的城镇的管网分割在几张图上，资料分散不系统，不便于全局考察；有些图纸经常翻看，破损较快，这给管网维护管理及信息查阅带来极大不便。

(3) 缺乏有效的数字化管理系统，没有实时的监测手段，不能及时掌握管网运行状态，难以制定高效的管道养护计划，排水管网及附属设施的管理养护随意性与主观性大，养护效果不理想。

(4) 有些城镇排水管网管理部门繁多，分工不明确，遇到问题相互推诿，造成管网系统维护工作处于被动地位，给人民生活带来诸多不便。

(5) 排水管网的调度控制和应急事故处理等缺乏科学依据，不同流域级别的综合管理模式无法实现，不能及时、机动的应对城市防汛抢险等紧急事件。

2. 排水管网的现代化管理

(1) 管网信息化管理　信息化管理技术为解决上述问题提供了一条有效的途径。排水管网信息化管理的主要内容包括：建立污水处理厂的自动化控制系统；建立计算机辅助调度系统；建立管网地理信息系统；建立管网数学模型系统；建立大流量污水排放用户收费计算机系统；建立客户服务系统；建立公司管理信息系统；建立企业网络系统；建立计算机辅助决策系统等。

其中城市排水管网地理信息系统就是利用 GIS 技术和排水专业技术相结合，集采集、管理、更新、综合分析与处理城市排水管网系统信息等功能于一身的应用系统。城市排水管网地理信息系统是融计算机图形和数据为一体，存储和处理空间信息的高新技术，它把空间地理位置和相关属性有机结合起来，根据需要准确、真实、图文并茂地输出给用户，满足排水管网的运行管理、设计和信息查询的需要（见图 13.1），借助其强大的空间分析功能和可视化表达，进行各种辅助决策。通过排水管网地理信息系统，可以方便地检索、更新和维护排水管网基础设施资料，从而提高管理部门对管网系统现状的了解程度，加快管理部门对管

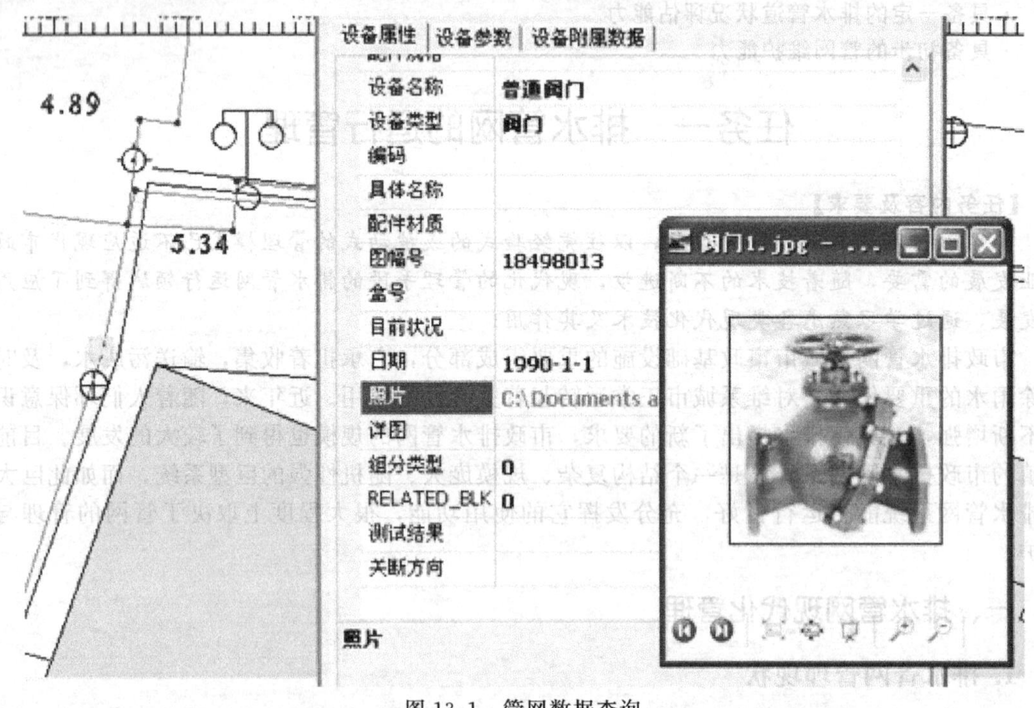

图 13.1　管网数据查询

网系统事故的反应速度、采取多种应对事故的措施。

信息化技术的应用为城市排水管网管理带来了巨大的变革。

① 改变了管网资料的存储方式，使资料存储、检索、更新方便，为管网后期的修建提供经济合理的方案，节省投资。

② 提高了管理人员对管网系统运行状况掌握效率和程度，管理人员能及时准确地获取信息，采取正确有效的应对方案。

③ 变革了管理运行方式，自动化办公系统使管理人员告别了传统的管理手段和方法；对被管理对象的操作方式也从传统的依靠经验转化为依靠数学模型、智能决策系统，可靠性、及时性得到提高。

④ 变革了地域和部门之间的数据交流方式，能够实现信息的实时更新和共享。

综上所述，对城市排水管网进行信息化管理对提高城市管理水平、维护城市安全运行、改善城市环境具有重要意义。

(2) 先进的辅助手段

① 管道检查　管道检查是保持排水管道安全运行的基础。管道检查项目可分为功能状况和结构状况两类。管道功能检查是对管道畅通程度的检测；结构状况检测是对管道结构完好程度的检查，管道结构强度与使用寿命密切相关，包括管道的接口、管内壁完好程度、管道基础状况等。排水管道检查可采用声纳检测、CCTV 电视检测、反光镜检测、潜水检测等。

② 有毒有害气体在线监测　主要是对一氧化碳、硫化氢、氧气及其他可燃气体进行监测。由于水流介质的复杂性，周期性不好掌握，人工定期检测无法及时发现有害气体。而在检查井内安装监测仪器（见图 13.2），可以通过无线传播的方式实时监测排水设施内有毒有害气体的浓度，超出安全值时监测平台将发出报警信号，第一时间通知养护人员进行处理。自动监测站点采用快捷的 GPRS 通讯技术，每分钟读取一次数据，通过互联网固定 IP 地址无线传输到监控中心服务器，通过系统工作站和 WEB 服务器对有害气体进行实时监控。利用数据采集软件，还可以将每个监测点的监测数据汇总到控制中心的计算机，进行数据汇总及处理。

③ 流量及液位在线监测　排水管道流量监测能够客观地评估管道的输水能力与工作状况，是正确评价管道系统运行状况的重要依据。根据监测目的不同，可以分为短期、中期和长期流量监测。短期流量监测主要用于短期管道流量调查，为管网系统局部问题提出解决方案，有利于管网系统的及时维护和现场管理；中期流量监测主要对管网系统的运行进行结构性能评价，一般要持续大半年以上；长期流量监测主要为了获取管网系统长期运行的数据，掌握管网系统运行周期，记录最大流量，为管网系统的长期管理和维护制定计划。

图 13.2　气体监测仪

管道流量在线监测在水位、流速以及流量方面具有很高的准确度，能实时监测管道内部的水力参数变化情况，并通过互联网无线传输回监控中心，供工作人员参考使用。通过监测某一个点的水力学参数，可以掌握该管道的运行状况，为管道运行和管理提供最直接的依据。根据监测所得的数据，还可建立该排水区域管网的水力模型，通过水力模型，能较为准确的预测管网未来的运行状况，为管网管理提供可靠服务。

④ 泵站监测系统　建立泵站在线监测系统，采集泵站运行参数，泵站在线监控系统可通过内网登录，实时监视泵站运行情况，泵站内水位变化情况（见图 13.3）。对污水提升泵站而言，能保障污水的正常输送和及时处理；对雨水提升泵站和排涝泵站而言可以为防汛工作提供数据支持。

珠江路排水泵站数据信息	
电压	380V
水位	1.11m
1#泵累计开泵时间	0小时0分钟
2#泵累计开泵时间	0小时0分钟
3#泵累计开泵时间	0小时10分钟
4#泵累计开泵时间	0小时0分钟

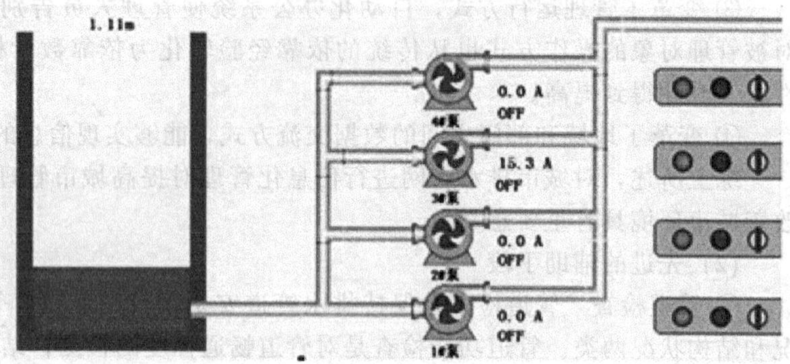

图 13.3　泵站监测系统

⑤ 车辆 GPS 定位系统　在排水管网巡查检测车、管道疏通车、电视检查车、应急抢险车等车辆端安装 GPS 设备，通过车辆 GPS 定位系统，将车辆的实时位置传送到运行监控中心，实时掌握各作业单元的位置，可以视具体情况调度不同的作业单元，及时处置各类应急事件。这样就能充分利用现有资源，尽早解决排水管网中所出现的各类故障，为我们城市排水事业更好的服务，从而保障人们的生活、生产正常开展。

总之建立排水管网的微观动态水力模型及信息化管理系统，对排水管网的规划、设计、优化改造、诊断异常，提高现代化管理水平等有着重要的实践指导意义，是今后排水管理的发展趋势。

二、排水管网状况检查

排水管网检查是排水管网健康状况评估的重要手段。它的基本程序应包括：搜集资料；现场踏勘；管道封堵、抽水；管道清洗；管道检查；根据检查结果进行管道状况评估；由评估结论组织管道的清通与修复工作。

(1) 管道检测前收集的资料应有下列内容　已有排水管线图；管道的竣工图或施工图等技术资料；已有管道检测资料和评估所需的资料。

(2) 现场踏勘应有下列内容　查看测区的地物、地貌、交通和管道分布情况；开井查看检查管道的水位、积泥等情况；核对所有搜集资料中的管位、管径、材质等。

(3) 管道封堵和抽水　管道封堵常采用气囊封堵（见图 13.4），利用优质橡胶做成的管道封堵气囊通过充气方法使其膨胀，当堵水气囊内的气体压力达到规定要求时，堵水气囊填满整个管道断面，利用管道封堵气囊壁与管道产生的摩擦力堵住漏水，从而达到目标管段内通过充气膨胀对水流进行快速阻断，达到无渗水的目的（见图 13.5）。适用时应注意：气囊位置的管道要证明无石块、淤泥等障碍物，防止封堵后刺破气囊或气囊滑动。气囊封堵时，气囊内的气压要保证一定的气压值。气囊封堵完成后，要注意与气囊连接的绳索的固定，最好固定在地上部分。作业过程中要注意气囊有无漏气发生（可用气压计检测）防止意外发生。封堵成功后，即可用污水泵对管内污水进行排出。

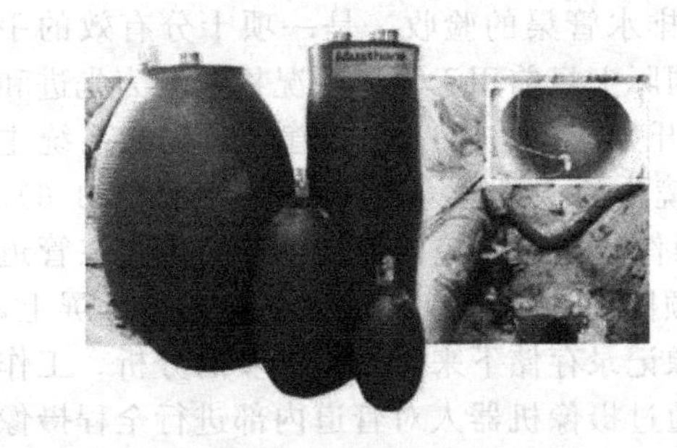

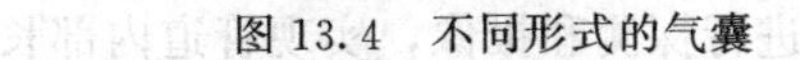
图 13.4　不同形式的气囊

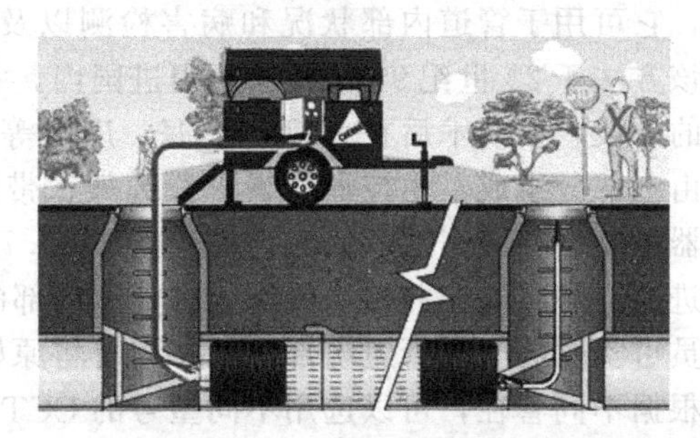

图 13.5　气囊封堵示意图

(4) 管道清洗　通常在对管道进行结构性检测或管道内障碍物影响到管道机械人行进时，会对管道进行清洗。适当的清洗会使管道检测更顺畅，效果更清晰，可采用高压清洗车完成该工作。

(5) 排水管道的现场检测　排水管道检查是管网维护的核心内容，排水管道检查可分为管道状况巡查、移交接管检查和应急事故检查等。管道主要检查项目见表 13.1。

表 13.1　管道状况主要检查项目

功能状况	结构状况	功能状况	结构状况
管道积泥	裂缝	检查井积泥	变形
雨水口积泥	腐蚀	排放口积泥	错口
泥垢和油脂堵塞	脱节	树根穿透	破损与孔洞
水位和水流异常	渗漏	—	—

管道功能状况检查的方法相对简单，管道积泥情况变化相对较快，所以功能性检查周期较短；而管道结构状况变化较慢，检查技术复杂、费用较高，所以结构性检查周期较长，日本采用 5～10 年，德国一般采用 8 年，排水管道检查方法有多种，采用何种检查手段可根据需要及现场具体环境而定，以下是排水管道的不同检查方法介绍。

① 人员进入管道内检查　排水管道直径不得小于 800mm，流速不得大于 0.5m/s，水深不得大于 0.5m，人员进入管道内可采用摄影或摄像的形式记录管道内部的状况。

② 潜水检查　在缺少检测设备的地区，针对人可进入的大口径管道可采用该方法，但要采取相应的安全预防措施，包括暂停管道的服务、确保管道内没有有毒有害气体（如硫化氢）。

③ 量泥斗检测　主要用于检测窨井和管口、检查井内和管口内的积泥厚度。传统检测方法虽然简单、方便，在条件受到限制的情况下可起到一定的作用，但也有很多局限性，现在用的越来越少了。

④ 反光镜检查　它通过反光镜把日光折射到管道内，以便观察管道的堵塞、错位等情况。适用于管内无水、管道顺直，无垃圾堆集的情况，优点是直观、快速、安全；方法比较简单，但是使用上有一定限制。

⑤ 潜望镜检查　它是一种便携式视频检测系统，操作人员将设备的控制盒和电池挎在腰带上，使用摄像头操作杆（一般可延长至 5.5m 以上）将摄像头送至窨井内的管道口，通过控制盒来调节摄像头和照明以获取清晰的录像或图像。数据图像可在随身携带的显示屏上显示，同时可将录像文件存储在存储器上。该设备对窨井的检测效果非常好，也可用于靠近窨井管道的检测。适用管径为 $DN150$～$DN2000$。

⑥ 电视检查　一般采用管道内窥电视检测系统，即 CCTV（closed circuit television）

检测，它可用于管道内部状况和病害检测以及新建排水管渠的验收，是一项十分有效的手段。该方法于20世纪90年代中期引进国内，它是国际上目前用于管道状况检测最为先进和有效的手段，该技术后在北京、上海、广州等城市开始应用。CCTV管道内窥检测系统主体是由三部分组成：主控器、操纵线缆架、带摄像镜头的"机器人"爬行器（见图13.6）。主控器可安装在汽车上成成套设备（见图13.7），操作员通过主控器控制"爬行器"在管道内前进速度和方向，并控制摄像头将管道内部的视频图像通过线缆传输到主控器显示屏上，操作员可实时的监测管道内部状况，同时将原始图像记录存储下来，做进一步的分析。工作人员根据不同管径，可以选用不同型号的CCTV，通过摄像机器人对管道内部进行全程摄像检测，对管道内的锈层、结垢、腐蚀、穿孔、裂纹等状况进行探测和摄像，实现管道内部长距离检测，实时观察并能够保存录像资料，将录像传输到地面由专业的检测工程师对所有的影像资料进行判读（见图13.8），通过专业知识和专业软件对管道现状进行分析、评估，有效地查明管道内部防腐质量、腐蚀状况及涌水管道、涌水点的准确位置。

图13.6 CCTV主体部分

图13.7 CCTV成套设备

图13.8 CCTV影像资料

⑦ 声纳检查　CCTV试用于排水管道里没有水，或者将水排干、低水位情况下，而声纳管道检测仪可以将传感器头侵入水中进行检测（见图13.9）。声纳系统包括水下探头、连接电缆（见图13.10）和带显示器的声纳处理器。探头可安装在爬行器（见图13.11）、牵引车或漂浮筏上，使其在管道内移动，连续采集信号。和CCTV不同，声纳系统采用一个恰当的角度对管道内侧进行检测，当扫描器在管道内移动时，声纳探头快速旋转，向外发射声纳信号，然后接收被管壁或管中物发射的信号，经计算机处理后，形成管道的横断面图（见图13.12），并测算破损、缺陷位置。

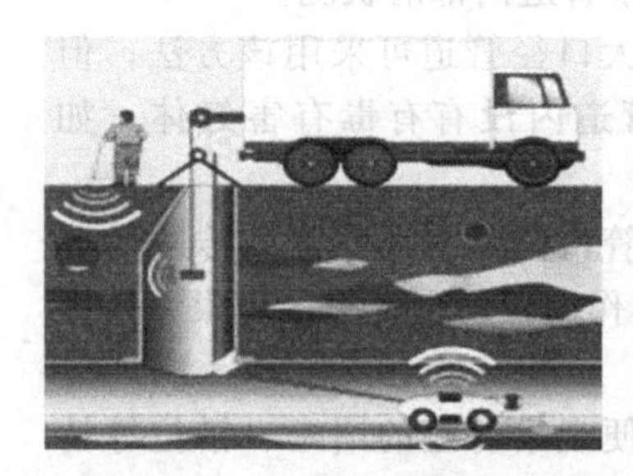

图13.9 声纳工作示意图

图13.10 声纳水下探头与连接电缆

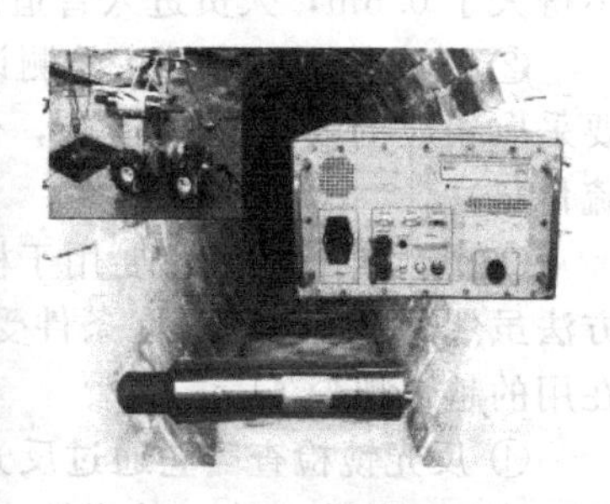

图13.11 爬行器

⑧ 红外线温度记录分析技术　它的原理是：管道中发生渗漏的地方与周围区域会形成温度梯度差，温度梯度差的存在取决于管道周围土壤的绝缘性能，因此可以用精密的红外线探测仪器测定并掌握地下状况。该方法具有一定的优势，但其主要缺点是检测过分依赖于单一传感器评价管道状况，而且要看懂、解释检测结果，还需要丰富的实践经验，所以在应用推广上受到了一定的限制。

⑨ 透地雷达　透地雷达（ground penetrating radar technique，GRP）可探查地面下非连续空隙的位置，其地质贯穿深度受讯号衰减的影响、贯穿程度随波长增加而增加，但波长

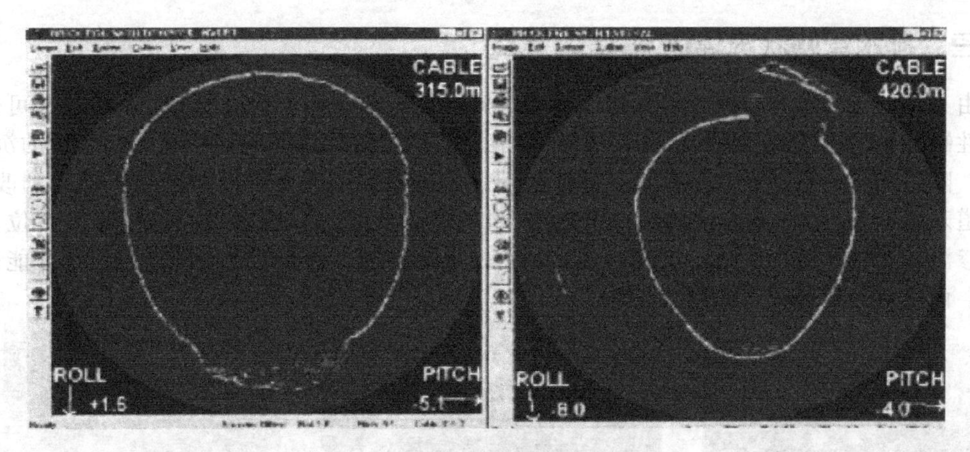

图 13.12　淤积和暗接管

越短其解析度则越高，所以选择最佳频率的波长需从两方面考虑。通过过滤步骤及最佳化敏感度等方式可使检测资料清晰化。透地雷达也用来检测管材、管壁厚度、管道渗漏并检查管道与周围土壤之间是否存在孔隙以及周围其他管线的情况，其输出图像较复杂，需要借助一定的经验对诊断结果进行判断。

⑩ 声音检测　在调查对象的地点用声波发生器，在到达地点声波受信来调查管路连续的情况，即用以调查管道的连续及支管误接的情况，广域范围内调查效率高。调查程序：确认调查路线、发信受信个所选定、声波测定、数据处理。适用于各种管径、种类、形状。

⑪ 染色剂检测　使用专用的锭剂溶于水制成染色溶液，进行流向调查。但是染色液产生的颜色要容易确认，对处理设施及周边环境没有影响。这种调查可以检查有无误接、追溯排水的源头、确定排水的路线及简易的流速测定等，可用于管渠内常有水的情况。

⑫ 熏烟测试　管道先行封堵，把发烟筒的烟用专用的送烟器向管道送烟，看有无出烟现象。用这种方法很容易调查分流式的情况，雨水和污水误接的情况。另外，还可用于检查排水设施是否破坏、有无不明管路接入等调查，其调查结果也可以作为后期管道补修的基础资料。

⑬ 水力坡降检查　水力坡降检查是在管道内水流正常流动时，在同一时间测定管道沿线各点的水位值，然后绘制管道内的水力坡降线，将该线与管道的敷设坡度线进行对比，如果两者相差较大，说明管道内存在堵塞现象。该方法存在一定误差，其误差大小与测量点布置的多少有关。测量点布置越密，其测量精度越高，测量结果越准确。

综上所述，排水管道检查方法可以有多种，不同检查方法及适用范围可以参见表 13.2。随着现代科技的发展，许多先进的技术已经在排水管道领域开始应用，并慢慢成熟，相信在今后的排水事业发展中，管道检测也会有很多的新的突破与发展。

表 13.2　排水管道不同检查方法及适用范围表

检查方法	中小型管道	大型管道	倒虹管	检查井
人员进入管内检查	—	√	—	√
反光镜检查	√	√	—	√
影像检查	√	√	√	√
声纳检查	√	√	√	—
潜水检查	—	√	—	√
水力坡降检查	√	√	√	—

三、排水管网状况评估

由上述的排水管道检测可以对排水管道健康状况进行评估。管道内部的不良状况可分为功能性缺陷和结构性缺陷（见图 13.13）。功能性缺陷是指管道的通畅状况，如管道的沉积、结垢、障碍物、树根、洼水、坝头、浮渣等问题，这些问题通常可以由管道疏通得到改善，对管道寿命影响不大；结构性缺陷指管道本身的结构状况，如管段破裂、变形、错位、脱节、渗漏、腐蚀、胶圈脱落、支管暗接和异物侵入等问题，这些问题必须通过维修才能得到改善，而且对管道使用寿命影响较大。

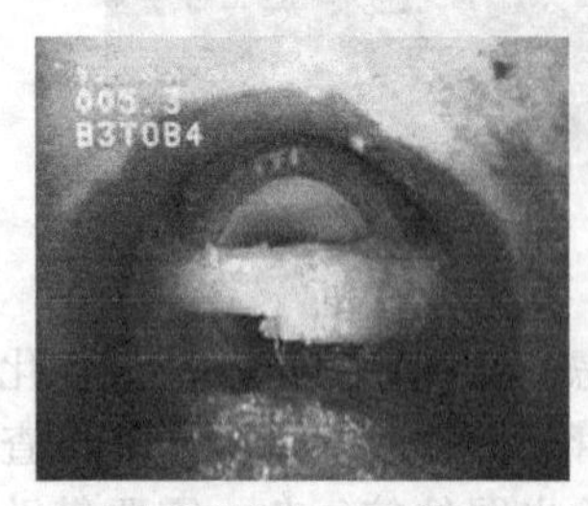

(a) 功能性缺陷——障碍物

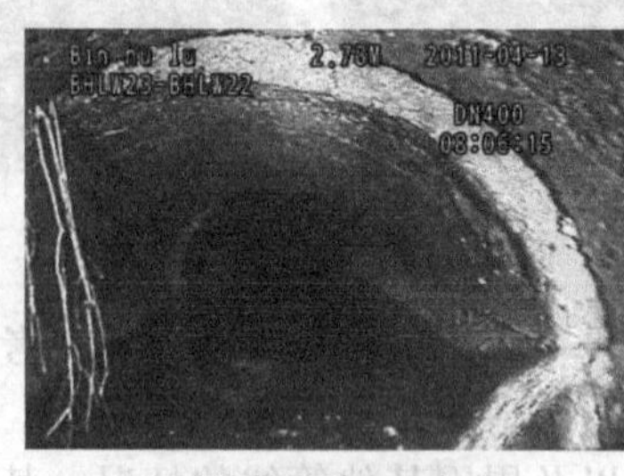

(b) 功能性缺陷——树根

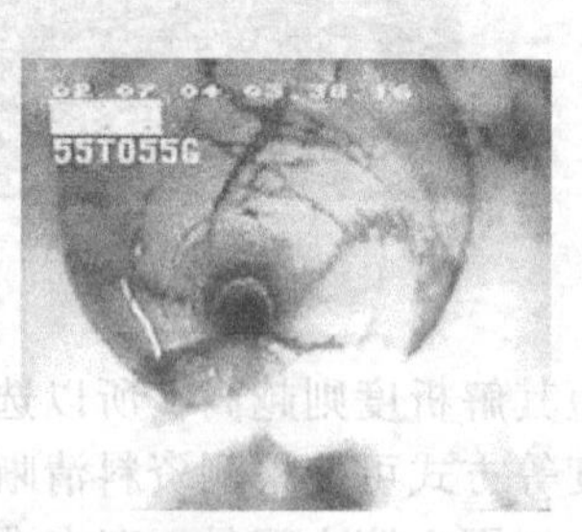

(c) 结构性缺陷——管道破裂

图 13.13 排水管道状况缺陷

进行管道状况评估还需制定相应的评估标准。国外在管道状况分析评价标准上作了许多研究。其中英国 WRC（水务研究中心）标准、丹麦标准和日本标准具有一定指导意义。我国部分地区参照丹麦等国家的做法，采用指数法由计算对管道状况进行评估。常用的管道状况指数是养护指数（maintenance index，MI）和修复指数（rehabilitation index，RI）。

上海和广州已经指定了《排水管道电视和声纳检测评估技术规程》的地方性标准，用来规定排水管道检测程序、设备要求、操作要求、缺陷种类和定义、评估方法、维护建议、归档资料等。该技术规程中的养护指数是依据管道的功能性缺陷的程度和数量，按一定公式计算而得，数值在 0～10 之间，数值越大，表明养护强度越大；而修复指数同样是依据管道的结构性缺陷的程度和数量，按一定公式计算而得，数值在 0～10 之间，数值越大表明修复的强度越大。下面我们来看下缺陷等级的分类和评估的方法。

(1) 管道缺陷等级分类 管道功能性缺陷等级分 3 级，依次为轻微缺陷、中等缺陷、严重缺陷；管道结构性缺陷分为 4 级，依次为轻微缺陷、中等缺陷、严重缺陷、重大缺陷，见表 13.3。

表 13.3 管道缺陷等级分类表

等级	1	2	3	4
功能性缺陷	轻微缺陷	中等缺陷	严重缺陷	—
结构性缺陷	轻微缺陷	中等缺陷	严重缺陷	重大缺陷

管道功能性缺陷的名称、代码和等级可按表 13.4 进行划分，参见《排水管道电视和声纳检测评估技术规程》。目前广州和上海出了该规程，改为《上海市排水管道电视和声纳检测评估技术规程（2005）》。

表 13.4 功能性缺陷的名称、代码和等级数

缺陷名称	代码	缺 陷 定 义	等级数量
沉积	CJ	管道内的油脂、有机物或泥沙质沉淀物减少了横截面面积，有软质和硬质两种	3

续表

缺陷名称	代码	缺陷定义	等级数量
结垢	JG	由于含铁或石灰质的水长时间沉积于管道表面，形成硬质或软质结构	3
障碍物	ZW	管道内坚硬的杂物，如石头、柴枝、树枝、遗弃的工具、破损管道的碎片等	3
树根	SG	单根树根或是树根群自然生长进入管道	3
洼水	WS	管道沉降形成水洼，水处停滞状态。按实际水深占管道内径的百分比记入检测记录表	百分比
坝头	BT	残留在管道内的封堵材料	3
浮渣	FZ	管道内水面的漂浮物。该缺陷必须记入检测记录表，不参与RI计算	3

管道结构性缺陷的名称、代码和等级可按表13.5进行划分，《排水管道电视和声纳检测评估技术规程》。

表13.5　结构性缺陷的名称、代码和等级数

缺陷名称	代码	缺陷定义	等级数量
破裂	PL	管道外部压力超过自身的承受力致使管材发生破裂。其形式有纵向、环向和复合三种	4
变形	BX	管道的原样被改变（只适用于柔性管）。变形比率＝最大变形内径/原内径	3
错位	CW	两根管道的套口接头偏离，未处于管道的正确位置。邻近的管道看似"半月形"	4
脱节	TJ	由于沉降，两根管道的套口接头未充分推进或接口脱离。邻近的管道看似"全月形"	4
渗漏	SL	来源于地下的（按照不同季节）或来自于邻近漏水管的水从管壁、接口及检查井井壁流出	4
腐蚀	FS	管道内壁受到有害物质的腐蚀或管道内壁受到磨损。管道标准水位上部的腐蚀来自于排水管道中硫化氢所造成的腐蚀。管道底部的腐蚀是由于水的影响	3
胶圈脱落	JQ	接口材质，如橡胶圈、沥青、水泥等类似的材料进入管道。悬挂在管道底部的橡胶圈会造成运行方面的重大问题	3
支管暗接	AJ	支管未通过检查井直接侧向接入主管。该方式须得到政府有关部门批准，未批准的定为4级。该缺陷须记入检测记录表，不参与RI计算	4
异物侵入	QR	非自身管道附属设施的物体穿透管壁进入管内	3

(2) 管道功能性状况评估　管道功能性状况评估可通过公式计算管道养护指数而得，计算步骤如下：

① 计算功能性缺陷参数 G　功能性缺陷参数 G 按下式（13-1）计算：

$$G=\begin{cases}0.25Y & \text{当 } Y<40;\\ 10 & \text{当 } Y>40\end{cases} \tag{13-1}$$

式中运行状况系数 Y 按公式（13-2）计算：

$$Y=\frac{100}{L}\sum_{i=1}^{n}P_iL_i \tag{13-2}$$

式中　L——被评估管道的总长度，m；

L_i——第 i 处缺陷纵向长度，m（以个为计量单位时，1个相当于纵向长度1m）；

P_i——第 i 处缺陷权重，按表13.6查询而得；

n——功能缺陷的总个数。

表 13.6 功能性缺陷权重和计量单位

缺陷名称	缺陷等级			计量单位
	1	2	3	
沉积	0.05	0.25	1.00	m
结垢	0.15	0.75	3.00	个(环向)或 m(纵向)
障碍物	0.00	3.00	6.00	个
树根	0.15	0.75	3.00	个
洼水	0.01	0.05	0.20	m
坝头	0.50	3.00	6.00	个
浮渣	不参与 MI 评估计算			m

② 按表 13.7 查得地区重要性参数 K。

表 13.7 地区重要性参数 K

K 值	适用范围
10	中心商业及旅游区域
6	交通干道和其他商业区域
3	其他行车道路
0	所有其他区域或 $F<4$ 时

③ 按下列规定确定管道重要性参数 E

$$E=\begin{cases}10 & 当\ 1500\text{mm}<DN\ 时;\\ 6 & 当\ 1000\text{mm}<DN\leqslant 1500\text{mm}\ 时;\\ 3 & 当\ 600\text{mm}\leqslant DN\leqslant 1000\text{mm}\ 时;\\ 0 & 当\ DN<600\text{mm}\ 时或\ F<4\end{cases}$$

④ 计算管道养护指数　管道养护指数按下式（13-3）计算。

$$MI=0.8\times G+0.15\times K+0.05\times E \tag{13-3}$$

⑤ 依据 MI 值的大小按表 13.8 的规定进行等级确定和功能状况评价，并提出管道养护的建议。

表 13.8 管道功能性状况评定和养护建议

养护指数	MI<4	4≤MI<7	7≤MI
等级	一级	二级	三级
功能状况总体评价	无或有少量管道局部超过允许淤积标准，功能状况总体较好	有较多管道超过允许淤积标准，功能状况总体一般	大部分管道超过允许淤积标准，功能状况总体较差
管段养护方案	不养护	养护	养护

(3) 管道结构性状况评估　管道结构性状况评估可以通过计算修复指数来进行。评估方法如下。

① 计算管道结构性缺陷参数 F　结构性缺陷参数 F 按式（13-4）计算而得。

$$F=\begin{cases}0.25S & 当\ S<40;\\ 10 & 当\ S>40。\end{cases} \tag{13-4}$$

式中运行状况系数 S 按公式（13-5）计算：

$$S=\frac{100}{L}\sum_{i=1}^{n}P_iL_i \tag{13-5}$$

式中　L——被评估管道的总长度，m；

L_i——第 i 处缺陷纵向长度，m（以个为计量单位时，1个相当于纵向长度1m）；

P_i——第 i 处缺陷权重，按下表13.9查询而得；

n——结构缺陷的总个数。

表13.9　结构性缺陷等级权重和计量单位

缺陷名称	缺陷等级				计量单位
	1	2	3	4	
破裂	0.20	1.00	4.00	12.00	个(环向)或m(纵向)
变形	0.10	0.50	2.00	—	个(环向)或m(纵向)
错位	0.15	0.75	3.00	9.00	个
脱节	0.15	0.75	3.00	9.00	个
渗漏	0.15	0.75	3.00	9.00	个(环向)或m(纵向)
腐蚀	0.15	4.75	9.00		米
胶圈脱落	0.05	0.25	1.00	—	个
支管暗接	0.75	3.00	9.00	12.00	个
异物侵入	0.75	3.00	9.00	—	个

② 按表13.7确定地区重要性参数 K。

③ 根据管道的直径，按下列规定确定管道重要性参数 E

$$E=\begin{cases}10 & \text{当 } 1500\text{mm}<DN \text{ 时；}\\ 6 & \text{当 } 1000\text{mm}<DN\leqslant 1500\text{mm 时；}\\ 3 & \text{当 } 600\text{mm}\leqslant DN\leqslant 1000\text{mm 时；}\\ 0 & \text{当 } DN<600\text{mm 时或 } F<4\end{cases}$$

④ 根据已有的地质资料或掌握的管道周围土质情况，按表13.10确定土质影响系数 T 值。

表13.10　管段周围的土质影响系数 T

土质	一般土层或 $F=0$	粉砂层
T 值	0	10

⑤ 管道修复指数按式（13-6）计算：

$$\text{RI}=0.7\times F+0.1\times K+0.05\times E+0.15\times T \tag{13-6}$$

⑥ 根据RI值的大小按表13.11的规定，给出修复等级和结构状况评价，并提出管道修复的建议。

表13.11　管道结构性状况评定和修复建议

修复指数	RI<4	4≤RI<7	7≤RI
等级	一级	二级	三级

续表

结构状况总体评价	无或有少量管道损坏，结构状况总体较好	有较多管道损坏或个别处出现中等或严重的缺陷，结构状况总体一般	大部分管道已损坏或个别处出现重大缺陷
管段修复方案	不修复或局部修理	局部修理或缺陷管段整体修复	紧急修复或翻新

任务二 排水管网的维护

【任务内容及要求】

排水管网要正常运行，必须加强其维护工作。通过学习要熟悉排水管道、检查井及雨水口所出现的各类日常问题的解决办法和检查井和雨水口在防沉降、防堵塞及防臭上所采取的措施，了解排水管道各类修复技术的应用场合及特点。

一、管道疏通及检查井、雨水口的维护

排水管网巡视、检查完毕后，发现管道的功能性缺陷如淤泥淤积过多和检查井盖损坏等，应及时进行管道清通或排水设施的维护工作，以保证排水管网的正常运行。

1. 管道清通

排水管渠虽然按不淤流速进行设计，但实际上，由于排水量不均匀、水量不足、污水中可沉物逐渐增多、加之施工质量等原因，造成一些沉淀物在管渠底部沉积，随着时间的积累慢慢形成了淤泥。淤泥形成后会减弱排水管道的通水能力，甚至堵塞管渠。因此，需对排水管渠进行清通。

管道疏通时需要专门的疏通工具，通沟器是排水管道疏通时的常用工具，它也称为通牛，专门用于拆除管道积泥的沉泥工具，形式有桶形、铲形、圆形等。具体的疏通方法可参照《城镇排水管道与泵站维护技术规程》(CJJ 68—2006)。

(1) 水力清通　水力清通是用水对排水管渠进行冲洗的一种清淤方法，适用于管渠内淤泥量少、不密实、淤塞不严重的情况。水力清通的形式取决于管道布局、排水状况、水源状况和附近的自然条件，一般情况下可分为污水自冲、调整水泵运行方式冲洗、冲洗井冲洗和水力冲洗车冲洗几种形式。

污水自冲可在管道内设置控制水位的工具如堵头、闸门（见图 13.14）、插板、卷帘等，封住需要冲刷的管段的上游管口，让该管段逐渐泄空，而上游管段的水位则不断憋高，待上游管中充满并使检查井中水位抬高至一定高度（一般为 1m 左右）后，就可开启控制工具进行水冲，同时将一个略小于管内径的浮牛（见图 13.15）从检查井口用绳引吊放入管道内，浮牛就顺着水流前进。由于浮牛的出现，而减小了管道的过水断面积，于是在管内就形成了一股高速激流。由高速的污水流和浮牛的顶推双重作用完成排水管道水力自冲。

调整泵站运行方式是根据水冲周期的规定，对某一管段进行冲洗时，先提前与管段上、下游泵站取得联系，使欲冲洗管段的下游泵站提前把水抽空；然后开上游泵站水泵，使管内形成上压下排的水力状态，进行水力冲洗，但是需要泵站间的配合。一般情况下，泵站出水管附近水量大、流速急，有时不用加闸堵，直接放入浮牛也能取得良好的冲刷效果。

城市排水管道的起始管段，污水流量小、流速低容易产生淤积。此时可采用冲洗井进行冲洗。冲洗井一般设置在起始管段附近，与排水管道之间用连接管连接，设闸门或堵头控制。冲洗井使用的水源一般为河水或自来水。当冲洗井内的水位充满到预定高度后，开启连

接管上的闸或堵，即可放水冲洗管道，但此种方法要专门增设冲洗井。

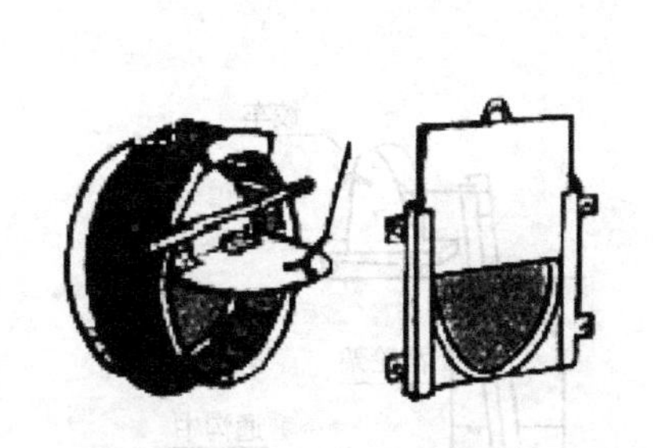

图 13.14 闸门形式

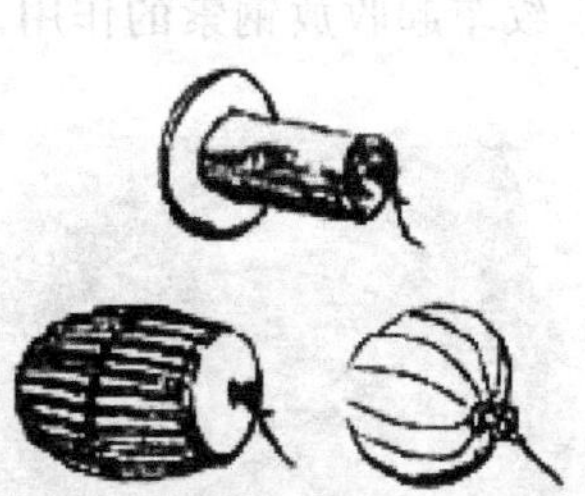

图 13.15 放入浮牛（不同形式的浮牛）

现在许多城市采用水力冲洗车进行管道的清通（见图 13.16），这些冲洗车由半拖挂式的大型水罐、机动卷管器、消防水泵、高压胶管、射水喷头和冲洗工具箱等部分组成。它的操作过程系由汽车引擎供给动力，驱动消防泵，将从水罐抽出的水加压到 1MPa 左右的高压水，高压水沿高压胶管流到放置在待清通管道管口的流线型喷头，喷头尾部设有数个射水喷嘴，有些喷头头部开有一小喷射孔，以备冲洗堵塞严重的管道时使用（射流效果见图 13.17），水流从喷嘴强力喷出，推动喷嘴向反方向运动，同时带动胶管在排水管道内前进；强力喷出的水柱冲动管道内的沉积物，使之成为泥浆并随水流流至下游检查井。当喷头到达下游检查井时，减小水的喷射压力，由卷管器自动将胶管抽回，抽回胶管时仍继续从喷嘴射出低压水，以便将残留在管内的污物全部冲刷到下游检查井，然后由吸泥车吸出。有的射水车水压达 15MPa 左右，能较好地清除管壁油垢和污泥。

图 13.16 水力冲洗车

图 13.17 射流器射流效果

水力清通方法操作简便，工效较高，工作人员操作条件较好，目前已得到广泛采用。根据我国一些城市的经验，水力清通不仅能清除下游管道 250m 以内的淤泥，而且在上游 150m 左右的管道中，淤泥也能得到一定程度的刷清，当管渠淤塞严重，淤泥已黏结密实，水力清通不能奏效时，需采用机械清通的方法。

(2) 机械清通 推杆疏通，它是用人力将竹片、钢条等工具推入管内清除堵塞的疏通方法。竹片目前是我国疏通小型管道的主要工具，但是竹片需要绑扎和连接，所以有些城市开始使用钢条代替竹片（见图 13.18）。

转杆疏通，是采用旋转疏通杆的方式进行管道疏通的方法（见图 13.19）。转杆机配有不同功能的钻头，可以疏通树根、布条、泥沙等不同物质，效果比推杆疏通好，但电动转杆疏通机在室外使用不方便。

绞车疏通，它是采用绞车牵引通沟器清除管道积泥的疏通方法。该方法在我国可能有上百年的历史了，目前在我国一些城市还是主要的疏通方法。该方法的主要设备包括绞车、滑轮架和通沟牛（见图 13.20）。在管内放入通沟牛，它能够把污泥等沉积物从管内拉出来，通沟牛可以是橡皮状或刺链条状，前者可用于清除软质淤泥，后者用于清除固结的水泥浆，国外有一种专门用于泥砂已积过半的管道的通沟牛，在进入管道时，刮泥板呈卧倒状，疏通出管道时呈自动直立状态；滑轮的能够避免钢索与管口、井口直接摩擦，延长钢索的使用寿命；绞车起收放钢索的作用。

图 13.18 疏通钢条

图 13.19 转杆疏通机

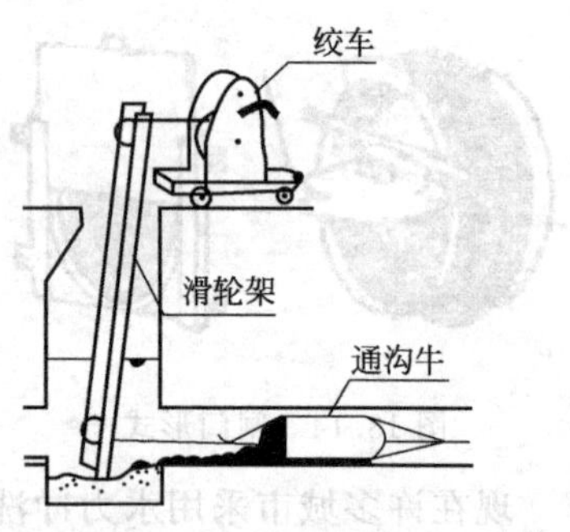

图 13.20 绞车疏通

2. 清掏作业

清掏作业是为了防止排水管道和化粪池的堆积物不能分解，积泥深度超过规定（见表13.12）或者管道、检查井、雨水口中石块等杂物均会产生堵塞的状况。该项工作量比较大，通常占整个管网养护工作的60%～70%。目前我国清掏作业用的是大铁勺、铁铲等工具，国外有些国家采用污泥钳或污泥夹等。由于手动清掏时劳动条件比较差，有些城市采用吸泥车、抓泥车进行机械操作。

表 13.12 管道、检查井和雨水口允许的最大积泥深度

设施类别		允许积泥深度
管道(雨水、污水及合流管)		管径的 1/5
检查井	有沉泥槽	管底以下 50mm
	无沉泥槽	主管径的 1/5
雨水口	有沉泥槽	管道以下 50mm
	无沉泥槽	管道以上 50mm

吸泥车有真空式、风机式和混合式三种。真空式吸泥车采用气体静压原理，工作过程是由真空泵抽去储泥罐内的空气，产生负压，利用大气压将积存的淤泥吸入储泥罐，但是由于大气压力的限制，最大只能吸取井深小于5m处的污泥；风机式吸泥车采用空气动力学原理，适用于管道内水少的场合，利用高速气流产生真空进行吸泥，抽泥深度不受限制；混合式吸泥车采用大功率真空泵，能够产生高负压，能用于满管流状态下抽泥，抽深高度不受限制。

抓泥车车型比吸泥车小、价格低，对交通影响小，同时在抓泥时可降低污泥的含水率，但是需要沉泥槽的配合，以保证抓泥效果。

3. 检查井、雨水口的维护

检查井除了在管道连接时起衔接作用；在管道清通养护时，可作养护工人下井作业的场所。对检查井的维护工作包括井盖的安全性检查，井内污泥的清理等。

检查井的井盖可能会发生井盖丢失、损坏或井盖周围破裂引起道路路面凹陷等情况，对检查井井盖维护时，要及时对丢失井盖进行补充。对井盖上雨水、污水等字样也要认真检查不要混淆不同管道的井盖。混凝土材质的井盖可能会受到车辆的经常性碾压发生破裂，需及

时对损坏的井盖进行更新并采取相应的措施，防止再遭破坏。井盖周围凹陷是经常出现的问题。车辆在行驶过程中荷载压在检查井的井筒上，井筒下沉造成路面凹陷。有些城市大盖板的井盖，分加筋和不加筋两种（见图 13.21），以增强整体受力效果；但是该式样的盖板占据空间、影响其他管线施工、施工时间长，成本高。近年来上海一些单位开始推广一种自调式新型井盖，见图 13.22。

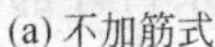
(a) 不加筋式

(b) 加筋式

图 13.21　大盖板井盖

图 13.22　自调式井盖

图 13.23　自调式井盖结构形式

该井盖工作原理是井盖与井筒连接方式为承插形式，由车辆等产生的荷载压力通过支座中的法兰面分散到道路结构层中，这样使得井筒承受的荷载减少了 80%左右，降低了井口破损或井盖下沉的概率，对井盖周围的路面也起到了较好的保护，延长了井盖的使用寿命，其结构形式如图 13.23 所示。

进行井盖维护工作时需开启井盖，开启井盖严禁用手直接操作，一般采用专用的井盖工具如撬棒、开盖器等。如图 13.24 所示为液压开盖器，它是由一小段槽钢制成，前端支点支在井盖上，中间的吊钩勾住井盖开启孔，只需按动尾端力点下面的千斤顶就能把卡死的井盖打开，类似的原理还有杠杆式开盖器，见图 13.25。

图 13.24　液压开盖器

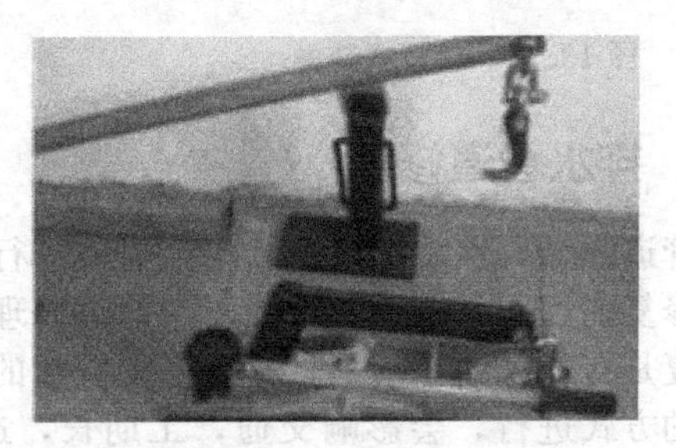
图 13.25　杠杆式开盖器

进行检查井的维护作业时还应注意以下几点。

(1) 开启检查井井盖要采用上述专用工具，严禁用手直接开启。开井盖时严禁吸烟，不能临近明火，预防管内气体燃烧。井盖开启后，顺着街道摆放，防止影响交通，并按规定安放路挡板标志。

(2) 如需下井进行操作，操作人员必须配备必要的劳保用具，应先将安全灯放入井内，以检查井内有毒有害气体情况。灯熄灭说明存在有害气体；灯熄灭，并在熄灭前发出闪光说明存在爆炸性气体。发生上述情况时，可将相邻两检查井的井盖打开一段时间，或用抽风机吸出有害气体，并再用安全灯复查，确认无毒害气体后，操作人员方可下井。下井时，不得携带有明火的灯，不得点火吸烟，必要时可戴上附有气带的防毒面具，穿上系有绳子的防护腰带。井下操作时，只限在井内操作，严禁进入管道。井上必须有人值班监护，并经常与井下操作人员通话联系，发现异常情况后应及时采取援助措施。井下操作人员必须身体健康，不得酒后作业，作业时间一般不超过半小时，要定时换班或上井休息一会儿再继续。

雨水口的维护工作包括雨水口内外部检查、拦截垃圾清除等工作。雨水口外部检查的项目包括雨水箅的丢失、雨水篦的破损、雨水口框的破损、盖框间隙、盖框间高差、孔眼堵塞、盖框突出或凹陷，异臭；雨水口内部检查内容包括链条或连接铰、裂缝和渗漏、抹面脱落、积泥或异物、水流受阻、私接管道、井体倾斜，连管异常。

当雨水箅丢失或破损后，应及时更新雨水篦并注意核查新雨水箅的过流能力；发现雨水口或雨水箅堵塞时及时清掏，防止下雨时地面积水过多；为了防止雨水口经常堵塞可以采用雨水口网篮。安装网篮后，树叶、垃圾尽被拦截。维护作业时，只需将网篮提出，倒掉其内的垃圾即可，为防盗考虑，可采用塑料材质。

近年来，随着市民环境意识的提高，有关雨水口异臭的投诉和两会提案也日渐增多。如果仅靠维护工作来解决该问题，不但增加维护工作量，还不能起到根治的目的。综合国内外的做法，可采用雨水口的防臭技术，一种是挡板式防臭装置（见图 13.26），它是在雨水箅下面安装一个由门框和活门组成的挡板。平时，靠弹簧或平衡块使活门保持关闭状态，下雨时活门自动开启，该方法不需改造原有雨水口，安装方便，价格便宜且兼有防蚊蝇、能防止老鼠出入排水管道，但活门有时会被杂物卡住需人员进行维护；另一种是水封式防臭装置(见图 13.27)，这是一种工厂预制的混凝土雨水口，管口处有一道混凝土挡板，雨水需从挡板下面以倒虹的方式进入管道，宜在南方多雨地区采用。

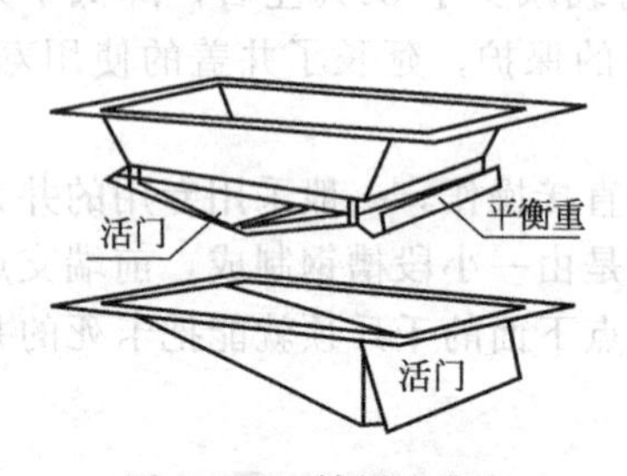

图 13.26 挡板式防臭

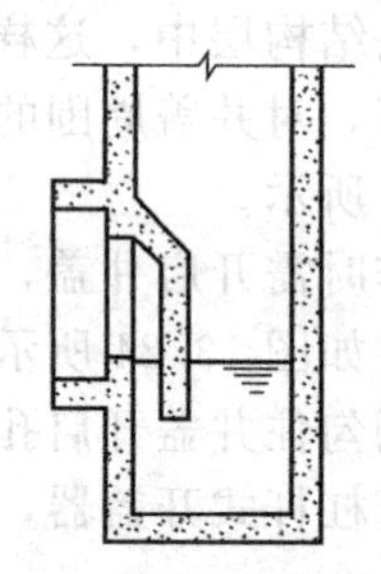

图 13.27 水封式防臭

二、排水管道修复

当管道的结构性状况评估结果，需要进行排水管道修复时可进行管道的修复工作。再介绍管道修复前，先介绍下管道修复与管道修理。修理工作只能让管道继续具有排水功能，而管道修复是在修理的基础上，尽量恢复管道的承受荷载能力和排水能力。管道修复时如果采取开挖的方式进行，会影响交通，工期长，造价相对较高。所以，无污染、无噪声、工期短、安全性高、造价低、施工扰民少的绿色施工技术——非开挖管道修复技术已成为当今管道修复技术的发展趋势（见图 13.28）。

非开挖管道修复技术首先兴起于石油、天然气行业，以后逐步应用于排水管及供水管

(a) 修复前

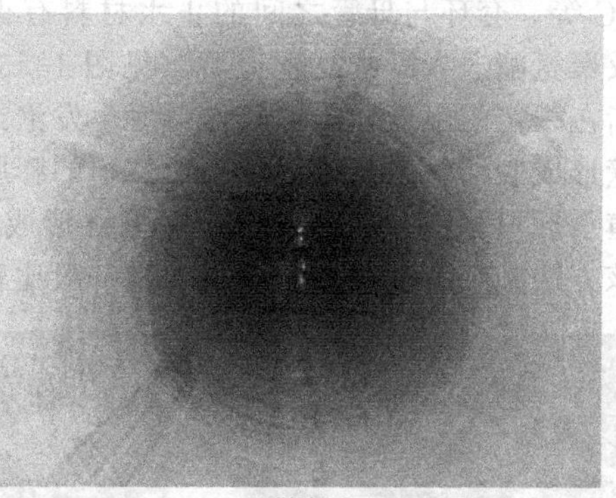
(b) 修复后

图 13.28　排水管道非开挖管道修复前后对比

的翻新改造中，并随着 HDPE 等新型管材的应用而迅速推广。非开挖修复技术按使用年限分，可分为临时性修复和长效修复；按修复时机来分，可分为抢险型修复和预防性修复；按修复目的划分，可分为结构性修复，防腐蚀修复和防渗漏修复；按修理部位划分为非开挖局部修复和非开挖整体修复。

非开挖修复的方法有多种，但是该技术不能对已沉降的管道进行整形，所以不能适应变形较大的管道修理，且对管道管径及排水能力会产生较大影响（短管内衬法），所以在应用时要预先考虑到相应的缺点。

1. 局部修复

局部修复也称为点状修复，主要有嵌补法、注浆法和套环法，近年来也出现了一些其他先进的方法。

(1) 嵌补法　在点状修理中，接缝嵌补是应用最早的一种非开挖修理方法，在 1m 以上的大管道中还是经常被采用。早期的嵌补材料为石棉水泥，属刚性材料，抗变形能力差。近年来，化学材料越来越多，有环氧焦油砂浆、聚硫密封胶、聚氨酯等。这些化学密封料属于柔性材料，抗变形能力强，密封效果好。该方法价格便宜，修补后对水流没有影响，缺点是施工期长，耗费人工多，稳定性差。

(2) 注浆法　该方法是通过向接口部位和管外土体注浆来堵塞渗漏是又一种常用的点状修理方法，对严重渗漏的管道不宜采用该方法（见图 13.29）。注浆材料可以是水泥浆或化学浆；按注浆管的设置位置又可分为地面向下注浆和管内向外注浆两种。注浆后每隔半年还要进行工程回访，注浆法经常作为一种辅助手段和嵌补法同时使用。该方法在修复缺陷点同时具有填补土体中的空洞，增强管道基础承载力的作用，但是可靠性比较差。

(3) 套环法　该方法是在接口部位安装止水套环的一种点状修复方法。套环有不锈钢

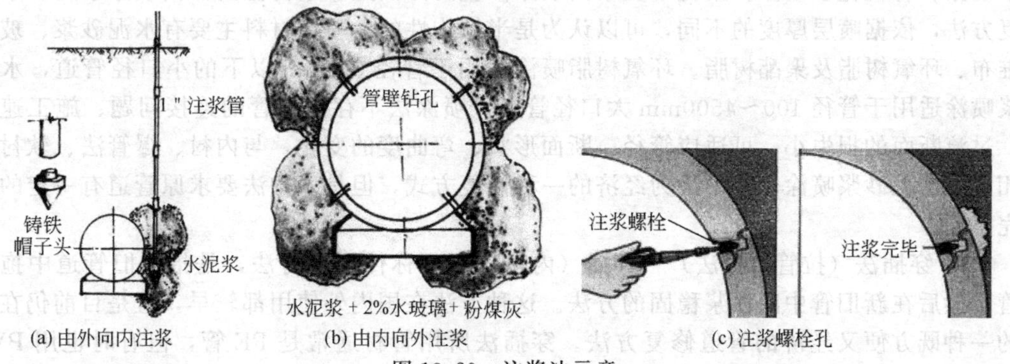

(a) 由外向内注浆　(b) 由内向外注浆　(c) 注浆螺栓孔

图 13.29　注浆法示意

和 PVC 等，套环与母管之间的止水材料有橡胶圈、聚氨酯发泡胶、止水胶带和密封圈等。套环及聚氨酯送入需修复管道后（见图 13.30），可用千斤顶延伸就位并固定位置，让聚氨酯树脂在一定的温度和压力条件下发生发泡或固化反应，同时伴随一定的体积膨胀并与旧管道内壁形成胶结，固化过程中胶液体积的膨胀填满了不锈钢与旧管间的孔隙，同时胶液会渗入管道承插口缝隙和邻近土壤，并最终形成管外介质加旧管道加不锈钢芯筒的胶结复合结构。该方法施工速度相对较快，质量一般比较稳定，但是对水流有一定阻碍。

(a) 钢套筒修复示意

(b) 钢套筒修复前

(b) 钢套筒修复后

图 13.30　钢套筒修复示意

(4) 点状树脂固化修复　该技术是一种排水管道非开挖局部内衬修理的方法，其大致原理与翻转法整体修复相同，不同的是其只是在局部增添一个内衬，起到止漏、局部增加老管管道结构强度等作用。修复时，将涂有树脂的毛毡用修复器使之紧贴老管，然后利用紫外线等方法加热固化。

(5) 机器人修复　机器人修复技术是一种使用遥控的修复装置（机器人）来进行各种工作的方法，可以用来切割管道的凸出物（包括树根）、打开管道的支管口、向裂隙注浆等。遥控的修复装置一般为轮式结构，并配有各种施工工具，有时还包括照明和闭路电视摄像系统。机器人修复是非开挖管线修复技术中最新的方法之一，机器人修复系统在瑞士得到巨大发展。机器人包括磨削机器人和充填机器人。磨削机器人用来清除管道内侵入物，也能研磨裂缝，为修复材料填充提供良好表面。填充机器人能向磨削过的裂缝里填环氧砂浆，并能抹平填充材料表面，形成光滑内壁。机器人修复技术适用管径范围是 200～750mm，较小型号机器人的典型应用管径范围是 200～400mm，而较大型号机器人应用于直径大于 300mm 的管道。

2. 整体修复

它是对一整段损坏的管道进行修复，也称为线状修复。包括以下方法。

(1) 涂层法　涂层法是指通过在管道内部喷涂一层膜而对旧管道内部进行修复的方法（见图 13.31）。由于喷涂层较薄，通常只用于防腐处理。根据喷涂材料的不同，可分为水泥砂浆喷涂和有机化学喷涂。用化学类浆液喷涂修复的方法是非结构性的，而喷涂水泥砂浆的修复方法，依据喷层厚度的不同，可以认为是半结构性的。喷涂材料主要有水泥砂浆、玻璃纤维布、环氧树脂及聚酯树脂。环氧树脂喷涂适用于管径 600mm 以下的小口径管道，水泥砂浆喷涂适用于管径 100～4500mm 大口径管道。喷涂法不存在支管的连接问题、施工速度快、过流断面的损失小、可适应管径、断面形状、弯曲度的变化，与内衬、爆管法、软衬法等相比，水泥砂浆喷涂是其中最为经济的一种修复方式，但是该方法要求原管道有一定的结构完整性。

(2) 穿插法（拉管内衬法）　穿插（内衬）法又称传统内衬法，是指在旧管道中拖入新管。然后在新旧管中间注浆稳固的方法。这种方法在国内外使用都较早，且是目前仍在应用的一种既方便又经济的管道修复方法。穿插法所用管材通常是 PE 管，但有时也用 PVC 管、陶土管、混凝土管或玻璃钢管等。

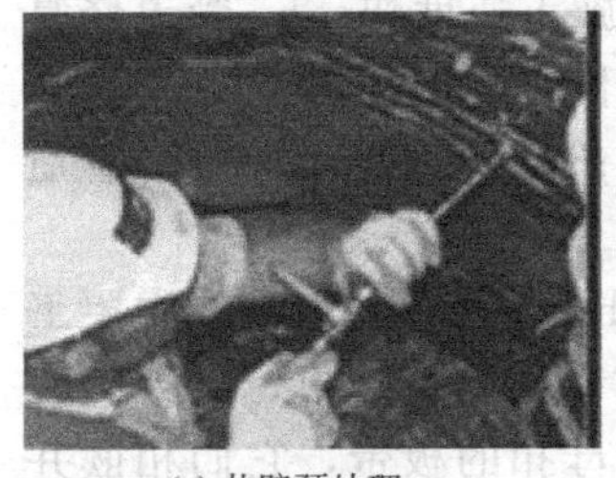
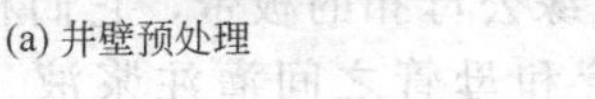
(a) 井壁预处理

(b) 喷涂

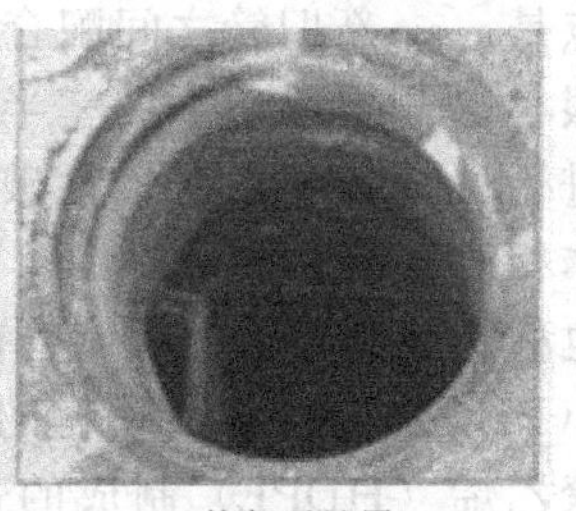
(c) 修复后效果

(d) 管壁成型后

图 13.31　涂层法施工示意

① 滑衬法　最简单的拉管内衬，首先对旧管道进行清洗，然后用绞车直接将直径略小的衬管整体由地面经工作坑拉入旧管道内，根据需要可以在新旧管道的间隙内注水泥浆，经滑衬法修复的管道断面损失较大。

② 折叠法　该法使用可变形的 PE 或 PVC 作为管道材料，施工前将其加热并折叠成 U 形、C 形甚至工字形，并用胶带缠裹（见图 13.32），从管道一端的检查井进入，从管道另一端检查井用卷扬机等设备拉出，就位后，利用加热或加压使其恢复原来的管道形状，从而与旧管道构成紧密配合的复合管道。折叠管恢复圆形后，稳压时间不应小于 24h。必要时可将复原后的折叠管切下不少于 15mm 的管段进行抗拉强度和弯曲强度的测试。按折叠方式可分为工厂预制成型和现场成型，该方法的特点是：a. 施工时占用场地小，可利用现有人井施工；b. 新衬管与旧管可形成紧密配合，管道的过流断面损失小，无需对环状空间注浆，管线连续无接缝；c. 对旧管道清洗要求低，只要达到内壁光滑无毛刺即可；d. 折叠后断面收缩率高，断面面积可减小 40%，穿插顺畅；e. 使用寿命长、经济性好。该方法的缺点是：施工时可能引起结构性破坏（破裂或走向偏离），不适用于非圆形管道或变形管道。

③ 缩径法　它是指通过机械作用使塑料管道的断面产生变形，如缩小直径或改变形状，然后将新管送入旧管内，最后通过加热、加压或靠自然作用使其恢复到原来形状和大小（见图 13.33）。与上述方法大致相同，不同的是：上述方法的材料需一定的变形能力，而该方法的材料需较好的记忆特性，在回拖到位后卸载时即开始恢复。

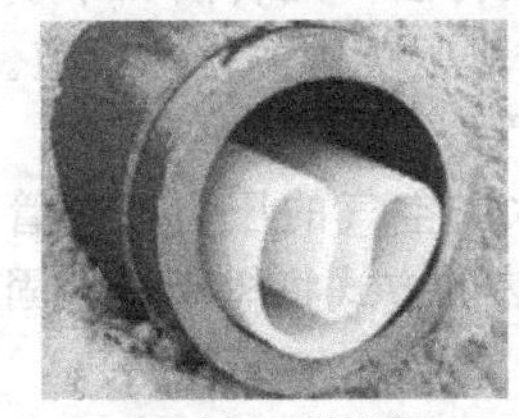
(a) 折成U型管道

(b) 胶带缠裹后牵引管道

图 13.32　折叠法施工示意

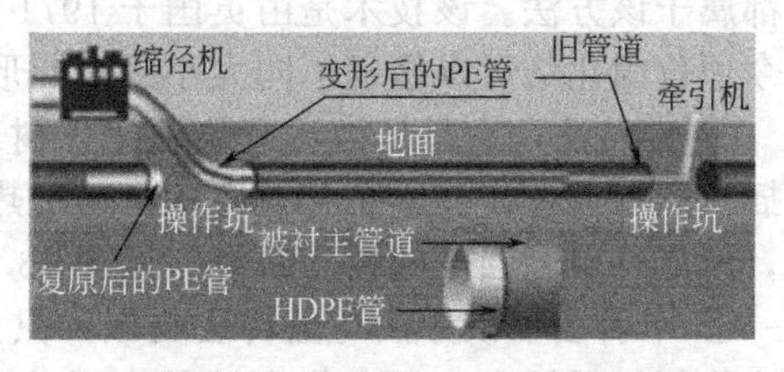

图 13.33　缩径法施工示意

该方法是由英国煤气公司于 20 世纪 80 年代开发的，可用于结构性和非结构性的修复。适用管材包括 I-IDPE、MDPE、PE 等。根据内衬管变形时的能量来源，可将缩径法分为两类：冷轧法和模具拉拔法。工作中两种方法的缩径幅度都控制在 10%～20%。冷轧法使用一组滚轧机靠径向约束挤压变形。拉拔法使用一个缩径模具，牵拉新管强行通过，使塑料管的长分子链重新组合，靠轴向拉伸变形使管径减小。小直径的管道可在常温下拉拔，大直径的管道通常在加温的条件下拉拔。模具拉拔法是一个连续的施工过程，一旦开始施工便不能中途停止，因为绞车停止牵拉时变形管就会开始恢复形状，暂停后难以再置入旧管道内。

缩径法的主要优点是：a. 新旧管之间配合紧密，不需注浆，施工速度快；b. 管道修复后的过流断面的损失很小；c. 可适应大曲率半径的弯管和长距离修复。缺点为：a. 主管与支管间的连接需开挖进行；b. 旧管的结构性破坏会导致施工困难；c. 不适用于非圆形管道或变形管道且施工成本相对较高。

(3) 缠绕法　它也称螺旋制管法。螺旋管内衬是澳大利亚 Rih-loc 公司的专利，主要工艺是将带状聚氯乙烯（PVC）型材放在现有的人孔井底部，通过专用的缠绕机，将聚氯乙烯（PVC）或高密度聚乙烯（HDPE）制成的带 T 型筋和边缘公母扣的板带，它们相嵌并锁结，卷成螺旋形管道，将圆管送入旧管内，再在螺旋管和母管之间灌注浆液（见图 13.34）。

缠绕法适用于压力管道和重力流管道的结构性损坏及非结构性损坏的修复。根据机器放置位置不同，可分为固定式安装法（人井内缠绕法）和移动式缠绕法（管道内缠绕法）。移动式缠绕法是将缠绕机放在旧管道中，边缠绕边前进。固定式安装法是将缠绕机放置人井中，在人井中作业，缠绕带从地面下入，缠绕出的新管直接推入旧管道中。该法在澳洲、日本、德国、中国台湾等地的排水管道修复中旋管内衬已广泛使用。在中国大城市直径较大的污水管线中，有很好的应用前景。缠绕法的优点有：a. 一般情况下无需开挖，只需利用现有人井，对周边环境的影响小；b. 所需设备可固定在卡车上，便于移动，施工速度快；c. 占地面积少，适合复杂场地作业；d. 可长距离施工，可以带水作业，也可进行间歇式的施工。缺点：所有关键设备仪器先进，投资大、造价高。

(a) 带肋的PVC板带

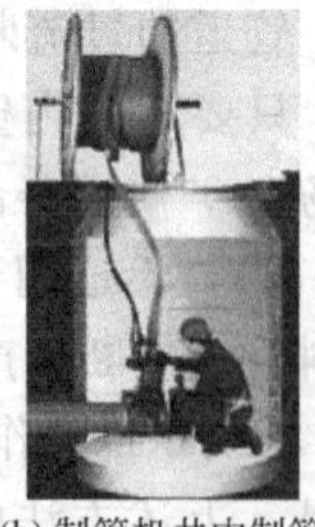
(b) 制管机井内制管

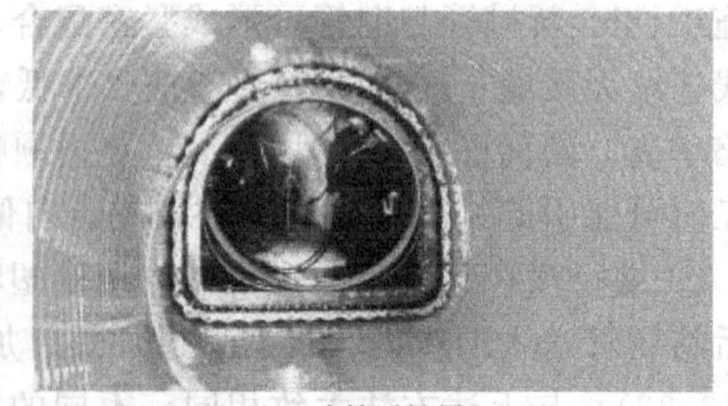
(c) 成管后效果

图 13.34　缠绕法施工示意

(4) 原位固化法 CIPP（cured in place pipe）　原位固化法又称软衬法，翻转法和牵引法都属于该方法。该技术是由英国于 1971 年研制成功，当时主要用于修复英国的排水管道。如今原位固化法可以修复不同大小、不同形状以及不同过渡区的地下管线。

① 翻转法　它是把灌浸有热硬化性树脂的软管运到现场，利用水和空气的压力把新管材插入旧管道并使其紧贴管道内壁，通过热水、蒸汽、喷淋或紫外加热的方式将树脂材料固化，形成一层高强度的树脂新管（见图 13.35）。

② 牵引法　该方法与翻转法类似，只是把材料插入旧管道的方式不同，它通过牵引的方式将新材料插入。具有代表性的牵引法施工技术有 FFT-S 工法、Omega Liner 工法和德国的 All Liner 工法等。

该方法能应付接口错位、脱节，管道腐蚀、裂缝、变形等各种缺陷，它的过流断面损失很小，几乎适用于任何断面形状的管道，且没有接头、表面光滑，流动性好，修复费用低，使用寿命长，可达 30～60 年。但是该方法需要特殊的施工设备，对工人的技术要求较高，需要详细的 CCTV（管道闭路电视检测系统）检查以及仔细的清理和干燥，内衬管翻转时可能形成凹陷，若内衬管的部分不能与旧管道完全贴合，也可能形成气泡。

(5) 短管内衬法　该法是将特制的塑料短管或管片由检查井或工作坑进入管内，完成接口连接后整列内衬管不断向旧管道内推进，直到下一个检查井。最后在塑料短管和母管之间

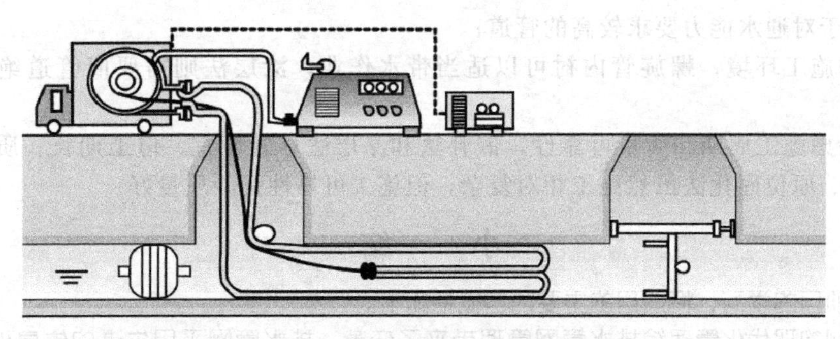

图 13.35　翻转法施工示意

注入水泥浆的修复方法（见图 13.36）。内衬管材料有聚乙烯管、聚丙烯管和玻璃钢夹沙管等。该方法的特点是：适用尺寸广、施工速度快、设备简单、质量稳定、价格低；但是管道断面损失较大。

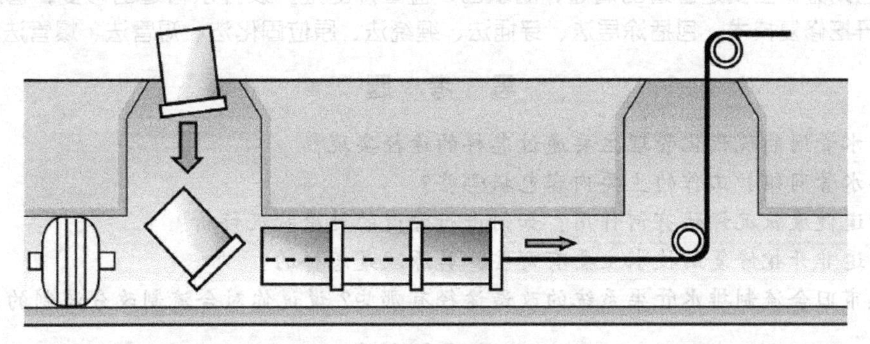

图 13.36　短管法施工示意

(6) 爆管法（cracking）　又称破管法、裂管法或胀管法。其主要原理是采用气压、液压或牵引机的静拉力来带动前端的钢制锥形头击碎现存的旧管道，同时内衬塑料管跟着锥形头前进，最后完成替换旧管的施工（见图 13.37）。该方法适用于原有管道为易脆管材（如灰口铸铁管），且管道老化严重的情况。新管道可以是 I-IDPE 管、PVC 管、PP 管和 GRP 管等。该方法的优点：施工前不需要进行清洗，更新后的管道直径不仅不减少过流断面面积，还可以比旧管道面积更大；缺点：需要开挖一个较长的工作坑，主要适用于小型管道，如果附近地下管道靠得太近，胀管施工所产生土壤扰动可能损坏这些管道，只适用于可压密的土层，而且管道残碎片留在土壤中，形成一个不好的土壤环境。

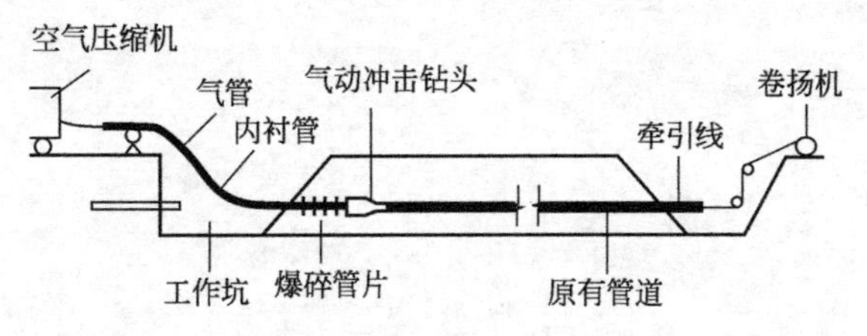

图 13.37　爆管法施工示意

排水管道的非开挖修复方法有多种，选择何种修复方法可以综合一下因素进行考虑：

① 根据损坏的类型进行选择，如少量接口渗漏可以选择点状修复的方法；

② 考虑造价因素，采取经济适用性原则。如现场树脂固化几乎适用于各种损坏，但其价格较高；

③ 考虑修复之后对过水能力的影响程度，套环法和短管内衬法对水流或断面有较大影

响；不适用于对通水能力要求较高的管道；

④ 考虑施工环境，螺旋管内衬可以适当带水作业，涂层法则需要旧管道绝对干燥和清洁；

⑤ 要考虑施工周期和质量可靠性，嵌补法和涂层法尽管便宜，但工期长、质量稳定性差。缠绕法、原位固化法虽然施工相对复杂，但施工可靠性强、质量好。

小　结

通过本项目的学习，将项目的主要内容概括如下。

排水管网的现代化管理给排水管网管理带来了变革，排水管网采用先进的信息化手段及先进的监测技术为排水管网的现代化管理提供了重要保障。

排水管网状况评价需要通过管道检测，对检测的结果与相应标准比对后对每一项检测内容赋值后进行计算，得出结论并给出管网维护建议。

排水管网维护主要是管道的清通，雨水口、检查井的维护及排水管道的修复，管道修复主要采用非开挖修复技术，包括涂层法、穿插法、缠绕法、原位固化法、短管法、爆管法。

思 考 题

1. 排水管网的现代化管理主要通过怎样的途径实现？
2. 排水管网维护工作的主要内容包括哪些？
3. 管道健康状况评估有何作用？如何进行管道的健康状况评价？
4. 管道非开挖修复的技术主要有哪些？其原理是怎样的？
5. 城市旧合流制排水管渠系统的改造途径有哪些？说说你对合流制改分流制的看法。

工学结合训练

【任务一】应急事故处理

某日某市排水管理处接到市民反应，在该市某主干道临近一大型超市东侧处，一排水管道的井盖丢失，且井内不断有少量污水从井口冒溢至路面，此处过往行人较多，情况比较危险。为妥善处理上述情况，排水管理处应采取哪些措施？

【任务二】调查报告

目前排水行业在国内外受到了极大的关注度，我国排水管网管理与维护的技术在国外先进技术的影响下，也得到了较大的发展，请学生成三人一组，对排水管网管理与维护先进技术进行查阅，经过通力的分工合作后，以调查报告的形式提交各组的查阅成果。

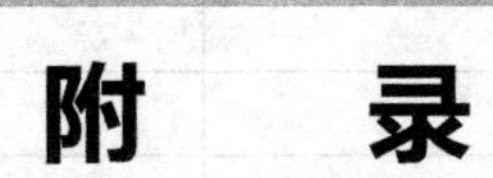

附录一　生活饮用水卫生标准（GB 5749—2006）

附表 1　水质常规指标及限值

指　标	限　值
1. 微生物指标[①]	
总大肠菌群/(MPN/100mL 或 CFU/100mL)	不得检出
耐热大肠菌群/(MPN/100mL 或 CFU/100mL)	不得检出
大肠埃希菌/(MPN/100mL 或 CFU/100mL)	不得检出
菌落总数/(CFU/mL)	100
2. 毒理指标	
砷/(mg/L)	0.01
镉/(mg/L)	0.005
铬/(六价,mg/L)	0.05
铅/(mg/L)	0.01
汞/(mg/L)	0.001
硒/(mg/L)	0.01
氰化物/(mg/L)	0.05
氟化物/(mg/L)	1.0
硝酸盐/(以 N 计,mg/L)	10 地下水源限制时为 20
三氯甲烷/(mg/L)	0.06
四氯化碳/(mg/L)	0.002
溴酸盐/(使用臭氧时,mg/L)	0.01
甲醛/(使用臭氧时,mg/L)	0.9
亚氯酸盐/(使用二氧化氯消毒时,mg/L)	0.7
氯酸盐/(使用复合二氧化氯消毒时,mg/L)	0.7
3. 感官性状和一般化学指标	
色度/(铂钴色度单位)	15

续表

指　标	限　值
浑浊度/(NTU-散射浊度单位)	1 水源与净水技术条件限制时为 3
臭和味	无异臭、异味
肉眼可见物	无
pH/(pH 单位)	不小于 6.5 且不大于 8.5
铝/(mg/L)	0.2
铁/(mg/L)	0.3
锰/(mg/L)	0.1
铜/(mg/L)	1.0
锌/(mg/L)	1.0
氯化物/(mg/L)	250
硫酸盐/(mg/L)	250
溶解性总固体/(mg/L)	1000
总硬度/(以 $CaCO_3$ 计,mg/L)	450
耗氧量/(COD_{Mn}法,以 O_2 计,mg/L)	3 水源限制,原水耗氧量＞6mg/L 时为 5
挥发酚类/(以苯酚计,mg/L)	0.002
阴离子合成洗涤剂/(mg/L)	0.3
4. 放射性指标②	指导值
总 α 放射性/(Bq/L)	0.5
总 β 放射性/(Bq/L)	1

① MPN 表示最可能数；CFU 表示菌落形成单位。当水样检出总大肠菌群时，应进一步检验大肠埃希菌或耐热大肠菌群；水样未检出总大肠菌群，不必检验大肠埃希菌或耐热大肠菌群。

② 放射性指标超过指导值，应进行核素分析和评价，判定能否饮用。

附表 2　饮用水中消毒剂常规指标及要求

消毒剂名称	与水接触时间	出厂水中限值	出厂水中余量	管网末梢水中余量
氯气及游离氯制剂/(游离氯,mg/L)	至少 30min	4	≥0.3	≥0.05
一氯胺/(总氯,mg/L)	至少 20min	3	≥0.5	≥0.05
臭氧/(O_3,mg/L)	至少 12min	0.3		0.02 如加氯, 总氯≥0.05
二氧化氯/(ClO_2,mg/L)	至少 30min	0.8	≥0.1	≥0.02

附表 3　农村小型集中式供水和分散式供水部分水质指标及限值

指　标	限　值
1. 微生物指标	
菌落总数/(CFU/mL)	500
2. 毒理指标	

续表

指　标	限　值
砷/(mg/L)	0.05
氟化物/(mg/L)	1.2
硝酸盐/(以 N 计,mg/L)	20
3. 感官性状和一般化学指标	
色度/(铂钴色度单位)	20
浑浊度/(NTU-散射浊度单位)	3 水源与净水技术条件限制时为 5
pH/(pH 单位)	不小于 6.5 且不大于 9.5
溶解性总固体/(mg/L)	1500
总硬度/(以 $CaCO_3$ 计,mg/L)	550
耗氧量/(COD_{Mn}法,以 O_2 计,mg/L)	5
铁/(mg/L)	0.5
锰/(mg/L)	0.3
氯化物/(mg/L)	300
硫酸盐/(mg/L)	300

附录二　钢管水力计算表

钢管水力计算表

Q		DN/mm															
		125		150		175		200		225		250		275		300	
m^3/h	L/s	v	1000i	v	1000i	v	1000i	v	1000i	v	1000i	v	1000i	v	1000i	v	1000i
32.4	9.0	0.73	9.25	0.53	4.14	0.38	1.87	0.29	0.966	0.23	0.531						
34.2	9.5	0.77	10.2	0.56	4.58	0.40	2.05	0.31	1.06	0.24	0.536						
36.0	10.0	0.81	11.2	0.59	5.02	0.42	2.25	0.32	1.17	0.25	0.643	0.20	0.362				
37.8	10.5	0.86	12.3	0.62	5.50	0.45	2.46	0.34	1.27	0.27	0.697	0.21	0.394				
39.6	11.0	0.90	13.5	0.65	5.98	0.47	2.68	0.36	1.38	0.28	0.759	0.22	0.428				
41.4	11.5	0.94	14.5	0.68	6.45	0.49	2.90	0.37	1.49	0.29	0.823	0.23	0.466				
43.2	12.0	0.98	15.8	0.71	7.02	0.51	3.13	0.39	1.62	0.30	0.814	0.24	0.502	0.20	0.313		
45.0	12.5	1.02	17.0	0.74	7.55	0.53	3.38	0.41	1.74	0.32	0.952	0.25	0.540	0.206	0.335		
46.8	13.0	1.06	18.3	0.77	8.12	0.55	3.62	0.42	1.86	0.33	1.02	0.26	0.578	0.21	0.359		
48.6	13.5	1.10	19.6	0.79	8.70	0.57	3.83	0.44	1.99	0.34	1.09	0.27	0.618	0.22	0.383		
50.4	14.0	1.14	21.0	0.82	9.31	0.60	4.15	0.45	2.14	0.35	1.16	0.28	0.659	0.23	0.410		
52.2	14.5	1.18	22.5	0.85	9.93	0.62	4.42	0.47	2.27	0.37	1.24	0.29	0.701	0.24	0.436		
54.0	15.0	1.22	23.9	0.88	10.6	0.64	4.70	0.49	2.41	0.38	1.32	0.30	0.745	0.25	0.462	0.20	0.295
55.8	15.5	1.26	25.5	0.91	11.2	0.66	4.99	0.50	2.56	0.39	1.40	0.31	0.789	0.255	0.489	0.21	0.313
57.6	16.0	1.30	27.2	0.94	11.9	0.68	5.30	0.52	2.72	0.41	1.48	0.32	0.835	0.26	0.519	0.22	0.331
59.4	16.5	1.34	28.9	0.93	12.6	0.70	5.60	0.54	2.87	0.42	1.57	0.33	0.882	0.27	0.548	0.23	0.350
61.2	17.0	1.39	30.7	1.00	13.9	0.72	5.91	0.55	3.03	0.43	1.65	0.34	0.930	0.28	0.577	0.233	0.369
63.0	17.5	1.43	32.5	1.03	14.1	0.74	6.23	0.57	3.19	0.44	1.74	0.35	0.980	0.29	0.606	0.24	0.386
64.8	18.0	1.47	34.4	1.06	14.8	0.77	6.57	0.58	3.37	0.46	1.83	0.36	1.03	0.30	0.636	0.25	0.406
66.6	18.5	1.51	36.3	1.09	15.6	0.79	6.91	0.60	3.54	0.47	1.92	0.37	1.08	0.305	0.671	0.253	0.427

续表

Q		DN/mm																			
		125		150		175		200		225		250		275		300		325		350	
m^3/h	L/s	ν	1000i	ν	1000i	ν	1000i	ν	1000i	ν	1000i	ν	1000i	ν	1000i	ν	1000i	ν	1000i	ν	1000i
68.4	19.0	1.55	38.3	1.12	16.4	0.81	7.25	0.62	3.71	0.48	2.02	0.38	1.13	0.31	0.703	0.26	0.448	0.22	0.302		
70.2	19.5	1.59	40.4	1.15	17.2	0.83	7.62	0.63	3.89	0.49	2.12	0.39	1.19	0.32	0.735	0.27	0.470	0.23	0.317		
72.0	20.0	1.63	42.5	1.18	18.1	0.85	7.58	0.65	4.07	0.51	2.21	0.40	1.24	0.33	0.765	0.274	0.492	0.232	0.330	0.20	0.230
73.8	20.5	1.67	44.6	1.21	18.9	0.87	8.35	0.67	4.27	0.52	2.31	0.41	1.30	0.34	0.806	0.28	0.511	0.24	0.345	0.205	0.240
75.6	21.0	1.71	46.8	1.24	19.8	0.89	8.72	0.68	4.46	0.53	2.42	0.42	1.36	0.35	0.840	0.29	0.534	0.244	0.360	0.21	0.251
77.4	21.5	1.75	49.1	1.27	20.8	0.91	9.13	0.70	4.65	0.55	2.53	0.43	1.41	0.354	0.875	0.294	0.557	0.25	0.376	0.215	0.261
79.2	22.0	1.79	51.4	1.30	21.8	0.94	9.52	0.71	4.85	0.56	2.63	0.44	1.47	0.36	0.913	0.30	0.581	0.256	0.392	0.22	0.272
81.0	22.5	1.83	53.7	1.33	22.8	0.96	0.92	0.73	5.06	0.57	2.74	0.45	1.54	0.37	0.552	0.31	0.606	0.26	0.406	0.225	0.283
82.8	23.0	1.87	56.2	1.36	23.8	0.98	10.3	0.75	5.27	0.58	2.86	0.46	1.60	0.38	0.989	0.315	0.630	0.27	0.422	0.23	0.294
84.6	23.5	1.92	58.6	1.38	24.8	1.00	10.8	0.76	5.48	0.60	2.97	0.47	1.06	0.39	1.03	0.32	0.655	0.273	0.439	0.235	0.307
85.4	24.0	1.95	61.1	1.41	25.9	1.02	11.2	0.78	5.69	0.61	7.09	0.48	1.72	0.395	1.06	0.33	0.677	0.28	0.457	0.24	0.317
88.2	24.5	2.00	63.7	1.44	27.0	1.04	11.6	0.80	5.92	0.62	7.21	0.49	1.79	0.40	1.11	0.335	0.703	0.285	0.474	0.245	0.329
90.0	25.0	2.04	66.3	1.47	28.1	1.06	12.1	0.81	6.14	0.63	7.32	0.50	1.86	0.41	1.15	0.34	0.730	0.29	0.489	0.25	0.341
91.8	25.5	2.08	69.0	1.50	29.2	1.08	12.5	0.83	6.37	0.65	7.45	0.51	1.92	0.42	1.19	0.35	0.756	0.30	0.507	0.255	0.353
93.6	26.0	2.12	71.8	1.53	30.4	1.11	13.0	0.84	6.60	0.66	7.57	0.52	1.99	0.43	1.23	0.36	0.784	0.302	0.526	0.26	0.365
95.4	26.5	2.16	74.5	1.56	31.6	1.13	13.4	0.86	6.84	0.67	3.69	0.53	2.06	0.44	1.28	0.363	0.812	0.31	0.544	0.265	0.378
97.2	27.0	2.20	77.4	1.59	32.7	1.15	13.9	0.85	7.08	0.68	3.83	0.54	2.13	0.445	1.32	0.37	0.836	0.314	0.563	0.27	0.391
99.0	27.5	2.24	80.3	1.62	34.0	1.17	14.4	0.89	7.32	0.70	3.96	0.55	2.21	0.45	1.37	0.38	0.864	0.32	0.583	0.275	0.403
100.8	28.0	2.28	83.2	1.65	35.2	1.19	14.9	0.91	7.57	0.71	4.09	0.56	2.28	0.46	1.41	0.383	0.893	0.325	0.589	0.28	0.417
102.6	28.5	2.32	86.2	1.68	36.5	1.21	15.4	0.92	7.82	0.72	4.22	0.57	2.35	0.47	1.45	0.39	0.923	0.33	0.619	0.285	0.430

续表

Q		DN/mm																			
		125		150		175		200		225		250		275		300		325		350	
m^3/h	L/s	ν	1000i	ν	1000i	ν	1000i	ν	1000i	ν	1000i	ν	1000i	ν	1000i	ν	1000i	ν	1000i	ν	1000i
104.4	29.0	2.36	89.3	1.71	37.8	1.23	15.9	0.94	8.08	0.74	4.36	0.58	2.43	0.48	1.50	0.40	0.953	0.34	0.639	0.29	0.443
106.2	29.5	2.40	92.4	1.74	39.1	1.26	16.5	0.96	8.34	0.75	4.51	0.59	2.51	0.49	1.55	0.404	0.983	0.34	0.659	0.295	0.457
108.0	30.0	2.45	95.5	1.77	40.5	1.28	17.1	0.97	8.60	0.76	4.64	0.60	2.58	0.49	1.59	0.41	1.01	0.35	0.650	0.30	0.471
109.5	30.5	2.49	98.8	1.80	41.8	1.30	17.6	0.99	8.87	0.77	4.79	0.61	2.66	0.50	1.64	0.42	1.04	0.35	0.698	0.305	0.485
111.6	31.0	2.53	102	1.83	43.2	1.32	18.2	1.01	9.15	0.79	4.94	0.62	2.74	0.51	1.69	0.424	1.07	0.36	0.719	0.31	0.499
113.4	31.5	2.57	105	1.86	44.6	1.34	18.8	1.02	9.42	0.80	5.08	0.63	2.83	0.52	1.74	0.43	1.10	0.37	0.741	0.315	0.513
115.2	32.0	2.61	109	1.89	46.0	1.36	19.4	1.04	9.70	0.81	5.23	0.64	2.92	0.55	1.79	0.44	1.14	0.37	0.762	0.32	0.528
117.0	32.5	2.65	112	1.92	47.5	1.38	20.0	1.05	9.98	0.82	5.39	0.65	3.00	0.54	1.84	0.445	1.17	0.38	0.785	0.325	0.543
118.8	33.0	2.09	116	1.94	48.9	1.40	20.6	1.07	10.3	0.84	5.53	0.66	3.08	0.54	1.90	0.45	1.20	0.38	0.803	0.33	0.558
120.6	33.5	2.73	119	1.97	50.4	1.43	21.3	1.09	10.6	0.85	5.69	0.67	3.17	0.55	1.95	0.46	1.23	0.39	0.826	0.335	0.573
122.4	34.0	2.77	123	2.00	52.0	1.45	21.9	1.00	10.9	0.86	5.85	0.68	3.26	0.56	2.00	0.465	1.27	0.39	0.849	0.34	0.518
124.2	34.5	2.81	126	2.03	53.5	1.47	22.6	1.12	11.2	0.87	6.00	0.69	3.34	0.57	2.05	0.47	1.30	0.30	0.872	0.345	0.604
126.0	35.0	2.85	130	2.06	55.1	1.48	23.2	1.14	11.5	0.89	6.17	0.70	3.43	0.58	2.11	0.48	1.34	0.41	0.896	0.35	0.620
127.8	35.5	2.89	134	2.09	56.7	1.51	23.9	1.15	11.8	0.90	6.34	0.71	3.52	0.59	2.16	0.49	1.37	0.41	0.916	0.355	0.636
129.6	36.0	2.93	138	2.12	58.3	1.53	24.6	1.17	12.1	0.91	6.50	0.72	3.61	0.59	2.22	0.493	1.41	0.42	0.900	0.36	0.652
131.4	36.5	2.97	141	2.15	59.9	1.55	25.3	1.18	12.4	0.93	6.67	0.73	3.71	0.60	2.27	0.50	1.44	0.42	0.964	0.365	0.663
133.2	37.0	3.02	145	2.18	61.5	1.57	26.0	1.20	12.7	0.94	6.84	0.74	3.80	0.61	2.34	0.51	1.47	0.43	0.989	0.37	0.684
135.0	37.5			2.21	63.2	1.60	26.7	1.22	13.0	0.95	7.02	0.75	3.50	0.62	2.39	0.513	1.51	0.44	1.01	0.375	0.701
136.8	38.0			2.24	64.9	1.62	27.4	1.23	13.4	0.96	7.19	0.76	3.99	0.63	2.45	0.52	1.55	0.44	1.04	0.38	0.718
138.6	38.5			2.27	66.6	1.64	28.1	1.25	13.7	0.98	7.37	0.77	4.09	0.63	2.51	0.53	1.59	0.45	1.06	0.385	0.735

续表

Q		DN/mm																	
		150		175		200		225		250		275		300		325		350	
m^3/h	L/s	ν	1000i	ν	1000i	ν	1000i	ν	1000i	ν	1000i	ν	1000i	ν	1000i	ν	1000i	ν	1000i
140.4	39.0	2.30	68.4	1.66	28.8	1.27	14.1	0.99	7.55	0.78	4.19	0.64	2.57	0.534	1.63	0.453	1.09	0.39	0.752
142.2	39.5	2.33	70.1	1.68	29.6	1.28	14.5	1.00	7.72	0.79	4.29	0.65	2.63	0.54	1.66	0.46	1.11	0.395	0.769
144.0	40	2.36	71.9	1.70	30.3	1.30	14.8	1.01	7.91	0.80	4.39	0.66	2.69	0.55	1.70	0.465	1.14	0.40	0.787
147.6	41	2.42	75.6	1.74	31.9	1.33	15.6	1.04	8.23	0.82	4.59	0.67	2.81	0.56	1.78	0.48	1.19	0.41	0.823
151.2	42	2.48	79.3	1.79	33.4	1.37	16.4	1.07	8.67	0.84	4.30	0.60	2.94	0.57	1.86	0.49	1.24	0.42	0.859
154.3	43	2.53	83.1	1.83	35.1	1.40	17.1	1.09	9.05	0.86	5.01	0.71	3.07	0.59	1.94	0.50	1.30	0.43	0.596
158.4	44	2.59	83.0	1.87	36.7	1.43	17.9	1.12	9.44	0.88	5.23	0.72	3.21	0.60	2.02	0.51	1.35	0.44	0.934
162.0	45	2.65	91.0	1.91	38.4	1.46	18.8	1.14	9.86	0.90	5.45	0.74	3.34	0.62	2.11	0.52	1.41	0.45	0.973
165.6	46	2.71	95.1	1.96	40.1	1.50	19.6	1.17	10.3	0.92	5.68	0.76	3.48	0.63	2.20	0.53	1.47	0.46	1.01
169.2	47	2.77	99.3	2.00	41.9	1.53	20.5	1.19	10.7	0.94	5.91	0.77	3.62	0.64	2.28	0.55	1.52	0.47	1.05
172.8	48	2.83	104	2.04	43.7	1.56	21.4	1.22	11.1	0.96	6.14	0.79	3.76	0.66	2.37	0.56	1.58	0.48	1.09
176.4	49	2.89	108	2.08	45.5	1.59	22.3	1.24	11.6	0.58	6.38	0.81	3.91	0.67	2.47	0.57	1.64	0.49	1.13
180.0	50	2.95	112	2.13	47.4	1.63	23.2	1.27	12.1	1.00	6.63	0.82	4.03	0.68	2.55	0.58	1.70	0.50	1.17
183.6	51	3.01	117	2.17	49.3	1.66	24.1	1.29	12.5	1.02	6.87	0.84	4.20	0.70	2.65	0.59	1.77	0.51	1.21
187.2	52			2.21	51.3	1.69	25.1	1.32	13.0	1.04	7.14	0.86	4.36	0.71	2.75	0.60	1.83	0.52	1.26
190.8	53			2.26	53.3	1.72	26.0	1.34	13.5	1.06	7.40	0.87	4.52	0.72	2.84	0.62	1.90	0.53	1.30
194.4	54			2.30	55.3	1.76	27.0	1.37	14.1	1.08	7.66	0.89	4.68	0.74	2.94	0.63	1.96	0.54	1.35
198.0	55			2.34	57.4	1.79	28.0	1.40	14.6	1.10	7.92	0.91	4.84	0.75	3.05	0.64	2.03	0.55	1.39
201.6	56			2.38	59.5	1.82	29.1	1.42	15.1	1.12	8.20	0.92	5.01	0.77	3.14	0.65	2.10	0.56	1.44
205.2	57			2.43	61.6	1.85	30.1	1.45	15.7	1.14	8.47	0.94	5.17	0.78	3.25	0.66	2.16	0.57	1.49

续表

Q		DN/mm																	
		150		175		200		225		250		275		300		325		350	
m^3/h	L/s	ν	1000i	ν	1000i	ν	1000i	ν	1000i	ν	1000i	ν	1000i	ν	1000i	ν	1000i	ν	1000i
208.8	58			2.47	63.8	1.89	31.2	1.47	16.2	1.16	8.75	0.95	5.33	0.79	3.36	0.67	2.24	0.58	1.54
212.4	59			2.51	66.0	1.92	32.3	1.50	16.8	1.18	9.03	0.97	5.51	0.81	3.46	0.69	2.31	0.59	1.58
216.0	60			2.55	68.3	1.95	33.4	1.52	17.4	1.20	9.30	0.99	5.68	0.82	3.57	0.70	2.38	0.60	1.63
219.0	61			2.60	70.6	1.98	34.5	1.55	17.9	1.22	9.61	1.00	5.88	0.83	3.69	0.71	2.45	0.61	1.68
223.2	62			2.64	72.9	2.02	35.6	1.57	18.5	1.24	9.93	1.02	6.05	0.85	3.80	0.72	2.52	0.62	1.73
226.8	63			2.68	75.3	2.05	36.8	1.60	19.1	1.26	10.2	1.04	6.24	0.86	3.91	0.73	2.60	0.63	1.79
230.4	64			2.72	77.7	2.08	38.0	1.62	19.7	1.28	10.6	1.05	6.42	0.88	4.03	0.74	2.68	0.64	1.84
234.0	65			2.77	80.1	2.11	39.2	1.65	20.4	1.30	10.9	1.07	6.60	0.89	4.15	0.75	2.75	0.65	1.89
237.6	66			2.81	82.6	2.15	40.4	1.67	21.0	1.32	11.2	1.09	6.79	0.90	4.26	0.77	2.83	0.66	1.94
241.2	67			2.85	85.1	2.18	41.6	1.70	21.6	1.34	11.6	1.10	6.90	0.92	4.38	0.78	2.92	0.67	2.00
244.8	68			2.89	87.7	2.21	42.9	1.73	22.3	1.36	11.9	1.12	7.19	0.93	4.51	0.79	2.99	0.68	2.05
248.4	69			2.94	90.3	2.24	44.1	1.75	23.0	1.38	12.3	1.14	7.38	0.94	4.63	0.80	3.08	0.69	2.11
252.0	70			2.98	92.9	2.28	45.4	1.78	23.6	1.40	12.7	1.15	7.58	0.96	4.36	0.81	3.16	0.70	2.16
255.6	71			3.02	95.6	2.31	46.7	1.80	24.3	1.42	13.0	1.17	7.80	0.97	4.89	0.82	3.24	0.71	2.22
259.2	72					2.34	48.1	1.83	25.0	1.44	13.4	1.19	7.99	0.98	5.01	0.84	3.33	0.72	2.28
262.8	73					2.37	49.4	1.85	25.7	1.46	13.8	1.20	8.18	1.00	5.14	0.85	3.41	0.73	2.34
266.4	74					2.41	50.8	1.88	26.4	1.48	14.1	1.22	8.41	1.01	5.28	0.86	3.50	0.74	2.40
270.0	75					2.44	52.2	1.90	27.1	1.50	14.5	1.24	8.63	1.03	5.40	0.87	3.59	0.75	2.46
273.6	76					2.47	53.6	1.93	27.8	1.52	14.9	1.25	8.87	1.04	5.54	0.88	3.68	0.76	2.52
277.2	77					2.50	55.0	1.95	28.6	1.54	15.3	1.27	9.10	1.05	5.68	0.89	3.77	0.77	2.58

续表

Q		DN/mm													
		200		225		250		275		300		325		350	
m^3/h	L/s	ν	1000i	ν	1000i	ν	1000i	ν	1000i	ν	1000i	ν	1000i	ν	1000i
280.8	78	2.54	56.4	1.98	29.3	1.56	15.7	1.28	9.34	1.07	5.82	0.91	3.86	0.78	2.64
284.4	79	2.57	57.9	2.00	30.1	1.58	16.1	1.30	9.58	1.08	5.96	0.92	3.95	0.79	2.71
288.0	80	2.60	59.3	2.03	30.9	1.60	16.5	1.32	9.82	1.09	6.10	0.93	4.05	0.80	2.77
291.6	81	2.63	60.8	2.06	31.6	1.62	16.9	1.33	10.1	1.11	6.25	0.94	4.14	0.81	2.83
295.2	82	2.67	62.3	2.08	32.4	1.64	17.4	1.35	10.3	1.12	6.33	0.95	4.23	0.82	2.90
298.8	83	2.70	63.9	2.11	33.2	1.66	17.8	1.37	10.6	1.14	6.53	0.96	4.33	0.83	2.96
302.4	84	2.73	65.4	2.13	34.0	1.68	18.2	1.38	10.8	1.15	6.69	0.98	4.43	0.84	3.03
306.0	85	2.76	67.0	2.16	34.8	1.70	18.7	1.40	11.1	1.16	6.83	0.99	4.53	0.85	3.10
309.6	86	2.80	68.6	2.18	35.7	1.72	19.1	1.42	11.3	1.18	6.98	1.00	4.62	0.86	3.17
313.2	87	2.83	70.2	2.21	36.5	1.74	19.5	1.43	11.6	1.19	7.14	1.01	4.73	0.87	3.23
316.8	88	2.86	71.8	2.23	37.3	1.76	20.0	1.45	11.9	1.20	7.27	1.02	4.83	0.38	3.30
320.4	89	2.89	73.4	2.26	38.2	1.78	20.5	1.47	12.2	1.22	7.44	1.03	4.93	0.89	3.37
324.0	90	2.93	75.1	2.28	39.1	1.80	20.9	1.48	12.4	1.23	7.61	1.05	5.04	0.90	3.44
327.6	91	2.96	76.8	2.31	39.9	1.82	21.4	1.50	12.7	1.25	7.38	1.06	5.13	0.91	3.52
331.2	92	2.99	78.5	2.33	40.8	1.84	21.9	1.52	13.0	1.26	7.95	1.07	5.24	0.92	3.59
334.8	93			2.36	41.7	1.86	22.3	1.53	13.3	1.27	8.12	1.08	5.35	0.93	3.66
338.4	94			2.39	42.6	1.88	22.8	1.55	13.6	1.29	8.30	1.09	5.46	0.94	3.73
342.0	95			2.41	43.5	1.90	23.3	1.56	13.8	1.30	8.48	1.10	5.57	0.95	3.81
345.0	96			2.44	44.4	1.92	23.8	1.58	14.1	1.31	8.66	1.12	5.68	0.96	3.88
349.2	97			2.46	45.4	1.94	24.3	1.60	14.4	1.33	8.84	1.13	5.79	0.97	3.96

续表

Q		DN/mm													
		200		225		250		275		300		325		350	
m^3/h	L/s	ν	1000i	ν	1000i	ν	1000i	ν	1000i	ν	1000i	ν	1000i	ν	1000i
352.8	98			2.49	46.3	1.96	24.8	1.61	14.7	1.34	9.02	1.14	5.90	0.98	4.03
356.4	99			2.51	47.3	1.98	25.3	1.63	15.0	1.35	9.21	1.15	6.01	0.99	4.12
360.0	100			2.54	48.2	2.00	25.8	1.65	15.3	1.37	9.39	1.16	6.13	1.00	4.19
367.2	102			2.59	50.2	2.04	26.9	1.68	16.0	1.40	9.77	1.18	6.36	1.02	4.35
374.4	104			2.64	52.2	2.08	27.9	1.71	16.6	1.42	10.2	1.21	6.58	1.04	4.51
381.6	106			2.69	54.2	2.12	29.0	1.75	17.2	1.45	10.5	1.23	6.84	1.06	4.67
388.8	108			2.74	56.2	2.16	30.1	1.78	17.9	1.48	10.9	1.15	7.10	1.08	4.84
396.0	110			2.79	58.3	2.20	31.2	1.81	18.6	1.51	11.4	1.28	7.37	1.10	5.00
403.2	112			2.84	60.5	2.24	32.4	1.84	19.3	1.53	11.8	1.30	7.64	1.12	5.18
410.4	114			2.89	62.7	2.28	33.6	1.88	19.9	1.56	12.2	1.32	7.91	1.14	5.35
417.6	116			2.94	64.9	2.32	34.8	1.91	20.7	1.59	12.6	1.35	8.19	1.16	5.53
424.8	118			2.99	67.1	2.36	36.0	1.94	21.4	1.61	13.1	1.37	8.48	1.18	5.71
432.0	120					2.40	37.2	1.98	22.1	1.64	13.5	1.39	8.77	1.20	5.87
439.2	122					2.44	38.4	2.01	22.8	1.67	14.0	1.42	9.06	1.22	6.07
446.4	124					2.48	39.7	2.04	23.6	1.70	14.4	1.44	9.36	1.24	6.27
453.6	126					2.52	41.0	2.08	24.4	1.72	14.9	1.46	9.66	1.26	6.47
460.8	128					2.56	42.3	2.11	25.1	1.75	15.4	1.49	9.97	1.28	6.68
468.0	130					2.60	43.6	2.14	25.9	1.78	15.9	1.51	10.3	1.30	6.89
475.2	132					2.64	45.0	2.17	26.7	1.81	16.4	1.53	10.6	1.32	7.10
482.4	134					2.68	46.4	2.21	27.6	1.83	16.9	1.56	10.9	1.34	7.32

续表

Q		DN/mm									
		250		275		300		325		350	
m³/h	L/s	ν	1000i	ν	1000i	ν	1000i	ν	1000i	ν	1000i
489.6	136	2.73	43.8	2.24	28.4	1.86	17.4	1.58	11.3	1.36	7.54
496.8	138	2.77	49.2	2.27	29.2	1.89	17.9	1.60	11.6	1.38	7.72
504.0	140	2.81	50.6	2.31	30.1	1.92	18.4	1.63	11.9	1.40	7.99
511.2	142	2.85	52.1	2.34	30.9	1.94	18.9	1.65	12.3	1.42	8.22
518.4	144	2.89	53.6	2.37	31.8	1.97	19.5	1.67	12.6	1.44	8.46
525.6	146	2.93	55.1	2.40	32.7	2.00	20.0	1.70	13.0	1.46	8.69
532.8	148	2.97	56.6	2.44	33.6	2.03	20.6	1.72	13.3	1.48	8.93
540.0	150	3.01	58.1	2.47	34.5	2.05	21.1	1.74	13.7	1.50	9.17
547.2	152			2.50	35.5	2.08	21.7	1.77	14.1	1.52	9.42
554.4	154			2.54	36.4	2.11	22.3	1.79	14.4	1.54	9.67
561.6	156			2.57	37.4	2.13	22.9	1.81	14.8	1.56	9.92
568.8	158			2.60	38.3	2.16	23.4	1.84	15.2	1.58	10.2
576.0	160			2.64	39.3	2.19	24.0	1.86	15.6	1.60	10.4
583.2	162			2.67	40.3	2.22	24.6	1.83	16.0	1.62	10.7
590.4	164			2.70	41.3	2.24	25.3	1.91	16.4	1.64	11.0
597.6	166			2.73	42.3	2.27	25.9	1.93	16.7	1.66	11.2
604.8	168			2.77	43.2	2.30	26.5	1.95	17.2	1.68	11.5
612.0	170			2.80	44.4	2.33	27.1	1.98	17.6	1.70	11.8
619.2	172			2.83	45.4	2.35	27.8	2.00	18.0	1.72	12.1
626.4	174			2.87	46.5	2.38	28.0	2.02	18.4	1.74	12.3
633.6	176			2.90	47.5	2.41	29.1	2.04	18.9	1.76	12.6
640.8	173			2.93	48.6	2.44	29.8	2.07	19.3	1.78	12.9
648.0	180			2.96	49.7	2.46	30.4	2.09	19.7	1.80	13.2
655.2	182			3.00	50.8	2.49	31.1	2.11	20.2	1.82	13.5
662.4	184					2.52	31.8	2.14	20.6	1.84	13.8

续表

Q		DN/mm													
		400		450		500		600		700		800		900	
m^3/h	L/s	ν	1000i	ν	1000i	ν	1000i	ν	1000i	ν	1000i	ν	1000i	ν	1000i
446.4	124	0.96	3.28	0.75	1.80	0.61	1.06	0.424	0.436	0.322	0.222	0.247	0.117		
453.6	126	0.97	3.37	0.76	1.85	0.62	1.09	0.43	0.449	0.33	0.229	0.25	0.120		
460.8	128	0.99	3.48	0.78	1.90	0.63	1.13	0.44	0.462	0.333	0.236	0.255	0.124		
468.0	130	1.00	3.58	0.79	1.96	0.64	1.16	0.445	0.475	0.34	0.242	0.26	0.127	0.20	0.0716
475.2	132	1.02	3.68	0.80	2.01	0.65	1.19	0.45	0.489	0.343	0.249	0.263	0.331	0.200	0.0735
482.4	134	1.03	3.79	0.81	2.07	0.66	1.22	0.46	0.500	0.35	0.256	0.267	0.134	0.21	0.0760
459.6	136	1.05	3.89	0.82	2.13	0.67	1.26	0.465	0.514	0.353	0.262	0.27	0.138	0.214	0.0779
496.8	138	1.07	4.00	0.84	2.19	0.68	1.29	0.47	0.528	0.36	0.270	0.274	0.140	0.217	0.0798
504.0	140	1.08	4.11	0.85	2.25	0.69	1.33	0.48	0.543	0.364	0.277	0.28	0.144	0.22	0.0818
511.2	142	1.10	4.22	0.86	2.31	0.70	1.36	0.49	0.550	0.37	0.284	0.282	0.148	0.223	0.0837
518.4	144	1.11	4.33	0.87	2.36	0.71	1.40	0.493	0.572	0.374	0.291	0.286	0.152	0.226	0.0857
525.6	146	1.13	4.45	0.89	2.43	0.72	1.43	0.50	0.586	0.38	0.298	0.29	0.155	0.23	0.0877
532.8	148	1.14	4.56	0.90	2.49	0.73	1.47	0.51	0.590	0.385	0.306	0.294	0.159	0.233	0.0905
540.0	150	1.16	4.68	0.91	2.55	0.74	1.51	0.513	0.614	0.39	0.313	0.30	0.163	0.236	0.0925
547.2	152	1.17	4.79	0.92	2.62	0.75	1.54	0.52	0.630	0.395	0.321	0.302	0.167	0.24	0.0946
554.4	154	1.19	4.91	0.93	2.68	0.76	1.58	0.53	0.645	0.40	0.328	0.306	0.171	0.242	0.0967
561.6	156	1.20	5.02	0.95	2.74	0.77	1.62	0.534	0.661	0.405	0.335	0.31	0.175	0.245	0.0989
568.8	158	1.22	5.15	0.96	2.81	0.78	1.66	0.54	0.676	0.41	0.343	0.314	0.179	0.248	0.101
576.0	160	1.24	5.28	0.97	2.87	0.79	1.69	0.55	0.690	0.416	0.352	0.32	0.183	0.25	0.103
583.2	162	1.25	5.41	0.98	2.94	0.80	1.73	0.554	0.706	0.42	0.360	0.322	0.187	0.255	0.106

附录三　排水管道和其他地下管线（构筑物）的最小净距

附表　排水管道和其他地下管线（构筑物）的最小净距

名　称			水平净距/m	垂直净距/m
建筑物			见注3	
给水管	$d\leqslant 200$mm		1.0	0.4
	$d>200$mm		1.5	
排水管				0.15
再生水管			0.5	0.4
燃气管	低压	$p\leqslant 0.05$MPa	1.0	0.15
	中压	$0.05\text{MPa}<p\leqslant 0.4\text{MPa}$	1.2	0.15
	高压	$0.4\text{MPa}<p\leqslant 0.8\text{MPa}$	1.5	0.15
		$0.8\text{MPa}<p\leqslant 1.6\text{MPa}$	2.0	0.15
热力管线			1.5	0.15
电力管线			0.5	0.5
电信管线			1.0	直埋 0.5
				管块 0.15
乔木			1.5	
地上柱杆	通讯照明及<10kV		0.5	
	高压铁塔基础边		1.5	
道路侧石边缘			1.5	
铁路钢轨(或坡脚)			5.0	轨底 1.2
电车(轨底)			2.0	1.0
架空管架基础			2.0	
油管			1.5	0.25
压缩空气管			1.5	0.15
氧气管			1.5	0.25
乙炔管			1.5	0.25
电车电缆				0.5
明渠渠底				0.5
涵洞基础底				0.15

注：1. 表列数字除注明者外，水平净距均指外壁净距，垂直净距系指下面管道的外顶与上面管道基础底间净距。

2. 采取充分措施（如结构措施）后，表列数字可以减小。

3. 与建筑物水平净距，管道埋深浅于建筑物基础时，不宜小于2.5m，管道埋深深于建筑物基础时，按计算确定，但不应小于3.0m。

附录四 污水水力计算表

1. 钢筋混凝土圆管（不满流 n=0.014）计算图

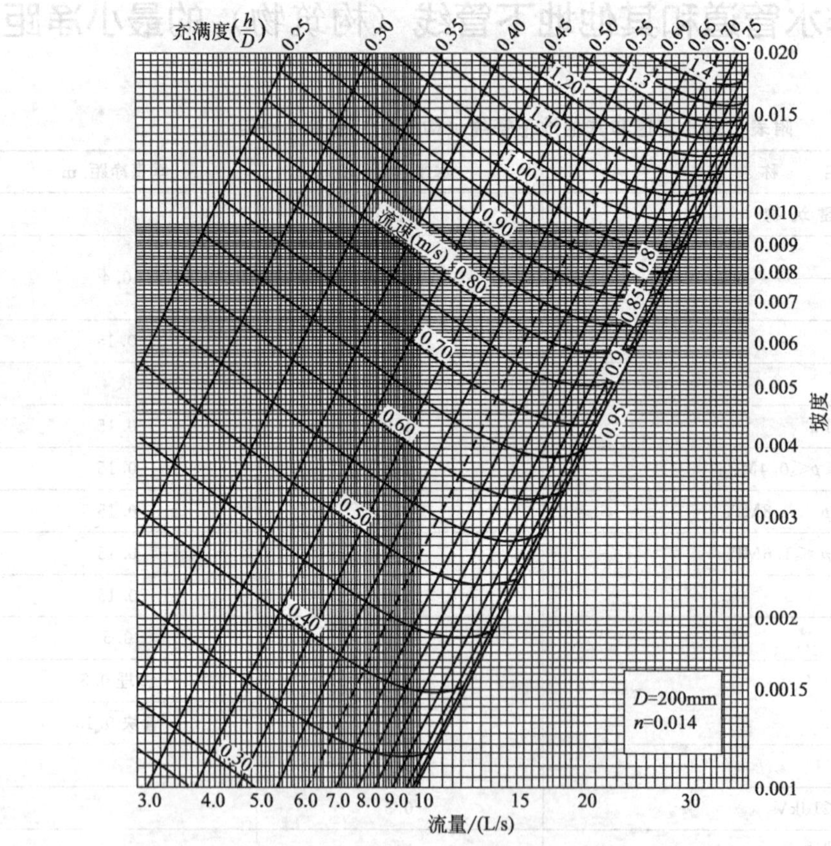

附图 4.1

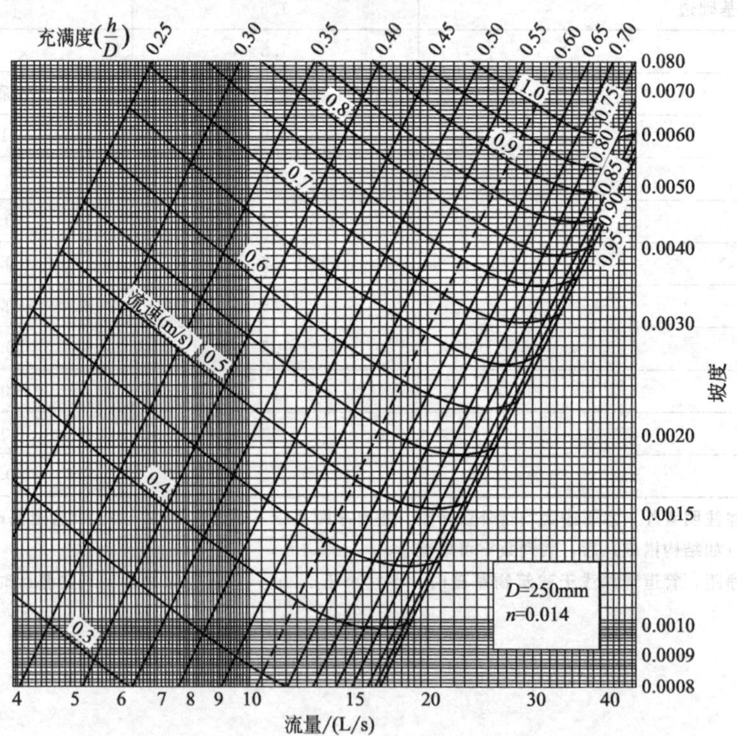

附图 4.2

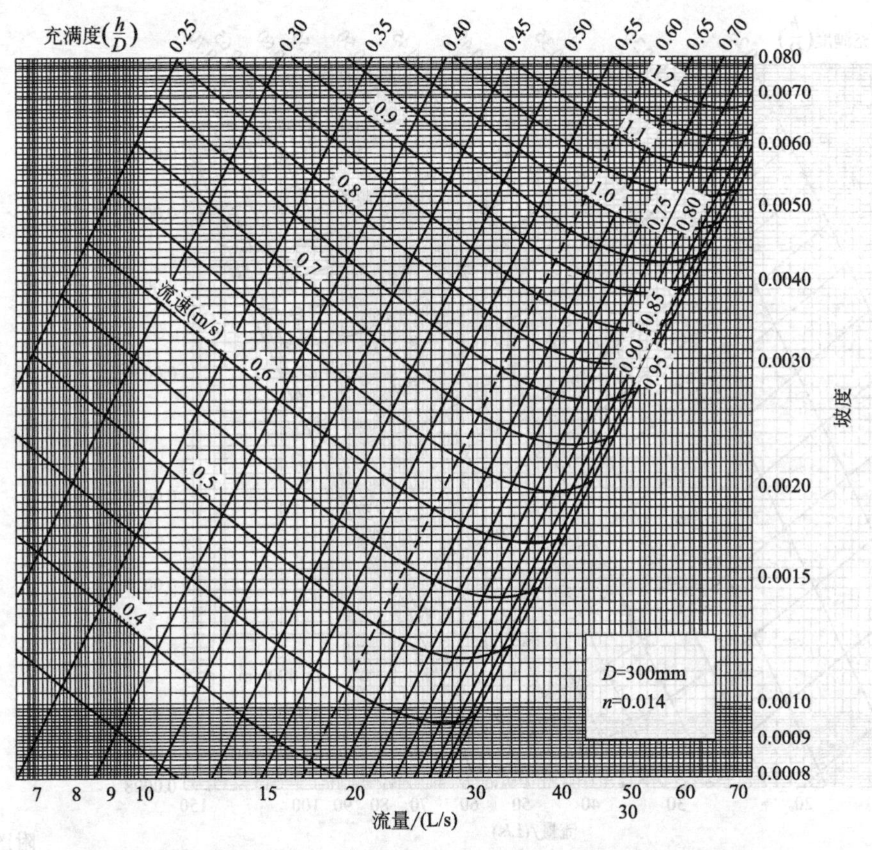
充满度($\frac{h}{D}$)
0.25
0.30
0.35
0.40
0.45
0.50
0.55
0.60
0.65
0.70
1.2
1.1
1.0
0.9
0.8
0.7
0.6
0.5
0.4
流速(m/s)
0.75
0.80
0.85
0.90
0.95
0.080
0.0070
0.0060
0.0050
0.0040
0.0030
0.0020
0.0015
0.0010
0.0009
0.0008
坡度
D=300mm
n=0.014
7 8 9 10 15 20 30 40 50 60 70
流量/(L/s)

附图 4.3

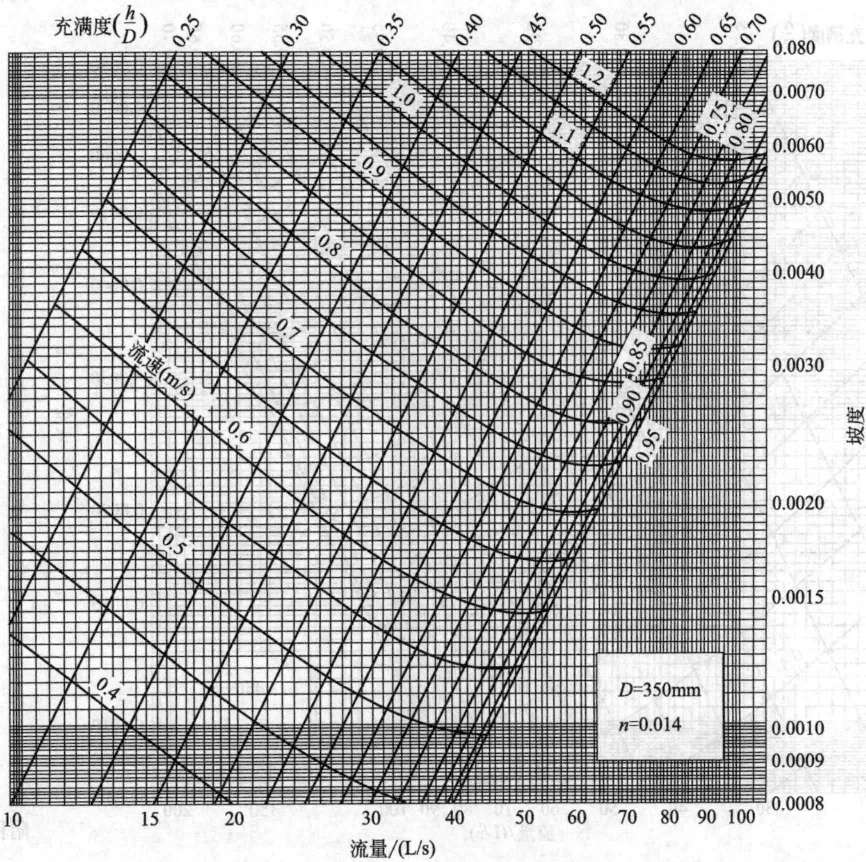
充满度($\frac{h}{D}$)
0.25
0.30
0.35
0.40
0.45
0.50
0.55
0.60
0.65
0.70
1.2
1.1
1.0
0.9
0.8
0.7
0.6
0.5
0.4
流速(m/s)
0.75
0.80
0.85
0.90
0.95
0.080
0.0070
0.0060
0.0050
0.0040
0.0030
0.0020
0.0015
0.0010
0.0009
0.0008
坡度
D=350mm
n=0.014
10 15 20 30 40 50 60 70 80 90 100
流量/(L/s)

附图 4.4

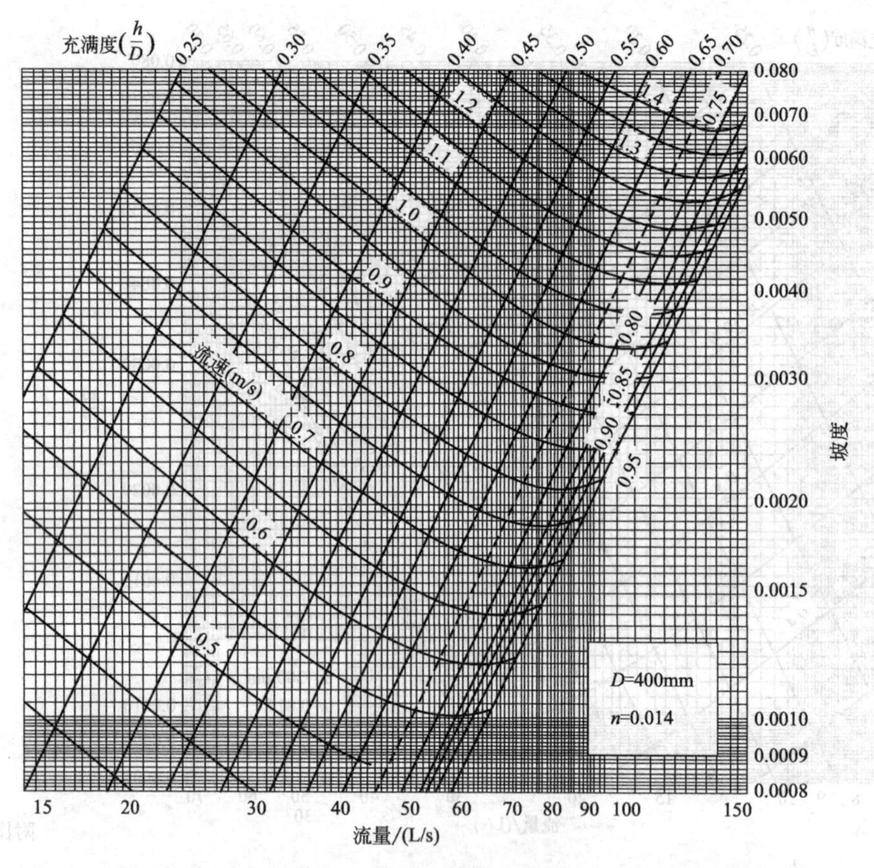
充满度($\frac{h}{D}$)
0.25
0.30
0.35
0.40
0.45
0.50
0.55
0.60
0.65
0.70
0.75
0.80
0.85
0.90
0.95
流速(m/s)
0.5
0.6
0.7
0.8
0.9
1.0
1.1
1.2
1.3
1.4
0.080
0.0070
0.0060
0.0050
0.0040
0.0030
0.0020
0.0015
0.0010
0.0009
0.0008
坡度
15
20
30
40
50
60
70
80
90
100
150
流量/(L/s)
D=400mm
n=0.014

附图 4.5

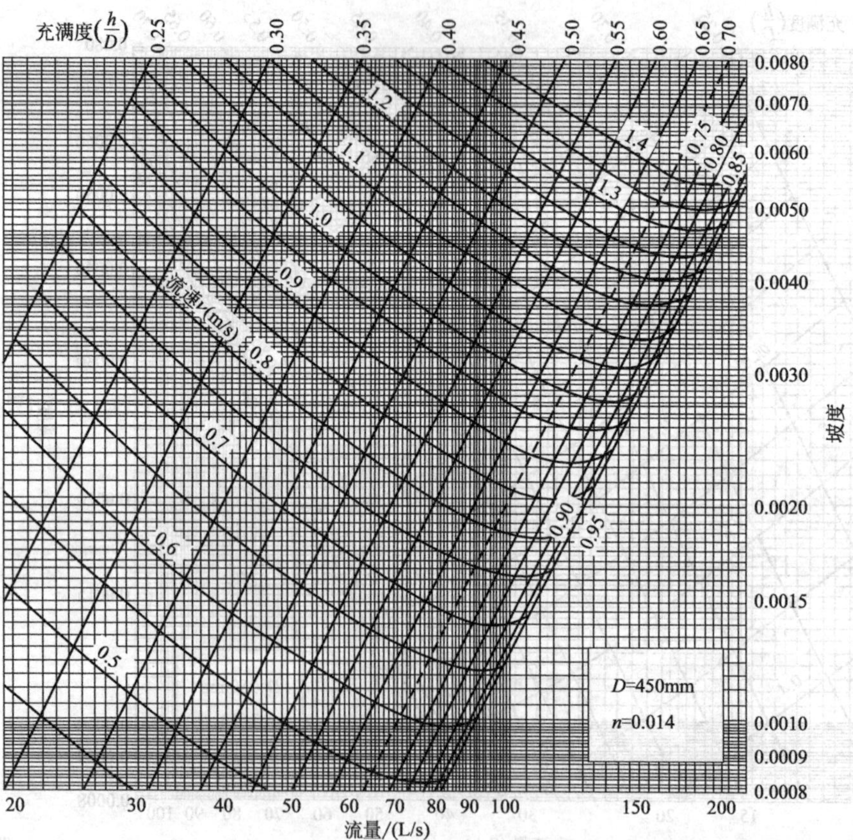
充满度($\frac{h}{D}$)
0.25
0.30
0.35
0.40
0.45
0.50
0.55
0.60
0.65
0.70
0.75
0.80
0.85
0.90
0.95
流速v(m/s)
0.5
0.6
0.7
0.8
0.9
1.0
1.1
1.2
1.3
1.4
0.0080
0.0070
0.0060
0.0050
0.0040
0.0030
0.0020
0.0015
0.0010
0.0009
0.0008
坡度
20
30
40
50
60
70
80
90
100
150
200
流量/(L/s)
D=450mm
n=0.014

附图 4.6

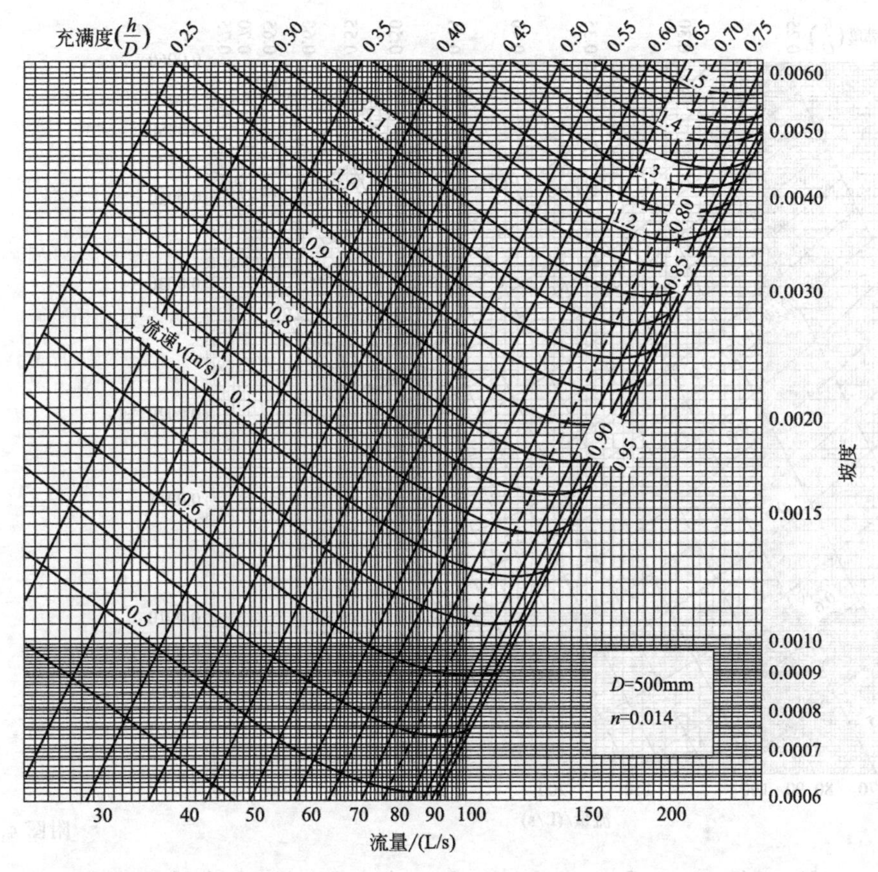
充满度($\frac{h}{D}$)
0.25
0.30
0.35
0.40
0.45
0.50
0.55
0.60
0.65
0.70
0.75
流速v(m/s)
0.5
0.6
0.7
0.8
0.9
1.0
1.1
1.2
1.3
1.4
1.5
0.80
0.85
0.90
0.95
D=500mm
n=0.014
0.0060
0.0050
0.0040
0.0030
0.0020
0.0015
0.0010
0.0009
0.0008
0.0007
0.0006
坡度
30
40
50
60
70
80
90
100
150
200
流量/(L/s)

附图 4.7

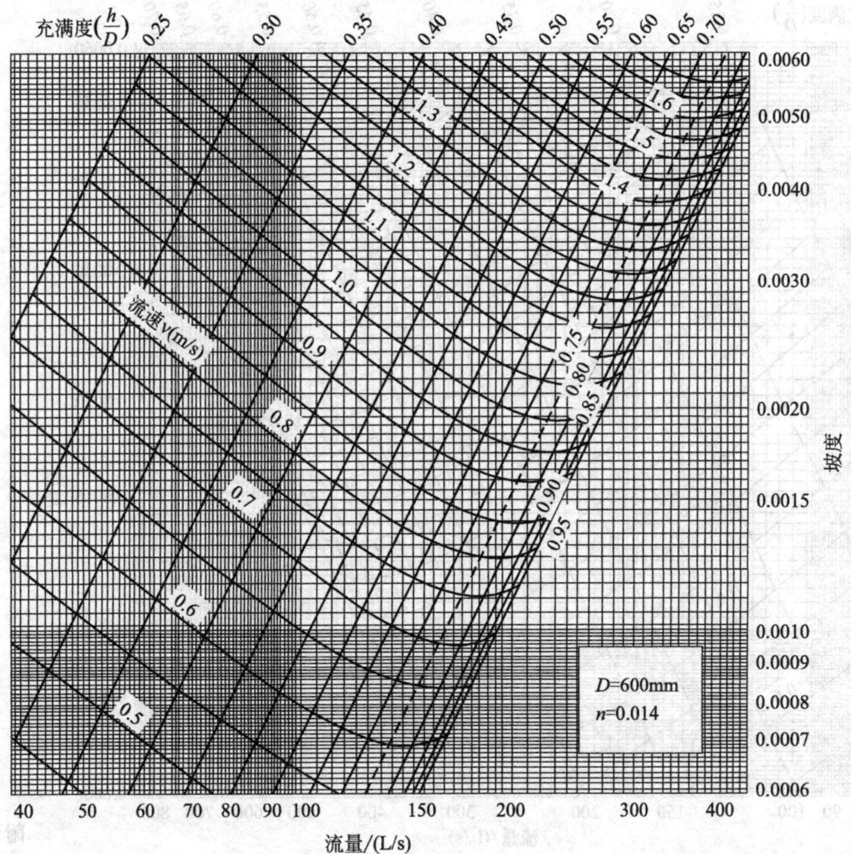
充满度($\frac{h}{D}$)
0.25
0.30
0.35
0.40
0.45
0.50
0.55
0.60
0.65
0.70
流速v(m/s)
0.5
0.6
0.7
0.8
0.9
1.0
1.1
1.2
1.3
1.4
1.5
1.6
0.75
0.80
0.85
0.90
0.95
D=600mm
n=0.014
0.0060
0.0050
0.0040
0.0030
0.0020
0.0015
0.0010
0.0009
0.0008
0.0007
0.0006
坡度
40
50
60
70
80
90
100
150
200
300
400
流量/(L/s)

附图 4.8

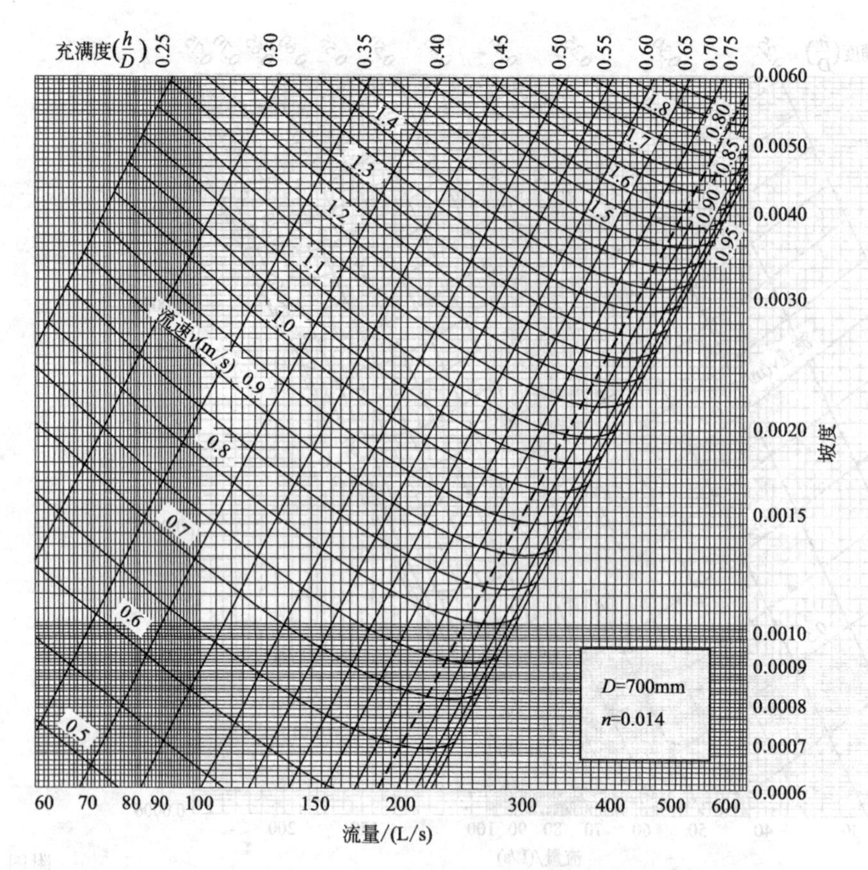
充满度($\frac{h}{D}$)
0.25
0.30
0.35
0.40
0.45
0.50
0.55
0.60
0.65
0.70
0.75
0.80
0.85
0.90
0.95
流速v(m/s)
0.5
0.6
0.7
0.8
0.9
1.0
1.1
1.2
1.3
1.4
1.5
1.6
1.7
1.8
0.0060
0.0050
0.0040
0.0030
0.0020
0.0015
0.0010
0.0009
0.0008
0.0007
0.0006
坡度
D=700mm
n=0.014
60
70
80
90
100
150
200
300
400
500
600
流量/(L/s)

附图 4.9

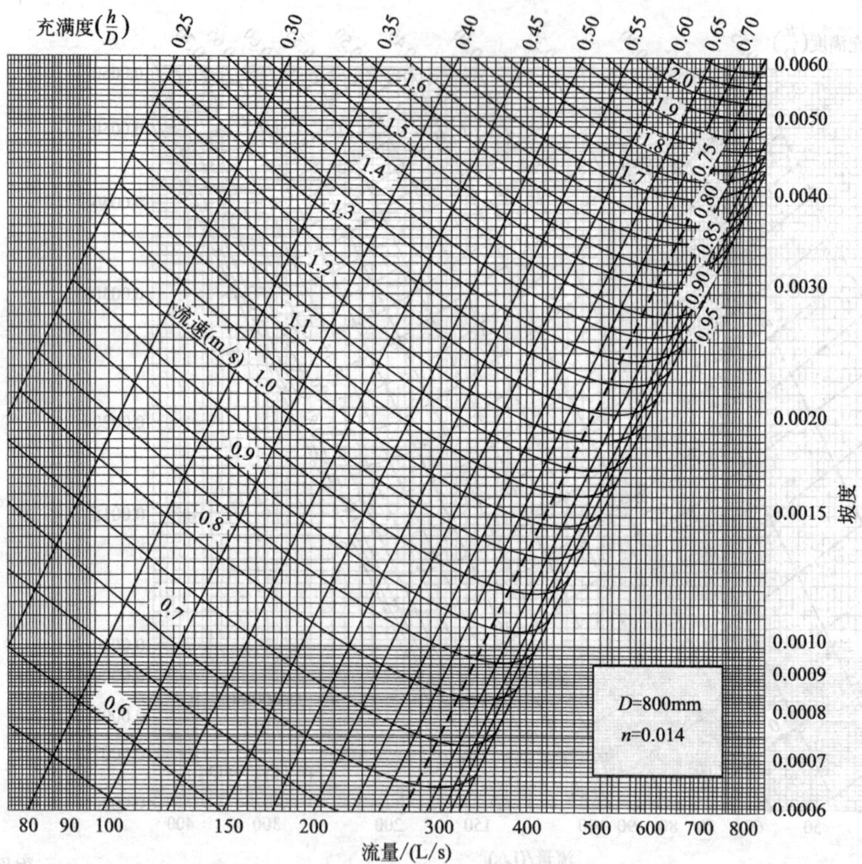
充满度($\frac{h}{D}$)
0.25
0.30
0.35
0.40
0.45
0.50
0.55
0.60
0.65
0.70
0.75
0.80
0.85
0.90
0.95
流速(m/s)
0.6
0.7
0.8
0.9
1.0
1.1
1.2
1.3
1.4
1.5
1.6
1.7
1.8
1.9
2.0
0.0060
0.0050
0.0040
0.0030
0.0020
0.0015
0.0010
0.0009
0.0008
0.0007
0.0006
坡度
D=800mm
n=0.014
80
90
100
150
200
300
400
500
600
700
800
流量/(L/s)

附图 4.10

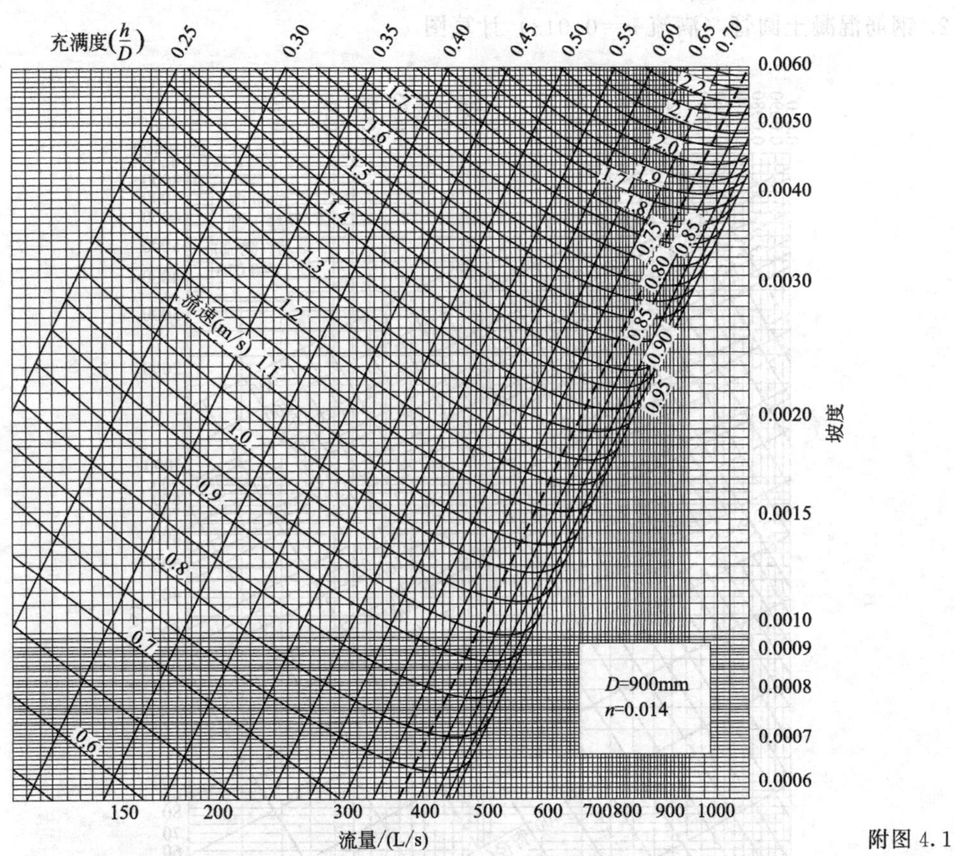

充满度($\frac{h}{D}$)
0.25
0.30
0.35
0.40
0.45
0.50
0.55
0.60
0.65
0.70
0.75
0.80
0.85
0.90
0.95
流速(m/s)
0.6
0.7
0.8
0.9
1.0
1.1
1.2
1.3
1.4
1.5
1.6
1.7
1.8
1.9
2.0
2.1
2.2
0.0060
0.0050
0.0040
0.0030
0.0020
0.0015
0.0010
0.0009
0.0008
0.0007
0.0006
坡度
D=900mm
n=0.014
150
200
300
400
500
600
700
800
900
1000
流量/(L/s)

附图 4.11

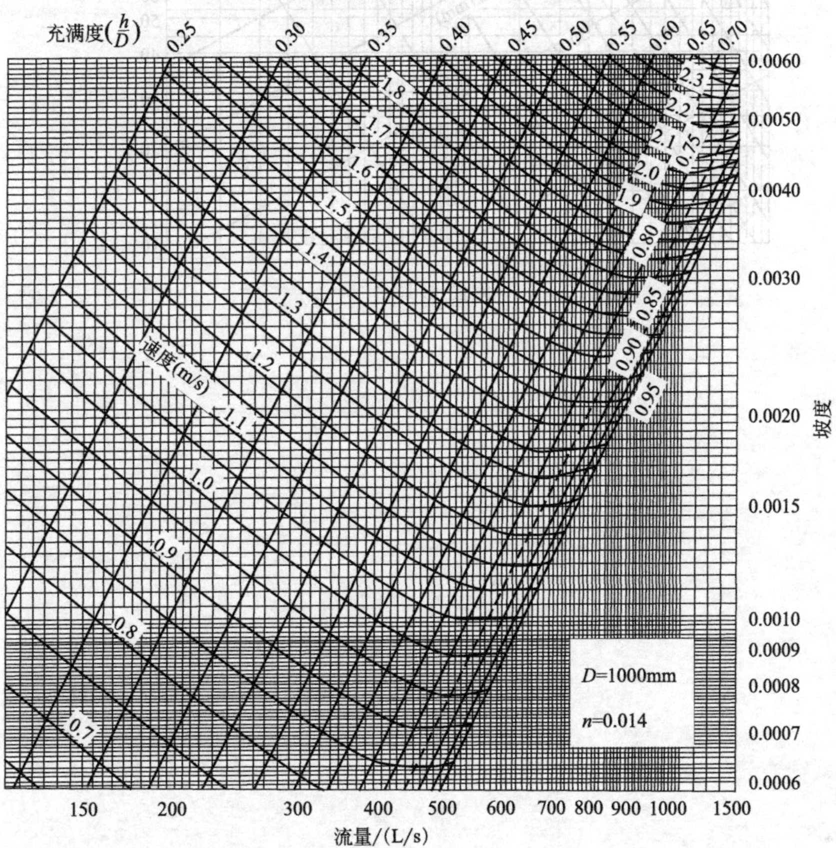

充满度($\frac{h}{D}$)
0.25
0.30
0.35
0.40
0.45
0.50
0.55
0.60
0.65
0.70
0.75
0.80
0.85
0.90
0.95
速度(m/s)
0.7
0.8
0.9
1.0
1.1
1.2
1.3
1.4
1.5
1.6
1.7
1.8
1.9
2.0
2.1
2.2
2.3
0.0060
0.0050
0.0040
0.0030
0.0020
0.0015
0.0010
0.0009
0.0008
0.0007
0.0006
坡度
D=1000mm
n=0.014
150
200
300
400
500
600
700
800
900
1000
1500
流量/(L/s)

附图 4.12

2. 钢筋混凝土圆管（满流 n=0.013）计算图

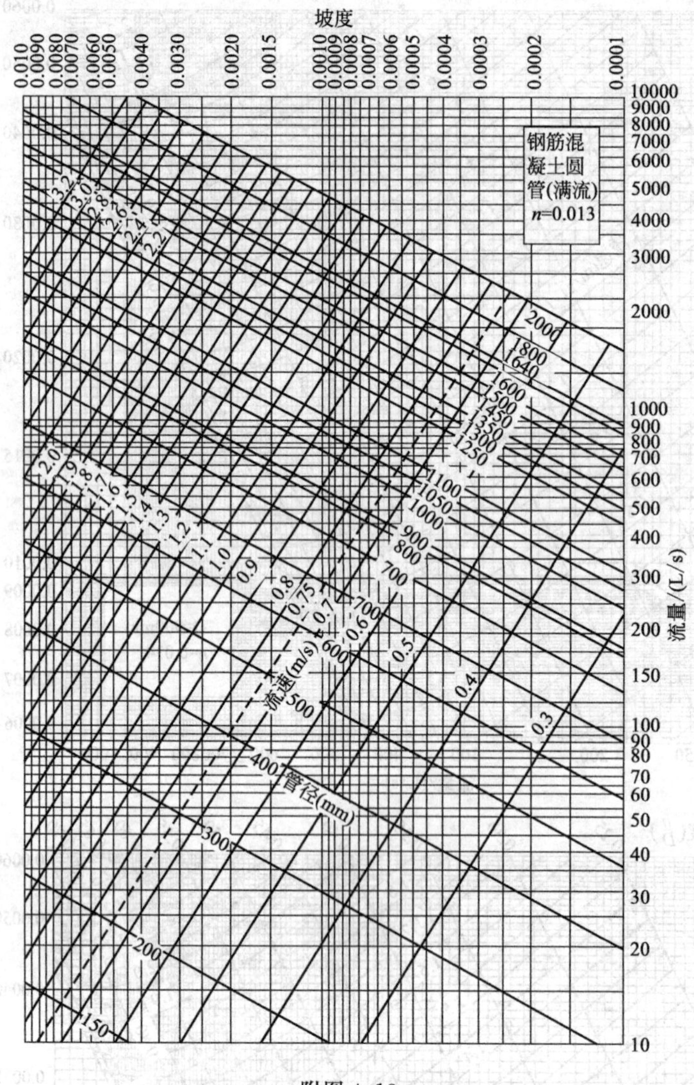

附图 4.13

参考文献

[1] 严煦世，范瑾初. 给水工程. 第4版. 北京：中国建筑工业出版社，1999.

[2] 孙慧修. 排水工程（上册）. 第3版. 北京：中国建筑工业出版社，1996.

[3] 蒋柱武，黄天寅. 给排水管道工程. 上海：同济大学出版社，2011.

[4] 孙犁，王新文. 排水工程. 武汉：武汉理工大学出版社，2006.

[5] 张奎，张志刚. 给水排水管道系统. 北京：机械工业出版社，2007.

[6] 全国勘察设计注册公用设备工程师公用设备专业管理委员会秘书处. 全国勘察设计注册公用设备工程师给水排水专业考试复习教材. 第2版. 北京：中国建筑工业出版社，2007.

[7] 全国勘察设计注册公用设备工程师公用设备专业管理委员会秘书处. 全国勘察设计注册公用设备工程师给水排水专业考试复习教材. 第3版. 北京：中国建筑工业出版社，2011.

[8] 汪翙，何成达. 给水排水管网工程. 北京：化学工业出版社，2005.

[9] 郑达谦. 给水排水工程施工. 北京：中国建筑工业出版社，1998.

[10] 边喜龙. 给水排水工程施工技术. 北京：中国建筑工业出版社，2011.

[11] 李杨. 市政给排水工程施工. 北京：中国水利水电出版社，2010.

[12] 上海市水务局. DB31/T444—2009 排水管道电视和声纳检测评估技术规程. 上海：上海市质量监督局，2010.

[13] 冯运玲. 国内外供水排水管道非开挖修复技术介绍及相关建议. 特种结构，2011（8）：6-11.

[14] 朱保罗. 国内外排水管道养护技术比较. 给水排水，2007（2）：94-99.

[15] 杜海宽. 城市供水管网水质二次污染分析及对策. 城镇供水，2010（4）：94-96.